Organometallics and Catalysis:
An Introduction

金属有机与催化导论

[英] 曼弗里德·博赫曼（Manfred Bochmann）　著

孙文华　译

化学工业出版社

·北京·

内容简介

曼弗里德·博赫曼教授编写的《金属有机与催化导论》一书简明且富有理论深度，全书包括三个部分，即主族元素的金属有机化合物、过渡金属有机化合物、金属有机过渡金属配合物的均相催化。不仅丰富了反应成键知识，还提供了高效与经济制备化工单体的范例。

本书既可以作为从事（精细化工和制药化学）合成化学、材料制备和催化科学领域研究学者进行新化学反应与材料设计及单体制备工艺等研究的参考书，亦可以作为化学专业高年级本科生和研究生学习金属有机与均相催化的教材，还可以作为化学工程和生物化学研究人员学习均相催化与仿生催化的参考书。

Organometallics and Catalysis：An Introduction，1st edition by Manfred Bochmann，was originally published in English in 2015. This translation is published by arrangement with Oxford University Press. Chemical Industry Press is solely responsible for this translation from the original work and Oxford University Press shall have no liability for any errors，omissions or inaccuracies or ambiguities in such translation or for any losses caused by reliance thereon.

© Manfred Bochmann 2015

北京市版权局著作权合同登记号：01-2019-5117

图书在版编目（CIP）数据

金属有机与催化导论/（英）曼弗里德·博赫曼（Manfred Bochmann）著；孙文华译 .—北京：化学工业出版社，2020.6（2025.1重印）
书名原文：Organometallics and Catalysis：An Introduction
ISBN 978-7-122-36237-7

Ⅰ.①金… Ⅱ.①曼…②孙… Ⅲ.①金属有机化学-催化反应 Ⅳ.①O62

中国版本图书馆 CIP 数据核字（2020）第 028779 号

责任编辑：成荣霞　　　　　　　　文字编辑：向　东　张瑞霞
责任校对：赵懿桐　　　　　　　　装帧设计：王晓宇

出版发行：化学工业出版社（北京市东城区青年湖南街 13 号　邮政编码 100011）
印　　装：北京虎彩文化传播有限公司
787mm×1092mm　1/16　印张 22¼　字数 423 千字　2025 年 1 月北京第 1 版第 3 次印刷

购书咨询：010-64518888　　　　　　售后服务：010-64518899
网　　址：http://www.cip.com.cn
凡购买本书，如有缺损质量问题，本社销售中心负责调换。

定　　价：198.00 元　　　　　　　　　　　　　版权所有　违者必究

译者前言

金属有机化学作为无机化学与有机化学的交叉学科，是化学中新兴和快速发展的学科，并影响化学所有领域的研究和发展。《金属有机与催化导论》一书是纷繁的金属有机化学书籍中的简易教程，它凝练学科基础原理，建立了金属有机化学教学范围与标准化体系，可以作为高年级化学专业学生和研究生学习金属有机化学的教材，也是化学研究人员必备的案头读物。作者曼弗里德·博赫曼教授是美国化学会《金属有机》杂志前副主编，曾与 F.A.科顿等编写了堪称经典的《高等无机化学》一书，其第六版共 1360 页；他在 1994 年出版的"牛津简明化学丛书"中撰写了两个分册，分别介绍具有 σ 键（《金属有机 1》）和 π 键（《金属有机 2》）的过渡金属配合物化学。本教程基于"牛津简明化学丛书"，首先在主族元素和过渡金属元素两章介绍了金属有机化学的核心内容，而后介绍了过渡金属有机配合物的均相催化机理和应用，充分阐释了金属有机在现代化工产业中的重要地位。因而，该教程又是化工科技工作者探寻研究思路和方法的基础读物。

如果说化学是自然科学的中心学科，那么金属有机化学就在化学中占据主导的地位，是材料制备的基石。而基于金属有机原理的催化科学则是化学工业和材料制备与改进的动力源泉。在大数据和智能时代，集成与高效成为社会发展的主旋律，化工制造和材料性能都依赖于最终产品中原子键联和功能基团的转化调控，以及制备过程中减少工序和后处理，以期达到最好的环境相容性与可持续发展。金属有机化学为化学与工程学家提供设计合成新分子和官能团转化的原理和方法；提高精细化学品和药物与营养化学品的生产效率，并降低生产成本和能耗；提高大型化工企业产品的生产效率和减少对环境的负面影响；帮助材料学家提升材料性能和制备效率，提供稳定的信息记录和智能优化基材，以及满足人们生产与生活所需的高性能且廉价材料。因此，该书也推荐给新材料研究和开发的研究人员。

孙文华

中译本序

金属有机化学关注碳化合物与周期表中金属和准金属元素的相互作用。在很多方面，金属有机化学跨越两个领域：具有清晰成键和价键的化合物，以及普遍存在的具有新颖挑战性成键的大量金属配合物。在这个领域中，出乎预料的情况常常发生，以往特别实用的化学方法不再适合金属有机分子的转化。

金属有机化学如同一个有利的新途径，是均相催化的基础并帮助多相催化过程进行机理研究。机理的知识又反过来指导优化催化过程以及引导反应的新目标。其结果是提高生产效率，改善选择性，避免副反应，提升原子效率，从而减少浪费和降低能源消耗。一些原理已经被广泛地用于大型工业过程，例如氢化、烯烃生产、弹性体制备的二烯烃聚合、烯烃易位反应、洗涤剂醇化合物生产的氢甲酰化反应和羰基化反应。在一些情况下，特别是烯烃制备过程中，通过前所未有的结构与性能关系研究，实现了以往无法制备的化合物的工业生产，其结果是戏剧性地拓宽了高分子材料的范畴及其应用。

金属有机催化剂在合成精细化学品和药物中的高选择性同样重要。三四十年前，这些领域还比较少地使用金属，均相催化的精准调控效果使得金属有机催化剂目前在这些领域的使用必不可少。

金属有机化合物除了在试剂和催化剂中得到了确切的应用，含有金属碳键的配合物也在多领域发挥了更多特色价值。金属碳键强供电子的特点能够实现调制电子特性。很多金属化合物可以发光，适合应用于现代显示技术和智能手机的发光器，包括细胞内信息传输不同状况测试应用等的感应器。金属有机化合物作为活性化合物，其应用范围依赖于研究群体具有的想象力。

本书提供了解与建立有机化合物反应模式和类型的简易途径，为基础的价键与性能及应用相关的间隙建立桥梁，为本科生和研究生，乃至教师提供快速查阅的参考。

为实现以上目标，特别高兴也荣幸地看到本书中文版的出版。本书的中文版得益于我的好友、中国科学院化学研究所孙文华教授的提议和翻译。我深深佩服他的精力和毅力，没有他的贡献，中文版无法出版。

曼弗里德·博赫曼

于英国 诺里奇

前言

  金属有机化学可以被描述为两个学科的交叉科学领域，即金属和类金属元素的反应性和结构，既是无机化学和冶金学的经典范畴，也是含碳化合物的化学。其结果有益于化学键的多样性并产生意想不到的新认知，部分是对传统观点的挑战，为选择性碳-碳键形成和断裂以及碳-其他元素键形成提供有力途径。s 区元素和 p 区元素组成的金属有机化合物所含的极性金属-碳键具有良好的反应性，与之对应的过渡金属中 d 轨道成键提供了低能态反应途径，将有助于催化转化。世界上绝大多数化工产品在制造过程中都经历了催化过程，其中许多步骤涉及金属-碳键。催化过程是大规模工业生产的基石，也是精细化学品和药物合成的基础。本书旨在介绍金属有机化学中化合物种类和反应的主要类型，并为读者理解合成的可能性和催化反应机理提供帮助。

  本书内容基于 1994 年"牛津简明化学丛书"中的两个分册。这两个分册分别介绍具有 σ 键(《金属有机 1》)和 π 键(《金属有机 2》)的过渡金属配合物化学，采用概念介绍进行教学示范，配有丰富的插图和例子，有助于读者理解科学概念而不被细节所赘。事实证明，这种方法很受读者欢迎，但是缺少几个重要环节，特别是没有涉及 s 区元素和 p 区元素的内容，没有宏观讨论一些催化反应，而且自那以后许多领域有了显著的发展。

  鉴于上述缺憾，本书给出了更全面的概括和总结。全书分为三个部分：①主族元素的金属有机化合物；②过渡金属有机化合物；③金属有机过渡金属配合物均相催化。书中保持了"牛津简明化学丛书"的哲学理念，使有经验的读者能够掌握金属有机化学的概念和思维方式，并可灵活运用所学知识。本书内容覆盖面广，有充分的灵活性。当学生完成了综合化学和无机化学的入门课程，即掌握了元素周期表中结构与电负性、路易斯酸性和简单的分子轨道理论等概念，便可以学习本书。本书既可以满足高年级本科生、硕士研究生教学，对博士研究生也会在很多方面有所帮助。

  还有许多更全面（更详尽）的金属有机化学和均相催化教科书，提供了更详细的内容，部分书籍推荐在本书"延伸阅读"栏目里。本书试图筛选那些既属于基本又最能说明要点的内容，其主要挑战不是包括什么，而是要抛弃什么。希望写进本书的内容适合读者，方便学习，并且结构清晰，利于参考。

书中主族部分的结构遵循元素周期表，首先讨论 s 区元素和 p 区元素的金属有机化合物。为了简洁起见，决定将第 15 族和第 16 族❶中较重的元素排除在外，尽管这些元素属于金属，但其富电子特性更像同族的非金属。在所述元素涉及的范畴内，重点介绍其优异的合成、催化或工业应用。在过渡金属章节，首先阐述配体的主要类型，可帮助读者理解催化循环反应的相关步骤。这些章节按照配体类别进行编排，首先讨论应用特别广泛的一氧化碳配体。

书中在不同地方间隔地插入“延伸阅读”栏目，提供额外信息的补充，在初次通读时可以省略，因为这些属于更为专业的内容与兴趣培养的知识。 边注添加可以作为“书签”，提供更多细节内容。每章的主要内容都有题为“要点”的栏目作简要总结，其后是一些练习题，目的是指导读者回顾他们所学章节的内容，帮助吸收并建立自信。基本信息和附录提供了一些常用信息，例如常用的缩略语和溶剂性质。书末“参考文献”部分列出了本书参考的文章和书目。本书作为简明教程，并没有引用全部原始文献，特此说明。

曼弗里德·博赫曼

于英国 诺里奇

---

❶ 1980 年意大利米兰大学的化学教学中根据元素的外层电子数命名元素周期表，其教学更具有科学性并广受学生的欢迎。1983 年，美国化学会命名法委员会同意美国化学会无机化学分会命名法委员会的建议，采用元素的外层电子数命名元素所在的族次，打破了我国传统化学中主族和副族元素命名，即现代趋向统一的十八族命名元素周期表。——译者著

基本信息

下表给出的是本书以及关于金属有机化合物和催化剂的科学文献中常用的缩略语。

金属有机试剂和化合物的分离和处理依赖于溶剂的适当使用。对于不熟悉该领域的读者，文末附录 1 给出了一些常用的溶剂及其性质，希望有所帮助。

金属有机化学中常用的缩略语

结构式	命名	系统命名	常用缩略语
—CH$_3$	甲基	methyl	Me
CH$_3$CH$_2$—	乙基	ethyl	Et
Me$_2$CH—	异丙基	1-methylethyl	Pr^i
CH$_3$CH$_2$CH$_2$—	丙基	n-propyl	Pr^n
Me$_2$CHCH$_2$—	异丁基	2-methylpropyl	Bu^i
MeCH$_2$CH(Me)—	仲丁基	2-butyl	Bu^s
Me$_3$C—	叔丁基	1,1-dimethylethyl	Bu^t
H$_2$C=CH—CH$_2$	烯丙基	2-propenyl	
H$_2$C=C(Me)—CH$_2$—	甲代烯丙基	2-methyl-2-propenyl	
C$_5$H$_5$—	环戊二烯基	1-cyclopenta-2,4-dienyl	Cp
C$_5$Me$_5$	五甲基茂	pentamethylcyclopentadienyl	Cp*
	茚基	1-indenyl	Ind
C$_6$H$_5$—	苯基	phenyl	Ph
C$_6$H$_5$CH$_2$—	苄基	benzyl	Bn, PhCH$_2$
2-MeC$_6$H$_4$	邻甲苯	2-methylphenyl	o-tol
2,4,6-Me$_3$C$_6$H$_2$—	2,4,6-三甲基苯基	2,4,6-trimethylphenyl	mes
2,6-Pr$_2^i$C$_6$H$_3$—	2,6-二异丙基苯基	2,6-di(isopropyl)phenyl	Dipp
2,4,6-Pr$_3^i$C$_6$H$_2$		2,4,6-tri(isopropyl)phenyl	Tripp
C$_6$H$_{11}$—	环己烷基	cyclohexyl	Cy
H$_2$C=CH—	乙烯基	1-ethenyl	
CH$_3$COO$^-$	乙酸根	ethanoate	OAc
CF$_3$COO$^-$	三氟乙酸根	trifluoroethanoate	OAc^F, tfa
CF$_3$SO$_3^-$	三氟甲磺酸根	trifluoromethane sulfonate	OTf
	乙酰丙酮基	2,4-pentanedionato	acac
Ar=aryl	N-芳基-β-二酮亚胺基	2,4-pentanediiminato	nacnac
	18-冠-6	1,4,7,10,13,16-hexaoxa-cyclooctadecane	18-c-6

结构式	命名	系统命名	常用缩略语
	环辛二烯	*cis*-1,5-cyclooctadiene	COD
	环辛四烯	1,3,5,7-cyclooctatetraene	COT
	N-杂卡宾		NHC
	1,3-二(均三甲苯基)咪唑-2-亚甲基卡宾	1,3-dimesityl imidazolylidene	IMes
	1,3-二(2,5-二异丙基苯基)咪唑-2-亚甲基卡宾	bis(di-isopropylphenyl)-imidazolylidene	IPr
Me_2P PMe_2	1,2-二(二甲基膦)咪唑-2-亚甲基卡宾	1,2-bis(dimethylphosphino)-ethane	dmpe
Ph_2P PPh_2	1,2-二(二苯基膦)乙烷	1,2-bis(diphenylphosphino)-ethane	dppe
Ph_2P PPh_2	1,3-二(二苯基膦)丙烷	1,3-bis(diphenylphosphino)-propane	dppp
Fe PPh_2 PPh_2	1,1′-二(二苯基膦)二茂铁	1,1′-bis(diphenylphosphino)-ferrocene	dppf

配体命名法

配体类型和配合物中键合模式及其惯用标识符号，在本文中通用。

σ-配体, σ键	键沿着连接两个原子的轴线,由轨道瓣相互重叠而形成;2电子2中心键	
π键	由金属与不饱和化合物(如烯烃)的π电子体系相互作用成键	
η^n 哈普托数	希腊语"eta"表示π键合配体,上标 n 表示π体系中与金属键联的碳原子数目。η 表示与金属结合的碳原子数量,即哈普托数。η^2、η^3、η^4 配体称为双键联(dihapto)、三键联(trihapto)和四键联(tetrahapto),依此类推	
μ_m	希腊语"mu"表示桥联多个金属原子的配体。下标(m)表示被桥联金属原子的数目	
κ	希腊语"kappa"表示经典配位的配体,通常是通过N或O作供体配位	
X	表示阴离子配体:卤化物、烷氧基	
L	表示中性配体:如吡啶、膦	
R	指烃基配体:甲基、苯基或有机分子中的取代基	

目录

1 主族元素的金属有机化合物

金属有机化学描述了含有金属元素与碳键化合物的结构和反应性，其中金属元素可以是金属也可以是类金属。金属有机化合物经常涉及碳与碳和碳与杂原子（非碳元素）键的形成和断裂，已成为合成方法学不可或缺的部分。化学工业生产的绝大多数产品都涉及至少一种催化转化，并且大多数催化循环涉及金属-碳键。金属有机化合物展现了令人吃惊的结构，帮助理解化学键的本质。

在第一章中，我们将重点讨论元素周期表第 1、2 和 12 ～ 14 族元素的金属-碳化合物（不包括放射性元素）。

1	2			13	14	15	16	17	18
Li 锂 1.0	Be 铍 1.6			B 硼 2.0	C 碳 2.6	N 氮 3.0	O 氧 3.4	F 氟 4.0	Ne 氖
Na 钠 0.9	Mg 镁 1.3			Al 铝 1.6	Si 硅 1.9	P 磷 2.2	S 硫 2.6	Cl 氯 3.2	Ar 氩
K 钾 0.9	Ca 钙 1.0	d区元素，镧系元素	12	Zn 锌 1.7	Ga 镓 1.8	Ge 锗 2.0	As 砷 2.2	Se 硒 2.6	Br 溴 3.0	Kr 氪
Rb 铷 0.8	Sr 锶 1.0			Cd 镉 1.7	In 铟 1.8	Sn 锡 2.0	Sb 锑 2.1	Te 碲 2.1	I 碘 2.7	Xe 氙
Cs 铯 0.8	Ba 钡 0.9			Hg 汞 2.0	Tl 铊 2.0	Pb 铅 2.3	Bi 铋 2.0			

离子M—C键 ←——————→ 共价M—C键

元素符号下面的数字是鲍林电负性，它表示出金属碳键的极性。

1.1 键的常识

大多数主族金属有机化合物都含有金属与碳键轨道重叠，产生金属与碳的 σ 键。还可能存在金属与不饱和有机化合物的 π 电子体系相互作用，特别是当不饱和部分携带负电荷时。这些 π 键(尽管在过渡金属配合物中非常突出)在大部分主族化学中是比较弱的，但是，能够通过带正电荷的金属中心和 π 电子密度之间的偶极相互作用来增强。

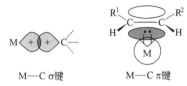

M—C σ键   M—C π键

控制金属有机物质反应性的一个重要指标就是 $M^{\delta+}$—$C^{\delta-}$ 键的极性，反映碳和金属间电负性差异。整个元素周期表中键的极性从左到右递减；随着族数增加，即从较轻到较重的元素，键的极性增加，即 M—C 键强度降低。

M—C 键可以用两种共振形式来描述：

$$\overset{\oplus}{M} \overset{\ominus}{CR_3} \longleftrightarrow M—CR_3$$

作为正电性最强的元素，第 1 族碱金属阳离子与烷基阴离子成键是离子性最强的，尽管它们与碱金属卤化物保留更多的共价性质。其极性充分反映在金属烷基化合物反应活性上：第 1 族和第 2 族金属的烷基化合物极易水解和氧化，第 13 族金属烷基化产物反应性降低，第 14 族化合物较不活泼。

电负性EN

电负性(EN)是标记原子将键的电子云密度拉向自身的能力。尽管对于简单的金属氢化物和金属氯化物概念上是单纯的，但是诸如碳元素电负性并不是恒定值，取决于键合中涉及的 s 轨道成键情况，因为 s 轨道比 p 轨道更容易受有效电荷数的影响。电负性介于 2.5～2.6 之间是典型的 sp^3 杂化碳，sp^2 杂化碳具有较高的电负性(约 2.7)，而—C≡CR 中的 sp 杂化碳原子具有与氯接近的电负性。这一方面反映了碳氢化合物的 CH 酸度($C_2H_6 < C_2H_4 \ll HC≡CH$)持续增加，另一方面反映了对于给定金属其结合强度随着 sp^3—C < sp^2—C < sp—C 增加而增强。

类似地，与碳原子键合的其他原子的性质是非常重要的，这个概念被称为"基团电负性"。因此，甲基取代基比三氟甲基具有更小的电负性，三氟甲基三个强吸电子氟取代基使得其电负性(CF_3)与氧相当。 类似

反应性

地，五氟苯基(—C_6F_5)比苯基(—C_6H_5)有更强的电负性(吸电子)，这类讨论呈现在硼化合物(1.5.1)章节。

主族金属烷基物的反应性，如将烷基转移到不饱和的有机底物或金

M—C键
强度

属卤化物的能力，随着 M—C 键的离子特性的降低而降低，并且随着金属中心的路易斯酸性降低：

$$Li—R > RMgX(X=卤素) > MgR_2 > AlR_3 > ZnMe_2 \approx SnMe_4$$

一些烷基 M—C 键较强(如 BMe_3)或者路易斯酸性较弱(如 $SiMe_4$)的化合物，不足以成为有效的烷基化转移试剂。

就热力学稳定性而言，大多数较轻元素的金属有机化合物是可以比较的，例如烷基胺(NMe_3：生成焓 $\Delta H_f = -24kJ \cdot mol^{-1}$；平均 N—C 键解

离焓 $D=314\text{kJ}\cdot\text{mol}^{-1}$）。较重元素烷基化可能是吸热的。表 1.1 列出了代表性的热力学参数。

键平均解离能仅能粗略预示其反应活泼程度，所含烷基的第一个比后续更容易反应。例如，在 $AlMe_3$ 与过渡金属卤化物的反应中，通常只能转移三个甲基中的一个。

表 1.1　气相中部分主族元素甲基化产物的热力学参数[①]

族	12			13			14		
	MMe₂				MMe₃			MMe₄	
M	$\Delta H_f/\text{kJ}\cdot\text{mol}^{-1}$	$\overline{D}$	M	$\Delta H_f/\text{kJ}\cdot\text{mol}^{-1}$	$\overline{D}$	M	$\Delta H_f/\text{kJ}\cdot\text{mol}^{-1}$	$\overline{D}$
			B	-123	365	C	-167	358
			Al	-81	274	Si	-245	311
Zn	$+50$	177	Ga	-42	247	Ge	-71	249
Cd	$+106$	139	In	173	160	Sn	-19	217
Hg	$+94$	121	Tl	—		Pb	$+136$	152

① O'Neill M E，Wade K，Comprehensive Organometallic Chemistry，1982，1：5．

结构类型　主族元素烷基化合物的结构类型，如 A 至 H 所示：

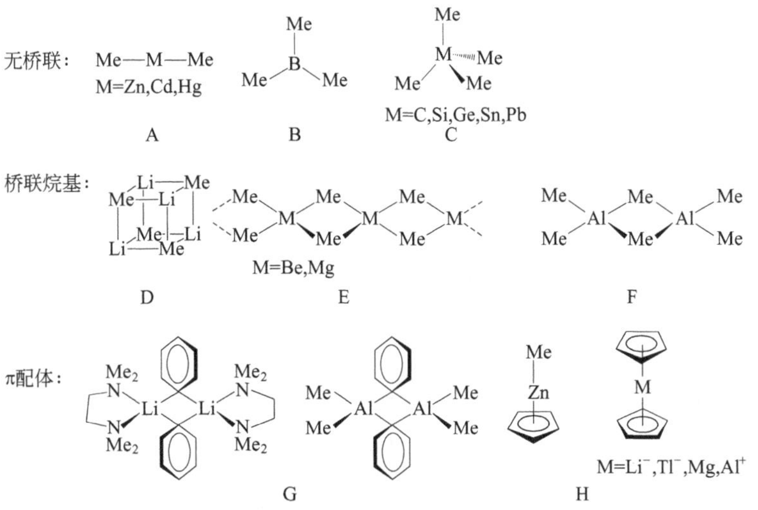

结构由金属上可用的价轨道数和金属中心的路易斯酸性决定。锌、镉和汞（A）的二烷基化合物只是微弱的路易斯酸。例如，尽管锌原则上能够接受两个供电配体以产生四面体结构，但甲基配体的给电子性质使其路易斯酸性不足以桥联甲基配体形成聚集体，因此，该化合物是单体和线型结构。三甲基硼烷（B）具有空的 p 轨道，原则上能够与电子对结合，即它是路易斯酸，但是由于甲基的正电荷诱导（+I）效应，其酸性是弱的。硼原子很小，因此，立体排斥阻碍了二聚发生，化合物是气态单体。第 14 族元素（C）的四甲基 Si 化合物里中心元素被八面体电子包围，形成精确电子构型的化合物。这些化合物不具有路易斯酸性［高原子序数的同族元素原则上可以与阴离子 X^- 结合，其配位数（CN）为 5 或 6］，并且它们是相对不活泼的挥发性单体化合物。

另外，在空电子轨道数超过价电子数，以及空间位阻影响较小的情况下，两个或两个以上金属中心会共用 CH_3^- 电子对。这会形成缺电子结构，例如，在甲基锂四聚体 $[LiMe]_4$(D)中，其中三个锂离子竞争一个甲基阴离子并形成 2 电子 4 中心(2e4c)键。类似地，铍和镁比锌更具极性和更强的路易斯酸性，其二甲基化合物通过与桥联甲基配体(E)形成 2 电子 3 中心(2e3c)键，实现四面体几何构型。这些化合物是非挥发性聚合物。在三甲基铝中会有相同类型的键合。铝的原子序数比硼大，电正性更强，路易斯酸性更强。这些因素有利于形成二聚体结构(F)：与硼同系物不同，铝化合物是固态，在烃类溶液中是二聚体，在气相中，这些结构与平面三角形的单体 $AlMe_3$ 处于平衡状态。

2电子3中心键与2电子4中心键

有 sp^2 杂化碳原子的阴离子存在时，如金属-乙烯基或芳基，这些不饱和烃基部分采用桥联形式。以锂化物为例，其他配位点被四甲基乙二胺配体占据，得到 Li^+ 四面体构型(sp^3 杂化)。在混合芳基烷基配位铝化合物中，总是芳基形成桥联。芳基桥进一步提供了 2e3c 键例证，尽管 $[R_2Al(\mu\text{-}C_6H_5)]_2$ 中离子共振有助于芳基 π 电子呈现八面体构型。键合相互作用，如下所示：

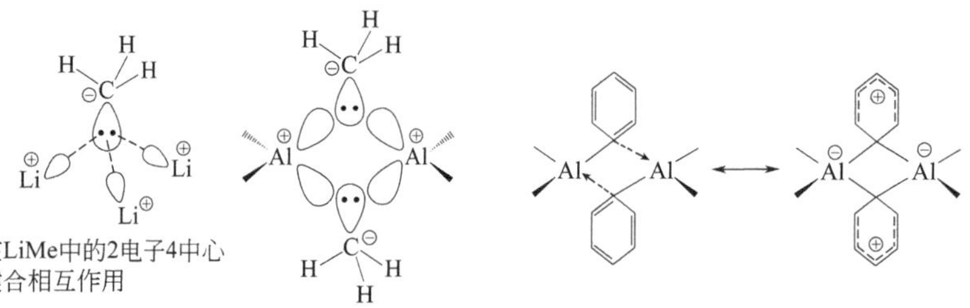

在LiMe中的2电子4中心键合相互作用

在Al_2Me_6中2电子3中心键

结合桥联芳基。在离子共振形式下，金属达到八电子结构

在其他杂核元素的二聚化合物中，杂原子占据桥联位置。由于这些元素包含至少一对孤对电子，所以，其键合不是缺电子多中心键合，而是由于 n-供体相互作用，使得金属中心实现八重态电子构型并且具有精确电子构型，例如：

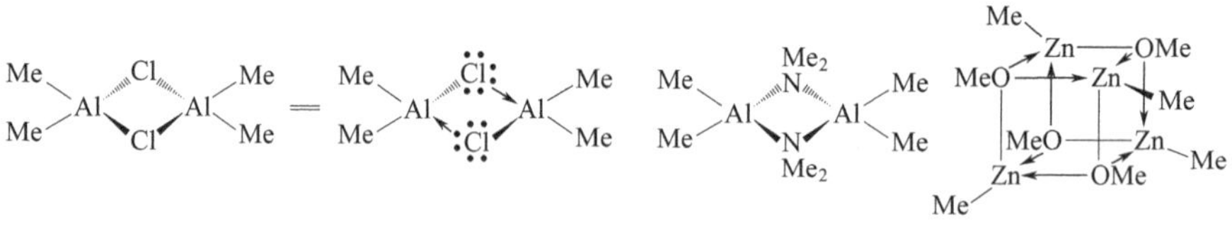

对于不饱和芳烃阴离子，如环戊二烯基(茂基)阴离子($C_5H_5^-$，缩写为 Cp^-)，形成了包含 π 键的夹心配合物，H 型结构。夹心配合物是其中金属中心键合到具有离域 π 电子的两个环配体。Cp 阴离子可以提供六个 π 电子，它是一个 6π 的休克尔芳香体系，是苯的等电子体。这产生高的电子饱和度，因此，$ZnCp_2$ 只有一个 Cp 环是 π 键联(η^5)，第二个环与金属只有单碳(η^1)键联作用。

相比之下，二烷基汞中 π 配位趋势低，意味着两个环配体只形成了 σ 键（η^1）；这些键具有流动性，金属在 π 面上快速迁移，最终所有的碳都与金属键合。几个具有 π 键合配体的主族化合物实例如下：

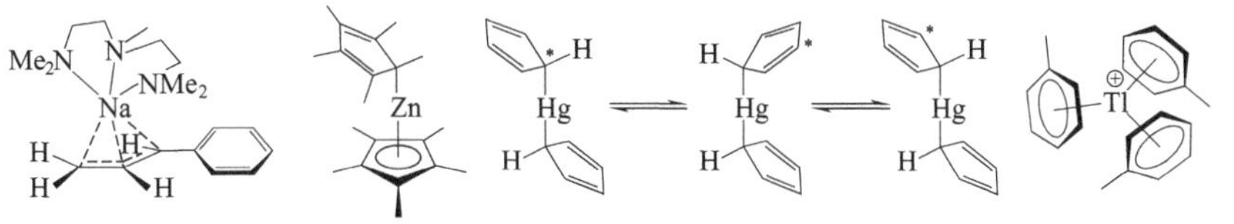

Na(1-苯基-η^3-烯丙基)　Zn(η^1,η^5-C$_5$Me$_5$)$_2$　　Hg(η^1-C$_5$H$_5$)$_2$　Tl(η^6-甲苯)$_3^+$
阳离子

> 在含有不饱和烃配体（烯丙基、芳烃、烯烃、Cp 等）的化合物中，与金属键联的不饱和碳原子的数量用"哈普托数"来表示，η^n（来自希腊语 $'\alpha\pi\tau o$，紧密的）中 η 表示 π 键合，n 表示键合 C 的数量。

离子型金属有机化合物　因含有吸电子取代基或者电荷广泛离域，有机阴离子特别稳定，使得金属阳离子与碳阴离子的相互作用甚至弱于溶剂分子，从而溶液中离子直接键联作用并不显著。例如，NaC$_2$H 中的乙炔阴离子类似于卤化物，NaCp 含有环戊二烯阴离子（一种 6π 芳族化合物）；在 KCPh$_3$ 中，CPh$_3$ 阴离子在三个苯基取代基上电荷离域稳定。

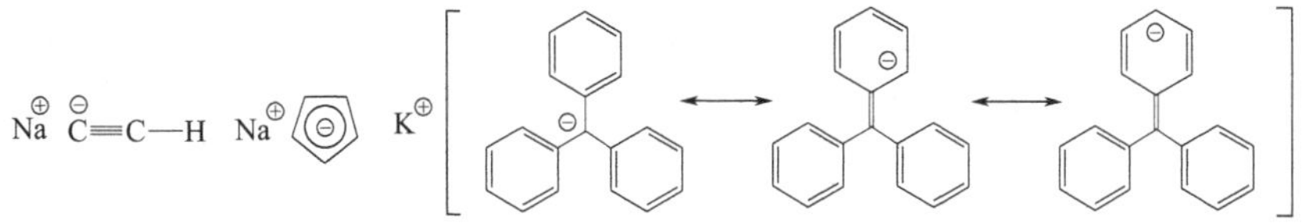

碱金属的高还原电位有利于电子转移到芳烃或多烯上，以产生（通常是强烈着色的）自由基阴离子或阴离子芳族体系的盐。这样的化合物容易在非质子极性溶剂（如四氢呋喃，THF）中形成，并常常用作还原剂。碱金属阳离子是溶剂化的，没有与阴离子形成直接键合，尽管在某些情况下已经获得结晶盐。吡啶等杂芳基化合物也可以与碱金属反应生成紫色吡啶基阴离子（与苯或甲苯则不能发生电子转移）。碱金属将环辛四烯（一种非平面非芳香族烯烃，含 8 个 π 电子）还原成 C$_8$H$_8^{2-}$ 二价阴离子，这是一个平面的 10π 芳香族体系［服从休克尔（$4n+2$）规则］。二苯甲酮还原为深紫色自由基阴离子，是极好的显色干燥剂，用于极性非质子溶剂，如乙醚和四氢呋喃纯化和脱氧：

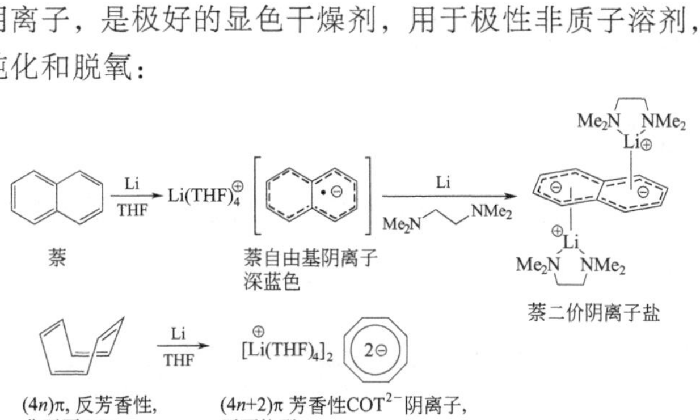

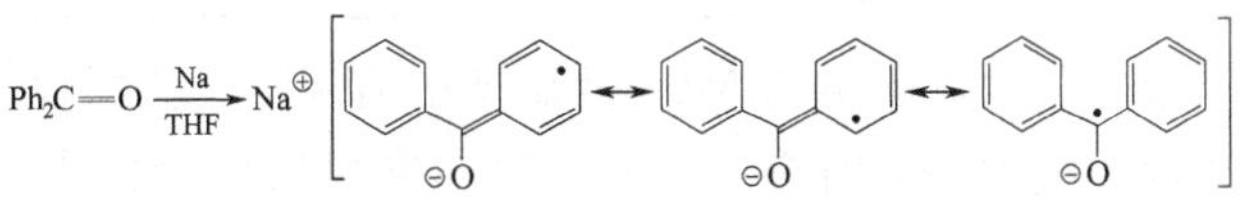

萘　　　　　　　　萘自由基阴离子
　　　　　　　　　深蓝色　　　　　　　　　　　　　　　　萘二价阴离子盐

($4n$)π，反芳香性，　　　　($4n+2$)π 芳香性 COT^{2-} 阴离子，
非平面 COT　　　　　　　平面构型

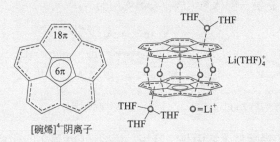
锂离子作为石墨电极中重要的电荷载体。在这种结构中，Li⁺嵌入的模型是嵌入五个Li⁺所形成夹心结构的碗烯四阴离子。这种夹心结构非常稳定，能够在THF溶液中保持稳定；嵌入的Li⁺即使加入冠醚也能保持稳定。

◉ **要点**

　　主族元素的有机金属化合物主要用作碳-碳键、碳-杂原子键和碳-金属键的合成试剂。主族M—C键的极性可以从离子型（碱金属）到普通共价型（硼、锡）。这决定了它们的反应性、烷基化能力及对空气的稳定性。极性M—C键与水反应迅速，并且化合物可能是自燃的。

◉ **练习**

1. 根据M—C键极性增加的方向排序：$ZnMe_2$，$LiMe$，$MgMe_2$，BMe_3，$SiMe_4$。
2. 画出上述化合物的结构并确定金属中心的电子数。其中哪个是电子八隅体？
3. 为什么说$C_5H_5^-$（Cp^-）和苯是等电子体？

锂
3
6.941

锂是碱金属中最硬的金属，在空气中慢慢氧化。可以使用锤子碾成片状或者用剪刀剪小片，用于合成烷基锂。由于锂能够与氮气反应，其相关反应应该在氩气中进行

1.2 碱金属有机化合物：锂

1.2.1 合成

　　烷基锂由烷基卤化物与锂反应制备，能稳定锂离子的溶剂如乙醚可以促进反应的进行。

$$R—Br + 2Li \xrightarrow[20℃]{乙醚} LiR + LiBr$$

　　反应相当于是R—Br键氧化加成到锂晶体边缘的锂原子上。这非常适用于简单的烷基化基团，如R＝Me；但在某些情况下，产率会因为自由基中间体R·耦合形成R—R而降低。烷基锂通常可以商业购买，常见的如

LiMe 的乙醚溶液，LiBu^n 和 LiBu^t 的正己烷溶液。

由于烷基锂容易水解，LiR＋H$_2$O $\longrightarrow$ RH＋LiOH，所以 LiR 的浓度需要校准。标定可以很方便地通过双滴定操作实现：一等分量的 LiR 在蒸馏水中水解并加入合适的滴定指示剂（例如溴百里酚蓝），另一等分量则是在加入水之前，在氮气氛围环境下用过量的 1,2-二溴乙烷处理，LiR＋BrC$_2$H$_4$Br $\longrightarrow$ LiBr＋RBr＋C$_2$H$_4$。第二个样品中 LiOH 的产生来源于二溴乙烷加入前所含 LiR 已水解的产物，所以两个样品的滴定值的差即为 LiR 的浓度。

烷基锂可以看作是去质子化烷烃的盐。由于烷烃酸性极弱，因而 LiR 的烷基阴离子碱性最强：

$$LiMe < LiBu^n < LiBu^t$$

因此，通过与含有 C—H 键且（极性较大）酸性比甲烷、正丁烷或叔丁烷强的烃类反应，可以制备得到各种各样的锂试剂。有机化合物在非水溶液中的 C—H pK_a 值列于表 1.2 中。

$$LiR + R'—H \xrightarrow{\text{正己烷}} LiR' + RH$$

表 1.2　有机化合物在非水溶液中的 C—H pK_a 值（相关 H 以粗体表示）

化合物	pK_a	化合物	pK_a
Me$_3$C—**H**	47	（茚结构，**H**）	18.5
Me—C**H**$_3$	42		
C**H**$_4$	40	（环戊二烯结构，**H** **H**）	15
C$_6$H$_5$—**H**	39	CH$_3$COO**H**	4.7
C$_6$H$_5$—C**H**$_3$	37		
H$_2$C=CH—C**H**$_3$	36.5	（环戊二酮结构，**H** **H**）	4.5
Ph$_3$C—**H**	32		
HC≡C—**H**	24		

其 C—H 酸度被用于在无盐条件下制备新的锂试剂，例如，LiBu^n 与甲苯反应得到 PhCH$_2$Li 和丁烷。甲基取代的芳杂环化合物更容易去质子化，如 2-甲基吡啶生成深橙色的 LiCH$_2$Py。

烷基锂也可以通过金属卤化物交换来制备。碘代芳烃参与的反应很容易进行，溴代芳烃通常反应缓慢，而氯代芳烃则不发生反应。选择溶剂也很重要。这些都是平衡反应，对于一个成功的合成反应，除去其中一种产物，影响反应平衡的移动。在苯基锂的合成中，使用苯作为溶剂所生成的 PhLi 不溶解，通过产物产生沉淀来实现完全反应：

$$LiR + R'—X \rightleftharpoons LiR' + R—X$$

$$LiR + \text{〈}\text{〉}—I \xrightarrow[\text{RT}]{\text{苯}} \text{〈}\text{〉}—Li \downarrow + R—I$$

在温度可控条件下，金属-卤素交换是选择性合成含官能团芳基锂试剂的有效途径，而且几乎能够定量地制备芳基锂和乙烯基锂：

用金属置换反应合成烷基锂主要利用正电性更弱的金属（如汞、锡、锌）。这虽然是一条不太常见的合成路线，但可以实现锂化合物的无盐制备：

$$R—M + Li \longrightarrow R—Li + M$$

$$R—M + BuLi \longrightarrow R—Li + BuM$$

1.2.2 烷基锂的结构

烷基锂通过多中心键连在一起，形成聚集体。尽管存在高极性 $Li^+ \cdots C^-$ 的相互作用，但是这些聚集体整体显示出低极性，因此易溶于非极性溶剂。例如，LiMe 在乙醚或四氢呋喃溶剂中呈现四聚体，具有扭曲的立方结构。$LiBu^n$ 和 LiCy（Cy＝环己基）在正己烷溶液中为六聚体结构。LiMe 的立方结构也可以被描述为一个 Li_4 四面体上结合了四个甲基，但是锂离子之间没有成键。

$(LiMe)_4$ $(LiR)_6$ R⁻ Li⁺

烷基锂的聚集程度依赖于所用溶剂，同时存在着复杂的缔合平衡。配位能力更强的溶剂如四氢呋喃可以破坏团簇从而形成更小的单元。添加非质子有机胺螯合剂，如 $Me_2NC_2H_4NMe_2$（TMEDA，四甲基乙二胺）或 $Me_2NC_2H_4N(Me)C_2H_4NMe_2$（PMDETA，五甲基二乙烯三胺），能产生二聚体或单体化合物，这往往比多聚体表现出更高的反应活性。这就解释了为什么在使用锂试剂进行金属化反应时，溶剂或混合溶剂的选择往往很关键。例如，加入 TMEDA 使得 $(LiBu^n)_6$ 产生了二聚体：

如在 $[Li(THF)_3]^+[R-Li-R]^-[R=C(SiMe_3)_3]$ 中，发现空间上异常高度受阻的 Li 烷基作为含有二烷基锂阴离子的离子对存在。

常用的烷基锂的聚合度见表 1.3。

表 1.3　常用的烷基锂的聚合度

化合物	溶剂或加合物	聚合度
LiMe	乙醚,四氢呋喃,晶体	4
LiPh(PMDETA)	N,N,N-螯合物	1
Li(η^3-烯丙基)(PMDETA)	N,N,N-螯合物	1
Li(η^3-烯丙基)(TMEDA)	N,N-螯合物	∞,长链体系
LiPh(Et$_2$O)	碱加合物	4
LiPh	乙醚,四氢呋喃	2
LiBu^n	己烷,晶体	6
LiBu^n	四氢呋喃	2,4
LiBu^t	己烷,晶体	4
LiBu^t	乙醚,四氢呋喃	1,2
	晶体	1

1.2.3　烷基锂的反应

作为强碱，烷基锂广泛用于 C—H 键的去质子化。添加螯合供电子配体如 TMEDA 被证实有利于反应的发生且能大大提高反应活性。例如，虽然苯的酸性比正丁烷强了五个数量级，但只有在 TMEDA 加入后才能在 THF 中与 LiBu^n 进行有效的金属化反应。LiBu^s/TMEDA 则更活泼。LiBu^n 和 KOBu^t（Lochmann-Schlosser 试剂）的混合物可原位反应生成活性高的 KBu^n，甚至在不添加 TMEDA 的情况下使得苯金属化，其副产物 LiOBu^t 十分容易去除。

甲苯所含甲基可以被 LiBu^n/TMEDA 锂化，而邻二甲苯和间二甲苯则可以得到双锂化产物，但没有观察到金属环的形成。

相比之下，二茂铁（FeCp$_2$）与 LiBu^n/TMEDA 双金属化是制备二茂铁

LiR/
KOBu^t
超强碱

膦的途径：

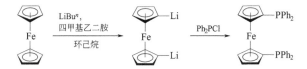

烷基锂常用于无盐条件下 H—X 键的去质子化反应，这里 X 可以是氮、氧、磷等。这个方法合成磷化合物比通过 $R_2PCl+Na$ 来合成更具优越性。

$$LiBu^n + HNPr_2^i \xrightarrow[\text{放出丁烷}]{} LiNPr_2^i$$

$$LiBu^n + HPPh_2 \xrightarrow[\text{放出丁烷}]{} LiPPh_2$$

可以与 LiR 形成配位的官能团常用来选择性地控制金属化位点以得到邻位锂化合物，这被称为邻位导向作用。如果有两个不同的取代基存在，其中一个取代基增加邻位 C—H 键的酸性，而另一个取代基有较强的配位能力，那么选择性将由聚集状态及烷基锂的路易斯酸性来支配。在这两种情况下均可以观察到金属环化现象：

溶剂极易与烷基锂反应，例如，$LiBu^n$ 在 THF 中的半衰期只有 10min。向 LiR 正己烷溶液中加入 THF 通常会放热。THF 最初在邻位发生锂化，随后裂解形成锂烯醇：

胺的二甲氨基，如 TMEDA 在适当的条件下也会发生金属化。这些反应通常可以通过降低反应温度来克服。

锂易与碱性氮发生螯合配位作用，可用于制备取向不同的锂试剂，例如与手性胺配位：

手性烷基化

烷基锂能用于多键加成反应，从而使腈转化为酮（经历中间体亚胺水解）以及酰胺转化成醛：

$$R'{-}C{\equiv}N + RLi \longrightarrow \underset{R}{\overset{R'}{C}}{=}NLi \xrightarrow{H_2O} \underset{R}{\overset{R'}{C}}{=}NH \xrightarrow{H_2O} \underset{R}{\overset{R'}{C}}{=}O$$

$$\underset{H}{\overset{O}{C}}{-}NMe_2 + RLi \longrightarrow \underset{H}{\overset{R}{\underset{}{C}}}\overset{Li}{\underset{O}{}}NMe_2 \xrightarrow{H_3O^+} \underset{R}{\overset{O}{C}}{-}H + Li^+ + H_2NMe_2^+$$

　　烷基锂可以与共轭二烯进行加成反应，生成 η^3-烷基锂，它是进行阴离子聚合的中间体，如异戊二烯制备合成橡胶。这种聚合也会受到其他金属有机活性种的影响。不同异构体的聚异戊二烯(1,4-顺式、1,4-反式、1,2-片段及其混合物)都是可能的，它们的相对含量受引发剂和溶剂的影响。1,4-顺式聚合物的性能与天然橡胶最接近。

　　类似地，烷基锂和烷基钠能够引发苯乙烯阴离子聚合，其中间体是一种负电荷离域在苯环上的仲烷基锂活性种。通过一系列苯乙烯 C$=$C 键的2,1-加成聚合，从而产生一个新的仲烷基锂的链增长种。由于链增长迅速、均匀，这些聚合物的分子量可以通过单体与 RLi 的比值差异获得精确控制。

η³-烯丙基中间体　　　　　顺1,4-聚异戊二烯合成橡胶

苯乙烯　　　　　　　　　　　聚苯乙烯

通过阴离子聚合精确控制分子量制备的聚苯乙烯用于凝胶渗透色谱的标样。

　　作为强碱，烷基锂加入路易斯酸型化合物中形成"ate"（酸根型）配合物，即含有金属的阴离子酸根化合物，例如：

$$LiMe + BMe_3 \longrightarrow Li[BMe_4] \quad 四烷基硼离子$$

$$LiPh + MgPh_2 \xrightarrow{TMEDA} \qquad\qquad 镁盐$$

$$LiEt + AlEt_3 \longrightarrow \qquad\qquad 铝酸盐$$

$$LiMe + CuMe \longrightarrow LiCu^{I}Me_2 \quad 同铜酸盐$$

$$LiMe + CuX \longrightarrow LiCu^{I}(X)Me \quad 杂铜酸盐$$

$$4LiMe + CuX(SMe_2) \xrightarrow[-100℃]{\overset{Cl\quad Cl}{}} LiCu^{III}Me_4$$

X=Cl,Br,I

烷基铜(Ⅲ)酸盐
d⁸，平面正方形
在0℃的半衰期:7h

金属阴离子酸根化合物

铜酸盐试剂

　　铜酸盐的形成基于线型阴离子 [R—Cu—R]⁻，此阴离子可以与阳离子或溶剂包裹的阳离子作用形成离子对。Cu—C 键主要是共价键。

(S)=溶剂给电子体

下图展示了它们的晶体结构实例，它们溶于醚，并能迅速发生交换，达到溶解平衡。有机铜锂试剂用于共轭烯酮选择性1,4-烷基加成、C—C多重键的加成和取代反应。

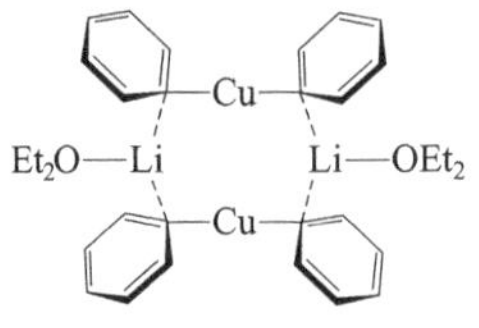

芳基铜酸盐 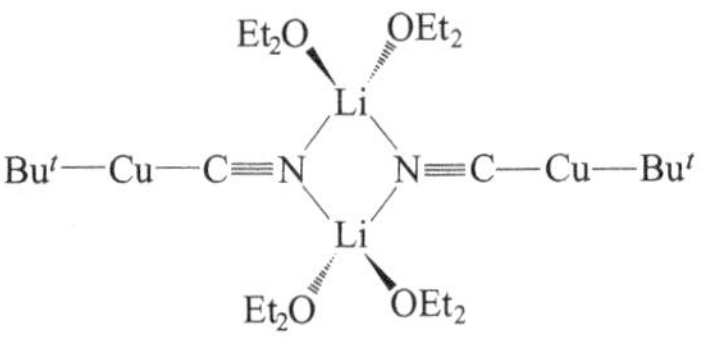　　　　　　氰基铜酸烷基酯

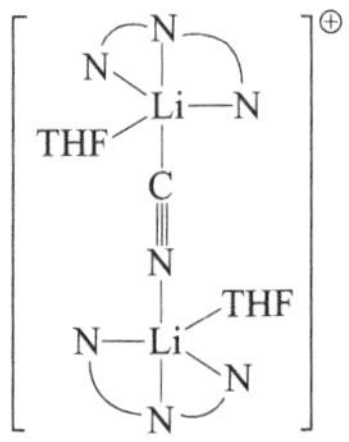

NNN＝PMTEDA

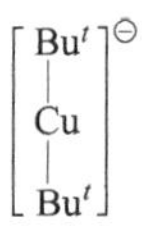

二烷基
铜酸酯　　芳酰氨基铜化物

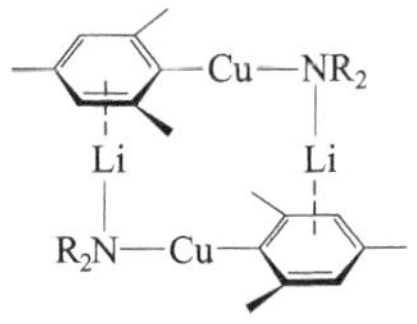

钠 11
22.990

1.2.4　重碱金属(钠至铯)有机化合物

碱金属离子半径如下所示：

碱金属	Li^+	Na^+	K^+	Rb^+	Cs^+
离子半径/Å	0.69	0.97	1.33	1.47	1.67

钾 19
39.098

铷 37
85.468

铯 55
132.905

随着碱金属离子半径增大，烷基金属化合物的离子性也随之增加。将 MeLi 溶液添加到 $MOBu^t$($M=Na$，K)中分别得到 NaMe 和 KMe。固体 KMe 形成离子晶格，其中 CH_3^- 被六个 K^+ 包围。固体 NaMe 的化学性质介于 LiMe 与 KMe 之间。烷基钾很难分离得到，通常通过 $LiR+KOBu^t$ 原位反应制备得到，并作为活性种用于合成；烷基钾能够通过金属化活化 C—H 键，如活化 C=C 键键联甲基的 C—H 键形成烯丙基：

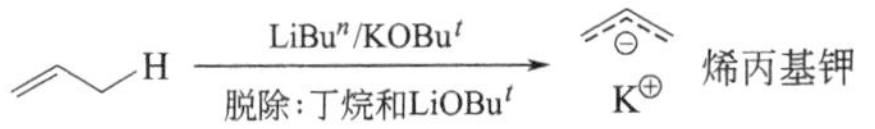

从合成的角度看，钠和钾最重要的金属有机化合物是环戊二烯基产物。这些可以从金属、金属氢化物或烷基锂得到。NaCp 和 KCp 可以更方便地由双环戊二烯与金属定量地直接反应得到，不需要预先裂解为单环戊二烯：

环戊二烯
金属配合
物见2.8节

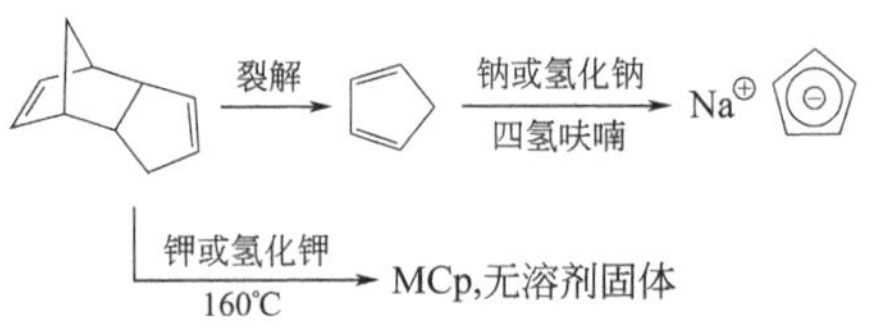

作为离子化合物，这些环戊二烯化合物易溶于非质子溶剂如四氢呋喃中。固态时的 Cp^- 和 M^+ 形成堆积结构，依据 M^+ 半径的不同及有无供体分子(乙醚、吡啶)，呈现线型或锯齿状。碱金属阳离子是球形的，对 Cp 配体的相对取向没有影响，晶体结构由静电作用和堆砌力决定。对于体积

较大且稳定的阳离子，如 PPh_4^+，形成夹心配合物如［$LiCp_2$］$^-$已被分离验证。

　　环戊二烯碱金属化合物是制备重要过渡金属配合物"茂金属"的关键原料。

　　由于碱金属离子没有电子可以形成共价键，易溶于水，并对极性醚类溶剂有强亲和性，因而它们难于与烃类 π 配体形成配位键。这是有局限性的，尤其是当用作阳离子的一部分时，在强极性溶剂 THF 中大体积的碱金属离子也常常能与芳香 π 体系配位结合。例如，在盐［$K(PhMe)_2$$(FeCp_2)_2$］$^+$［$Mg(NR_2)_3$］$^-$的结构中，与甲苯的配位作用钾离子优先于镁阴离子酰胺桥的形成。

　　在钾和铷苄基化合物的结构中，碱金属阳离子与平面苄阴离子间存在 η^3 和 η^6 类的 π 相互作用。在四苯基硼盐化合物 $MBPh_4$ 中可以看出阳离子-芳烃相互作用的巨大差异：其中钠盐的水溶性很好，钾盐则不溶，因而可通过沉淀法测定钾离子含量。钾化合物具有链状结构，其链状结构也同样出现在铷和铯与四苯基硼盐里。

延伸阅读 1.2.4　混合金属配合物和强碱

　　长期以来，人们都知道烷基锂能与其他金属化合物包括烷基和芳香化合物生成加成物。如果这些多金属混合物还含有酰胺配体，它们就会形成被称为"超强碱"的聚集体；这些化合物对 C—H 键的去质子化非常有效，特别是在单金属烷基或酰氨基试剂都无法活化的情况下。烷基锂、烷基钠、烷基与二烷基镁、二烷基锌的混合物，或四甲基哌啶(TMP-H)，或 KTMP、MgR_2 和螯合胺，易与单和双金属芳烃配合物、杂环芳烃配合物、过渡金属夹心配合物，甚至与乙烯类配合物发生选择性反应。

要点

　　碱金属形成的金属有机化合物 M—R 中 M—C 键具有高极性。金属的离子性从 Li 到 Cs 越来越强。烷基锂 LiR 是极强的碱，碱性强弱与 R 基团有关，从 Me < Bu^n < Bu^t 依次增强，它们能够使 C—H 键金属化。烷基锂和芳基锂形成有 2e3c 键或 2e4c 键的聚集体；它们还可以与其他的烷基金属加成形成混合金属化合物。溶剂配位作用可以破坏聚集体，从而对提高烷基锂的反应活性至关重要。

练习

1. 说明锂试剂如何由锂金属制成。应该使用哪种溶剂？给出化学方程式。

2. 丁基锂和碘苯可以发生反应吗？如果可以，是怎样反应的？给出化学方程式并详细说明其机理。

3. 在正己烷中，丁基锂以六聚体形式存在，但在四甲基乙二胺中为二聚体，此时产品的结构是怎么样的？锂离子是如何达到电子饱和的？

4. 写出氢化钠与环戊二烯反应的结构和方程式。该产品含有离子或共价金属碳键吗？应该使用哪种溶剂，为什么？给出你的理由。

1.3 碱土金属的金属有机化合物

　　碱土金属有[稀有气体]s^2 的电子构型，因此可形成两个 σ 化学键得到化合物 MX_2，氧化态为 +2 价（除极少数外）。碱土金属比碱金属电负性强，其 M—C 键共价键性能更强。由于价轨道数超过价电子数，碱土金属化合物是路易斯酸，可以配位两个或者更多的中性配体。其路易斯酸性决定了它们较高的反应性。该系列中六配位 M^{2+} 的离子半径逐渐增加：

离子	Be^{2+}	Mg^{2+}	Ca^{2+}	Sr^{2+}	Ba^{2+}
半径/Å[①]	0.45	0.72	1.00	1.18	1.35

① 1Å＝0.1nm。

因此更重的元素表现出更多的离子特性和更高的配位数（四面体的铍、镁和八面体的钙）。到目前为止，该族最重要的金属有机化合物是格氏试剂。

铍 4
9.012

1.3.1 铍

铍作为半径最小的碱土金属元素，具有最高的电离势，因此其化合物在该族中共价性最强。铍有剧毒，因而没有合成的实用价值。它通常是 sp^3 杂化，最高配位数为 4。与硼相似，铍趋向于形成 2e3c 键。下图展示了一些例子来说明成键特征。

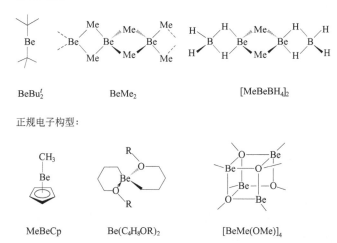

1.3.2 镁

1.3.2.1 镁试剂的合成

镁 12
24.305

通过镁直接反应制备镁试剂 烷基镁和芳香基镁化合物是由卤代烃与镁直接反应得到的。由于镁金属有机化合物对空气和水分很敏感，制备需要在惰性气体环境的干燥溶剂中完成。溶剂醚用于稳定所得产物：

$$R—X+Mg \xrightarrow{\text{乙醚}} RMgX(Et_2O)_n$$

自从发现 RMgX 试剂容易与有机分子中的 C＝O 键反应，镁试剂被广泛用于制备 C—C 键化合物。

延伸阅读 1.3.2.1　格氏试剂

格氏试剂的制备是多相反应。常用的是金属镁屑，其反应发生在金属表面。反应过程涉及金属和烷基自由基间的电子转移：

$$R{-}X + e^{-} \longrightarrow RX\cdot{-} \longrightarrow R\cdot + X^{-}$$

最主要的副反应是烷基自由基发生 Wurtz 偶联反应形成 R—R。

格氏试剂的制备往往需要活化金属表面，要么通过加入晶体碘加热镁屑直到看见紫色碘蒸气，要么通过在醚中使镁与 1,2-二溴乙烷反应生成 $MgBr_2$ 和乙烯。路易斯酸性化合物($MgBr_2$ 或 MgI_2)的存在能够催化 Mg 和 R—X 反应；没有路易斯酸催化，形成格氏试剂的反应会有较长的诱导期。相同的原理，LiCl 加入反应混合物中能显著促进格氏试剂的形成。

由于格氏试剂与供电子的分子形成复合物，因而其反应活性对溶剂有着强烈的依赖性，例如，加入三乙胺生成胺加合物，其反应比无胺物质的反应快几个数量级。

另外，还可以使用高活性的镁粉替代镁屑，通过在回流的四氢呋喃或乙二醇二甲醚中使用钾还原无水氯化镁得到高活性镁粉，或者在室温四氢呋喃中采用萘作为电子转移试剂使用锂还原氯化镁得到镁粉。

$MgBr_2$, LiCl, 胺添加剂的作用

这种方法可以制备各种各样的烷基、烯基、芳基和杂芳基格氏试剂，特别是用乙醚或者四氢呋喃作为溶剂原位制备。在某些情况下，有机镁试剂制备过程中会发生重排反应。

双格氏试剂也可以制备，只是往往收率低，在 n 大于 3 的情况下，$BrMg(CH_2)_n MgBr$ 类型的化合物通常能够获得。通过精细控制反应条件也能够制备得到 $CH_2(MgBr)_2$，其常用于形成金属亚甲基化合物。双格氏试剂和三格氏试剂也能够通过镁(蒽)化合物制得，镁(蒽)化合物是一类活化的金属镁源：

通过金属-卤素交换法制备镁试剂　镁试剂也经常使用金属交换来制备：

$$RMgX + R'X \longrightarrow R'MgX + RX$$

Mg-sp³-C 键会被更稳定的烯基、芳基或杂芳基配体取代。这是一类制备格氏试剂的便捷途径，制备温度比由镁金属直接反应合成所需的温度要低。因此常用金属交换法制备不稳定的格氏试剂。反应需要 LiCl 进行协助，例如，在 O-供体或 N-供体存在下使用混合金属加成物，能够增加活性物质 [Pr₂MgCl]⁻ 的平衡浓度，比单独使用 Pr^{i}MgBr 活性更高。在较低的温度下，众多的官能团能够稳定存在而不需要保护；该反应也可用于通常情况下格氏试剂难以起作用的富电子芳烃底物，例如：

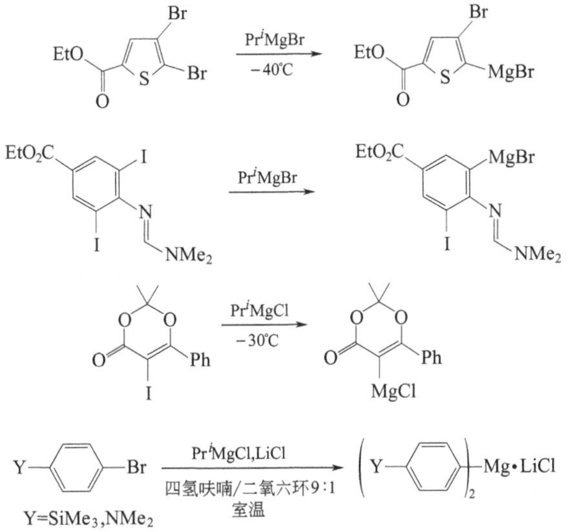

通过 C—H 键金属化制备镁试剂　格氏试剂能够与化合物中 C—H 键酸性($pK_a \leqslant 25$)足够强的氢键(R—H)发生金属化反应，可利用该途径制得烷基、环戊二烯基以及茚基衍生物和其他相关底物的镁化合物。这些反应通常需要强配位溶剂来促进反应。环戊二烯基镁化合物具有 η⁵ 键的 Cp 环。

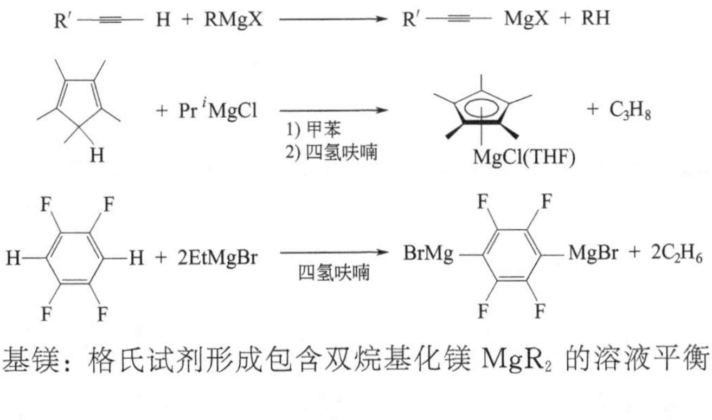

二烷基镁：格氏试剂形成包含双烷基化镁 MgR₂ 的溶液平衡(Schlenk平衡)。

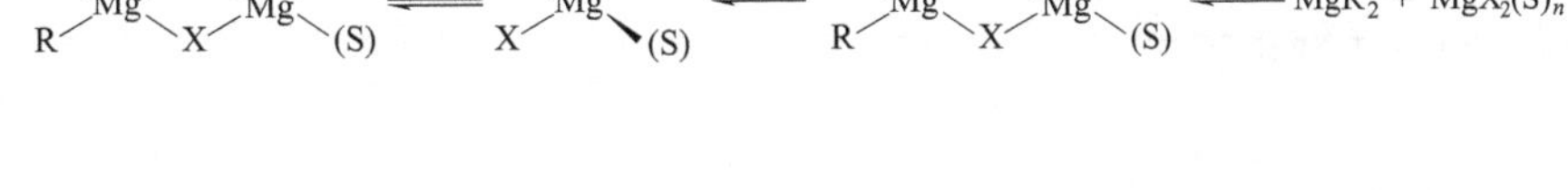

Schlenk 平衡中配体交换速率按照 X＝Cl＞Br＞I 的顺序依次递减，空间位阻大的 R 基团比 n-烷基的交换速率慢。^{1}H、^{13}C、^{25}Mg 核磁共振光谱已经证实了这种平衡的存在。平衡常数 K 具有强烈的溶剂依赖性，表明卤代烷格氏试剂普遍溶于乙醚，而在配位能力更强的四氢呋喃中 MgR$_2$ 浓度接近 25% 的统计值（$K＝4$）：

$$K = \frac{[RMgX]^2}{[MgR_2][MgX_2]}$$

RMgX	溶剂（25℃）	K
MeMgBr	乙醚	320
	四氢呋喃	约 3.5～4
EtMgBr	乙醚	480～484
	四氢呋喃	5.09
EtMgI	乙醚	＞630

通过配合（如与 1,4-二氧六环配位，得到不溶性的配位聚合物）除去二卤化物 MgR$_2$ 使 Schlenk 平衡移动可以制备双烷基镁。已商业化的 MgBu$_2$ 是 MgBu$_2^n$ 和 MgBu$_2^s$ 的混合物。双格氏试剂为环状结构。

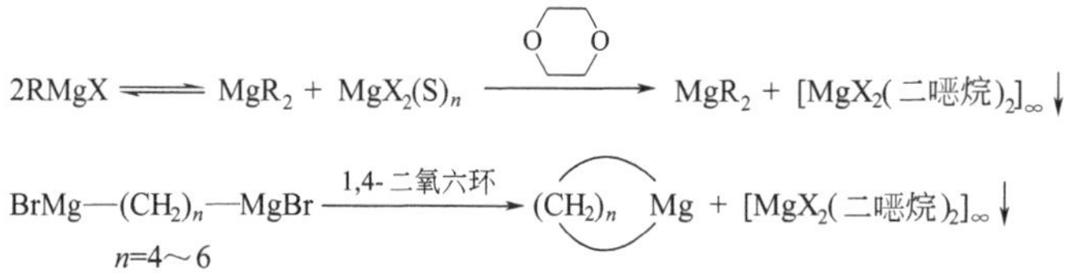

加入强螯合剂［如 HMPA、O＝P(NMe$_2$)$_3$］、氮杂冠醚或多胺 PMDETA 会引发 MgR$_2$ 自电离平衡：

$$2MgR_2 + nL \rightleftharpoons [R\!-\!Mg(L)_n]^+ MgR_3^-$$

镁(0)能降低不饱和底物如丁二烯或蒽的受电子能力以得到相应的镁试剂：

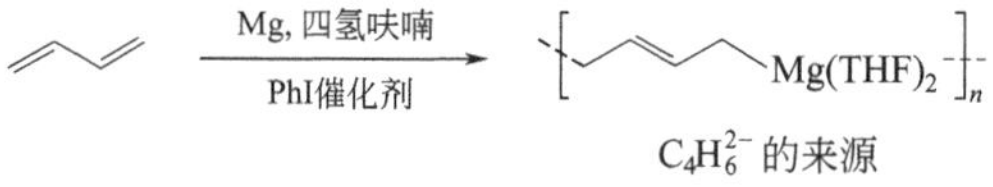

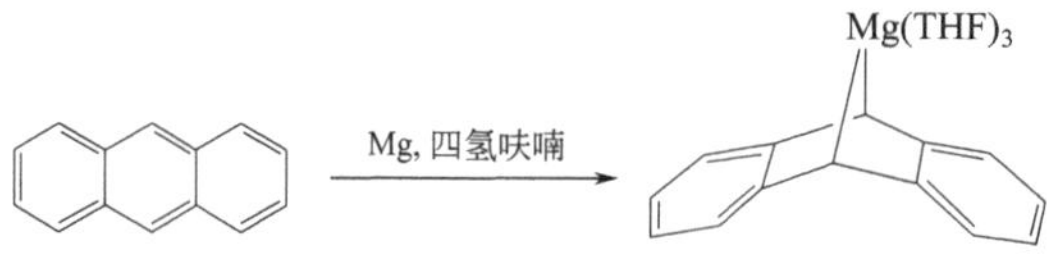

蒽镁和过渡金属卤化物（TiCl$_4$、CrCl$_3$ 或 FeCl$_2$）的混合物催化金属镁与 H$_2$ 在一定压力下反应得到 MgH$_2$。这是个可逆反应，H$_2$ 可以受热释放出来。MgH$_2$ 具有较高的氢含量［7.6%（质量分数）］，因而作为储氢材料备受关注。

在过渡金属催化剂（如 ZrCl$_4$ 或 Cp$_2$TiCl$_2$）存在下，二氢化镁与 1-烯烃反应制备二烷基镁，是氢化镁对端烯氢化的产物。反应可能包括过渡金属氢化物的生成，其次是烯烃插入和镁的转化反应。Mg—C 键与 C＝C 加成得到镁碳键化合物：

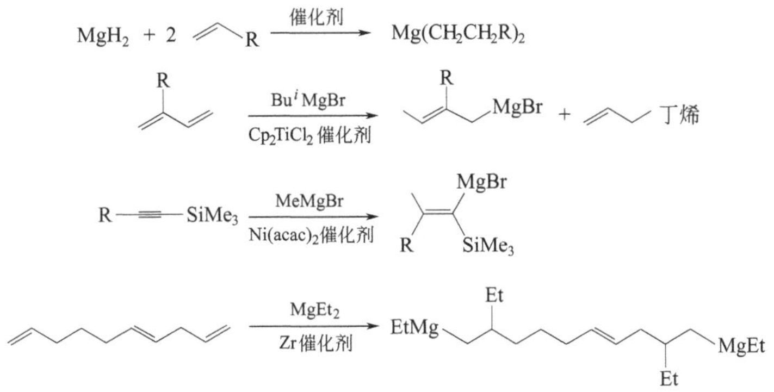

以 CpTiCl$_3$ 为催化剂，环戊二烯与 MgBu$_2$ 或者镁直接反应，能够在温和的条件下制备 MgCp$_2$（二茂镁）。该化合物也可以通过 CpMgBr 真空升华产生。MgCp$_2$ 具有平行茂环的茂金属结构。Cp$^-$ 与 Mg^{2+} 之间的相互作用主要是离子作用，在加入二甲基亚砜（DMSO）后更加明显，电离形成 [Mg(DMSO)$_6$]$^{2+}$(Cp$^-$)$_2$，有非配位 Cp$^-$。次强配位的 THF 的加入使其中的一个 Cp 环配位状态从 η^5 变成 η^1：

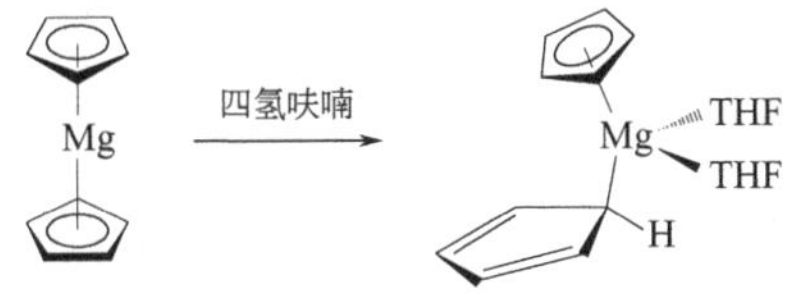

1.3.2.2　镁试剂的结构

格氏试剂的结构取决于烷基或芳基配体的空间位阻、卤原子以及配位溶剂。在位阻大的化合物中，Mg 配位数为 2 或 3，但在大多数情况下这些化合物采用扭曲的四面体结构，尽管也有其他几何形状存在。不同于 LiCPh$_3$(TMEDA) 离子，BrMgCPh$_3$(OEt$_2$)$_2$ 中含有 Mg-CPh$_3$ 共价键。烷基镁试剂含有 η^1 烷基配体，而 CpMg 衍生物通常是 η^5 型。

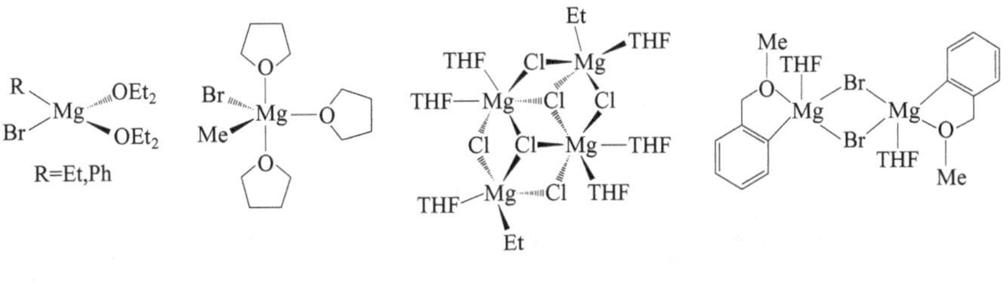

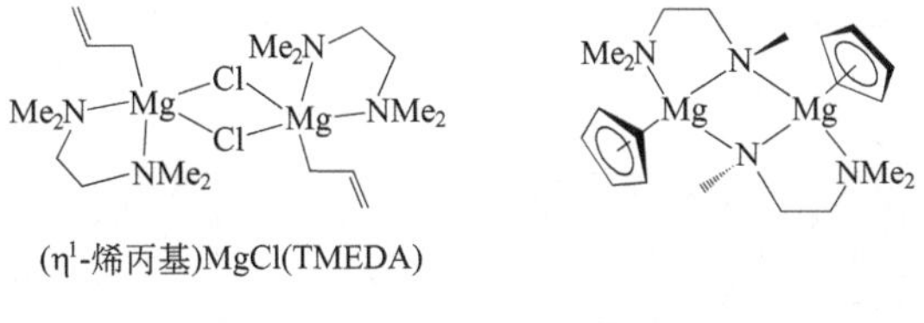

(η^1-烯丙基)MgCl(TMEDA)

二烷基和二芳香基镁化合物具有缺电子多中心键，类似于锂试剂的结构。[MgMe$_2$]$_n$ 是聚集态，为 2e3c 键。MgBu$^i_2$ 是二聚体，而极大体积的

C(SiMe$_3$)$_3$ 配体只能形成两配位的单体结构。聚集体的结构被供电子配体或与大体积配体反应而破坏，例如，[MgMe$_2$]$_n$ 与大体积的二亚胺反应得到三配位的 MeMg(二酮亚胺)单体。双苯基镁是一种有着 μ，η^1，η^1 键的茂环配位聚合物，而邻位取代的芳香环则形成二聚体结构。

Mg(CR$_3$)$_2$,R=SiMe$_3$ [Mg(Bu^t)$_2$]$_2$ MgEt$_2$(18-冠-6)

1.3.2.3　镁试剂的反应

格氏试剂常用于把烷基或芳基转移到其他元素和有机底物上，这是大多数主族和过渡金属有机化合物的标准合成方法，例如：

$$ZrCl_4 + 4PhCH_2MgCl \xrightarrow{乙醚} \left[\begin{array}{c} \end{array} \right] \xrightarrow{-4MgCl_2} $$

$$SiCl_4 + 2Mg(C_4H_6)(THF)_2 \xrightarrow{-2MgCl_2} $$

$$BF_3(OEt_2) + 3C_6F_5MgBr \xrightarrow[-3MgBrF]{甲苯,\,0\sim100℃} $$

C—C 键形成也常见于与有机羰基化合物进行的反应。镁中心的路易斯酸性决定反应活性，底物的配位作用增加了键的极性，从而促进烃基配体 R 的转移。

$$R-MgX$$

（反应物及产物示意）

$R_2R''C=O \longrightarrow \begin{array}{c} R \\ R'-C-OH \\ R'' \end{array}$

$\begin{array}{c} H \\ R' \end{array}C=O \longrightarrow \begin{array}{c} R \\ R'-C-OH \\ H \end{array}$

$R^1-\!\!\equiv\!\!-R^2 \longrightarrow \begin{array}{c} R^1 \quad R^2 \\ R \quad MgX \end{array}$

$\overset{O}{\triangle} \longrightarrow R\!\!\frown\!\!OH$

$D_2O \longrightarrow R-D$

1) $R'-\!\!\equiv\!\!-N$ 2) $H_2O \longrightarrow \begin{array}{c} R \\ R' \end{array}C=O$

$\begin{array}{c} R^2 \\ R^1 \end{array}C=N-R^3 \longrightarrow \begin{array}{c} R \\ R^2-C-NHR^3 \\ R^1 \end{array}$

1.3.3　钙、锶、钡

重碱土金属的金属有机衍生物很难制备和处理，且选择性差，实际很少应用于合成中。其离子半径比镁大，表明该类化合物比镁类似物的共价性小，通常倾向于配位更多的溶剂分子形成八面体结构而不是四面体化合物。

不同于镁和锌的类似物，大位阻双烷基钙 $Ca(CR_3)_2$（R＝SiMe_3）结构是扭曲的，能与醚反应。双苄基钙同三苯甲烷去质子化能得到具有离子对结构的产物。由于其强碱性，双苄基钙可作为苯乙烯阴离子聚合的引发剂。

$CaI_2 + 2KCR_3 \xrightarrow[-KI]{} \underset{R=SiMe_3}{\begin{array}{c} R \quad Ca \quad R \\ R_2C \overset{149.7°}{\diagup\diagdown} CR_2 \end{array}} \xrightarrow{\text{乙醚}} 2R_3CH + 2C_2H_4 + Ca(OEt)_2$

$CaI_2 + 2KCH_2Ph \xrightarrow[-KI]{} Ca(CH_2Ph)_2 \xrightarrow[\text{四氢呋喃}]{HCPh_3} [Ca(THF)_6]_2^+(CPh_3^-)_2$

$(THF)_2Ca\left(\begin{array}{c} Me \\ \diagup \\ N \\ Me_2 \end{array}\right)_2 \quad \xrightarrow{\diagup\!\!=\!\!Ph} \quad Me_2NPhCH \cdots$

在已知的一些环戊二烯金属化合物中，MCp_2 中不带取代基的环戊二烯化合物是溶解性差的配位聚合物。$C_5Me(Cp^*)$ 具有很强的给电子能力且空间位阻很大，得到的配合物具有夹心结构。不同于 $MgCp_2$，它们的结构是弯曲型的。这些化合物使用金属与 NH_3 原位反应生成 $M(NH_2)_2$ 作为反应中间体。$BaCp_2^*$ 具有挥发性，可通过升华来纯化。MCp_2^* 与 MI_2 通过歧化反应生成单茂化合物。

$M + 2Cp^*H \xrightarrow[-H_2]{THF/NH_3} M(THF)_2 \xrightarrow[-THF]{\text{甲苯110℃}} M$
$M=Ca,Sr,Ba$

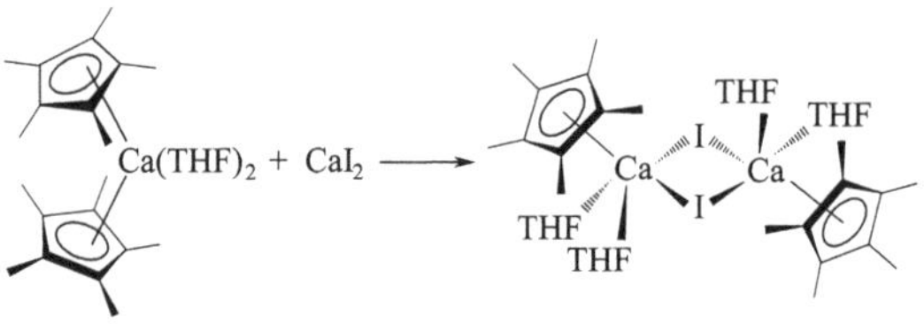

延伸阅读 1.3.3　独特的一价钙化合物

在溴化三苯基苯与活性钙反应的过程中生成了 $\{Ca(THF)_3\}_2C_6H_3Ph_3$，发现是一个结构独特的一价钙化合物，且具有可自燃特征。由于三重基态的平面三苯基苯二价阴离子具有小的 HOMO-LUMO 能隙，化合物颜色较深。化合物与甲苯发生金属化反应得到苄基钙(II)配合物。

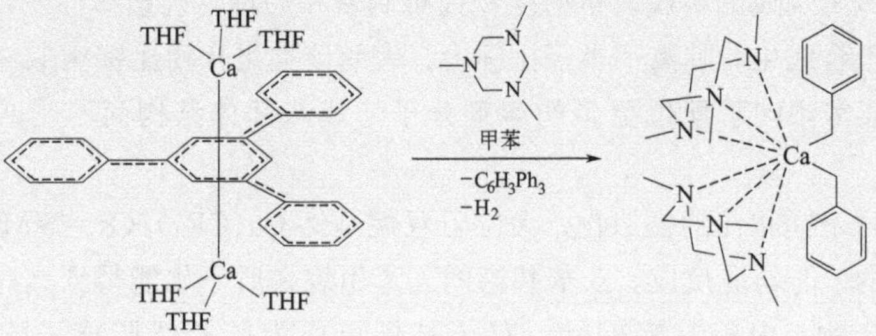

⊚ 要点

碱土金属有机化合物的极性 M—C 键比碱金属略小。镁试剂是广泛使用的烷基化剂，广泛用于 C—C 键形成的多种应用。路易斯酸性和溶剂配位是控制反应性的主要因素。配体交换平衡和电子缺陷键合是其化学的特征。

⊚ 练习

1. 给出氯苄是怎样反应生成格氏试剂的，应该采用哪种溶剂，为什么？
2. 镁在生成格氏试剂前后的氧化态是怎么样的？这是什么类型的反应？
3. 画出 Schlenk 平衡反应的反应步骤。
4. 如何利用 Schlenk 平衡制备二烃化镁？
5. 在合成 $[MgPh_2]_n$ 中发生了哪种类型的反应？
6. 你认为 CpMgBr 是何种结构，为什么？

1.4　锌、镉和汞

尽管第 12 族元素位于周期表中过渡金属末端，但是其化学性质与第 2 族十分相似，因而在此讨论。它们的离子半径与碱土金属相近：

配位数	Mg^{2+}	Zn^{2+}	Cd^{2+}	Hg^{2+}
2				0.69
4	0.57	0.60	0.78	0.96
6	0.72	0.74	0.95	1.02

由于它们的核电荷被充满的 d 轨道屏蔽，因此元素的正电性更弱、中心金属的路易斯酸性更弱，M—C 共价性更强。因而，双烷基 MR$_2$ 是两配位的线型单分子，不是 [MgMe$_2$]$_n$ 类的配位聚合物。绝大多数的烷基锌易自燃且对水敏感。但是，相对于镁类似物，锌化合物是一个弱烷基化试剂且对官能团有着更强的耐受性，这正服务了近些年来兴起的对有机锌试剂以及其在合成中应用的研究热潮。烷基镉与烷基汞对空气与水蒸气具有稳定性，使其高毒性以及影响生物环境的负面效应。

1.4.1　锌化合物

烷基锌是第一批制备得到的烷基金属并被看作是有机化学的真正起点。Frankland 发现甲基碘和乙基碘与锌反应得到 RZnI，在受热后分解成挥发性 ZnR$_2$ 和碘化锌：

$$Zn + R\text{—}I \longrightarrow [R\text{—}ZnI]_n \xrightarrow{\triangle} ZnR_2 + ZnI_2$$
$$R = Me, Et$$

烷基锌　烷基锌可以通过多种途径得到，如从金属锌与烷基卤化物，或从氯化锌得到。制备无溶剂 ZnR$_2$ 的最好途径之一是 Zn(OAc)$_2$ 与纯 AlR$_3$ 在无溶剂条件下反应。易挥发的烷基锌很容易通过蒸馏分离纯化。

$$ZnX_2 + 2R\text{—}Li \longrightarrow ZnR_2 + 2LiX(X = Cl, Br)$$

$$3Zn(OAc)_2 + 2AlMe_3 \longrightarrow 3ZnMe_2 + 2Al(OAc)_3$$

烷基锌（ZnR$_2$）均为无色挥发性液体，接触空气后会自燃。相比之下，大体积的三(三甲基硅)甲基锌配合物 Zn{C(SiMe$_3$)$_3$}$_2$ 能够稳定承受回流的四氢呋喃/水混合溶剂，甚至在蒸汽蒸馏下也不分解，充分证实了大空间位阻的稳定作用。

二甲基锌（ZnMe$_2$）等其他小体积的双烷基与二甲醚或螯合胺形成三或四配位的加成物。同样，双烷基锌与烷基锂反应得到三烷基锌酸盐甚至四烷基锌酸盐：

延伸阅读 1.4.1　烷基锌纯化

二甲基锌(ZnMe₂)和二乙基锌(ZnEt₂)与许多胺的加合物也是稳定的，加合物的形成是可逆的。这可用于烷基锌(ZnR₂)纯化：形成非挥发性二元胺加合物，再结晶至所需的纯度，加热下得到纯的二甲基锌(ZnMe₂)。极高纯度的二甲基锌(ZnMe₂)用于电子设备生产中半导体薄膜如 ZnSe 的气相沉积。

无卤二苯基锌 ZnPh₂ 可以通过二苯基汞 HgPh₂ 与金属置换得到，其单晶结构中呈现具有非对称 2 电子 3 中心(2e3c)桥键的二聚体。另一个得到无盐芳基的途径是与芳基硼烷交换。这是高收率制备二(五氟苯基)锌「Zn(C₆F₅)₂」的途径，Zn(C₆F₅)₂ 是一种强路易斯酸，能够与芳烃生成易分离的加合物。

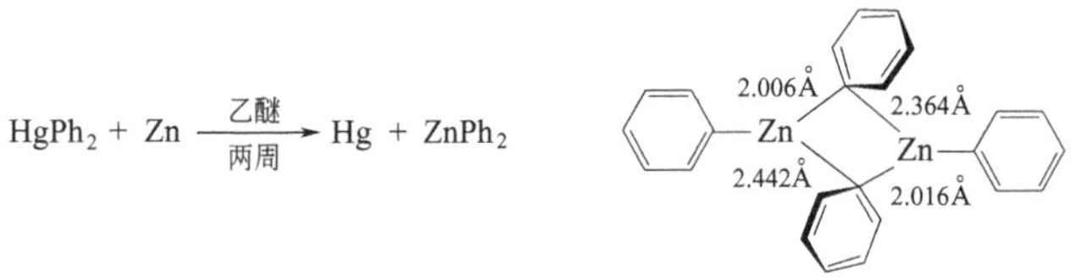

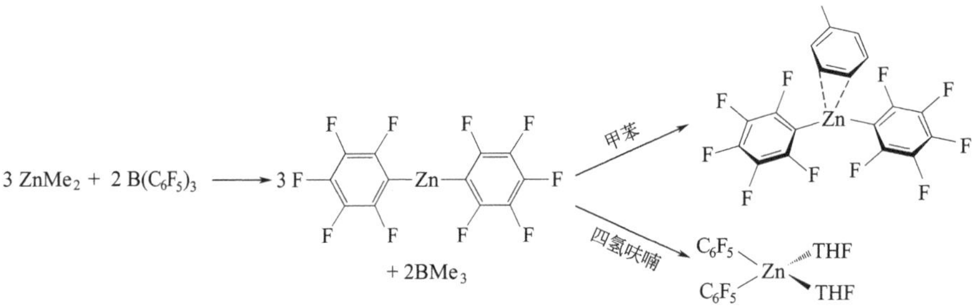

见R₂AlX阳离子聚合

三角平面的三芳香基锌酸根阴离子 [Zn(C₆F₅)₃]⁻ 十分稳定，能够参与电子转移反应，与碳正离子 CPh₃⁺ 具有良好的耐受性，能形成盐的结晶。Zn(C₆F₅)₂ 和活化的氯化烷烃 RCl 混合物中存在碳正离子的平衡浓度(R)，并能够引发异丁烯阳离子聚合生成丁基橡胶。烷基锌阳离子可以通过 ZnR₂ 在乙醚中形成弱配位阴离子进行质子迁移得到，产生四面体构型。

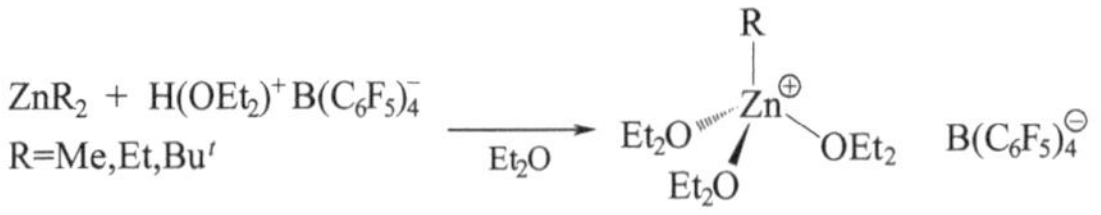

环戊二烯基化合物　双(环戊二烯)锌(ZnCp₂)是配位型聚合物。环戊二烯基甲基锌(MeZnCp)在固态时也为聚集态，但在气相中为具有 η⁵-Cp 配体的单分子体。位阻更大的 ZnCp₂* 是单分子体并且无定形态；在核磁弛豫时间内配体的哈普托数快速交换，使氢核磁共振呈单峰。

ZnCp₂* 与 ZnEt₂ 进行反应，或者是 KCp* 和 ZnCl₂ 与 KH 反应，生成了第一例被证实存在 Zn-Zn 金属键的锌化合物：Cp*Zn—ZnCp*。

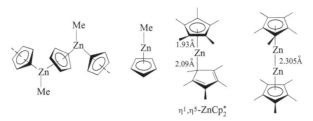

RZnX 烷基锌卤化物中具有以四面体锌结构聚集的路易斯酸性更强的金属中心。Frankland 型［EtZnI］∞基于连接的 Zn_3I_3 六元环形成层状结构，其中六元环为椅式构象，而在［EtZnCl］∞中环则为船式构象，醇盐型［RZn(OR′)］$_4$ 则形成立方体。

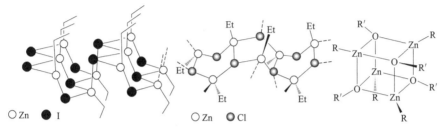

○ Zn ● I   ○ Zn ● Cl

一般来说，混合配体卤化锌可方便地通过格氏试剂的金属转化反应制备。由于 Li/Mg/Zn 有机试剂往往比单独的单或双金属试剂反应性更高，因此所得到的混合金属产物的结构可能比显示的更加复杂。

$$\text{EtO}_2\text{C} \longrightarrow \text{Br} \xrightarrow[\text{四氢呋喃,25℃}]{\text{Mg/LiCl/ZnCl}_2} \text{EtO}_2\text{C} \longrightarrow \text{ZnCl}$$

由于锌试剂对许多官能团具有耐受性，且其热稳定性比镁试剂更强，因此是 C-C 偶联反应的良好试剂。例如，它可以选择性地金属化含有醛基的杂环而不需要使用锌氨基卤化物进行保护，得到的芳基锌能用于钯催化的交叉偶联反应。

最著名的功能化烷基锌是 Reformatsky 试剂，由 Reformatsky 卤化甲基酯制得。它能够与羰基化合物以及活化的烯烃反应：

卤化甲基锌(α-halomethyl zinc)试剂作为亚甲基(—CH₂—)转移剂用于环丙烷化(Simmons-Smith 反应)，这些物种因此被称为锌类卡宾。通过

CH_2I_2 与铜活化的锌反应得到 $IZnCH_2I$，而使用（X）$ZnCH_2I$（如 X＝CF_3CO_2，TFA）则有优势。当 X 为手性醇 R^*O 时，反应有对映选择性。一些冠醚和联吡啶稳定碘试剂的晶体结构已被确定。

$$R^1=H, Me, CH_2OH, Ph$$

卡宾配合物 *N*-杂环卡宾（NHCs）是强给电子配体，并替代富电子磷配体广泛应用于催化过程中。一些锌 NHCs 配合物是已知的，其中一些已用作环酯如 L-丙交酯的开环聚合的引发剂。由于强供电子体的存在，在 $ZnCp_2^*$（NHCs）中 Cp^* 配体都是 η^1 键。

1.4.2 镉化合物

48
镉
112.411

同二烷基锌一样，二烷基镉 CdR_2 是线型的单体，能与 CdX_2 发生可逆的歧化反应生成 RCdX。其烷基物与汞类似物具有可比性，但热稳定性和光化学稳定性差且具有高毒性。它们一般不用于合成反应。

二甲基镉（$CdMe_2$）与硫、硒或碲（H_2S、H_2Se 或 Pr_2^iTe）的反应用于电子工业中半导体沉积，如 CdS、CdSe 和 CdTe。在 $300\sim400℃$ 下通过金属有机化学气相沉积（MOCVD）从气相中生长得到固体结晶薄膜（表 1.4）。汞掺杂 CdTe 被用作夜视设备的红外探测器。

$$CdMe_2 + H_2Se \xrightarrow{300\sim400℃} CdSe + 2CH_4$$

表 1.4 通过 MOCVD① 合成 II-VI 半导体材料

II-VI 化合物	反应物	反应温度/℃
CdS	$CdMe_2$，H_2S	$300\sim400$
CdSe	$CdMe_2$，H_2Se	$300\sim400$
CdTe	$CdMe_2$，Pr_2^iTe	$350\sim400$
CdHgTe	$CdMe_2$，Pr_2^iTe，Hg	$350\sim400$

① Carmalt C J，Basharat S，Comprehensive Organometallic Chemistry III，12：23。

1.4.3 汞化合物

80
汞
200.59

汞的金属有机化学几乎只涉及氧化态。汞和碳的电负性是非常相似的，Hg—C 键共价性高，因而对空气和水分不敏感。即使其在热力学上不稳定，它们也不会与典型的有机亲电试剂如烷基卤化物或羰基化合物反应，且可耐受各种官能团，因此汞试剂仍然在许多合成反应中使用。

1.4.3.1 合成

烷基汞和芳基汞是由锂或镁试剂烷基化得到的，也可以通过硼或锡试剂金属置换得到。另一条途径是羧酸汞类化合物的热脱羧。

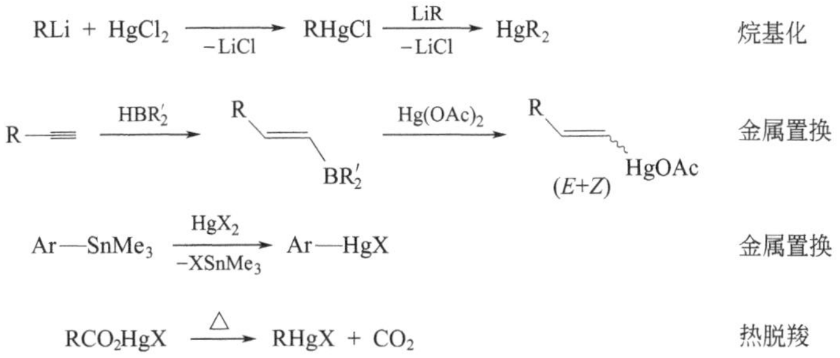

RLi + HgCl2
−LiCl
RHgCl
LiR
−LiCl
HgR2
烷基化
HBR'2
BR'2
Hg(OAc)2
HgOAc
(E+Z)
金属置换
Ar—SnMe3
HgX2
−XSnMe3
Ar—HgX
金属置换
RCO2HgX
RHgX + CO2
热脱羧

烯烃可以是单一的和聚合的：

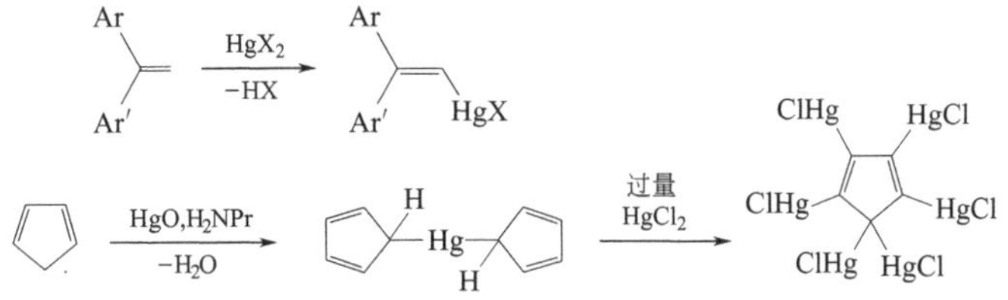

Ar
Ar'
HgX2
−HX
HgX
HgO,H2NPr
−H2O
Hg
过量
HgCl2
ClHg
HgCl

溶剂汞化是一种强有力的烯烃二官能化方法：

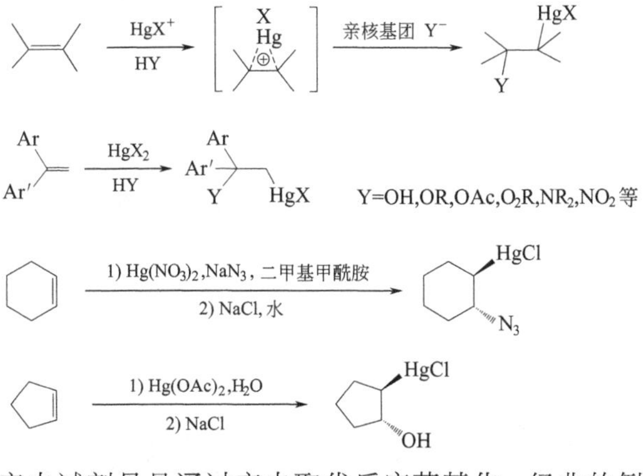

HgX+
HY
亲核基团 Y−
HgX
Y
Ar
Ar'
HgX2
HY
Y=OH,OR,OAc,O2R,NR2,NO2等
1) Hg(NO3)2,NaN3，二甲基甲酰胺
2) NaCl, 水
HgCl
N3
1) Hg(OAc)2,H2O
2) NaCl
OH

汞盐是亲电试剂且易通过亲电取代反应芳基化，经典的例子是乙酸汞和苯反应生成苯基乙酸汞(PhHgOAc)。更强亲电性的三氟乙酸汞(通常以三氟乙酸为溶剂)的反应速率要快上几个数量级。反应过程首先形成芳基汞配合物，紧接着是弱碱性阴离子的去质子化反应。

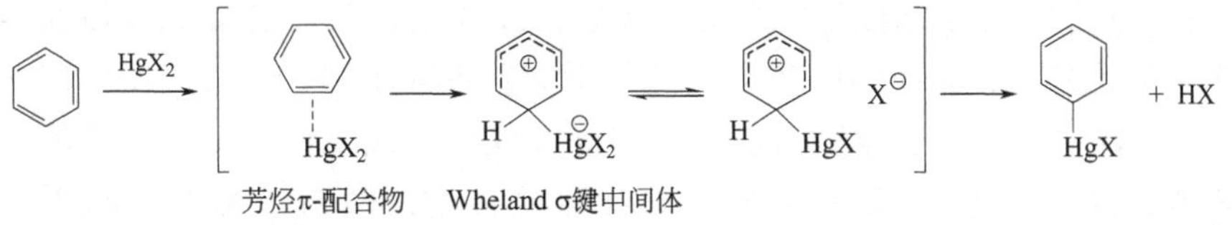

HgX2
HgX2
HgX2
HgX
X
+ HX
芳烃π-配合物
Wheland σ键中间体

该类反应通常在特定位点发生并已大量应用于五元环和六元环芳烃金

属化。

　　尽管代替汞的其他金属反应方法在推广，但汞试剂具有其他金属格氏试剂无法获得的效果。汞化反应优先在供电取代基附近发生，因为供电基团可与汞离子进行配位并可以指引亲电试剂的进攻位点。

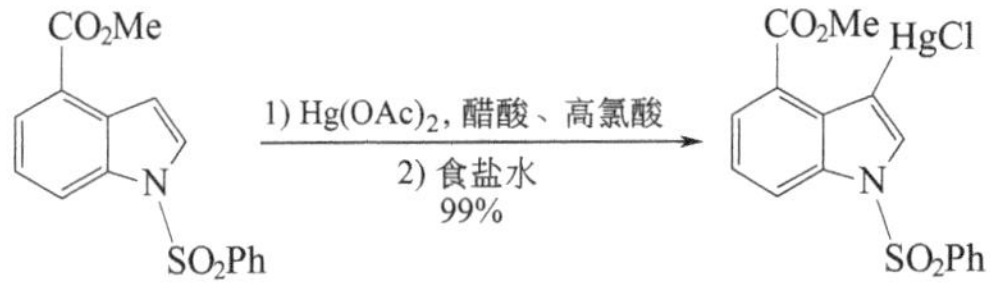

金属置换

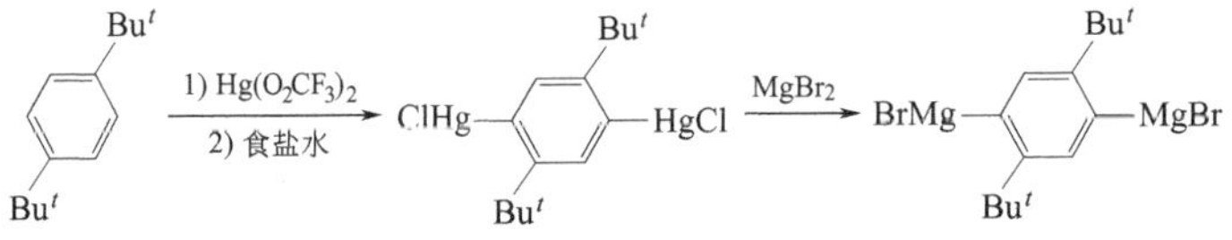

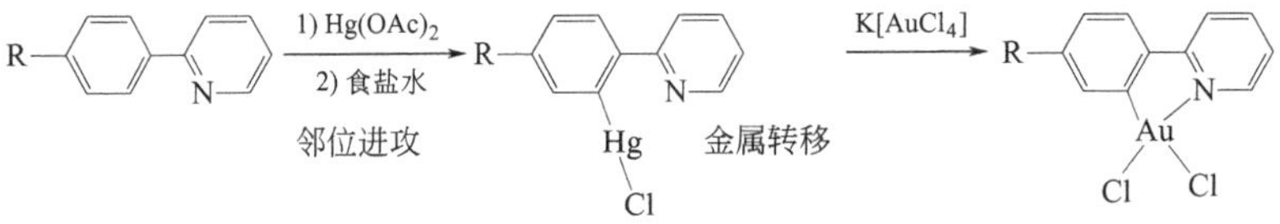

二茂铁($FeCp_2$)等茂金属配合物的全金属化展示了汞合成反应的潜力：

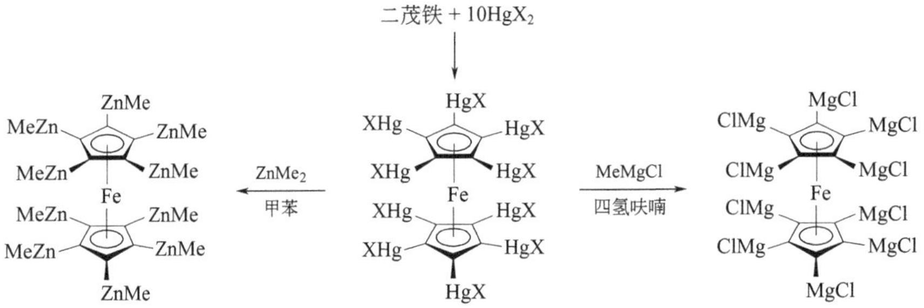

　　如果阴离子的亲核性不足以导致 H^+ 分离，那么可以分离得到 π-芳烃汞配合物。芳烃交换是可逆的，并且 $Hg(GaCl_4)_2$ 配合物能够催化萘和氘代苯之间发生亲电氘交换。

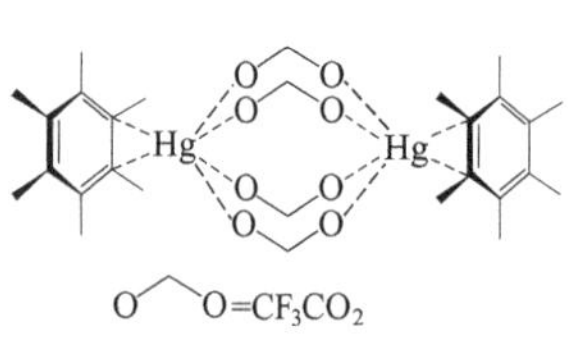

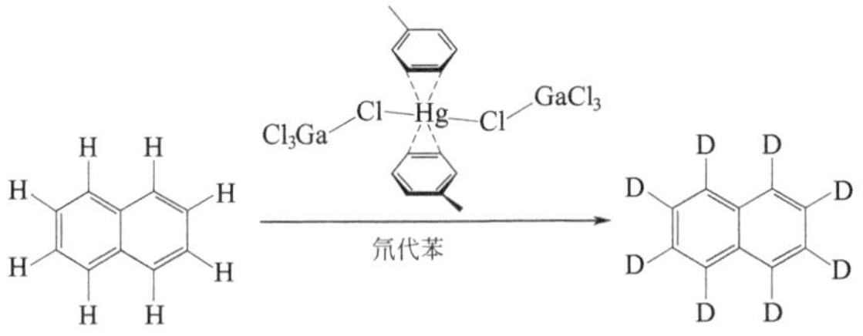

1.4.3.2　结构方面

　　二烷基汞和烷基汞卤化物通常为线型分子。在固相中可在垂直于 R-Hg-X 轴方向上与给电子配体发生次级相互作用，但是这个次级相互作用距离比较远，因而形成 T 形的几何形状。不同于锌，汞加成物即使含有像 2,2′-联吡啶这样的强螯合配体也难以偏离线型结构。阳离子配合物通过这些次级相互作用形成非对称螯合物，倾向于增加配位数。$(MeHg)_2O$ 与强酸反应得到含有锥形结构 $[(MeHg)_3O]^+$ 阳离子的盐（X＝BF_4，ClO_4，NO_3）。

不同于锌化物，二茂汞中环戊二烯配体是 η^1 配位。由于汞在环上所有位置的接触移动，因而该化合物具有可变性。这种交换在核磁时间尺度上是很快的，所以，在常温下，配合物的 ^1H NMR 谱给出了一个单一的共振信号。

可变性：芳烃环上等质位移

通过与中性供体或受体配体作用得到不同类型的汞配合物。 N-杂环卡宾或 CO 均形成线型的双阳离子 $[HgL_2]^{2+}$。CO 配合物只有与极弱配位的 $Sb_2F_{11}^-$ 成盐才能存在，汞-CO 作用中没有金属到一氧化碳的反馈键，因此一氧化碳的伸缩振动频率明显高于自由的一氧化碳。

见2.4.1节的CO成键

延伸阅读 1.4.3　体内的有机汞化合物

汞-碳键是共价键且能与水反应，这意味着在生命体中存在烷基官能团。

通过维生素 B_{12} 的衍生物甲基钴胺促进金属转移，微生物在水中进行 Hg^{2+} 的甲基化，所产生的甲基汞离子与任何食物链中的氧、氮特别是硫化合物形成配位。在高等动物和人类中，它与蛋白质，如大脑中的蛋白质结合。当然，环境中有自然含量的汞是可以接受的。然而，汞(以及其他重金属，如镉和铊)含量增加，特别是通过工业废水释放进入食物链，会对身体健康产生影响，容易造成瘫痪，甚至死亡。海洋生物如贻贝和鱼能够在体内富集甲基汞化合物。20 世纪 50 年代，在日本，人们由于食用污染后的海洋生物而中毒，引起了灾难性的健康问题（"水俣病"）。为此，在工业生产过程中汞的使用(如氯碱电解)已大幅减少。然而，在世界欠发达地区不受管制的淘金生产中，汞仍被用来提取黄金，其中黄金粒子作为汞合金被提取，然后通过汞蒸发得到。每年，数千吨汞仍然以这种方式被释放到环境中。

二甲基汞是脂溶性的，能迅速渗透肌肤和乳胶手套。因此，简单的实验室手套并没有保护作用，甚至可能给人虚假的安全感。至少记录有一个实验室人员死亡是由于皮肤仅仅接触了几滴二甲基汞。虽然大多数汞有机化合物是不挥发的且不容易吸收，但在处理汞化合物时仍要有安全意识，认真处理、安全处置。

要点

　　虽然锌、镉和汞的金属有机化合物与碱土金属化合物有相似之处，但它们的金属-碳键极性更弱，路易斯酸性更弱且聚集倾向更低。锌和汞是重要的合成试剂。烷基镉是半导体重要的前驱体。汞盐对芳烃 C—H 键的亲电金属化是特别有用的。汞-碳键具有高度共价性，在很多有机合成应用中，对空气、水分以及很多官能团具有耐受性。

练习

1. 画出 $ZnMe_2$ 和 $[ZnMe_4]^-$ 的合成路线，并给出平衡后的化学方程式。
2. 为什么二乙基锌是单体而乙基氯化锌是聚合体？
3. 画出苯和乙酸汞的反应机理图。
4. $Zn(C_5Me_5)_2$ 的结构是什么，为什么在室温下的核磁共振谱也只显示一个信号？
5. 什么是"Reformatsky 试剂"？
6. 汞化合物如何用于制备双格氏试剂？
7. 什么是"溶剂汞化"？给出反应途径和中间体。

1.5　硼族金属有机化合物

　　根据其用途与应用范围，13 族的元素硼、铝、镓、铟、铊的金属有机化学以硼和铝为主。硼是非金属且半径小，它不会形成简单的离子，因此与碳成键具有高度的共价性。本族高周期的其他元素为金属元素，形成的金属-碳极性更大。此族元素的电负性自上而下逐渐降低，氧化态的稳定性也逐渐降低。因此，几乎所有的硼和铝的金属有机化合物均为三价，而对于铟和铊而言，氧化态变化更重要。

　　13 族元素的离子半径比碱土金属的小。从硼到铝存在明显的跳跃，这可从成键能力的差异中反映出来。

配位数	B	Al	Ga	In	Tl
4	0.11	0.39	0.47	0.62	0.75
6	0.27	0.54	0.62	0.8	0.89
共价半径	0.84	1.21	1.22	1.42	1.45

　　从三甲基金属化合物中金属-甲基平均离解能 $D(M—CH_3)(kJ \cdot mol^{-1})$ 可以看出，金属-碳键的稳定性逐渐降低。

B	Al	Ga	In	Tl
369.6	281.4	256.2	218.4	151.2

　　注：Eisch J J, Comprehensive Organometallic Chemistry, 1982, 1: 618.

1.5.1　硼化合物

　　硼形成的金属有机化合物类型包括 RBX_2、R_2BX、BR_3，其中 R 为烷基、烯基或芳基，X 为 H、OH、OR′、SR′、NR′$_2$，或卤素原子。由于三价硼为路易斯酸，它可以结合阴离子得到一系列相应的硼酸盐。

硼-碳键相当于或略强于碳-碳键。例如，在 BMe$_3$ 中为（362±11）kJ·mol^{-1}，在 MeBF$_2$ 中为约 400kJ·mol^{-1}，而 C-C 为 347～356kJ·mol^{-1}。

1.5.1.1 合成方法

$$BF_3(OEt_2)+3RMgX \longrightarrow BR_3+3MgFX+Et_2O$$

$$B(OMe)_3+RMgX \longrightarrow RB(OMe)_2+MgX(OMe)$$

$$2B(OEt)_3+Al_2R_6 \longrightarrow 2BR_3+2Al(OEt)_3$$

$$BBr_3+PhHgBr \longrightarrow PhBBr_2+HgBr_2$$

合成中常用的原料有 BF$_3$ 的乙醚配合物、极易水解的 BBr$_3$，或路易斯酸性很弱的烷氧基硼 B(OR)$_3$。各种金属烷基化试剂的反应性依次为 Na,K>Li>Mg>Zn>Sn,Pb,Hg。加入锂试剂生成四烷基硼酸根：

配体交换

$$BX_3+3LiR \xrightarrow[-3LiX]{} BR_3 \xrightarrow{LiR} Li^+ \left[BR_4\right]^-$$

使用烷基化锌、锡和汞可以选择性制备不完全烷基化的硼烷。这些化合物也可以通过取代基交换制备。

$$BX_3+2BR_3 \longrightarrow 3R_2BX$$

R$_2$BCl 还原可得到含 B—B 键的硼化合物，所含氮或氧取代基特别稳定，可作为双硼化试剂使用。

B–B键

硼氢化反应：硼烷在乙醚或四氢呋喃溶液中与烯烃反应得到单、双和三烯烃插入的产物。该反应需要一个配位能力温和的溶剂，硫醚与硼的配合物也常使用，二甲硫醚是一个不稳定的配体，但能够稳定 BH$_3$。儿茶酚硼烷在空气和水中具有良好的稳定性。

反马氏产物

立体选择性加成

99.6%   0.4%

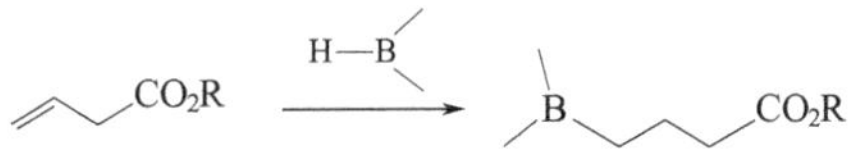

官能团容忍性

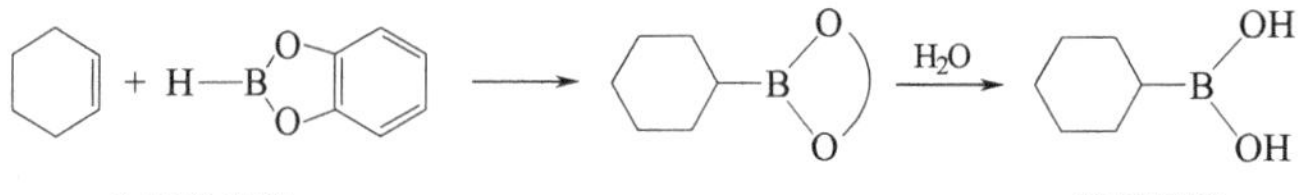

儿茶酚硼烷　　　　　　　　　　　　烷基硼酸

大位阻的烷基硼氢化有着更好的区域选择性，常用的有 9-硼烷双环壬烷以及叔己硼烷和双(二异戊基)硼烷试剂：

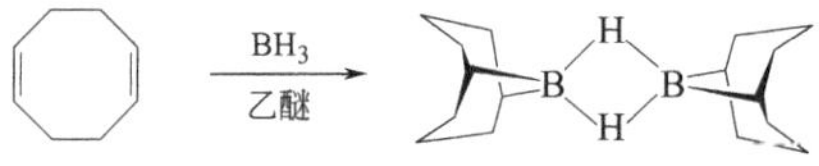

9-BBN

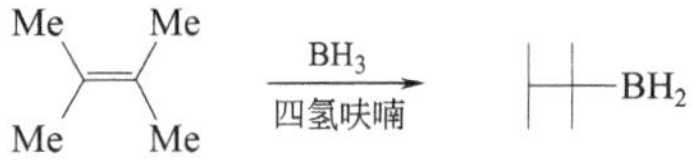

叔己硼烷

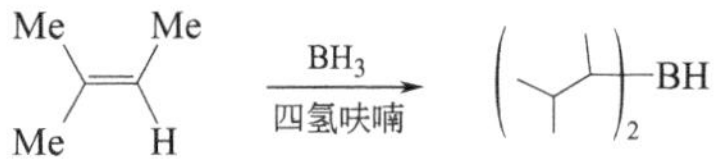

二异戊基硼烷

有机硼烷 BR_3 对水相当稳定。儿茶酚硼烷水解得到相应的硼酸，因其对空气和水分稳定且便于操作，是钯催化碳-碳偶联中最常用的试剂。

其他制备有机硼化合物的方法还使用卤化硼和双硼化，它们往往伴随重排反应，因而并不通用。

对于使用B试剂的钯催化偶联反应，参见第3.6节

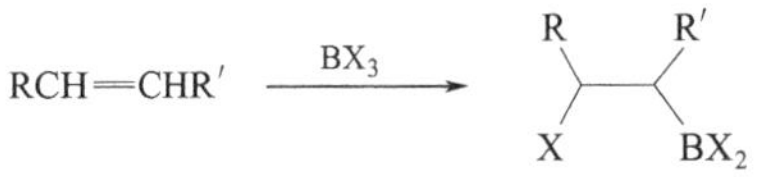

卤硼化反应

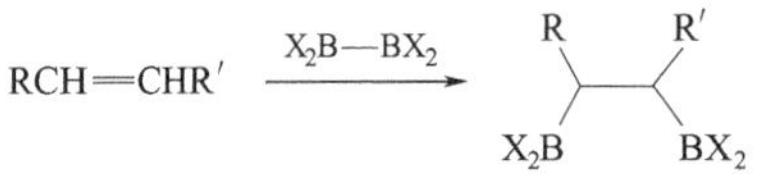

双硼化反应

1.5.1.2 硼化合物的反应

硼氢化过程遵循反马氏规则，大位阻的硼烷如 9-BBN 具有优异选择性。该方法是制备 1-取代的有机化合物的通用策略：

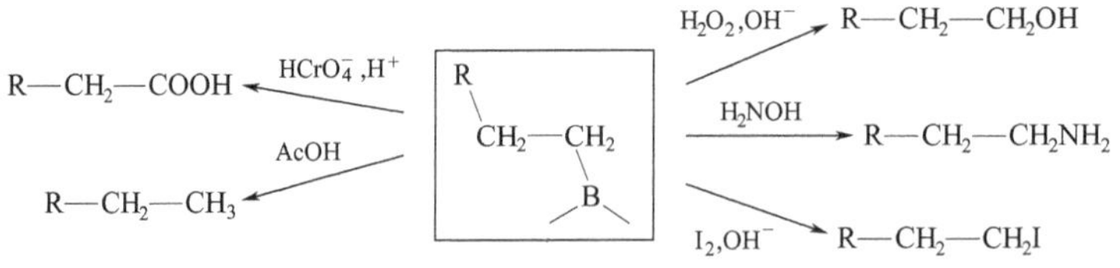

仲烷基硼烷被吡啶氯铬酸氧化为羰基，n-烷基氧化为醛。BR_3 与 CO 反应可以使三个烷基转移至碳原子上得到叔醇。

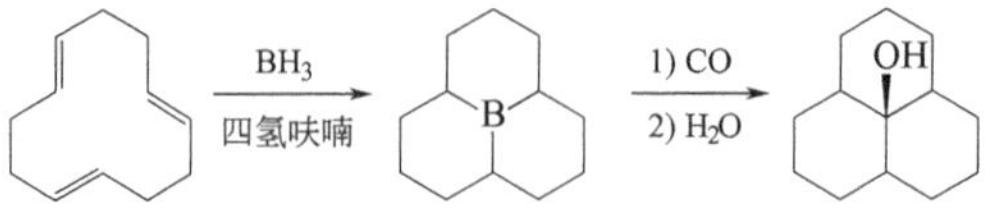

硼酸盐氧化也可用于形成碳-碳键,例如形成二炔烃、烯炔与二烯烃。

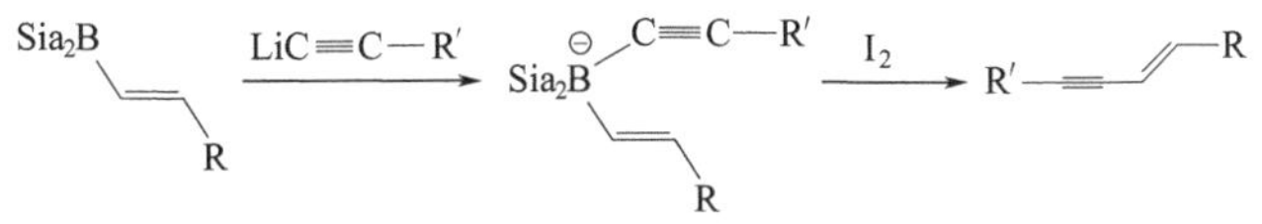

研究发现,具有强路易斯酸性的全氟苯基硼烷 $B(C_6F_5)_3$ 在许多有机合成应用中是非常有效的催化剂,例如:

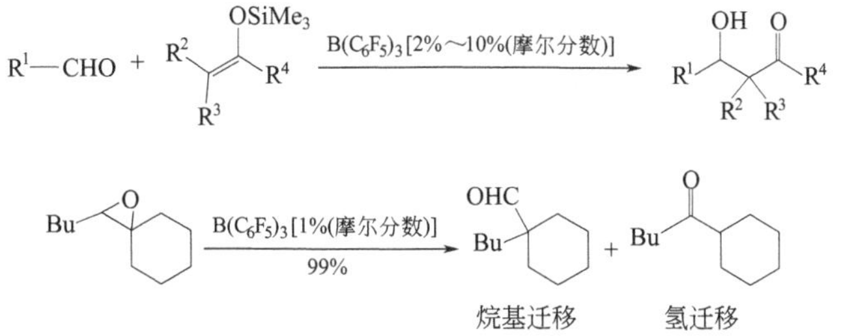

亲电性的全氟苯基硼烷 $BH(C_6F_5)_2$ 和 $BH_2(C_6F_5)$ 以及常见的与二甲基硫醚的加成物是潜在的硼氢化试剂。它们可以通过 $BH_3(SMe_2)$ 与 $B(C_6F_5)_3$ 按相应的比例混合得到。

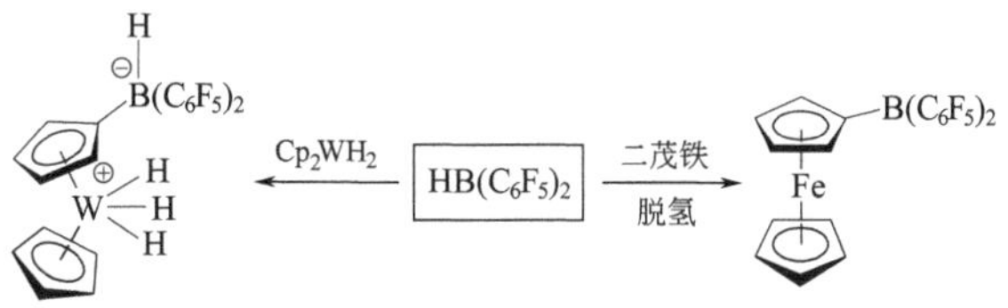

1.5.1.3 结构和成键

中性有机硼化合物是平面结构且以单分子形式存在,有着六电子结构。三甲基硼是气体,长链烷烃的硼烷是液体,与空气接触燃烧发出特征绿色火焰。引入芳基、卤素或烷氧基取代基可以降低路易斯酸性,这是因为硼原子的 p 空轨道与杂原子的孤对电子间形成了 π 相互作用。B—E 键内形成的 π 相互作用反映了硼原子 p 轨道和杂原子 E 的孤对电子在能级上很相似,并且按顺序增加。B—N 键与 C=C 键为等电子体,存在高旋转位阻而具有双键特征。

B—E π 键

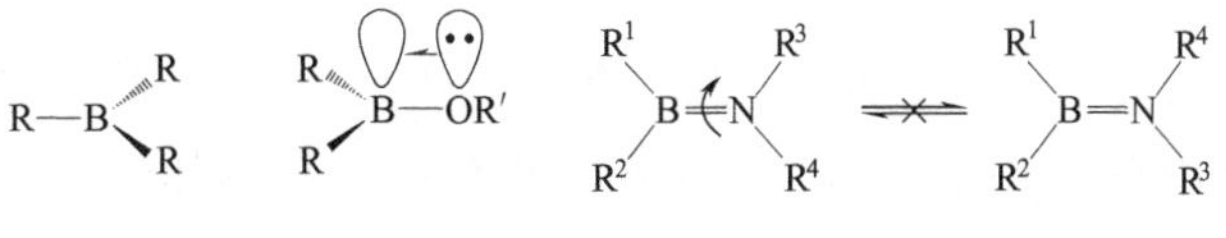

硼烷 R_2B—H 通过 2e3c 键形成 H-桥联二聚体。卤硼烷 R_2BX 也是二聚体,但由于卤原子孤对电子的参与,硼中心为八电子结构,即这些化合

物电子是自洽的。

2e3c键   八隅体规则

延伸阅读 1.5.1.1　空间因素的重要性：过渡态稳定性

硼具有非常小的原子半径，因此取代基的空间位阻影响严重。这会导致不寻常成键的发生。例如，$B_2Cl_2Bu^t_2$ 与 $LiPPr^i_2$ 反应没有生成预期的蝴蝶结构，而是得到有着 B_2P_2 环平面结构的稳定双自由基晶体。计算结果表明，该结构是双环 B_2P_2 异构体反转的过渡态。

向硼烷中引入一个带负电荷的亲核试剂 Y^- 得到硼酸盐 $[BR_3Y]^-$。加入氢化钠得到有硼氢阴离子的盐，通常作为还原剂使用。硼酸盐是四面体结构，为八电子体，与烷烃是等电子体。$NaBPh_4$ 是水溶性的，可通过形成不溶性的 BPh_4^- 盐作为 K^+ 以及较高的碱金属阳离子的测定剂。

$$4NaH + B(OMe)_3 \xrightarrow{250\sim270\text{℃}} Na[BH_4] + 4NaOMe$$

$$LiH + BEt_3 \xrightarrow{\text{乙醚}} Li[HBEt_3]$$

$$BR_3 + BH_4^- \longrightarrow [R_3B—H—BH_3]^-$$

$$NaBF_4 + 4PhMgBr \xrightarrow{\text{乙醚}} Na[BPh_4] + 4MgBrF$$

BR_4^- 酸根

向有机卤化硼中加入供电子配体可得到硼阴离子，有着八电子的四面体结构。阳离子 BCp_2^{*+} 也为八电子结构，它的结构与 $BeCp_2^*$ 和 $ZnCp_2^*$ 类似。

R_2B^+ 正离子

π-络合物和硼酸烷烃簇 $η^1,η^5$-$Cp_2^*B^+$

由于碳与带负电荷的硼是等电子体，许多化合物中硼和碳可以互换。例如，有一系列含硼的环与苯和环戊二烯是类似物；硼的引入会相应地造成产物具有较高的电荷。

碳硼烷是一类特殊的化合物。在聚硼烷中，缺电子键合导致形成团簇，部分硼-氢键可由碳-烷烃键替代。关于碳硼烷更多的介绍以及其结构的多样性不在本文讨论的范围，然而，应该介绍一下二价阴离子 $C_2B_9H_{11}^{2-}$，因为其成键特征类似于环戊二烯基，从而形成类似的过渡金属配合物。

Cp⁻ 等电体

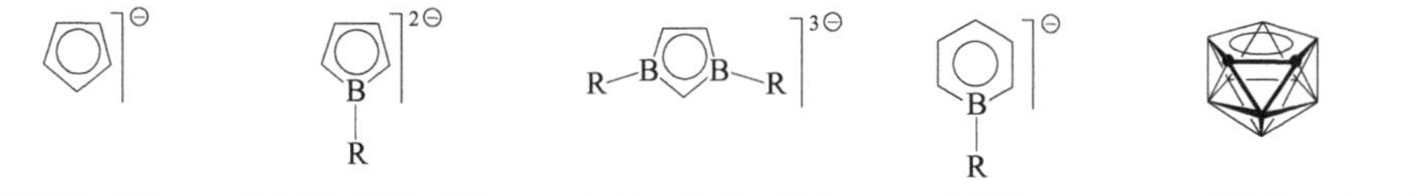

环戊二烯基　　杂硼戊二烯阴离子　　1,3-杂二硼戊二烯基　　杂硼苯　　7,8-碳异构巢式碳硼烷 $C_2B_9H_{11}^{2-}$

延伸阅读 1.5.1.2　特殊成键结构的硼

叔丁基二氟化硼(Bu^tBF_2)还原生成一价硼团簇，$B_4Bu^t_4$ 是四个高度缺电子的硼原子通过八个电子结合在一起。强给电子配体如 N-杂环卡宾(NHCs)的存在能够阻止团簇的形成，并且可以分离得到含硼双键的二硼氢化物(HB＝BH)。更强给电子体的卡宾甚至能够阻止二聚化的形成，获得硼宾(HB：)加合物，这个结构中有着类似于胺的可质子化的孤电子对：

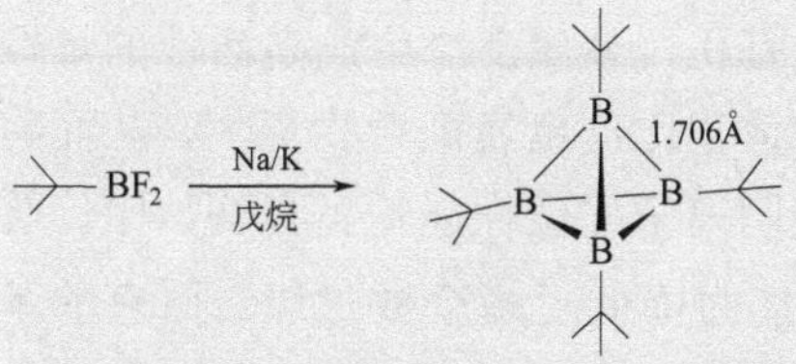

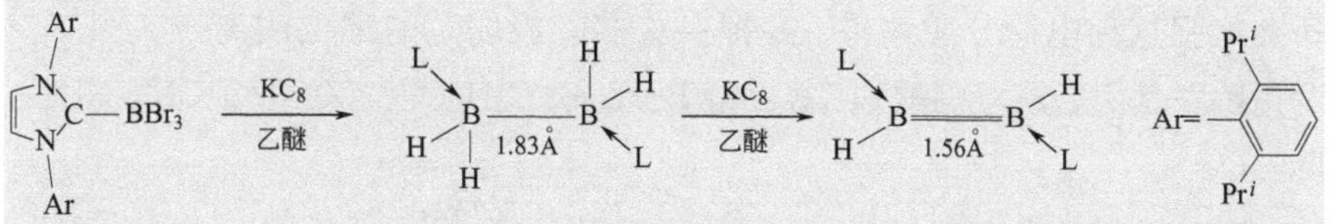

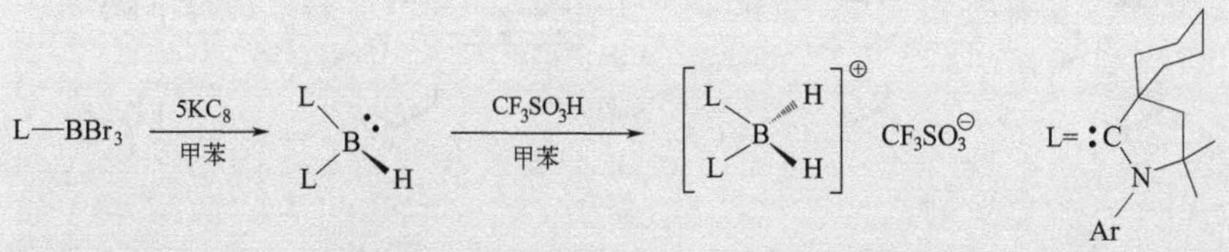

路易斯酸

延伸阅读 1.5.1.3　路易斯酸度测定

烷基硼、芳基硼、卤化硼以及铝化合物类似物是典型的路易斯酸。然而，尽管质子酸的 pK_a 能轻易地准确测定，但是一个化合物的路易斯酸强度的测定仍旧十分麻烦。通过假定其平衡常数与路易斯酸性呈线性关系，发展了通过测量加合物的核磁共振化学位移的方法进行测量。

$$X_3B + L \underset{}{\overset{K}{\rightleftharpoons}} X_3B—L$$

一个广泛使用并形成共识的方法是 Child 方法，此方法使用 ^1H NMR 测定了巴豆醛中的远程质子信号：

$X_3B \leftarrow O = \!\!\!=\!\!\!=$ （H）测量信号
Me

使用这种方法可以得到一个标准，来表明带强吸电子基的三芳基硼化合物，如 $B(C_6F_5)_3$ 与硼和铝的卤化物具有很好的可比性：

MX₃	BBr₃	BCl₃	AlCl₃	B(C₆F₅)₃	BF₃	AlEt₃
相对活性	1.00	0.93	0.82	0.77	0.77	0.44

烷基硼中取代基的影响：C_6F_5 与 C_6H_5 比较。

将三苯基硼中的苯基用五氟苯基替换不仅提高了路易斯酸性，而且增强了耐化学侵蚀性，特别是耐水解性能。四(五氟苯基)硼（$[B(C_6F_5)_4]^-$）阴离子更加稳定，可溶于低极性溶剂且具有非凡的化学稳定性，具有很高的氧化电位，因此它与四丁基胺(NBu_4^+)所形成的盐常作为电解质用于电化学。这些特性使三(五氟苯基)硼和四(五氟苯基)硼的盐成为重要的催化剂和催化剂的促进剂。它们与第 4 族双烷基化茂金属反应生成高活性的烯烃聚合催化剂。取代基五氟苯基使阴离子体积比茂金属配合物更大，从而将负电荷在一个非常大的范围内分散，使阴离子配位性能变得极弱，比传统的非配位阴离子 BF_4^- 和 SbF_6^- 的亲核能力降低了多个数量级。原有的苯基硼化物太不稳定，就无法用于上述应用。更大体积的 C_6F_5 硼酸盐阴离子会加强这种电荷分散效果，并提供许多"极弱"的配位阴离子，例如，利用桥联基团形成双硼酸根 $[(C_6H_5)_3B-Z-B(C_6H_5)_3]^-$（Z=OH、CN、NH₂、咪唑)。

延伸阅读 1.5.1.4 "受阻路易斯酸碱对(FLP)" 的概念

三(五氟苯基)硼中 C_6F_5 成螺旋排布成三角平面，化合物空间位阻很大，尽管其路易斯酸倾向与路易斯碱分子形成加成物，但一些碱位阻太大，以至于无法形成加合物，这种效应被称为"受阻路易斯酸碱对(FLP)"。这样的酸/碱结合体在 H_2 的裂解中很有效，它们还能够对乙烯进行加成：

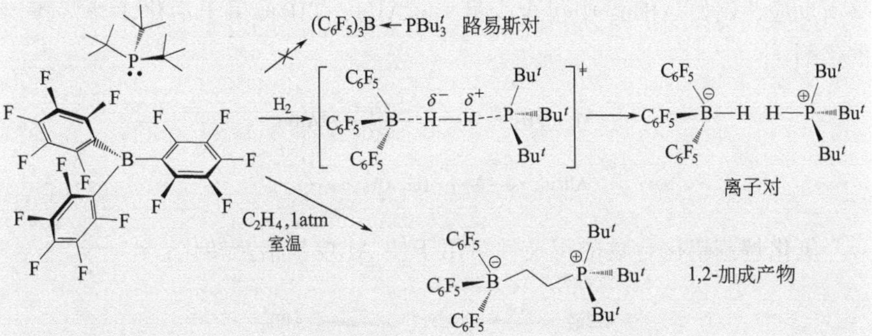

这些 FLP 体系可以催化亚胺、苯胺和杂环化合物的无金属氢化反应，在某些情况下，底物本身可以作为碱存在。

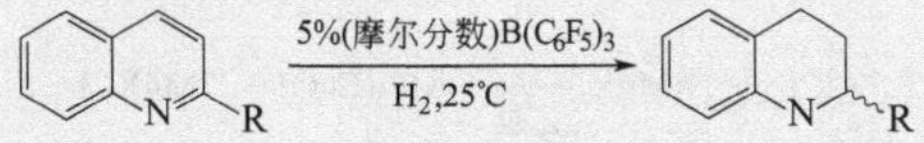

1.5.2 铝

烷基铝在工业生产中有着重大意义，如表面活性剂醇的生产(齐格勒制醇)以及作为烯烃聚合催化剂的活化剂。也用于化学合成，例如碳铝化反应。铝-碳键比硼-碳键极性更大。烷基铝、三烷基铝是比三烷基硼更强的烷基化试剂，但比烷基锂或镁试剂要弱。与硼烷相比，烷基铝有着更多样的化合物类型：AlR_3、R_2AlX、$RAlX_2$ 以及"倍半"卤化烷基铝、$Al_2R_3X_3$。铝的氧化状态几乎不变，只有少数的铝中间体结构信息是清晰的。

1.5.2.1 合成

三甲基铝直接由甲基卤化合物和铝制成，该化合物在室温下为液体且为二聚体，它在气相中离解成单体 $AlMe_3$。

$$4Al + 6MeX \longrightarrow 2Al_2Me_3X_3 \xrightarrow[-NaX]{Na} Al_2Me_6$$

含长链烷基的烷基铝由齐格勒工艺(Ziegler process)制备，该工艺涉及烯烃的铝氢化反应。观察发现，反应是在烷基铝存在下，金属铝与氢反应从而形成可插入烯烃的铝-氢活性体。如果伴有少量钛合金，铝的反应活性会增加。

受阻路易
斯酸碱对

| 13 |
| 铝 |
| 26.982 |

倍半铝

$$2Al+3H_2+4AlEt_3 \xrightarrow[\ 80\sim160℃\ ]{\ 100\sim200bar\ } 6Et_2AlH$$

$$\cfrac{6Et_2AlH+6C_2H_4 \xrightarrow[\ 80\sim110℃\ ]{\ 1\sim10bar\ } 6Et_3Al}{2Al+3H_2+6C_2H_4 \longrightarrow 2Et_3Al}$$

铝氢化反应

同样，铝、氢气和异丁烯反应根据反应条件不同可以得到二异丁基铝氢化物（Bu_2^iAlH，DIBAH）或三异丁基铝（$AlBu_3^i$，TIBA）。两个反应都是平衡反应，例如 $AlBu_3^i$ 中包含少量 Bu_2^iAlH；TIBA 用于活化 1-烯烃聚合催化剂。

$$2Al + 3H_2 + 6 \!=\!\!\!< \ \xrightarrow[\ 100℃\ ]{\ 200bar\ } 2AlBu_3^i$$

$$AlBu_3^i \ \rlap{\longleftarrow}{\longrightarrow} \ Bu_2^iAlH + \ =\!\!\!<$$

氢化烷基铝化合物的可逆性可用于使 Al 烷基相互转化：

$$AlBu_3^i \ \overset{=\!\!\!<}{\underset{-\!\!\!<}{\rlap{\longleftarrow}{\longrightarrow}}} \ AlPr_3^n \ \overset{=}{\underset{-}{\rlap{\longleftarrow}{\longrightarrow}}} \ AlEt_3$$

烷基铝也可以利用格氏试剂或锂试剂中卤化烷基铝的烷基化制备，在这些情况下得到醚的加合物。过量的烷基锂形成"酸根型"配合物：

$$AlCl_3 + 3RMgX \xrightarrow{\ 乙醚\ } AlR_3(Et_2O) + 3MgXCl$$
$$\downarrow LiR'$$
$$Li^+[AlR_3R']^-$$
四烷基铝酸盐

$[AlR_4]^-$ 阴离子

三烷基铝与卤化铝发生歧化反应产生卤代烃，还可以进一步烷基化得到含有混合配体的烷基铝。在这种情况下，必须避免加热以抑制烷基配体再交换。

$$AlX_3 + 2AlR_3 \xrightarrow{\ 乙醚\ } 3R_2AlX \xrightarrow{\ LiR'\ } 3R_2AlR'$$

一个便捷的、无盐制备芳香基铝的路径是与硼烷配体交换。反应通过逐步取代反应进行，三甲基硼是气体，易于从反应混合物中除去，促进平衡移动定量生成铝产物。非极性溶剂如甲苯可以用于制备强路易斯酸性的铝化合物如 $Al(C_6F_5)_3$（是一种不稳定的 η^1-甲苯加合物），在格氏试剂作用下与醚形成强的加成物。

$$AlMe_3 + BAr_3 \rightleftharpoons AlAr_3 + BMe_3 \uparrow$$

1.5.2.2 结构与性能

不同于三甲基硼，三甲基铝在液相和固相中为二聚体，这是因为铝原子较大，足以与四个甲基配体相互作用。这是在 1.1 节中讨论的 2 电子 3 中心成键模式的经典例子。三烷基铝（AlR_3，R＝Me，Et，Pr^n，Bu^n）在烃类溶液中为二聚体，而 $AlBu_3^i$、$AlBu_3^t$、$Al(CH_2Ph)_3$ 则为单体。

Al₂Me₆的固相结构   X=H,OMe,NHMe;R=Me,Et,Buⁱ   [Me₂AlH]₂的气相电子衍射结构
X=Cl;R=Et,Buⁱ

  杂原子铝化合物形成具有精确电子结构的低聚物 $[R_2AlX]_n$，其中聚合度（n）取决于烷基（R）和杂原子配体（X）的空间位阻。例如，烷基是乙基，杂原子配体为 OMe、NH₂ 和 NHMe 时聚合度为 3；烷基是乙基，杂原子配体为 OBuᵗ 或 NMe₂ 时聚合度为 2。Me₂AlF 为四聚体。

  三叔丁基铝（AlBuᵗ₃）具有单核分子结构，类似于大位阻酚的铝化物 Bu²ₜAl(OC₆H₃Bu²ₜ) 和 MeAl(OC₆H₃Bu²ₜ)₂；后者用作烯烃聚合催化中的杂质清除剂。三苯基铝（AlPh₃）有苯基桥联配体和 2e3c 键的二聚体，而位阻更大的芳基则为平面单体。三（均三甲基苯基）铝 [Al(2,4,6-Me₃C₆H₂)₃] 与四氢呋喃形成不稳定的加成物。相反，三（五氟苯基）铝 [Al(C₆F₅)₃] 是一个很强的路易斯酸，它与四氢呋喃形成加成物（甚至与环己烯形成弱 η²-加成物），接着与氟阴离子反应得到极弱配位氟桥联阴离子 $[(C_6F_5)_3Al(\mu\text{-}F)Al(C_6F_5)_3]^-$。

平面铝
螺旋桨结构

  烷基铝聚集程度随溶剂和温度而变化。六甲基二铝（Al₂Me₆）在固相和液相中为二聚体，在气相中为单核和二聚体的混合物。二甲基氢化铝（Me₂AlH）在液相中为三聚体而在气相中为二聚体。所有这些过程表明，在铝配合物中配体交换是很容易的。烷基铝的可变性解释了为什么在室温下六甲基二铝（Al₂Me₆）的 ¹H NMR 谱图为六个甲基配体呈现单峰吸收。在核磁弛豫时间内，溶液温度高于−70℃时，末端甲基与桥联甲基的交换速度很快。

铝的环戊二烯基配合物有着复杂的成键模式,从 η^1 到 η^5,这取决于金属中心的缺电子性。二甲基茂基铝(Me_2AlCp)中相邻铝原子通过 η^1 型相互作用形成锯齿形链状结构,而 $MeAl(\eta^2\text{-}Cp)_2$ 则为单体结构,类似于异腈的加成物 $(\eta^1\text{-}Cp)_3Al(C\equiv NBu^t)$。$MeAl(\eta^2\text{-}Cp)_2$ 与 $B(C_6F_5)_3$ 反应得到二茂基铝阳离子,可作为异丁烯阳离子聚合引发剂。对 Cp * 的铝化物已进行了结构表征。

延伸阅读 1.5.2.1 ^{27}Al 核磁谱

虽然铝核有一个四重矢量($I=5/2$),通常会产生很宽的信号,但是铝的核磁谱仍可以提供特征信息,特别是核在高度对称的环境下。例如,在转换 $MeAlCp_2$ 为 $AlCp_2^+$ 时,在 $\delta(^{27}Al)72.7$ 处宽的信号(半峰宽为 250Hz)转变为 $\delta-126.4$ 处的尖峰(半峰宽为 30Hz)[以 $Al(acac)_3$ 为参比]。

烷基铝阳离子 二甲基铝($[AlMe_2]^+$)阳离子与二甲基锌($ZnMe_2$)是等电子体,具有更强的路易斯酸性,容易形成四面体的加成物。

由于烷基铝阳离子有望成为强亲电试剂和有效的催化剂活化剂,因此探索了多种制备路径。二甲基铝阳离子($[AlMe_2]^+$)作为自由配体被假定为一个瞬态物种,甚至能进攻亲核性极弱的阴离子,如 $[B(C_6F_5)_4]^-$。利用氧或氮给电子体来稳定体系能够得到一些烷基阳离子,这些配合物通常是四面体,也能达到更高的配位数。在离子对 $[Et_2Al^+\cdots CB_{11}H_6Br_6^-]$ 中铝离子与碳硼烷阴离子通过两个溴原子配位造成四面体几何结构的强烈扭曲,该化合物有着很强的亲电性,能够引发苯阳离子的烷基化。更稳定的配合物 $[Me_2Al(OEt_2)_2]^+$ 可通过 $AlMe_3$ 与强酸 $[H(OEt_2)_2][B(C_6F_5)_4]$ 的质子迁移得到,并能够活化烷基锆形成烯烃聚合催化剂。

$$AlMe_3 \xrightarrow[-Ph_3CMe]{[CPh_3][B(C_6F_5)_4]} [AlMe_2]^+B(C_6F_5)_4^- \longrightarrow Al(C_6F_5)_3 + BMe_3\uparrow$$

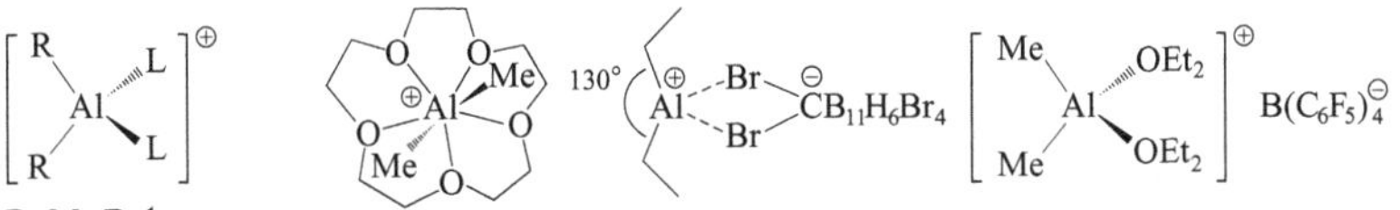

$$\left[\begin{array}{c} R \quad L \\ Al \\ R \quad L \end{array} \right]^{\oplus}$$

R=Me,Bu^t
L=H$_2$NBu^t,Me$_2$NPh,L$_2$=TMEDA

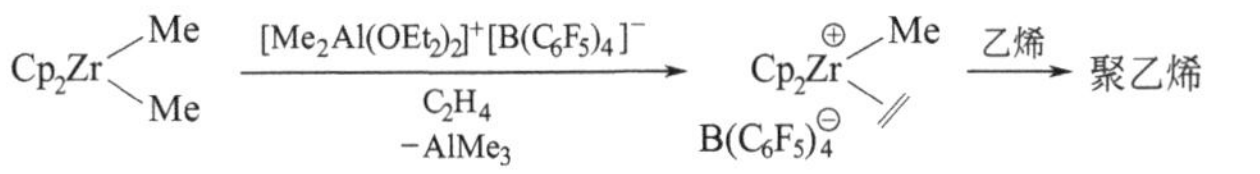

130°

$[AlMe_2(OEt_2)_2]^+ B(C_6F_5)_4^-$

$$Cp_2Zr\begin{array}{c}Me\\Me\end{array} \xrightarrow[\substack{C_2H_4 \\ -AlMe_3}]{[Me_2Al(OEt_2)_2]^+[B(C_6F_5)_4]^-} Cp_2Zr\overset{\oplus}{\underset{B(C_6F_5)_4^{\ominus}}{\begin{array}{c}Me\\ \| \end{array}}} \xrightarrow{乙烯} 聚乙烯$$

延伸阅读 1.5.2.2　低配位有机铝阳离子

低配位有机铝阳离子可以通过引入大位阻配体来得到，这是制备低配位数化合物和非常规成键模式的常用策略。下面的示意图中所示的阳离子几乎是线型的；它可以引发 1-辛烯发生低聚反应。这类离子的合成和稳定性取决于非配位的全氟苯基硼酸盐。

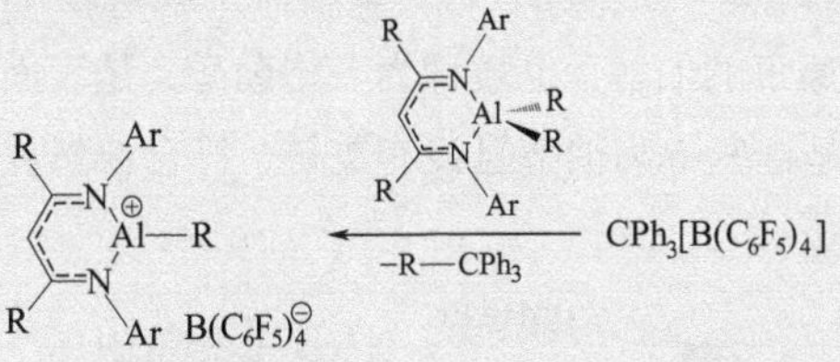

R=Me,Bu^t
Ar=2,6-Pr$_2^i$C$_6$H$_3$

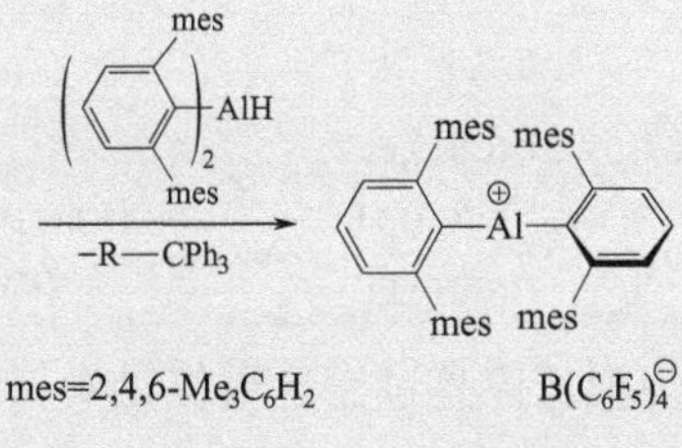

mes=2,4-Me$_3$C$_6$H$_2$

1.5.2.3　反应性

烷基铝容易与水和其他质子试剂快速反应。由于铝-氧（Al—O）键和铝-碳（Al—C）键键能相差大，这些反应剧烈放热，需要在有适当预防措施的惰性气体条件下进行。与空气和氧气的反应也是如此，大多数的烷基铝和烷基铝氢化物都是高敏感可自燃的化合物。如预期的那样，位阻大的烷基铝反应活性低，同样，化合物中的一个烷基配体被杂原子代替，如 R$_2$AlX（X 为 OR、O$_2$CR、NR$_2$、Cl 等）也是如此。对于极性的 M$^{\delta+}$—C$^{\delta-}$ 键，反应模式同预期的一样，第一个铝-烷基键比第二和第三个铝-烷基键反应要快。

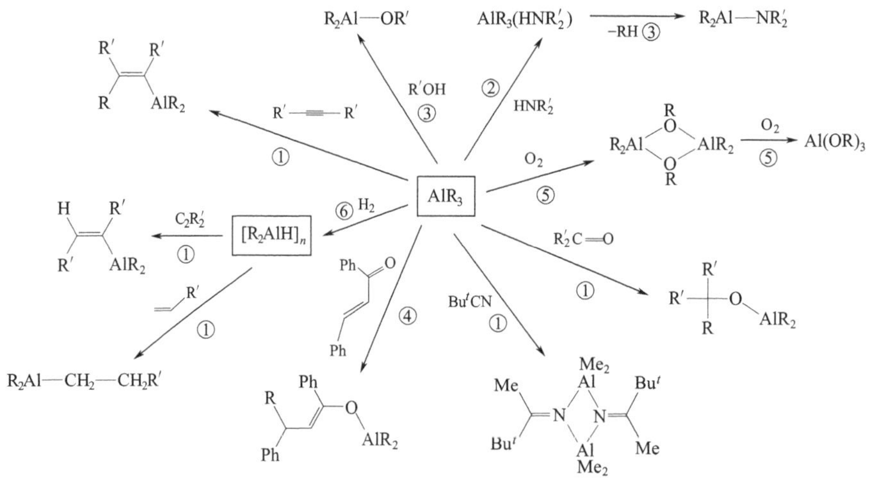

① 1,2-插入；② 加合物的形成；③ 质子迁移；④ 1,4-插入；⑤ 氧化；⑥ 氢解

（左侧页边注）Aufbau 反应

这些反应中，值得关注并已进行工业应用的有两个：烯烃插入铝-碳键中以及与氧的反应。在高压下，乙烯连续插入铝-碳键得到低聚物。在镍催化剂存在下，与乙烯反应可得到有价值的工业原料 1-烯烃低聚物。另外，把烷基铝暴露在干燥的氧气中，氧气通过插入铝-碳键可生成烷基醇铝，随后可以水解生成四至三十个碳原子的伯醇，也被称为齐格勒醇，是表面活性剂和洗衣粉制备的原料。重要的是这些醇为伯醇且没有支链，符合自然界只有线型醇易于生物降解。

（左侧页边注）该时段（20世纪50~60年代）使用端烯烃水合制备具有表面活性的醇；然而，由于这是(Markovnikov反应）二级产品，它们会缓慢降解导致废水中累积，会产生持续的环境问题

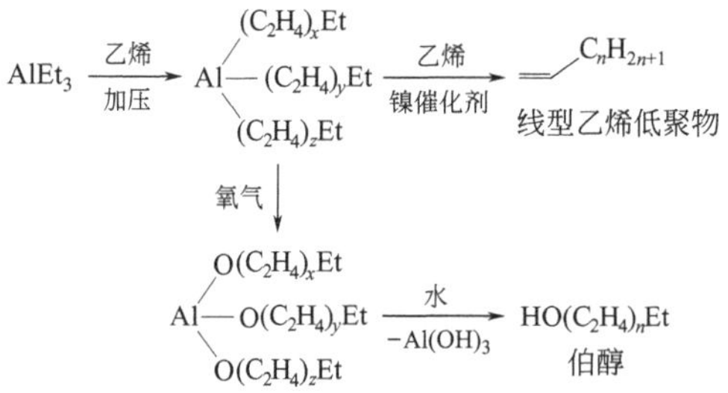

另一个大型工业化规模反应是过渡金属氯化物与二乙基氯化铝（AlEt$_2$Cl）反应的金属烷基化反应。四氯化钛与三乙基铝混合物是高效催化剂，用于乙烯和丙烯的聚合。其关键反应是由乙基取代表面氯配体，生成聚合过程所必需的烷基钛：

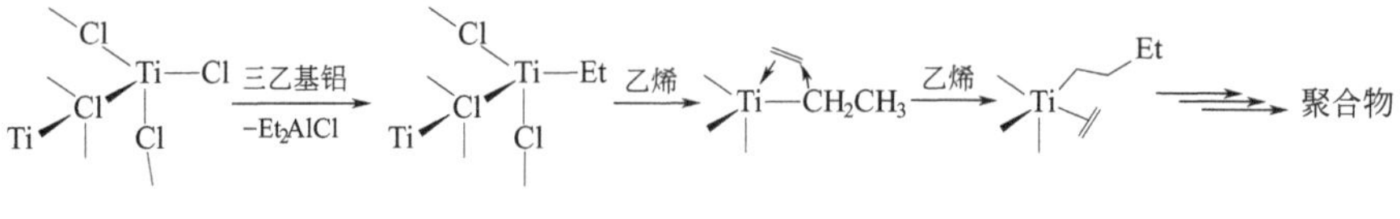

（左侧页边注）齐格勒-纳塔聚合

[TiCl$_3$]$_n$ 微晶边缘　　　烷基钛的形成　　　烷基转移到配位的乙烯上　　　聚合物链的增长

世界聚烯烃产量（2010 年统计为一亿五千万吨）中的绝大部分是通过齐格勒-纳塔（Ziegler Natta）催化工艺生产的，该体系需要大量的三乙基铝助催化剂。

烷基铝水解可以得到铝氧烷，最简单的结构是氧桥联化合物 R$_2$Al—

O—AlR$_2$。随着水解的深入，可以得到铝和烷基 1:1 的化合物，也可以是更加复杂的结构。三甲基铝（AlMe$_3$）的水解产物是甲基铝氧烷（MAO），广泛应用于特定类型的烯烃聚合助催化剂。它的结构并不清楚，是非晶物质，含有一些配位的三甲基铝。反应式通常如下：

$$n\text{AlMe}_3 + n\text{H}_2\text{O} \longrightarrow \left[\begin{array}{c} \text{Me} \\ | \\ \text{Al—O} \\ \end{array} \right]_n + 2n\text{CH}_4$$

该产物富含甲基，有着典型的组成 $\left[\text{Al}(\text{CH}_3)_{(1.4\sim1.5)} \text{O}_{0.7\sim0.8} \right]_n$，其中 $n\approx6\sim30$。目前认为其主要成分有近似 $\text{Al}_{30}\text{Me}_{42}\text{O}_{21} \approx (\text{MeAlO})_{21}(\text{AlMe}_3)_7$ 的组分。

延伸阅读 1.5.2.3　MAO 的结构和功能

作为催化剂配方的一部分，MAO 有多种功能：a. 作为烷基化试剂，用于催化剂前驱体从金属氯化物转化为金属甲基配合物；b. 作为路易斯酸用作助催化剂，通过卤素或烷基配体离去，生成空的配位点；c. 作为杂质清除剂，用于降低催化剂中毒。为了实现足够的催化性能，MAO 必须大量使用，其用量远超过渡金属成分，它可能占催化剂总成本的 50%。为了提高效率，已经做了大量的尝试来解释其结构。

目前普遍认为 MAO 的结构为链、环和笼结构的混合物，甲基铝氧烷迄今未能分离和获得结晶结构；然而，烷基铝酰胺和更长链烷基铝水解可以得到明确的产物，可作为预期结构的模型，其团簇结构为 4 元环或 6 元环。下面展示的例子是固相结构已知的化合物，在 MAO 中可能有许多更大的结构和聚集体。已发现的结构原理也存在于许多硅酸盐及铝硅酸盐矿物中。

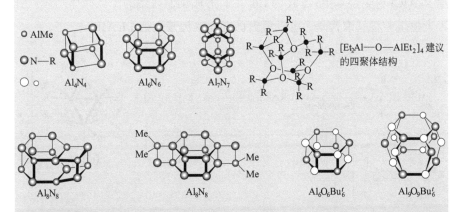

计算表明，在参与茂金属催化剂活化中 MAO 在能量上有利的一种结构是 $(\text{MeAlO})_8(\text{AlMe}_3)_2$ 团簇，尽管实际中 MAO 聚集体结构可能更加复杂。

$(MeAlO)_8(AlMe_3)_2$ 　　　　　　　　$[(MeAlO)_6(OAlMe_2)_3]^-$

烷基铝和烷基卤化铝的路易斯酸性是另一个聚合机理的基础：异烯烃和乙烯基醚的阳离子聚合。三烷基铝或二烷基卤化铝与卤化叔丁基或苄基卤化物如 $PhCMe_2Cl$ 混合可以生成平衡浓度的叔碳正离子，它可引发工业生产中重要的异丁烯聚合。反应最好在非常低的温度下进行以抑制链终止。

1.5.2.4 低氧化态铝化合物

作为正电性强的元素，铝不易形成低氧化态化合物。Al(Ⅰ , Ⅱ)卤化物在高温下生成，在室温下则歧化生成 Al(Ⅲ)＋Al(0)，低价铝化物在甲苯/NEt_3 或乙醚溶液中足够稳定，有利于探究其进行的反应。歧化反应也可以通过大位阻配体来抑制，即使铝氧化为热力学驱动，但化合物为动力学稳定。铝化合物 Al—R 拥有一对电子对，可以作为 2 电子供体。

可以通过以下例子加以说明化学趋势。当 R 为 $CH(SiMe_3)_2$ 时，钾还原 R_2AlCl 得到烷基铝；当 R 为 Bu^i 时，形成类似硼烷的十二面体团簇。引入大位阻芳香基取代基，可以得到稳定的溴代芳基铝 $[RAlBr]_2$。

$[Al_{12}Bu^i_{12}]^{2-}$

通过 AlCl(Et_2O)和 Na/K 对 AlCl 进行烷基化还原可得到八面体簇 $[Al_6Bu^t_6]^-$，将配体 AlCl(Et_2O)换作 $MgCp^*_2$ 则得到四面体 Al_4(η_5-Cp^*)$_4$。化合物在真空中于 140℃下升华得到气相的 Cp^* Al 单体结构，与共轭二烯烃的反应阐释了形成铝化合物的趋势。该单体 CP^* Al 也可以通过原位反应获得金属配合物，例如与 $Fe(CO)_4$ 反应：

铝簇

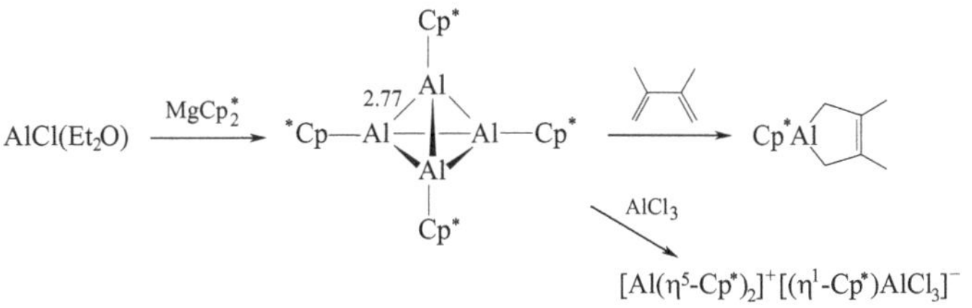

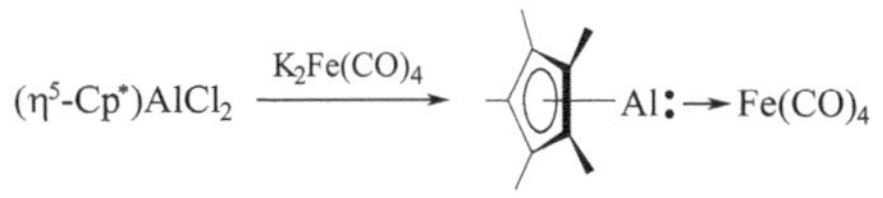

利用不同的反应条件和大位阻配体，可以表征一系列纳米团簇。它们的结构可以看作是金属铝晶体晶格的一部分。这样存在的铝与阴离子，分子簇十分敏感且与空气接触能够自燃。

大位阻的二亚胺（“nacnac”配体）也能够稳定 Al（Ⅰ）。化合物加入氧化功能的乙炔得到供体-受体配合物。

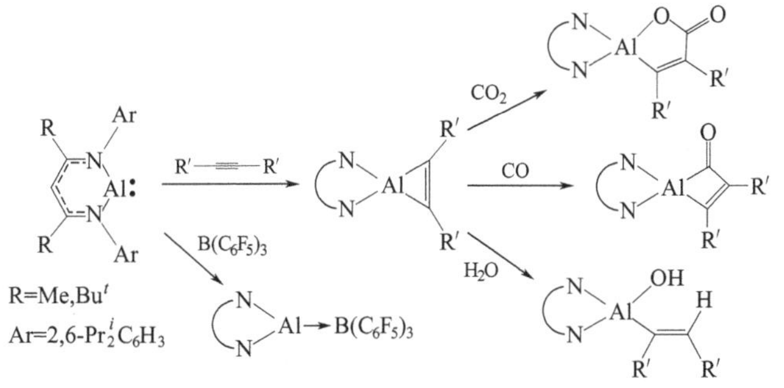

1.5.3 镓、铟和铊

31
镓
69.723

49
铟
114.818

81
铊
204.383

相比于铝化合物，烷基镓的极性和反应活性更低。不同于烷基铝，除了三甲基镓($GaMe_3$)和三甲基铟($InMe_3$)可用于气相沉积制备Ⅲ-Ⅴ型半导体材料，例如电子器件中的 GaAs 或 InP（金属有机化学气相沉积，MOCVD)，烷基镓在合成和工业生产中的应用有限。其砷化物如 GaAs 用于红色发光二极管。有机铟化合物在有机合成中受到越来越多的关注。三烷基铊不稳定，容易被还原。 这一族元素+1 和+2 价氧化态的稳定性逐渐增加。

1.5.3.1 Ⅲ价氧化态的化合物

三甲基金属化合物可由卤化物经锂或镁试剂烷基化制备获得。$TlMe_3$

也可以利用 MeI 为氧化剂与一价碘化铊反应制得。碘甲烷氧化 TlMe 得到 Me_2Tl。混合配体化合物如 R_2Ga（炔基）也可通过盐或氢化物 R_2GaH 和端基炔烃反应得到。

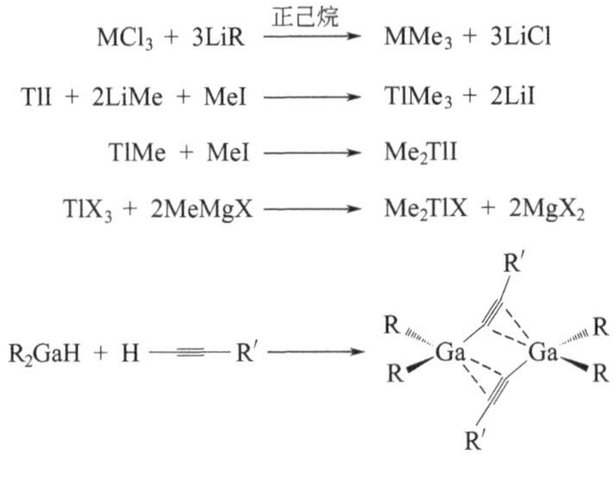

$$MCl_3 + 3LiR \xrightarrow{\text{正己烷}} MMe_3 + 3LiCl$$

$$TlI + 2LiMe + MeI \longrightarrow TlMe_3 + 2LiI$$

$$TlMe + MeI \longrightarrow Me_2TlI$$

$$TlX_3 + 2MeMgX \longrightarrow Me_2TlX + 2MgX_2$$

$$R_2GaH + H \text{———} R'$$

不同于 Al_2Me_6，$GaMe_3$、$InMe_3$ 和 $TlMe_3$ 不形成二电子三中心键的二聚体；它们在液相和气相中为单体结构。在晶体中，也为三角平面分子结构，但每一个分子都与邻近分子的甲基有弱相互作用。Tl—C 键较弱，$TlMe_3$ 对光敏感且可分解，加热至 90℃ 时还会发生爆炸。三甲基镓、铟、铊三种化合物，相比于二甲基汞（$HgMe_2$）对空气和水分都更敏感。

二烷基镓和铟的卤化物和类卤化物二甲基金属卤化物（Me_2MX）含有卤桥联结构，倾向于形成更高的配位数，例如，Me_2InCl 通过 $In\cdots Cl\cdots In$ 形成三角双锥结构。相比之下，Me_2Tl I 形成线型 [Me—Tl—Me]$^+$ 晶格，与等电子 $HgMe_2$ 几何结构相同。

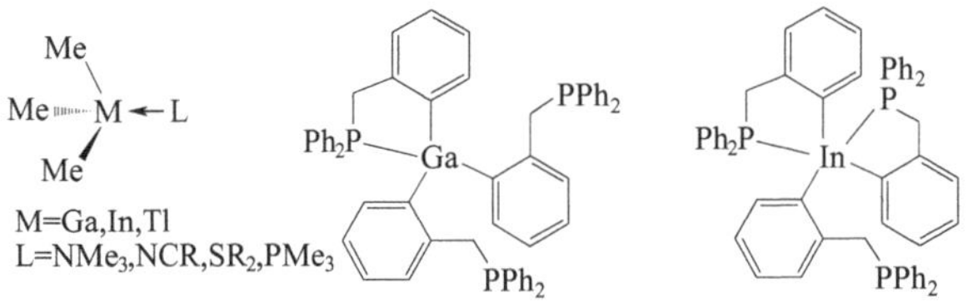

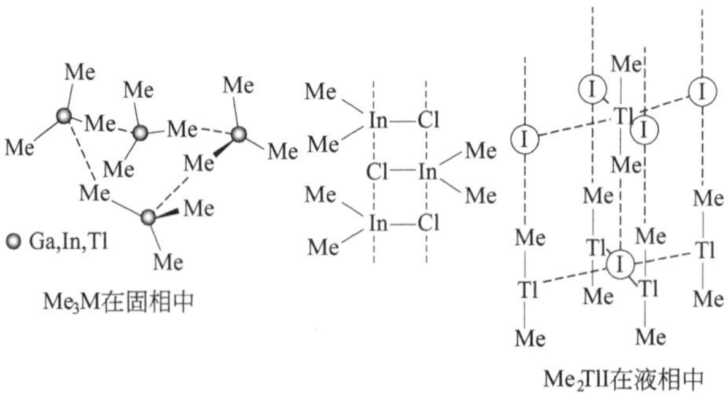

M=Ga,In,Tl
L=NMe₃,NCR,SR₂,PMe₃

Me₃M在固相中

Me₂TlI在液相中

与铝相比，较重的元素与软给电子体如膦和硫醚可形成更强的加成物。加入烷基锂或其他的亲核试剂，烷基铊可形成四面体阴离子 $[TlR_4X_{4-n}]^-$。镓化合物是四面体，而铟则由于其尺寸较大倾向于更多的配位数，形成五配位的配合物。

　　尽管烷基铝的自燃和水解是剧烈的放热反应，但 $GaMe_3$ 的水解很容易控制，得到四面体水合阳离子 $[Me_2Ga(OH_2)_2]^+$ 及阴离子 $[Me_2Ga(OH)_2]^-$，已经在溶液中通过光谱得到了确认。羟基烷基铊（R_2TlOH）在水溶液中呈现强碱性。

　　炔烃与过量烷基镓氢化物反应 Ga—H 加成到碳碳三键上形成金刚烷型笼形结构的碳镓烷。这不同于同系物 R_2AlH 的反应，形成具有类硼烷键的分子簇。

　　环戊二烯基化合物。$GaCp_3$ 和 $InCp_3$ 由卤化物与 LiCp 或 NaCp 通过盐复分解得到。

　　环戊二烯基化合物在平面三角形分子中有着单配位 η^1-Cp 配体，在固相中倾向于形成 π 相互作用。在晶体中，$CpGaMe_2$ 与 $CpAlMe_2$ 类似，具有 Cp 桥联聚合物链结构。

1.5.3.2　镓、铟和铊的低氧化态化合物

　　环戊二烯基金属化合物　环戊二烯基镓、铟和铊配合物的合成比环戊二烯基金属（MCp）衍生物更重要。环戊二烯基铊（TlCp）可以容易地通过环戊二烯和铊盐在碱存在下制备，或通过环戊二烯和氢氧化铊直接反应制备，产物为米黄色固体。环戊二烯基铊虽然在晶体中是锯齿形链结构的配位聚合物，但在真空中加热可以解聚并通过升华纯化。不同于大多数的环戊二烯基（Cp^-）盐，环戊二烯基铊对空气和水稳定，这使得其成为向过渡

金属卤化物转移环戊二烯基（Cp⁻）配体的实用试剂，特别是其反应的副产物卤化铊不溶于水，可以轻易除去。环戊二烯基铊能够有效地与卤素结合形成卤化铊，实验室中常用作除去后过渡金属（贵金属族）所含卤素的有效试剂。

环戊二烯基铟（InCp）有着相同的聚集态结构，其中 Cp—In—Cp 键角为 128°；在平行链之间存在长程铟···铟金属相互作用（约 4.0Å）。与环戊二烯基铊不同，它对空气十分敏感。在气相中，Cp 为 η^5-Cp 配位的单体结构。随着环戊二烯基上取代基增加，其相互作用程度下降；例如，In(C_5H_4Me)在溶液中为单体-二聚体平衡存在。另一方面，五甲基环戊二烯基镓和铟为松散的八面体结构，$[MCp^*]_6$ 中有着长程的金属···金属相互作用，距离约为 4Å，而五甲基环戊二烯基铊则形成极大的聚集体结构。二环戊二烯基镁（$MgCp_2$）与环戊二烯基铊（TlCp）加成可得到 $[Tl\text{-}Cp_2]^-$ 阴离子盐，为弯曲的夹心结构配合物。

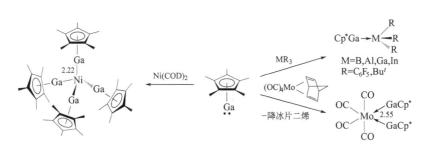

结构是闭合簇，有 n 个顶点和 $n+1$ 个成键电子。每个金属含有孤对电子

环戊二烯基镓和铟配合物含有一对电子，作为 2 电子供体能够与路易斯酸和过渡金属成键。已知元素周期表中很宽范围内的金属都能与 $GaCp^*$ 形成配合物，包括碱土金属和稀土金属。以下是一些例子：

五甲基环戊二烯基金属 Cp^*M 进行质子转移可以得到具有翻转夹心结构的双金属阳离子：

芳基金属配合物 $Ga^I[Ga^{III}X_4]$ 的盐在芳香族溶剂中完全溶解，一系列的一价镓、铟和铊的配合物可以通过分离得到，在这些配合物中一个或几个芳烃以 η^6 配位方式与金属离子配位。芳烃结合不仅通过供体-受体间相互作用，还主要通过静电作用。计算表明，金属离子并没有形成特定的电子结构，这种夹层结构可以在很大程度扭曲。配位的芳香基团的数量取决于其位阻大小以及与所遇阴离子的配位能力（竞争配位点）。配合物的稳定性随着芳香基团上甲基数量的增加而增强，顺序如下：$C_6H_6 < C_6H_5Me < C_6H_3Me_3 < C_6Me_6$；即富电子芳烃配位能力更强，从而能够替代弱的给电子配体。芳烃配合物的稳定性按 $Ga^I > In^I > Tl^I$ 的顺序下降。

M=Ga,In,Tl R_n=H,Me,Me$_3$
X=Cl,Br

X=$[H_2N\{B(C_6F_5)_3\}_2]$

延伸阅读 1.5.3.1　低价态烷基和芳香基金属化合物

13 族元素的 II 价氧化态在热力学上是不稳定的，能够发生歧化反应生成 M(I) 和 M(III)，其传统的卤化物 MX$_2$ 是混合价态，M^I[M^{III}X$_4$]。但是，可以利用相对稳定的 M(II) 起始材料 Ga$_2$Br$_4$(二噁烷)$_2$ 和 In$_2$Br$_4$(tmeda)$_2$(tmeda= 四甲基乙二胺)制备一系列烷基和芳基金属化物 M$_2$R$_4$，其中 R 为大位阻配体；这些化合物是动力学稳定的。这些是低价态烷基镓、铟、铊大家族中最简单的例子，其中许多都有着不寻常的成键模式，包括不同程度的 π 键和不同大小的键级。例如，M$_2$R$_4$ 还原一个电子得到阴离子 [M$_2$R$_4$]$^-$，从而缩短了金属-金属键，键级增为 1.5。

氯化铊与大位阻烷烃的锂和钠试剂进行歧化反应得到铊和四烷基二铊。这是一种由配体位阻来决定金属氧化态的实例。有着大位阻配体的低氧化态的镓、铟、铊配合物表现出明显的结构多样性。

含有异常大位阻基团 2,6-(Tripp)$_2$C$_6$H$_3$ 的铟和铊化合物甚至在固态中都是以单体形式存在，这是金属配位数为 1 的特例。它们可作为 2 电子供体与路易斯酸和过渡金属配合物形成加成物。

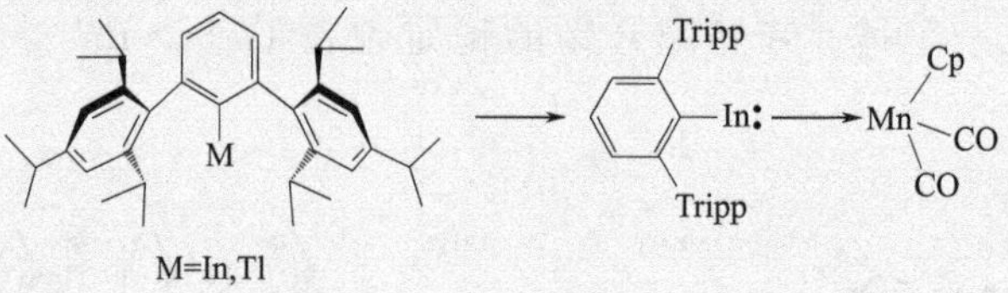

M=In,Tl

烷基和硅基镓衍生物的还原是制备混合价态分子簇的有效途径，从四面体 Ga$_4$R$_4$ 到 Ga$_{22}$(SiBu$_3^t$)$_8$，和从 [Ga$_{26}${Si(SiMe$_3$)$_3$}$_8$]$^{2-}$ 到 [Ga$_{84}${N(SiMe$_3$)$_2$}$_{20}$]$^{3-}$。它们可以被看作是被烃类阴离子包裹并屏蔽起来的大位阻金属晶格片段。

具有大位阻配体的低价态镓化合物中展示的成键行为形成了对理论概念的挑战。例如，三氯化镓与"超级硅基"NaSiBu$_3^t$ 反应得到晶体状蓝黑色自由基 Ga$_2$R$_3$·，具有局部 Ga-Ga π 键。利用金属钠进一步还原得到深红色的 [Ga$_2$R$_3$]$^{-}$ 自由基阴离子，可通过 1-电子氧化成深蓝色自由基 Ga$_3$R$_4$·，为具有五个离域电子的环状结构。

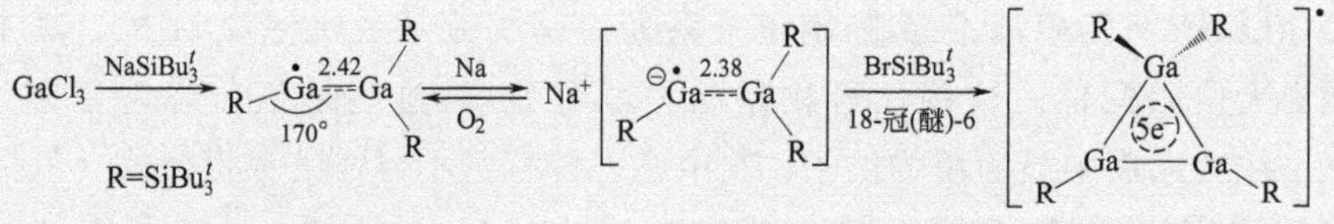

金属钠还原大位阻芳香基 RGaCl$_2$ 可得到阴离子 [RGa—GaR]$^{2-}$，其 Ga—Ga 键长很短，只有 2.32Å。对该化合物成键方式的解释一直存在争议，有可能最好的描述为强 Ga≡Ga 参与的共振结构：

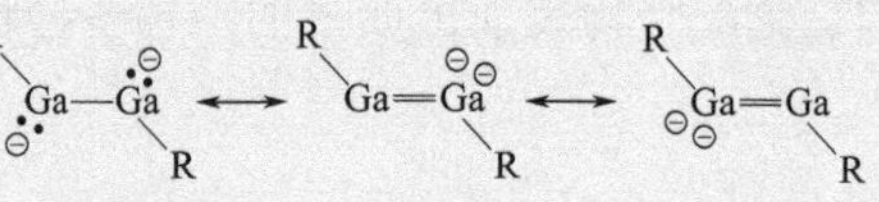

延伸阅读 1.5.3.2　烷基金属作为半导体前驱体

挥发性 13 族金属烷基化合物被用于结晶半导体薄膜的气相沉积，这一过程被称为金属有机化学气相沉积(MOCVD)。在这些过程中，前驱体蒸气通常为三甲基金属化合物 MMe$_3$，随着惰性气体进入加热反应器中，与 15 族化合物如 PH$_3$、AsH$_3$ 或 SbMe$_3$ 气体混合。

$$GaMe_3 + AsH_3 \xrightarrow[400\sim800℃]{} GaAs + 3CH_4$$

$$GaR_3 + SbMe_3 \xrightarrow[500\sim600℃]{} GaSb + 碳氢化合物$$
R= Me,Et

乙基金属化合物的 β-H 消除分解：

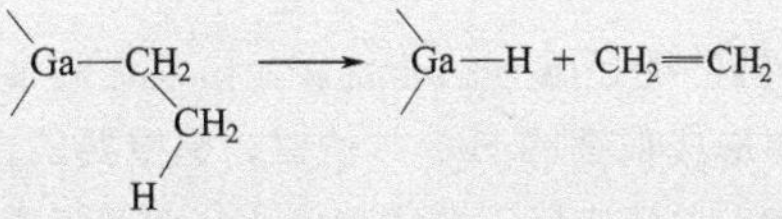

为在载体材料表面上形成第 3 族与第 5 族元素的合金产物，反应物在底物高温表面分解形成金属沉积层。分解反应包括金属-碳键均裂产生甲基和氢的自由基。

支撑底物可以是另一个单晶半导体薄膜所暴露的表面，由于硅、第 3 族与第 5 族元素合金和第 2 族与第 6 族元素合金材料的结晶具有类似的晶格参数，这就使单晶体诱导了新沉积材料的取向，这一过程称为附生晶体生长。就这样，不同材料可以被逐层组装，每一层的厚度不同。通过这种方式可以把不同半导体特征的多种夹心结构进行组装，进一步做成电子器件。第 3 族与第 5 族元素合金材料可以将电能转换成光(发光二极管，LED)：GaN 为蓝色，GaP 和 GaAs 为红色，InGaN 为绿色，而 InGaP/AlGaInP 为红色激光指针。

利用第 12 族元素的烷基化合物，采用相同的工序，特别是 $ZnMe_2$ 和 $CdMe_2$ 以及硫化物前驱体如 H_2S、H_2Se 或 Pr^i_2Te，可以得到第 2 族和第 5 族元素的半导体器件(见 1.4 节)。

半导体性能强烈受杂质浓度的影响，原料中碳、氧、氮的含量至少需要低于 10^{-6} 级，并要求超高纯度的烷基金属。烷基金属可以通过与非挥发性膦或 N-碱形成晶体加成物，然后重结晶来纯化至所需纯度。由于加合物的形成是可逆的，纯烷基金属可以通过加热释放得到。

三甲基金属与胺的加成物有时被用来提高其稳定性，即使它们是难挥发的。内螯合物如 $R_2Ga(C_3H_6NMe_2)$ 也有相同的效果。已经研究了许多分子内含有第 13 族和第 15 族的化合物，这有利于精确控制化学计量和保证更好的稳定性(以低挥发性为代价)。一些 M/E 组合的实际例子已被用作 ME 材料(E= N,P,As,Sb)的唯一来源前驱体，如下图所示。相同的前驱体也可在高沸点溶剂中通过热分解来制备纳米颗粒和纳米线。

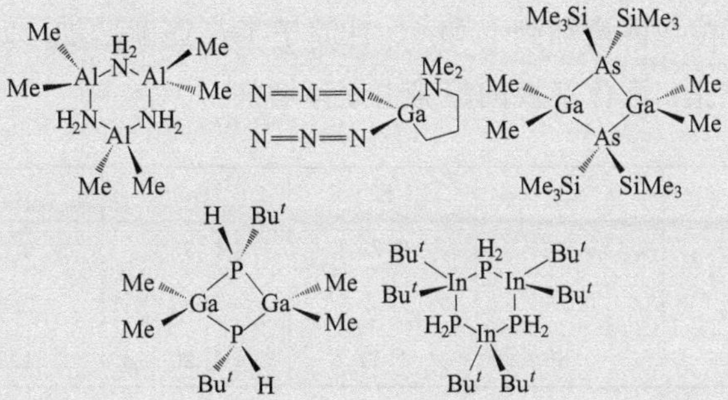

1.6 碳族金属有机化合物

14 族元素有四个价电子，通常会形成四个共价键，具有精确的八电子结构特征。各元素的电负性略有下降，但仍与碳相当接近；$M^{\delta+}—C^{\delta-}$ 键的极化相对于前述的 13 族元素与碳成键来说并不明显。$M^{\delta+}—C^{\delta-}$ 键的稳定性逐渐降低，其生成热也是如此，烷基铅是吸热的，同时氧化态的稳定性逐渐增加。

四烷基化合物不具有路易斯酸性，并且对水和空气稳定；它们只是弱烷基化试剂。如果卤素配体存在，其路易斯酸性会增加。从硅向下的元素，它们的配位数能增加到 5 和 6，且原子半径逐渐增加，同时随着配位球体结构的扩张，配体交换的趋势也逐渐增加。

配位数	C	Si	Ge	Sn	Pb
4	0.15	0.26	0.39	0.55	0.65
6	0.16	0.4	0.53	0.69	0.78
共价半径	0.86	1.11	1.20	1.39	1.46

1.6.1 硅化合物

1.6.1.1 合成方法

工业上，烷基硅是通过直接铜氧化活化单质硅来制备的（Rochow-Müller 过程）：

$$MeCl + Si/Cu \xrightarrow[300\,℃]{} Me_n SiCl_{4-n}$$

反应是通过将 MeCl 氧化加成在 Si 原子上进行的，得到甲基硅氯化物的混合物，通过蒸馏分离纯化。每年 Me_2SiCl_2 生产规模已经达到了一百万吨。

更特殊的烷基和芳基硅化物可以通过盐的复分解反应制备。特殊的烷基硅卤化物也可以通过卤素对 Si-Si 键的氧化裂解得到：

$$R_{4-n}SiCl_n + nR'MgCl \xrightarrow{乙醚} R_{4-n}SiR'_n + nMgCl_2$$

$$R_3Si—SiR_3 + X_2 \longrightarrow 2R_3SiX \quad X=Br, \quad I$$

1.6.1.2 反应活性

硅烷（SiR_4）缺少低势能的接受电子轨道，这意味着它们无法与水配位，因此耐水解和化学进攻（非常不同于 $AlMe_3$）。由于三甲基硅（Me_3Si）基团的大小与叔丁基取代基相当，常常被引入化合物来提供空间位阻，以及额外的稳定性，也常被用作金属有机配合物的配体取代基。

烷基硅卤化物对亲核试剂很敏感，在碱性条件下水解可得到硅醇 R_2SiOH，进一步在 H^+ 的存在下缩合得到烷基硅氧烷。R_2SiCl_2 水解得到硅二醇，容易缩合形成聚合物，称为聚硅氧烷或硅氧烷。

$$R_3SiCl + OH^- \longrightarrow R_3SiOH + Cl^-$$

叔丁基二甲基氯化硅（$Bu^t Me_2SiCl$）常用作有机合成保护基的前体。通过水解除去硅基得到硅烷醇 $Bu^t SiMe_2OH$，其能够与氯化亚砜再反应循环回到氯化物：

$$Bu^t SiMe_2OH + Cl_2S{=}O \longrightarrow Bu^t SiMe_2Cl + HCl + SO_2$$

二烷基硅二醇 $R_2Si(OH)_2$ 很容易缩合［除非 R 基团体积很大，例如十分稳定的 $Bu_2^t Si(OH)_2$］。Ph_2SiCl_2 水解得到的 $Ph_2Si(OH)_2$ 为无色晶体，加热可凝结得到环结构和/或聚合物。硅不能形成类酮状（Si = O）结构：

注意拼写差异：硅元素，聚合物硅树脂

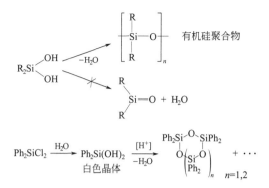

硅树脂

$$Ph_2SiCl_2 \xrightarrow{H_2O} \underset{\text{白色晶体}}{Ph_2Si(OH)_2} \xrightarrow[-H_2O]{[H^+]} \cdots$$

二甲基硅醇 $[Me_2Si(OH)_2]$ 缩聚可以得到链状和环状结构的硅聚合物。质子酸 H^+ 作催化剂，Si—O—Si 键形成是可逆的，因此，在催化量强酸的作用下环状或低聚硅氧烷可以很容易地转换成高分子量聚合物。该方法更适用于氯硅烷的水解，因为能够利用所形成的 HCl 进行催化。有机硅聚合物的分子量可以通过加入链封端剂来控制，如加入 $(Me_3Si)_2O$ 得到—SiMe$_3$ 封端的聚合物，且所得聚合物分子量随着反应中 SiMe$_3$ 含量的增加而下降。

低分子量的有机硅为硅油，广泛用作传热流体。有些牌号黏度低，甚至可用于非常低的温度。由于 Si—O 键热力学稳定性非常高，其热稳定强且闪点高，硅油在加热下也不会起火，有别于石蜡油。

延伸阅读 1.6.1.2　有机硅聚合物

有机硅聚合物构象变化位阻较低，既使高分子量的有机硅也能呈现柔软性和富有弹性，是防水、抗风化和抗紫外线照射的无毒高分子材料。结合其化学惰性，使得有机硅材料可以应用于医疗行业(整形手术，植入硅胶)。交联的硅氧烷聚合物可通过与过氧化苯甲酰加热反应或硅氢加成反应来制备，得到弹性体(硅橡胶)，可用于电器绝缘体、垫片、套管、油管和医疗方面，包括心脏瓣膜植入物。有机硅也用作油品、润滑油和泡沫剂(发酵工艺、污水处理)。含苯基的有机硅树脂通过 PhSiCl$_3$ 和 PhSiMeCl$_2$ 共水解得到，作为电气设备和机械的绝缘体。

含乙酸根封端的有机硅低聚物缩合可得到硅橡胶。三醋酸酯硅烷 $[RSi(OAc)_3]$ 可水解交联形成结构固定的高分子网络结构。

三氯硅烷 $(RSiCl_3)$ 受控水解可以得到笼状化合物，被称为倍半硅氧烷 $R_8Si_8O_{12}$，含有未缩合的羟基，可以进行与过渡金属配合物配位的研究。例如，作为研究硅橡胶负载催化剂中 M—O—Si 相互作用的模型。

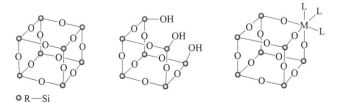

○R—Si

甲硅烷氯化物与氨反应得到硅烷基胺(硅氮烷)。(碱金属促进)六甲基二硅氮烷去质子化获得金属酰胺 $MN(SiMe_3)_2$($M=Li,Na,K$),通常合成中用作大位阻非亲核碱,由于 M—N 键易质子化,是许多金属配合物合成的常见原料。

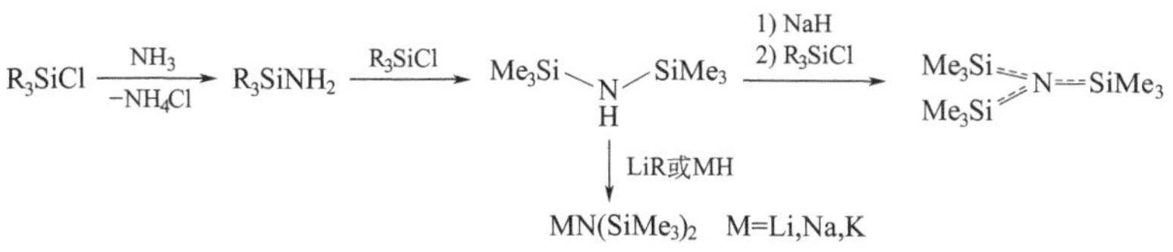

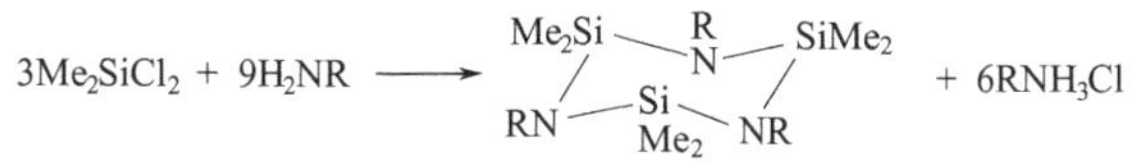

$$R_3SiCl \xrightarrow[-NH_4Cl]{NH_3} R_3SiNH_2 \xrightarrow{R_3SiCl} Me_3Si-\underset{H}{N}-SiMe_3 \xrightarrow[2) R_3SiCl]{1) NaH} Me_3Si=N=SiMe_3$$

（图中下方）
$$\downarrow LiR或MH$$
$$MN(SiMe_3)_2 \quad M=Li,Na,K$$

$$3Me_2SiCl_2 + 9H_2NR \longrightarrow \text{（环状结构）} + 6RNH_3Cl$$

Si—O 键和 Si—N 键 硅高分子材料中硅与 O 或 N 键由于杂原子所含孤对电子形成了弱 π 相互作用,这降低了杂原子的碱性并增大了 Si—O—Si 或 Si—N—Si 的键角,例如,$(Me_3Si)_2O$ 中的夹角为 148°,远远大于四面体的夹角 109°。Si—O—Si 翻转势垒很低——线型结构排列的 Si—O—Si 其势垒仅略高于基态。这种柔性反映了硅橡胶的机械性。

同样的原因,$HN(SiMe_3)_2$ 和 $N(SiMe_3)_3$ 为平面结构,不同于烷基胺,如 $HNBu_2^t$ 和 NEt_3^t 为锥形体结构。因此二(甲基烷基)胺和酰胺为弱亲核试剂。Si—O 间 π 相互作用也是硅烷醇酸性更强的原因,R_3SiO^- 离域能力更好。

（结构式：$\geq Si=O-R$；$\geq Si=N\langle{R \atop R}$；$Me_3Si-O-SiMe_3$ $\alpha=148°$；$Ph_3Si-O-SiPh_3$ $\alpha=180°$）

Si-E π 键

硅烷 $LiAlH_4$ 还原氯硅烷得到相应的硅氢化物(有机硅烷)。

$$2R_2SiCl_2 + LiAlH_4 \longrightarrow 2R_2SiH_2 + LiAlCl_4$$
$$(R=烷基,Ph)$$

在铂催化作用下,三烷基氢化硅 R_3SiH 可与烯烃进行硅氢加成反应。C=O官能团的硅氢化反应在热力学上是有利的,反应是强的 Si—O 键取代弱的 Si—H 键,该反应由路易斯酸促进。

Ph_2SiH_2 的催化脱氢产生 H_2 和聚硅烷$\{SiPh_2\}_x$。

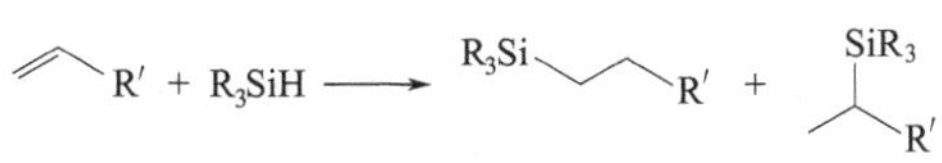

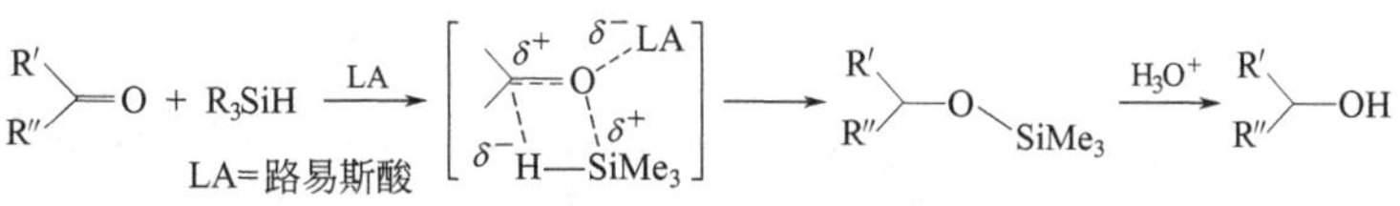

$$\diagup\!\!\!\!\diagdown R' + R_3SiH \longrightarrow R_3Si\diagdown\!\!\!\!\diagup R' + \overset{SiR_3}{\diagdown\!\!\!\!\diagup} R'$$

$$\underset{R''}{\overset{R'}{\diagup}}\!\!\!\!\diagdown O + R_3SiH \xrightarrow{LA} \left[\text{（过渡态）} \right] \longrightarrow \underset{R''}{\overset{R'}{\diagdown}}\!\!\!\!\diagup O-SiMe_3 \xrightarrow{H_3O^+} \underset{R''}{\overset{R'}{\diagdown}}\!\!\!\!\diagup OH$$
LA=路易斯酸

环戊二烯基硅化合物 NaCp 与 Me_3SiCl 反应得到 Me_3SiCp。在所有该类硅化合物中 Cp 是 η^1 键。多重去质子化的硅烷化依次可得到双/三硅基 Cp 衍生物。优先形成异构体 1,1-二硅基环戊二烯。然而,在 π 体系中硅烷基取代基的迁移容易进行(存在 1,2-金属迁移),1,1-二硅基环戊二烯转化为 1,3-取代产物。三甲基硅(SiMe₃)取代基具有鲜明的正电荷(+1),不仅增加环戊二烯基配体的有效尺寸,同时提高其供电子性能。

尽管环戊二烯的狄尔斯-阿尔德(Diels-Alder)二聚反应很快,但是硅烷基茂环化合物的二聚反应很慢。

含有 1~4 个三甲基硅(SiMe₃)取代基的环戊二烯在过渡金属化学中经常被用作提高配体的空间位阻。在与路易斯酸性过渡金属氯化物反应过程中,易挥发的三甲基氯化硅(Me₃SiCl)挥发掉,推动了反应持续进行,因此是一个便捷并且无盐的制备配合物的方法,其副产物可在真空下除去。

1.6.1.3　低价态硅化合物

烷基硅阴离子(R_3Si^-)中硅为 +2 价氧化态。这些试剂可以通过钠汞齐对烷基硅氯化物还原得到,并可用于制备金属-硅键。烷基硅锂或烷基硅镁的配合物可以通过 $Hg(SiMe_3)_2$ 金属转化反应制备。

硅基阴离子为锥形结构并且扭转势垒高。

Si(Ⅱ)

人们感兴趣的研究是比较与碳化学性质相似的许多硅碳类似物和中间体,特别是烯烃、炔烃、碳正离子、自由基和卡宾。第二周期元素,如 C、N、O,很容易通过强的 p_z 轨道形成多重 π 相互作用键,s 和 p 轨道更大的能量差和重元素更大的半径使得 π 键更弱。然而 Si═Si 和 Si═C 双键只能在特殊情况下产生,而且需要引入大位阻取代基来保证其必要的动力学稳定性才可能在常温下分离出来。空间不受保护的中间体如硅烯 R_2Si、卡宾硅烯 $R_2Si═CH_2$、卡拜硅炔 $RSi═CH$ 和杂硅苯 C_5SiH_6 只有在非常低的温度下采用严格的分离技术并通过光谱表征观察到。通过进一步反应所得产物如二聚体或低聚物,或者合适的试剂进行捕捉,推测这类多重键硅化合物存在。例如,硅烯能形成可分离的过渡金属硅烯配合物 $L_nM═SiR_2$。

亚甲硅烷　　硅碳烯　　二硅烯　　硅碳炔　　二硅碳炔　　硅杂苯

[R₂Si]ₙ 钠钾合金还原氯硅烷［Cl(SiMe₂)₆Cl］得到齐聚聚硅烷。环硅烷可以氯化转化成 Si—Cl 和 Si—H 衍生物。硅烷在钛或锆催化剂存在下脱氢偶联可生成聚硅烷。

双烷基环硅烷还原可以生成带颜色的阴离子自由基，如深蓝色 ［(SiMe₂)₅］⁻ 或黄色 ［(SiMe₂)₆］⁻。

空间位阻大的三硅烷光降解生成硅烯和硅卡宾，后者二聚可得到更多的硅烯。该反应比较普遍，适用于烷基和芳基化的硅烯化合物。

最早制备硅烯是通过硅酮的光化学重排实现的。同样，大的空间位阻是稳定的关键。Si═C 键比 Si—C 键更短。

萘基钾还原(η¹-Cp*)₂SiCl₂ 得到了二茂硅 Si(η⁵-Cp*)₂，作为单体结构的硅物种，该类化合物对空气高度敏感，对该类硅的氧化有着强烈的热力学驱动作用。对于金属配合物来说，这是 2 电子供体且有强亲氧性，能够从 CO₂ 中夺取氧原子。

许多不同类型的硅烯已经被分离并表征了结构，通常都是通过氧化加成反应来形成硅化合物。硅烯作为过渡金属配合物的 2 电子供体，可以得到端基或桥联类型的 $L_n M(\mu\text{-}SiR_2)_2 ML_n$ 配合物。

[RSi]$_n$　利用强还原剂还原烷基三卤化硅 $RSiX_3$ 可得到含 Si—Si 键的 Si_n—R_n($n=4\sim8$)分子簇。较大的取代基倾向于形成较小的簇,例如,$Si_4 R_4$ 呈现类似于四面体烷烃 $C_4 H_4$。

硅烷自由基和硅基阳离子　$R_3 Si$—H 或 $Hg(SiR_3)_2$ 光解得到硅烷自由基 $R_3 Si\cdot$。不同于平面三角形的碳自由基 $R_3 C\cdot$,它们为锥形结构。

硅基阳离子 $R_3 Si^+$ 作为碳正离子的类似物备受关注,然而,它们很难制备,且呈现为极强的路易斯酸。较好的方法是用芳烃作溶剂,单硅烷与非配位阴离子 CPh_3^+ 盐反应:

$$3Ar_2(Me)Si\text{—}H+2CPh_3^+ \longrightarrow 2Ph_3 CH+Me_3 SiH+2Ar_3 Si^+$$

硅基阳离子与包括甲苯在内的溶剂得到加成物,甚至与极弱配位阴离子相互作用,倾向于形成锥形结构(不同于碳正离子);平面三角结构产物只能使用含大位阻芳香取代基制得,同时发现了卤素和氢桥联的阳离子。$[Et_3 Si]^+ [B(C_6 F_5)_4]^-$ 试剂中含 $[Et_3 Si\text{—}H\text{—}SiEt_3]^+$,经常被用作强亲电试剂。

延伸阅读 1.6.1.3 ^{29}Si NMR 谱

^{29}Si 的核自旋数为 1/2。它涵盖了近 1000 的化学位移范围且能提供 ^{29}Si 核的不同电子环境信息。下表中是两个极端的 Si 化合物具有不同程度的给电子能力。硅基阳离子 SiR_3^+ 的化学位移表明其平面性；在大多数组成为 [SiR_3]$^+$ X$^-$ 的化合物中硅阳离子为四配位结构且其核磁有着较低的正位移。

化合物	δ^{29}Si	溶剂	化合物	δ^{29}Si	溶剂
Me$_3$SiOTf	43.7	CD$_2$Cl$_2$	Et$_3$Si$^+$ [CB$_{11}$H$_6$Br$_6$]$^-$	111.8	固相
Mes$_3$Si$^+$ [CB$_{11}$H$_6$Br$_6$]$^-$	226.7	固相	MeR$_2^*$ Si—Si$^+$ Bu$_2^t$[B(C$_6$F$_5$)$_4$]$^-$	303.0	CD$_2$Cl$_2$
(Me$_3$Si 结构 Si:)	+567.4	C$_6$D$_6$	(Si 茂结构)	−423	固相

注：R* = SiMeBu$_2^t$。

1.6.2 锗

锗(Ge)的金属有机化合物表现出与硅化合物非常相似的化学性质。主要的不同是低氧化态的稳定性：GeCl$_2$ 是一种稳定的材料，Ge{CH(SiMe$_3$)$_2$}$_2$ 在溶液中是稳定的单体，尽管在晶体结构中为二聚体 R$_2$Ge═GeR$_2$。茂配合物 Ge(η^5-C$_5$R$_5$)$_2$(R═H,Me)可以通过 GeCl$_2$ 直接反应得到，它们是倾斜的夹层结构，相比于 Si(η^5-Cp)$_2$ 更不易氧化。

| 32 |
| 锗 |
| 72.61 |

1.6.3 锡化合物

锡金属有机化合物的试剂类型和结构与硅相似，关键区别在于：①锡半径更大，因此导致更弱的锡成键；②配位数倾向于 5～6；③＋2 价的氧化态更加稳定。Sn—C 键主要为共价键，且锡烷基对空气和水稳定。

锡-碳键弱，结合其耐水解性能，被广泛应用在有机合成中的 C—C 键的形成。但是，锡烷基衍生物气味难闻，而且会刺激皮肤，因此必须采取适当的预防措施。

| 50 |
| 锡 |
| 118.71 |

延伸阅读 1.6.3 锡(Ⅳ)试剂毒性

一些烷基锡化合物是有毒的，如三甲基、三乙基衍生物对哺乳动物有毒性，而二辛基锡化合物无毒，可用在食品中。随着烷基数的减少和链长的增加，毒性降低。三丁基锡化合物对真菌、贝类、甲壳动物都是有毒的，并已广泛用于木材防腐和远洋船舶的防污漆，用以防止海洋生物垢污染(这会增加阻力，从而提高燃油费)。二烷基锡也作为 PVC(聚氯乙烯)塑料的稳定剂，卤化烷基锡开始了工业化生产。三丁基锡化合物释放到环境中有环境污染问题，目前正在研发其替代品。

应用

1.6.3.1 锡化合物的合成

烷基锡和芳基锡可以通过 $SnCl_4$ 参与反应制备：①标准烷基化方法；②金属锡直接氧化加成；③SnR_3^- 烷基化；④锡酰胺质子迁移；⑤烷基锡卤化物可由 SnR_4 与 SnX_4 的逆歧化反应得到。这些烷基交换反应受锡的路易斯酸性促进并且会形成五配位的中间体。

$$\text{>Sn-X} + MR' \longrightarrow \text{>Sn-R'} + MX \qquad 烷化$$
$$M=Li,Na,MgX$$

$$4AlR_3 + 3SnCl_4 + R_2'O \longrightarrow 3SnR_4 + 4AlCl_3(OR_2') \qquad 烷化$$

$$Sn/Cu + 2MeCl \xrightarrow{200\sim300℃} Me_2SnCl_2 \qquad 氧化加成$$

$$R_3Sn^- Na^+ + R'X \longrightarrow R_3Sn-R' + NaX \qquad 氧化加成$$

$$R_3Sn-NR_2' + \text{(indene, H)} \longrightarrow \text{(indene-SnR}_3\text{)} + HNR_2' \qquad 质子迁移$$

$$3SnR_4 + SnX_4 \longrightarrow \left[\begin{array}{c} R \\ R \end{array} Sn \begin{array}{c} R \\ \\ \end{array} Sn \begin{array}{c} X \\ X \end{array} \right] \longrightarrow 4R_3SnX \qquad 歧化$$

另一种形成 Sn—C 键的方法是烯烃的锡氢化反应。Sn—H 键较弱且容易发生均裂，相对稳定的三烷基锡自由基可以通过紫外线照射或添加自由基引发剂如 AIBN 制得。该方法可用于含官能团烷基锡化物的制备。炔烃锡氢化可得到乙烯基锡化合物，通常为 E-异构体和 Z-异构体的混合物。由于该反应为自由基反应，因此能够容忍羟基等官能团。

$$Bu_3SnH + \text{(alkene)} \xrightarrow[\text{自由基}]{\text{UV或}} \left[Bu_3Sn\cdot \cdots Bu_3Sn \cdot \right] \xrightarrow{H\cdot} Bu_3Sn \text{(product)}$$

$$R_3SnH + H\text{—}\equiv\text{—}COOR' \longrightarrow \begin{array}{c} H \quad COOR' \\ R_3Sn \quad H \end{array} + \begin{array}{c} H \quad H \\ R_3Sn \quad COOR' \end{array}$$

环戊二烯基锡化合物可通过 R_3SnCl 和 Na^+Cp^- 或环戊二烯和锡酰胺如 R_3Sn—NEt_2 反应制备。锡化合物中 Cp 环为 η^1 键。与 $SiMe_3$ 类似物相同，Cp—Sn 化合物可移动，SnR_3 中 1,2-金属迁移使得环戊二烯基中的 H 在 NMR 的时间尺度上是等效的，从而表现出单一的共振信号。$CpSnR_3$ 化合物相比硅类似物是更活泼的 Cp 转移剂，用于制备过渡金属茂配合物。

$$\text{(cyclopentadiene)} \xrightarrow[-HNEt_2]{Me_3Sn-NEt_2} \text{(Cp-SnMe}_3, H) \xrightarrow[-HNEt_2]{Me_3Sn-NEt_2} \text{(Cp-(SnMe}_3)_2) \xrightarrow[-HNEt_2]{Me_3Sn-NEt_2} \text{(Cp-(SnMe}_3)_4)$$

1.6.3.2 锡(Ⅳ)化合物的结构

四烷基锡和四芳基 SnR_4 为四面体结构，电子数精准自洽，不是路易斯酸，容易溶解在非极性溶剂中。锡金属有机化合物 $R_{4-n}SnX_n$ 带着更多的吸电子取代基 X 如卤化物或氧化物，倾向于形成五配位或六配位的加成物，是自身配位还是与供电子配体 L 配位，取决于 R 基团的空间位阻和配体 L。不同于其硅烷同系物易挥发的特点，有机锡化合物不挥发，影响了其在合成中的应用。含小基团 R 的三烷基锡氟化物是配位聚合物，它们可以形成锯齿状或线型结构，这取决于 R 基团的大小；并且其难以溶解，因此可以很轻松地从有机反应混合物中去除。它们可以通过在 THF 中与 NaX 回流从而转化为可溶、可重复使用的 $R_3SnX(X=Cl，Br)$。大位阻的配体形成单分子配合物，包括一些氟化物。尽管 Me_3Si 酯是挥发性的，但是 Me_3Sn 羧酸酯仍可以形成相互作用的结构。羧酸酯键非对称，具有强和弱的 Sn—O 相互作用。不同锡化合物结构具有多样性如下图所示：

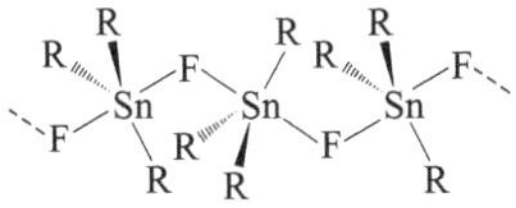

[Me₃SnF]ₓ：锯齿形   [Ph₃SnF]ₓ：线型聚合物 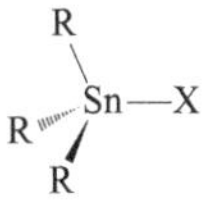   单体：R=Ph,X=Cl
                                                            R=Cy,X=F

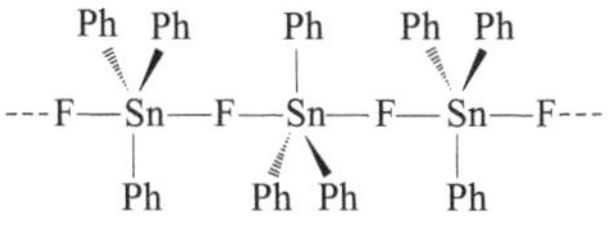

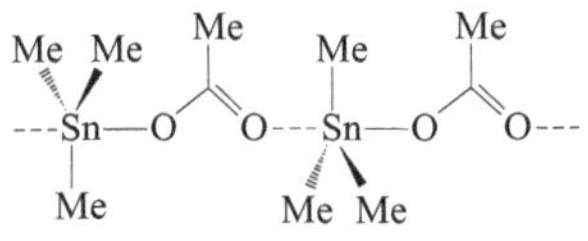

[Me₃Sn(OAc)]ₓ   [Me₂SnF₂]ₓ：片状结构   [R₂SnX₂]ₓ：封顶四面体
                                                        或扭曲的正八面体

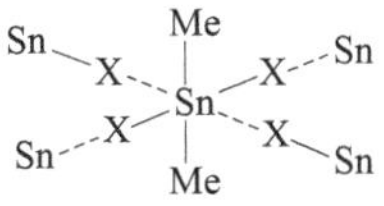

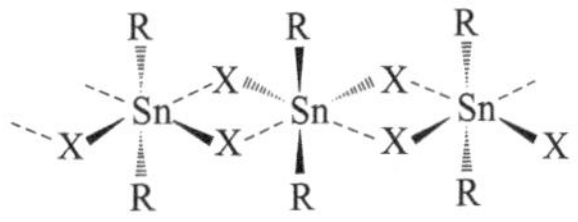

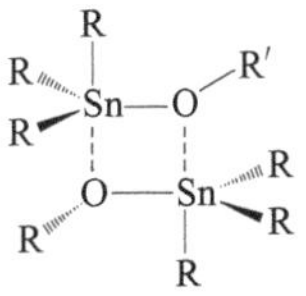

烷基锡氢氧化物   烷基氧化锡 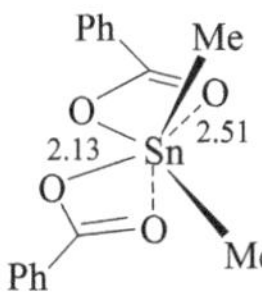   双顶四面体   5-配位和6-配位供体加合物 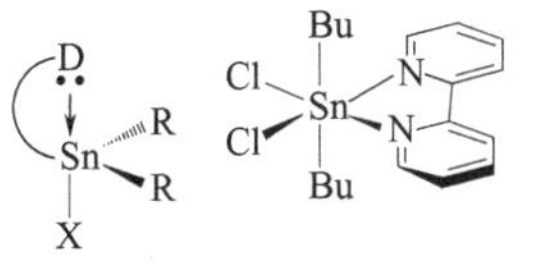
和醇盐(R′=H,Me)   烷基二羧酸锡   供电子体D与卤素X反式配位

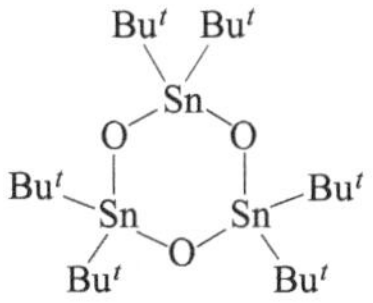

1.6.3.3 锡化合物的反应活性

有机锡试剂 $R_{4-n}SnX_n$ 能够与金属卤化物进行多种类型的反应：配体取代、还原、水解以及形成配合物。配体交换反应通过形成五配位和六配位的中间体更容易进行。Sn 和 Si 之间的差异特点在于：①容易还原得到热稳定的强亲核试剂锡阴离子［R_3Sn］⁻（Sn^{II}），②倾向于形成 R_3Sn·自由基。

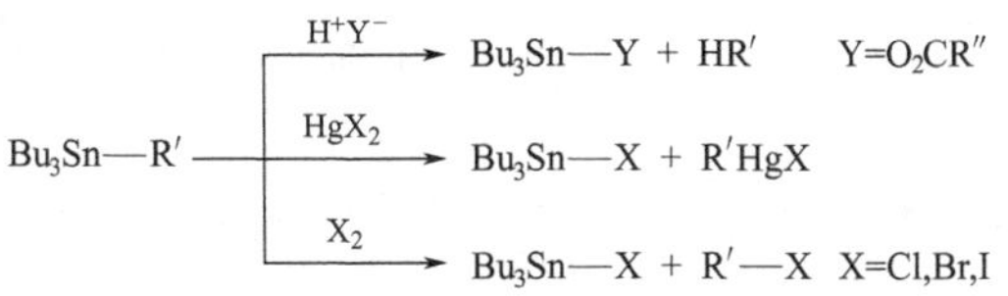

$$Bu_3Sn-R' \begin{cases} \xrightarrow{H^+Y^-} Bu_3Sn-Y + HR' \quad Y=O_2CR'' \\ \xrightarrow{HgX_2} Bu_3Sn-X + R'HgX \\ \xrightarrow{X_2} Bu_3Sn-X + R'-X \quad X=Cl,Br,I \end{cases}$$

如下反应示意图所示，锡化合物的主要类别是交互转化的：

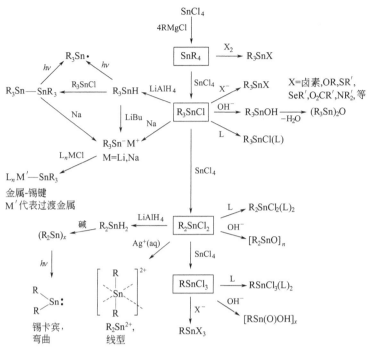

Sn—C 键可与亲电试剂反应，如 H^+、金属离子或卤素。sp^2 杂化的碳键比 sp^3 杂化的碳键更容易反应，因为进攻 sp^2—C 可以生成一个离域的阳离子中间体。反应活性顺序是：$Ph > PhCH_2 > CH_2 \!=\! CH_2 > Me >$ 高级烷基。

$$Bu_3Sn\!-\!\!\!\bigcirc \xrightarrow[\;]{D^+} \left[\; Bu_3Sn\!-\!\!\!\bigcirc^{\oplus}\!\!\!-D \;\right] \xrightarrow[\text{快反应}]{X^-} Bu_3Sn\!-\!X + D\!-\!\!\!\bigcirc$$

烯丙基锡化合物的反应活性高于烷基，例如，$Sn(CH_2CH\!=\!CH_2)_4$ 与羧酸反应取代四个烯丙基，与 LiMe 反应是制备无盐烯丙基锂试剂的好途径：

Sn−H+C≡C

$$Sn(CH_2CH\!=\!CH_2)_4 + 4LiR \longrightarrow SnR_4 + 4LiCH_2CH\!=\!CH_2$$

锡氢化作用。Sn—H 加成很容易与炔烃的碳碳多重键发生反应。R_3SnH 可以通过 R_3SnCl 和 Et_3SiH 原位反应生成。在路易斯酸如 $ZrCl_4$ 或 $B(C_6F_5)_3$ 催化作用下更有利于发生锡氢化反应。通常得到乙烯锡异构体的混合物。

Sn−M+C≡C

$$Bu_3SnH + H\!-\!\!\!\equiv\!\!\!-R' \xrightarrow[\substack{\text{甲苯,0℃}\\89\%}]{ZrCl_4} \underset{Bu_3Sn}{\overset{H}{\diagup}}C\!=\!C\underset{R'}{\overset{H}{\diagdown}} \qquad R'=C_6H_{13}$$

$$Bu_2SnH_2 + \diagup\!\!\!\diagdown\!\!-OH \longrightarrow Bu_2Sn\!-\!\!\!\diagup^{H}\!\!\!\diagdown\!\!\diagup\!\!\!\diagdown\!-OH$$

锡与类金属协同加成反应 该方法能够实现 C＝C 键上锡和另一个类

金属同时加成。如以下反应由钯配合物催化，可以形成 Sn-Pd-Si 中间体。

$$Me_3Sn—SiMe_2Bu^t + Bu \!\!\!-\!\!\!\equiv\!\!\!-\!\!\! H \xrightarrow[\text{催化剂}]{Pd(PPh_3)_4} \overset{Bu}{\underset{Me_3Sn}{}}C\!\!=\!\!C\overset{H}{\underset{SiMe_2Bu^t}{}}$$

锡与碳协同加成反应 锡与碳取代基同时加成三重键化合物中是有机合成广泛使用的方法。该反应由镍或钯配合物催化并且得到应用广泛的官能化的乙烯基锡。

$$\text{—} SnBu_3 + Me \!\!\!-\!\!\!\equiv\!\!\!-\!\!\! Ph \xrightarrow{Ni(0)催化剂}$$ 顺式加成 区域专一性

$$Ph \!\!\!-\!\!\!\equiv\!\!\!-\!\!\! SnBu_3 + H \!\!\!-\!\!\!\equiv\!\!\!-\!\!\! H \xrightarrow[\text{催化剂}]{Pd(PPh_3)_4}$$ 烯炔形成

$$Ph\text{—}C(O)\text{—}SnMe_3 + Me_3Si \!\!\!-\!\!\!\equiv\!\!\!-\!\!\! CO_2Et \xrightarrow{Ni(0)催化剂}$$ 形成共轭酮

$$Sn—C+C\!\!=\!\!C$$

阳离子配合物 在 $Na[BPh_4]$ 作用下 Me_3SnCl 水解得到三角双锥结构的二水合甲锡基阳离子。Me_2SnCl_2 水解得到水合 $[SnMe]^{2+}$，是 $[TlMe_2]^+$ 和 $HgMe_2$ 的等电子体，这些化合物都具有线型结构。$[SnMe_3]^+$ 可形成多种五配位供体加成物，如与 2,2′-联吡啶形成加成物。锡元素与碳相比，更像 14 族其他元素，其 s 能级与 p 能级差很大，难以形成 sp^2 型的平面结构。然而，在大位阻基团作用下，可迫使分子形成平面构型，例如平面三角形的 $[Sn(mes)_3]^+$（参见硅类似物）。

SnR_3^+

$Sn(III)$

1.6.3.4 锡的 +3、+2 价氧化态化合物及 Sn—Sn 键、锡自由基和锡烯

锡通过 Sn—Sn 键形成许多化合物。三烷基锡卤化物还原得到二锡烷 $R_3Sn—SnR_3$。氢化锡和锡酰胺缩合反应同样可以得到含金属-金属键的锡化合物。

二锡烷的光解可以生成锡自由基 $R_3Sn\cdot$，使用过量的烷基碱金属还原可得到锡阴离子的盐。与碳自由基反转势垒低且为平面结构相比，锡自由基和锡阴离子则为锥形结构。

$$2Me_3SnBr + 2Na \xrightarrow[-2NaBr]{\text{液氨}} Me_3Sn—SnMe_3 \xrightarrow[hv]{2Na} \begin{cases} 2Na^+SnR_3^- \\ 2R_3Sn\cdot \end{cases}$$

$$PhSnH_3 + 3Me_3Sn—NEt_2 \longrightarrow PhSn(SnMe_3)_3 + 3HNEt_2$$

位阻锡基自由基可以非常稳定:$\{(Me_3Si)_2CH\}_3Sn\cdot$ 的半衰期为1年

甲基锡自由基　　甲基锡阴离子

二烷基锡卤化物还原生成环锡烷$(R_2Sn)_x$ $(x = 3 \sim 9)$，它在结构上类似于环烷烃。另一条制备路线是有机碱如吡啶催化 R_2SnH_2 的 H_2 消除。

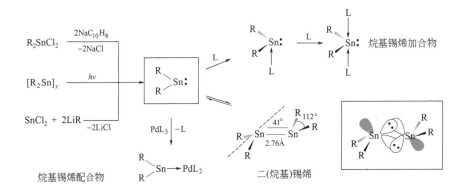

Sn(II)

环锡烷光解得到锡烯，锡卡宾类似物。由于锡的原料如 $SnCl_2$ 易得到且稳定（非常不同于 CCl_2），锡烯也可以通过 $SnCl_2$ 烷基化反应得到。锡烯与路易斯碱形成加成物，还可以作为过渡金属的 2 电子供体。

空间位阻大的锡烯与含有 $Sn{=\!=}Sn$ 类双键的二锡烯形成共存平衡。然而不同于烯烃，二锡烯不是平面的，而且 $Sn{-\!-}Sn$ 键很长，表明存在弱 π 键。

Sn(II)孤对
电子影响

延伸阅读 1.6.3.1　锡和孤对电子

锡烯中有孤对电子，通常认为其结构是孤对电子立体结构的库仑斥力的结果。然而，孤对电子主要属于 s 轨道，具有球对称性，而这些化合物的 Sn—C 键却有很强的 p 轨道特征。由于 p 轨道彼此间形成 90°，R_2Sn 同 $R_2Sn(L)$ 和 R_3Sn^- 的加成物的弯曲结构可以解释为不存在孤对电子的空间作用。这普遍适用于锡的锥形结构，包括 $[SnCl_2]_x$ 和 $[SnCl_3]^-$。

环戊二烯基锡化合物比硅类似物更稳定、更易得到。茂环可以是平面的或倾斜的，这取决于它们的取代基。计算结果显示出非常低的构象势垒，倾斜和共面的夹层结构间能量差异很小。

单茂化合物可以由 SnX_2 和 Cp_2Sn 配体再分配得到。$Sn(\eta^5\text{-}Cp^*)_2$ 质子化可得到 $[SnCp^*]^+$，与 MCp^* $(M = Al, Ga, In)$ 是等电子体和等构体。

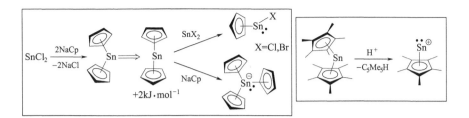

延伸阅读 1.6.3.2 ^{119}Sn NMR 谱

^{119}Sn 核是锡同位素中最丰富的,且自旋数为 1/2。它的化学位移范围很宽,达到 5200。锡化合物相比于硅化合物屏蔽效应更高且位移范围更广。可以从化学位移以及 Sn—H 和 Sn—C 耦合常数的变化推断出结构信息,这些信息已被广泛使用,例如,用于衡量 SnR_3^+ 的平面度。(参考标准:$SnMe_4$, $\delta = 0$)

化合物	δ^{119}Sn	化合物	δ^{119}Sn	注释
$MeSnCl_3$	$+20$	$Bu_2Sn(OBu^t)_2$	-34	单体,4-配位
Me_2SnCl_2	$+141$	$[Bu_2Sn(OMe)_2]_2$	-165	二聚体,5-配位
Me_3SnCl	$+164$	$[(mes)_3Sn]^+[B(C_6F_5)_4]^-$	$+806$	Sn(IV)阳离子,3-配位
$\begin{matrix} Me_3Si\ SiMe_3 \\ \diagdown\ \diagup \\ Sn: \\ \diagup\ \diagdown \\ Me_3Si\ SiMe_3 \end{matrix}$	$+2323$	$[(C_5Me_5)Sn]^+BF_4^-$	-2247	Sn(II)阳离子

1.6.4 铅化合物

铅金属有机化学遵循锡的一般模式。其中有一些差异:

① 铅有较大的半径和更高配位数的趋势。

② 较低的氧化态,铅(II)目前在其无机化合物中占主导地位,$Pb(OAc)_4$ 是一种氧化剂。

③ Pb—E 键明显弱于 Sn—E 键。

同样,铅-铅键相对较弱。因此金属-金属键化合物更易分解且热稳定性更差,这是锡化学的主要特点。尽管存在 R_3PbH,但它们是热力学不稳定的。在所有的阴离子 $[R_3M]^-$(M = Si > Ge > Sn > Pb)中,$[R_3Pb]^-$ 的 H^+ 亲和力最低。

铅金属有机化合物的主要应用是四乙基铅作为燃料添加剂用于防止汽油在发动机中过早点火(抗爆剂)。$PbEt_4$ 吸热且动力学稳定,受热 Pb—C 键均裂分解可作为乙基自由基源。作为重金属,铅有毒性,而且 $PbEt_4$ 的使用已经被淘汰。与 Si 和 Sn 相比,铅化合物在有机合成中的应用还很有限。

合成 不同于锡化合物,四烷基铅很少用金属作原料,但可以通过 Pb(0)氧化加成或通过 $PbCl_2$ 歧化反应得到。

82
铅
207.2

四乙基
铅的应
用

$$6PbCl_2 + 12MeMgBr \xrightarrow[\text{乙醚}]{} 6PbMe_2 + 12MgClBr$$

$$\downarrow$$

$$3PbMe_4 + 3Pb \text{ 歧化反应}$$

$$Pb(OAc)_4 + 4RMgX \xrightarrow[\text{乙醚}]{} PbR_4 + 4MgX(OAc)$$

$$Pb + 2MeI \xrightarrow[\text{乙醚}]{} Me_2PbI_2 \text{ 直接法}$$

结构　烷基铅卤化物容易同卤素或羧酸阴离子配位得到配位数高达 8 的配合物阴离子。$[Me_3Pb(O_2CR)]_n$ 是五配位铅聚合物链。

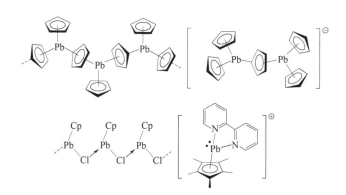

铅可以形成一些茂基衍生物，$Pb(\eta^5\text{-}Cp)_2$ 在气相中为单体，有弯曲的夹层结构，但在固态下形成一定数量的聚合物结晶相。$[Pb_2Cp_5]^-$ 可以看作是这种聚合物的结构片段。$[CpPbCl]_x$ 和 $[Cp_2Pb(BF_3)]_x$ 形成不溶性的聚合物，其中的金属既是供体又是受体，即作为路易斯酸和路易斯碱。$[PbCp]^+$ 也有孤对电子，但作为路易斯酸与供体形成配合物。

◎ **要点**

　　一般说来，14 族元素形成电子精确自洽的化合物，很少有例外。M—C 键为强共价性。键强逐渐降低，作为烷基化试剂的能力不断增强。硅烷基已大规模工业应用。Si—O 键高稳定性特点使聚硅氧烷可用于高温浴、绝缘体以及医疗植入物。烷基锡广泛用于 C—C 键的形成，低氧化态化合物的稳定性逐渐增加。

练习

1. 展示两条路线合成三甲基氯硅烷。

2. Me_3SiCp 的核磁氢谱在 -10℃ 下显示有四个信号峰，其比例为 1 : 2 : 2 : 9。而在 130℃ 下谱图变简单了，显示只有两个信号峰，其比例为 5 : 9。请解释该现象产生的原因。

3. 三苯基溴化锡与等当量的金属钠反应生成 A 物质，产物 A 继续与 2 等份量的金属钠反应生成 B。写出上述反应方程式和产物。

4. 六甲基二铝极易与水和氧气发生反应，但是四甲基硅烷和四甲基锡却不行。请解释其原因。

5. 请解释为什么含不饱和双键的 R_2Sn 既可以作路易斯酸又能作路易斯碱。

6. 什么是聚硅氧烷？该物质的结构和性能如何，在哪些方面有所应用？

7. 工业上用四乙基铝锂和二氯化钯反应合成四乙基钯。反应中，四乙基铝锂中的 4 个乙基，只有 3 个参加了交换，还有 1 个形成了三氯乙基铝锂。给出该反应平衡后的化学方程式。

2 过渡金属有机化合物

正如第一部分所示，主族元素分为 s 区(碱金属和碱土金属元素)和 p 区(从硼族到惰性气体)，这种划分意味着使用 s 和 p 轨道形成化学键。这些元素区之间的元素就是所谓的过渡金属。周期表中从左到右的元素，从第 4 周期(主量子数 4)起，d 轨道开始被填充。通常从 3d、4d 和 5d 层开始填充的元素，分别被称为第一排、第二排和第三排过渡金属，而且这三排中具有相同 d 电子数的每一族元素形成了一个三元组。在零价态，元素的族数与它的 d 电子数是相同的。

这 5 个 d 轨道 d_{xy}、d_{xz}、d_{yz}、$d_{x^2-y^2}$ 和 d_{z^2} 有的是沿着 x、y、z 轴排布，有的是在它们中间排布，因此有对称性的轨道可以在多个方向进行成键。从第 4 族起，过渡元素和主族元素之间的化学差异变得非常明显，因此过渡金属通常是第 4~10 族的元素。这些元素表现出在不同氧化态下丰富的化学性质以及在金属有机化学中最不寻常的键合方式和反应模式，这是它们在工业过程中非常重要并且有广泛催化应用的基础。

过渡金属结构

从钪(Sc)开始，3d 轨道能级比 4s 轨道能级低，所以，钪以及随后元素的化学性质是由这些占用的 d 能级决定的。

族	3		4	5	6	7	8	9	10	11	12
n	d^3		d^4	d^5	d^6	d^7	d^8	d^9	d^{10}	$d^{10}s^1$	$d^{10}s^2$
4	Sc 钪		Ti 钛	V 钒	Cr 铬	Mn 锰	Fe 铁	Co 钴	Ni 镍	Cu 铜	Zn 锌
5	Y 钇		Zr 锆	Nb 铌	Mo 钼	Tc 锝	Ru 钌	Rh 铑	Pd 钯	Ag 银	Cd 镉
6	La 镧		Hf 铪	Ta 钽	W 钨	Re 铼	Os 锇	Ir 铱	Pt 铂	Au 金	Hg 汞
7	Ac 锕										

f^1	f^2	f^3	f^4	f^5	f^6	f^7	f^8	f^9	f^{10}	f^{11}	f^{12}	f^{13}	f^{14}
Ce 铈	Pr 镨	Nd 钕	Pm 钷	Sm 钐	Eu 铕	Gd 钆	Tb 铽	Dy 镝	Ho 钬	Er 铒	Tm 铥	Yb 镱	Lu 镥
Th 钍	Pa 镤	U 铀	Np 镎	Pu 钚	Am 镅	Cm 锔	Bk 锫	Cf 锎	Es 锿	Fm 镄	Md 钔	No 锘	Lr 铹

延伸阅读 2.0　电子组态和 d 电子数

过渡金属原子的电子组态经常写为［惰性气体］$nd^x(n+1)s^y$（例如［Ar］$3d^2 4s^2$ 代表钛）。然而，如上所述，从钪起，过渡元素的 d 能级低于 s 能级。金属离子的 d 能级总是低于 s 能级。所以在化学环境中过渡金属的有效电子组态为 $d^4, d^5, d^6, \cdots, d^{10}$，元素的 d 电子数和元素族数是相同的。

上图给出了每个过渡金属（氧化态为 0）的 d 电子组态。这对于理解电子计数规则以及过渡金属配合物的磁性是非常重要的。

到第 7 族，d 电子数给出形成最大可能的氧化态。

> 电子组态：
> d^{x+y}
> 不是 $d^x s^y$

第 3 族的元素（Sc、Y 和 La）主要以 M^{3+} 形式存在，它们的化学性质和铝的化学性质一样，它们被称为"稀土"金属。

> 镧系元素

镧元素后面的 14 个元素要填充 7 个 4f 轨道。从铈（Ce）元素到镥（Lu）元素被称为"镧系元素"。f 轨道不常参与形成共价键，这些元素主要基于化学性质相似的 M^{3+} 来形成化合物，不过它们可以形成一些有趣的具有磁性和亲电性的金属有机化合物。

> 锕系元素

类似地，锕元素以及后面的元素被称为"锕系元素"。其中，只有铀和钍元素有明显的金属有机化学性质。

> 镧系收缩

由于 14 个元素插入镧元素和下一族过渡元素铪之间，随着核电荷的增加，原子和离子半径显著收缩，这就是所谓的"镧系收缩"。这个收缩会导致产生重要的结构和键合方式变化，例如，第 6 行的过渡金属的半径往往小于第 5 行金属的半径，而金属-碳键反而较强。

> 货币金属

第 11 族元素（Cu、Ag、Au）被称为货币金属，它们与其他过渡金属一样，表现出它们的较高氧化态，同时它们的 M^+ 具有 d^{10} 电子结构，即完全充满的 d 轨道，因此它们具有主族元素的特征。最后的第 12 族元素通常被视为主族元素的反应性能，因此，它们被包括在第 1 部分。

总的趋势：电负性和键强。

下表列出了过渡金属的鲍林电负性（EN）。作为对比，C 和 H 的电负性分别为 2.5 和 2.2。

Ti 钛 1.5	V 钒 1.6	Cr 铬 1.6	Mn 锰 1.5	Fe 铁 1.8	Co 钴 1.9	Ni 镍 1.9	Cu 铜 1.9	高氧化态的稳定性增加 ⇓	M－C键键强增加 ⇓
Zr 锆 1.4	Nb 铌 1.6	Mo 钼 1.8	Tc 锝 1.9	Ru 钌 2.2	Rh 铑 2.2	Pd 钯 2.2	Ag 银 1.9		
Hf 铪 1.3	Ta 钽 1.5	W 钨 1.7	Re 铼 1.9	Os 锇 2.2	Ir 铱 2.2	Pt 铂 2.2	Au 金 2.4		

极性M-C σ键 ⟵⟶ 共价M-C σ键

在过渡金属区中金属-碳键的键强对于固定的一列，从第一行到第三行逐渐增加。 这与描述主族元素的键能的变化趋势是相反的,反映了 M—C 键中 d 轨道的参与。第三排金属往往形成热力学上稳定的配合物,而且与第二排金属(有一些例外)相比,通常反应活性较低并且较少参与催化。

2.1 配体类型

M←:L
M$^{\oplus}$—X$^{\ominus}$

主族元素金属有机化学性质取决于化合物的金属-碳形成的 σ 键,而过渡金属能够结合更丰富的配体,包括通过 π 电子与金属反应的配体。根据一般的分类,配体有两种类型:

① L 型配体给金属提供一对电子对;

② X 型配体,其中 X 是一个带负电荷的元素,形成 M—X 键;这些键可能是极性键或共价键,可以表示成电子共振形式在 X 上积累负电荷:

$$M←:L \qquad \overset{\delta+\ \ \delta-}{M—X} \longleftrightarrow M^{\oplus}X^{\ominus}$$

还有更复杂的相互作用形式,比如既有 L 型配体又有 X 型配体的特点,LX 和 L$_2$X。 配体类型如下表所示。

配体对金属中心贡献电子,其配合物的稳定性和反应性强烈地依赖于总电子数的计算:

每个金属中心的总电子数＝d 电子数＋配位总电子－全部电荷

有多种计算电子数和配体供给电子数的方法。在这里,我们将使用"中性配体"的方法,并认为每个配体作为一个中性的实体。这意味着在电子数计算过程中,金属被认为是零价态,因此,在这种情况下不考虑金属的氧化态。

配体类型	类型	例子
1电子配体: X 型	σ-配体:	—H,烷基:—CH$_3$,—CH$_2$R,—CH＝CHR(乙烯基,烯基), 芳基 R$_n$ —C≡CR(炔基),—SiR$_3$
		末端成键:卤化物,醇盐,酰胺,如—Cl,—Br,—I,—OR,—NR$_2$
2电子配体: L 型	σ-供体	二氢、烷烃和硅烷配合物
	n-供体, π-受体配体:	C≡O C≡NR异腈 PR$_3$膦　　M←:C（卡宾）　　M＝C（OR,R）　　M＝C（R） 卡宾,亚烷基
	π-供体/ 受体配体:	CH$_2$＝CH$_2$ 乙烯　　（R^{1}R^{2}C＝CR^{3}R^4）烯烃

配体类型	类型	例子

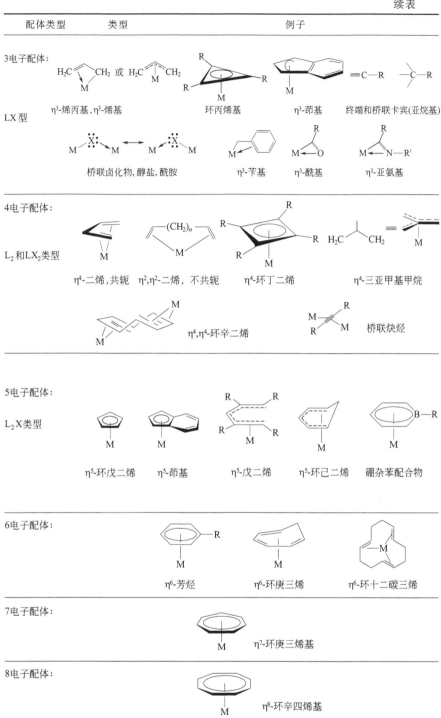

2.2 金属有机配合物的常见类型

在前面部分所述的各种类型的配体与过渡金属以及镧系元素和锕系元素形成各种类型的配合物。一方面，它们的结构、热稳定性和反应活性取决于金属中心的电子特性;另一方面,也依赖于配体的空间位阻条件。只包含一种类型的配合物称为均配物,只含两种配体的化合物称为二元体配合物。

配体可能占据一个、两个、三个或更多的配位点,相应地称为单、双、三和多齿配体。配体中多个原子与同一个金属进行作用比单齿配体容易形成更稳定的配合物(称为"螯合效应")。

最常见的配位数为 6(八面体或三棱柱),而且发现了 7 配位、8 配位、9 配位的配合物,位阻或电子的因素可能会导致可交替的和较低的配位数。金属中心有 d^8 电子组态的配合物主要是平面四边形构型;如果配体是强供电子体,这个规律对第二和第三排金属也是如此。当位阻因素为主时,配合物将是四面体构型,因为在这个几何空间排斥力是最小的。带正电的配合物中的金属中心比相应的中性配合物路易斯酸性更强,而且往往有较高的配位数。

过渡金属单齿配体配合物的代表类型是卤素、金属烷基、金属羰基和膦的配合物,如表 2.1 所示。

表 2.1 过渡金属单齿配体配合物的常见配位几何构型

MX_n, ML_n	$n=2$	$n=3$	$n=4$	$n=4$
几何构型	—M— 线型	M— 三角平面	M 四面体	—M— 平面四边形(sqp)
卤素	$HgCl_2$		$TiCl_4$,$[CoCl_4]^{2-}$	$[PdCl_4]^{2-}$
金属烷基	$R_3C—Mn—CR_3$ $R=SiMe_3$	$Cr(CHR_2)_3$ $R=SiMe_3$	$TiMe_4$ $Ti(CH_2SiMe_3)_4$	$[Pt(C\equiv CR)_4]^{2-}$
金属羰基	$[Au(CO)_2]^+$ d^{10},14 价电子	$[Cu(CO)_3]^+$ d^{10},16 价电子	$Ni(CO)_4$ d^{10},18 价电子	$[Rh(CO)_4]^+$ d^8,16 价电子
膦配合物	$Pd(PBu_2^tPh)_2$, $(R_3P)AuCl$	$Ni(PEt_3)_3$	$Ni(PMe_3)_4$, $NiCl_2(PPh_3)_2$	$[Rh(PMe_3)_4]^+$, $NiCl_2(PMe_3)_2$

MX_n, ML_n	$n=5$	$n=5$	$n=6$	$n=6$
几何构型	M 三角双锥(tbp)	M 四方锥	M 八面体	M 三角棱柱
卤素	$MoCl_5$		$[TiCl_6]^{2-}$,WCl_6	
金属烷基	$NbCl_2Me_3$	$TaMe_5$	$[RhMe_6]^{3-}$	$[ZrMe_6]^{2-}$,WMe_6
金属羰基	$Fe(CO)_5$ d^8,18 价电子		$Cr(CO)_6$ d^6,18 价电子	
膦配合物	$Fe(PMe_3)(Me_2PCH_2$ $—CH_2PMe_2)_2$ $Rh(H)(CO)(PPh_3)_3$	$R_2C=RuCl_2$ $(PR_3)_2$	$[Fe(Me_2PCH_2—$ $CH_2PMe_2)_3]^{2+}$ $WCl_3(PMe_2Ph)_3$	

配位数为 5 和 6 时，有两种可能的几何形状。配位数为 5 时，三角双锥（tbp）和四方锥的几何构型之间通常只有相当小的能量差，可用于实现配体混杂。π 供体和电负性的配体有利于形成三角双锥（如 $NbCl_2Me_3$），而在气相中，只有配合物 $TaMe_5$ 是四方锥形。对于配位数为 b 和强供体（甲基配体）支持的 $d^0 \sim d^2$ 电子组态，相对传统的八面体构型，更倾向于形成三角棱柱形的几何构型。然而，在大多数其他情况下，π 受体的配体形成的八面体几何构型更稳定。

空间位阻的重要性。具有 3 个配位数的配合物是罕见的。从表 2.1 的例子中可以看出，为了分离低配位数的配合物（与低温产生以便光谱分析截然不同），需要大空间位阻的配体，就产生了动力学屏蔽。例如，尽管 $TiMe_4$ 受热不稳定，但大体积的 $Ti(CH_2SiMe_3)_4$ 在室温下是稳定的。

配体的体积往往影响配位数和金属的氧化态，例如，R 是 $CH(SiMe_3)_2$ 时与 $CrCl_3$ 烷基化能生成三配位产物 CrR_3，但 R 是 CH_2SiMe_3 时则生成四价铬烷基物（即 CrR_4）。

空间位阻常用来控制配位数，特别是用作催化剂前驱体的金属。对于 Pd(0)配合物，一般形成配位饱和和电子饱和的配合物，膦配位 18 价电子的 PdL_4，采用大体积膦促进配体 L 的解离（形成 PdL_3 或 PdL_2）或防止高配位往往是有用的，如二配位 $Pd(PBu_2^tPh)_2$。d^8 金属的三配位配合物具有平面四边形构型，但有一个未配位点，导致形成 T 形结构。

空间位阻也可以用来抑制某些反应途径或能发生完全不同的反应。例如，在 N 上带苯取代基的吡啶二亚胺铁配合物，得到双（配体）配合物［Fe(NNN)₂］$^{2+}$，此化合物的氧化还原行为受到长期关注。然而，大体积的亚胺取代基使得每个金属只有一个配体配位，形成的配合物是高活性催化乙烯聚合的催化剂。

低活性　　　　较高活性　　　　催化剂失活

高活性

π-配体　金属有机配合物中常含有中性、阴离子或阳离子开环与闭环的不饱和配体，这些配体通过 π 电子体系与金属结合。它们的结构通常源于八面体，其中两个或者三个配位点被 π 配体占据。带负电荷的配体归属为 LX（3 电子供体）或 L_2X（5 电子供体）类型。其中最重要的是环戊二

烯阴离子 $C_5H_5^-$（Cp^-），属于 L_2X 类型。

配合物中，金属夹在两个平面环的 π 配体之间的称为夹心配合物；配合物中含有一个环状 π 配体以及一个或多个单齿配体的称为半夹心配合物，或称为钢琴凳几何构型的配合物。一系列开与闭环状 π 体系配体如下：

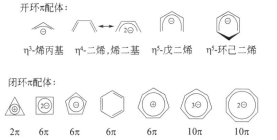

根据中心金属的电子数和环状配体所提供的 π 电子数，不同配体的组合存在等电子体夹心和半夹心配合物。像 U^{4+} 和 Th^{4+} 等大离子也可以与具有 10π 芳香性的大 $C_8H_8^{2-}$ 环形成夹心配合物。

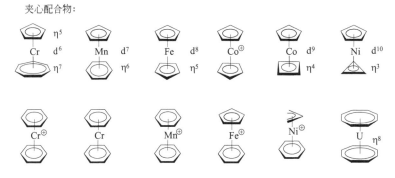

Cp 这类配体可以根据需要进行取代。为了实现非常不稳定物种空间上的稳定性，常常使用带大取代基的 Cp 环配体。最重要的大位阻 Cp 配体之一是五甲基环戊二烯，$C_5Me_5^-$（通常简称 Cp^*）。五个甲基取代基引入的配体，其有效直径和厚度加倍；每个甲基取代基也会使氧化还原电位增加，因此 MCp_2^* 配合物比其 MCp_2 同系物更容易氧化。

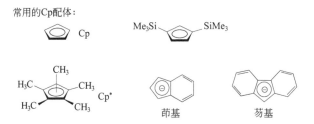

一类被广泛使用的夹心型配合物具有两个茂环（MCp_2，"茂金属"），特别是还具有额外配体的配合物，$Cp_2M(X)(Y)$。为了容纳这些额外的配体，两个茂环互相倾斜，其前线轨道的能量受到影响。含有不同配体的配

合物（Cp_2ML_2，Cp_2MXL，Cp_2MX_2），具有多样化的功能以及合成和催化上的应用。

通过一个桥联基团连接两个 Cp 配体可防止 Cp 旋转，同时可控制配位空间，便于增强反应活性。

茂金属配合物的类型：

弯曲的茂金属
A,B=X型配体或L型配体

柄型茂金属
Z=桥联基团

如 2.3 节所述，电子数为 18 时，夹心配合物是最稳定的。这种"梦幻数"形成一个系列：将一个 ［Cr（苯）］单元叠加到 Cr（苯）$_2$ 上形成三层夹心配合物 Cr_2（苯）$_3$，这里的电子数从 18 个扩展到 30 个价电子（VE）。还有其他的三层夹心结构，其价电子总数达到 34 个。

高级茂金属：三联体配合物

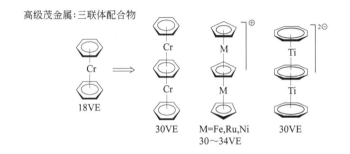

18VE   30VE   M=Fe,Ru,Ni   30VE
                30～34VE

半夹心配合物　含有供体或阴离子配体如 CO、膦、卤化物等的过渡金属片段，与 π 配体形成半夹心配合物。配位作用提高了配合物的反应活性，π 配体的半夹心配合物形成了一系列大量且种类繁多的配合物。以下列出了一些具有 π 配体的中性和含有半夹心配合物的代表性的例子，涵盖了 π 配体从 η^3-烯到芳香环体系。

开环配体半夹心配合物：

半夹心配合物的代表性例子：

2.3 电子数计算与16/18电子规则

2.3.1 计算规则

如第 1 章所述，对于主族元素化合物，八电子排布特别稳定：可用于 s 和 p 轨道完全被填充，形成四个 2 电子 2 中心的化学键，整体形成八电子体结构。过渡金属对应的是 18 电子规则：当 d 电子数、配体、正或负电荷达到 18 价电子（VE）的"梦幻数"时，同样可以预测达到了一个特定的稳定性。基于已知电子构型，部分金属倾向于 16 价电子状态，基于此，这被称为 16/18 电子规则。

18 电子规则被认为是一个经验法则和实用指南。含有类似 CO 配体的配合物基本遵守 18 电子规则。在这类结构中，配体通过供体和受体的相互作用与金属中心紧密结合，同时配体具有强大的配位场。18 电子特别稳定性的常见解释是：需要 18 个电子来填充金属价电子层中的一个 s 轨道、三个 p 轨道和五个 d 轨道，借以实现惰性气体元素的电子构型。最近的理论研究对 p 轨道参与配体键合提出了一些质疑，并提出参与成键的是金属-配体轨道，然而，其结果是一样的。

电子数计算遵循两个规则。在 2.1 节的配体列表中，我们认为每个配体可以作为一个中性的实体，因此甲基或氯被认为是中性自由基并提供一个电子给金属，这种情况下就不需要分配氧化态。 或者，可以认为所有形成稳定阴离子的配体是带负电荷的，并通过使用适当金属的氧化态来补偿电荷。虽然这并不会改变结果，但分配氧化态并不总是直接的，所以为了计算电子数，不考虑配合物的电子结构是更简单的。

共价计数惯例

C_5H_5 $5e^-$
Fe(0) d^8
C_5H_5 $5e^-$
—————
18VE

离子计数惯例

$C_5H_5^-$ $6e^-$
Fe^{2+} d^6
$C_5H_5^-$ $6e^-$
—————
18VE

二茂铁=双(η^5-环戊二烯基)铁

在有金属-金属键的化合物中，需要考虑电子从一个金属转移给另一

金属有机与催化导论   *Organometallics and Catalysis: An Introduction*

个金属。例如，羰基锰具有(OC)₅Mn—Mn(CO)₅结构。金属中心具有d^7的 d 电子构型，加上每个 CO 配体贡献两个电子，每个 Mn(CO)₅片段的电子数为 $d^7+5\times2=17$ 个电子；第二个锰原子再提供一个电子使得每个金属中心满足 18 个价电子。

金属-金属键

正如我们在 1.1 节所讨论的，一个桥联的卤原子(或至少有一个孤对电子的其他杂原子)提供总共三个电子(X＝卤原子，OR，SR，NR₂等；L 一般为中性配体)：

$$L_{}^{}M\underset{X}{\overset{X}{\cdots}}M_{}^{L}\ =\ L_{}^{}M\underset{X}{\overset{X}{\cdots}}M_{}^{L}$$

金属中心含 d^8 电子的配合物大多采用平面四边形构型和 16 电子规则。 第二和第三排的过渡金属如 Rh(Ⅰ)、Ir(Ⅰ)、Pd(Ⅱ)、Pt(Ⅱ)和 Au(Ⅲ)是符合这两个规律的，同时对于含强场配体的配合物，如氰化物 CN^- 和强供体配体如 PR₃ 也是符合的。这是因为 d 层的稳定性随着电子个数的增加而增加，因此被占据的 d_{z^2} 轨道不再参与配体成键。

d^8, 平面正方形: 16 VE

需要注意的是，对于具有四个配体的配合物来说，电子因素倾向于平面四边形构型，而空间因素倾向于四面体构型。因此，Ni^{II}-Pt^{II} 配合物大多是平面四边形构型，而 Ni^0-Pt^0 配合物(d^{10})是正四面体构型。

2.3.2 电子数计算和氧化态

为了确定氧化态，作为游离分子存在的配体被认为是中性的，例如 CO、乙烯、膦或苯，而通常存在于盐中且电负性比金属大的配体被认为是带负电荷的，如 Cl^- 或环戊二烯阴离子。有时，配体也可以被认为带正电荷，如线型成键的 NO^+，被认为是与 CO 等电子体的 2 电子配体。金属的氧化态由补偿负电荷所需的电荷决定，同时还需要把配合物整体所带的(负或正)电荷考虑进去。氧化态可用于确定金属中心的 d 电子数，例如，已知 d^6(Fe^{II}，Co^{III})、d^8(Rh^I，Pt^{II})或 d^{10}(Ni^0)离子的 d 电子数可预测它们分别为八面体、平面正方形或四面体配位构型。下面的例子证实了这些原则，同时还介绍了金属有机化合物的不同结构类型。然而，必须提醒的是，氧化态是一种形象说法，不是一种物理性质，它们难于被测量确认。

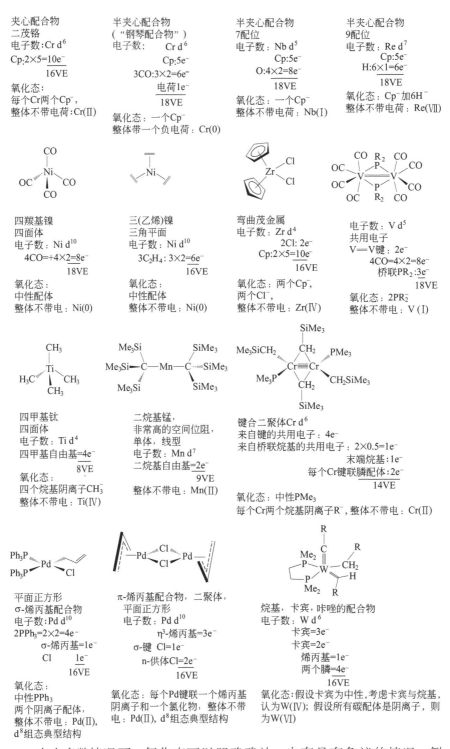

夹心配合物
二茂铬
电子数：Cr d⁶
Cp:2×5=10e⁻
16VE

氧化态：
每个Cr两个Cp⁻，
整体不带电荷:Cr(Ⅱ)

半夹心配合物
（"钢琴配合物"）
电子数：　Cr d⁶
Cp:5e⁻
3CO:3×2=6e⁻
电荷1e⁻
18VE

氧化态：一个Cp⁻
整体带一个负电荷：Cr(0)

半夹心配合物
7配位
电子数：Nb d⁵
Cp:5e⁻
O:4×2=8e⁻
18VE

氧化态：一个Cp⁻
整体不带电荷：Nb(Ⅰ)

半夹心配合物
9配位
电子数：Re d⁷
Cp:5e⁻
H:6×1=6e⁻
18VE

氧化态：Cp⁻加6H⁻
整体不带电荷：Re(Ⅶ)

四羰基镍
四面体
电子数：Ni d¹⁰
4CO=+4×2=8e⁻
18VE

氧化态：
中性配体
整体不带电：Ni(0)

三(乙烯)镍
三角平面
电子数：Ni d¹⁰
3C₂H₄：3×2=6e⁻
16VE

氧化态：
中性配体
整体不带电：Ni(0)

弯曲茂金属
电子数：Zr d⁴
2Cl：2e⁻
Cp:2×5=10e⁻
16VE

氧化态：两个Cp⁻，
两个Cl⁻，
整体不带电：Zr(Ⅳ)

电子数：V d⁵
共用电子
V≡V键：2e⁻
4CO=4×2=8e⁻
桥联PR₂:3e⁻
18VE

氧化态：2PR₂⁻
整体不带电：V(Ⅰ)

四甲基钛
四面体
电子数：Ti d⁴
四甲基自由基=4e⁻
8VE

氧化态：
四个烷基阴离子CH₃⁻
整体不带电：Ti(Ⅳ)

二烷基锰，
非常高的空间位阻，
单体，线型
电子数：Mn d⁷
二烷基自由基=2e⁻
9VE

整体不带电：Mn(Ⅱ)

键合二聚体Cr d⁶
来自键的共用电子：4e⁻
来自桥联烷基的共用电子：2×0.5=1e⁻
末端烷基:1e⁻
每个Cr键联膦配体:2e⁻
14VE

氧化态：中性PMe₃
每个Cr两个烷基阴离子R⁻，整体不带电：Cr(Ⅱ)

平面正方形
σ-烯丙基配合物
电子数：Pd d¹⁰
2PPh₃=2×2=4e⁻
σ-烯丙基=1e⁻
Cl   1e⁻
16VE

氧化态：
中性PPh₃
两个阴离子配体，
整体不带电：Pd(Ⅱ)，
d⁸组态典型结构

π-烯丙基配合物，二聚体，
平面正方形
电子数：Pd d¹⁰
η³-烯丙基=3e⁻
σ-键 Cl=1e⁻
n-供体Cl=2e⁻
16VE

氧化态：每个Pd键联一个烯丙基
阴离子和一个氯化物，整体不带
电：Pd(Ⅱ)，d⁸组态典型结构

烷基，卡宾，咔唑的配合物
电子数：W d⁶
卡宾:3e⁻
卡宾:2e⁻
烯丙基:1e⁻
两个膦:4e⁻
16VE

氧化态：假设卡宾为中性，考虑卡宾与烷基，
认为W(Ⅳ)；假设所有碳配体是阴离子，则
为W(Ⅵ)

　　在大多数情况下，氧化态可以明确确认，也有具有争议的情况。例如，1,3-丁二烯是一个中性的 π 配体。然而，它能够从金属接受电子转移到其 π* 轨道(反馈键)，形成"反馈键"，与有高能级 d 轨道的前过渡金属如锆相互作用，电子反馈更强，使得丁二烯呈现叔丁烯阴离子 $C_4H_6^{2-}$ 的特点，从而与金属中心形成两个键。因此，锆丁二烯配合物可以被称为

Zr^{II} 或 Zr^{IV}；而键长分布表明，Zr^{IV} 的共振形式为主要形式。

这样含糊的情况并不少见，在 Zr 二烯的例子中，键长分布是一个指标，在其他情况并没有这么明显。以（η^5-Cp）Mo（η^7-C$_7$H$_7$）环庚三烯基配体的混合夹心化合物为例。其中，Cp 可以视为 Cp$^-$，七元环为 C$_7$H$_7^+$（众所周知的可分离的䓬鎓阳离子）；两者都是熟知的平面 6π 芳香体系，与苯是等电子体。这种设定使得中心金属氧化状态为 0。另外，光谱和计算研究表明，7π 环带有大量的负电荷，因此最好描述为 C$_7$H$_7^{3-}$，一个 10π 芳香体系，这会使金属的氧化态为 +4。真实的情况是常常处于这两个极端情况之间。

Zr(II)二烯配合物   Zr(II)丁烯二基配合物

C$_5$H$_5^-$ 6π   C$_5$H$_5^-$ 6π

Mo   Mo(0) d^6 $\Longleftrightarrow$ Mo(IV)d^2

C$_7$H$_7^+$ 6π   C$_7$H$_7^{3-}$ 10π

幸运的是，在大多数情况下，金属的氧化态可以更直接进行指定。然而，氧化态是一种形象表述，不一定对反应性质提供理解性指导。金属中心是否发生特定的反应，将由所配位的配体来决定，通常相似的配合物可以呈现差异巨大的反应性质。例如，多种 Ni(0) 膦配合物 Ni(PR$_3$)$_4$ 是热稳定的；然而，Ni(PMe$_3$)$_4$ 却易燃和很容易氧化，但是 Ni{P(OPh)$_3$}$_4$ 对空气和水很稳定。它们都有一个 d^{10} 的电子构型，但强供体 PMe$_3$ 配体推动第一个 d 轨道能级的能量更高，所以氧化释放的能量更高。

 要点

配体是根据它们给予金属中心的电子数来分类的。

仅为了计算电子数的目的，将所有配体视为中性，同时把金属中心视为零价是非常方便的。单核配合物趋向于电子数是 18。空间位阻可以降低电子数。

含有强 π-受体配体（CO、NO）的配合物通常服从 18 电子规则。

含有 d^8 型的金属形成平面四边形的 16 电子配合物。

为了确定金属氧化态，作为游离分子存在的配体被认为是中性的，形成典型的阴离子配体被认为是带负电的，如 Cl$^-$、O^{2-} 等。因此氧化态等于平衡电荷。

 练习

1. 举例说明：
（1）茂金属配合物；（2）半夹心配合物；（3）芳烃配合物。
2. 指出以下配体与金属配合时配位的电子数：
（1）氢化物；（2）氯化物；（3）一氧化碳；（4）PR$_3$；（5）乙烯；（6）1,3-丁二烯；（7）环庚三烯；（8）环戊二烯基。
3. 下列复合物中金属中心的电子数分别是多少？
（1）Cp$_2$Co;（2）[Cp$_2$Co]$^+$；（3）Cp$_2$Ni;（4）CpMn(CO)$_3$;（5）Fe(CO)(1,3-丁二烯)$_2$;（6）Co(NO)(CO)$_3$;（7）CpNi(η^3-烯丙基);（8）Ni(C$_2$H$_4$)$_2$(PPh$_3$)。
4. 练习 3 中配合物的金属氧化态是什么形式？

2.4　配体性质与金属-配体成键

第一章已经介绍了许多与过渡金属结合的配体，这些配体同时也是构成一些关键化合物的基础。其中一些配体与主族元素结合不能得到稳定的配合物，特别是一氧化碳、烯烃和炔烃配体。本节将介绍配体与过渡金属键合的基本知识。

基于某些配体类型的主导，金属有机化合物可以细分为不同种类的配体，在后面的章节中将更详细地探讨它们的化学性质。大多数金属配合物包含一种以上的配体类型，其中一些占据了"旁观者"的角色，而另一些则是其化学反应的焦点。因此，了解哪些配体经历特定反应，哪些作为旁观者或保护基团也异常重要。了解配体的电子和空间效应将有利于理解其特点。

2.4.1　一氧化碳

$C≡O$

过渡金属有机化学中最普遍的配体之一是一氧化碳（$C≡O$），它还呈现了配体与 d 区元素成键的关键特征。

一氧化碳是一种非常弱的碱，其质子化形式甲酰基阳离子 HCO^+ 非常不稳定，在强酸条件下才能形成，即使与路易斯酸如 BH_3 反应形成的加成物也非常不稳定。与此不同，经典配位化学已知的给电子配体如 NH_3 或吡啶，两者都易于与 BH_3 结合，也能与路易斯酸性金属中心如 Ni^{2+} 结合。NH_3 与 Ni^0 形成的配合物未被分离出来，与 CO 形成的配合物却可以分离获得，为什么呢？

CO 分子中存在一个以碳为中心的孤对电子（HOMO），一个由碳和氧的 p_z 轨道形成的 $σ$ 键和两个正交 $π$ 键，它们一起形成 $C≡O$ 叁键。HOMO 具有弱 C—O 反键特征，还有两个 C—O 反键 $π^*$ 轨道可以接受来自相对高能级轨道的电子转移，如过渡金属占据的 3d（或 4d、5d）轨道。这种 $σ$、$π$ 和 $π^*$ 轨道的结合导致 CO 配体具有反应性质，该特点不存在于简单的给电子配体中，如 NH_3。下面简化的分子轨道（MO）图展示了这种键合模式。

CO成键

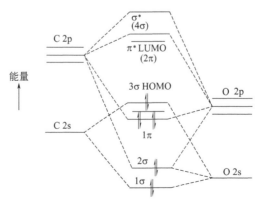

CO 可以通过三种方式与过渡金属相互作用：作为 σ-供体、π-供体以及 π-受体。其中，σ-供体和 π-受体的贡献最为重要，特别是 CO 的 π-受体能力取决于与富电子金属中心的结合能力，π-供体相互作用较弱（往往被忽略）。

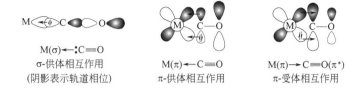

$M(\sigma) \leftarrow :C \equiv O$
σ-供体相互作用
（阴影表示轨道相位）

$M(\pi) \leftarrow C—O$
π-供体相互作用

$M(\pi) \rightarrow C—O(\pi^*)$
π-受体相互作用

这些相互作用使得 M-C 键增强。虽然 3σ 孤对电子与金属电子的给体作用强化了 C—O 键，但金属中心与 CO 的 π^* 轨道形成的反馈键削弱了 C—O 键，通常前者强于后者。总的来说，金属与 CO 相互作用可通过两种共振方式描述，其中 C—O 键级的共振形式对弱化叁键具有重要贡献：

$$\overset{\cdots}{M}—C \equiv \overset{\oplus}{O}: \quad \longleftrightarrow \quad M = C = \overset{\cdots}{O}:$$

在 CO 配合物中观察成键相互作用最灵敏的方法是红外光谱。CO 伸缩振动涉及偶极矩的显著变化，因此在红外光谱中强化了吸收谱带，这有利于判断羰基配合物电子的特征信息。

气态 CO 在 $2143cm^{-1}$ 处有一个伸缩振动，通过质子化形成 $HC \equiv O^+$ 降低了孤对电子的反馈键特性，导致振动频率增加至 $2184cm^{-1}$；与主族路易斯酸如 BH_3 配位得到 $OC—BH_3$ 时，碳氧伸缩振动频率为 $\nu_{CO} = 2164cm^{-1}$。然而，在大多数的金属配合物中，CO 伸缩振动的波数低于这些值，通常在 $2100 \sim 1900cm^{-1}$，甚至也可能低于 $1700cm^{-1}$，这取决于反馈键的强度。

	反馈键	降低		
	ν_{CO}/cm^{-1}			ν_{CO}/cm^{-1}
$Ni(CO)_4$	2060		$[Mn(CO)_6]^+$	2098
$[Co(CO)_4]^-$	1890		$Cr(CO)_6$	2000
$[Fe(CO)_4]^{2-}$	1790		$[V(CO)_6]^-$	1860
		增加		

红外谱带的波数可用于结构测定，见附录2

在大多数情况下，CO 作为末端配体，但它也可以桥联两个或三个金属原子。在桥联的情况下，反馈键增加，相应的 CO 波数（ν_{CO}）值大幅度降低。

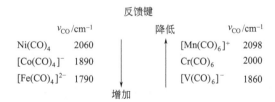

桥联CO

	C≡O	末端	μ_2-CO	μ_3-CO
ν_{CO}/cm^{-1}	2143	$2100 \sim 1850$	$1850 \sim 1750$	$1730 \sim 1620$

在双金属、多金属化合物和金属羰基簇中，CO 可以有多种非对称桥联情况。金属羰基配合物本身可作为配体：由于正电性金属（如碱金属阳离子或第 3 族和第 4 族的化合物）具有高度的亲氧性，因此它们可能会与一个羰基配体的 O 结合，从而产生异羰基键。这种相互作用降低了桥联 CO 的 C—O 伸缩振动频率。

半桥联　　　　σ,π-桥联CO 4电子供体　　　μ₃-η²:η²-桥联CO　　　M′为第4族金属 异羰基键合

延伸阅读 2.4.1　CO 反应活性

自由 CO 不易与亲核片段反应，然而，与金属键合后的 CO 与亲核试剂如 OH^- 或 CH_3^- 的反应是很常见的，也是常见催化过程的基础。反应的发生是通过亲核试剂上孤电子对进攻底物的 LUMO 轨道，也就是 CO 的 π^* 轨道。如前所述，CO 的 π^* 轨道是由反馈键占据的，就会使 CO 的亲核反应更难以进行。配位的 CO 反应情况正好与之相反，那么，该怎么解释呢？

研究发现，在强酸性介质中，即在没有亲核阴离子或配体的情况下，CO 配位金属离子如 Pt^{2+} 和 Ir^{3+} 导致羰基的吸收波数异常高，明显高于自由 CO，如 $[Pt(CO)_4]^{2+}[Sb_2F_{11}^-]_2$ 的 CO 伸缩振动在 $2261cm^{-1}$。这些配合物的特点是不存在反馈键，被描述为"非经典的"CO 配合物。因此它们很容易受到亲核试剂的进攻：

$$\overset{\oplus}{M}-C≡O \longleftrightarrow M=\overset{\oplus}{C}=O \quad Nu^-$$

同样的情况出现在激发的"正常"CO 配合物中。由于配合物中的键不是静态的，而是随着每一次振动被拉长，随着振动激发的 M-C 键被拉长，CO 极化增加，同时反馈键减弱，这为亲核试剂充分利用缺电子并在配位 C 上积累正电荷提供了有效途径。在自由 CO 中这样的极化是不可能的，因此没有亲核进攻发生。

在振动激发态配合物中，增加配体极化程度是相当普遍的，否则当配合物中的配位配体振动导致 C-C 键极化时，不反应的配体，如烯烃和炔烃，就变得非常易受亲核进攻。

CN^-, NO^+, CS, N_2, CNR

有很多 CO 的等电子类似物：氰基阴离子 CN^-、异腈 CN—R，硫代羰基 CS 和氮气 N_2。亚硝酰阳离子 NO^+ 是一种比 CO 更强的 π-受体；中

性一氧化氮（NO·）是一种自由基，可作为 3 电子供体。

$$\overset{\oplus}{N}{=}O \ > \ C{=}O \ > \ C{\equiv}\overset{\ominus}{N} \ > \ C{=}N{-}R \ > \ C{=}S \ > \ N{=}N$$

n-供体/p-受体等电子配体的p-受体能力依次降低

N₂ 是非极性的，可作为一种弱 π-受体形成不稳定的配合物，氰化物和 CO 之间形成的强的供体-受体相互作用可与含有金属的酶形成稳定的配合物，一旦摄入，它们的毒性很高。CO 可置换血红蛋白中的 O_2，而氰化物可结合到细胞色素 c 氧化酶的铁位点，这是电子传递链中一种重要的酶。异氰化物同样是有毒的。

2.4.2 烯烃和炔烃配体

烯烃与过渡金属的结合模式与描述的 CO 的结合模式类似，只不过在这种情况下，作为电子供体的是烯烃 π 分子轨道。乙烯配位是 π 配合物最简单的例子。尽管 π-供体通常很弱，但是反馈键增强了金属配体的键合。这种烯烃键合的协同（增效）作用被称作 Dewar-Chatt-Duncanson 模型。

 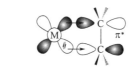

π-给电子体　　　　　π-受体相互作用

金属-烯烃键

烯烃是比 CO 更弱的 π-受体，尽管这取决于存在的金属和其他配体。与 CO 类似，从 C—C 键被拉长的距离可以看出，反馈键增强了金属-烯烃键并削弱了 C—C 键。在极端的情况下，烯烃配位的 C—C 键可达到 C—C 单键的键长。

原则上，反馈效应对 C＝C 键强度的影响可通过红外光谱检测到。游离的乙烯 $\nu_{C=C}$ 为 1623cm⁻¹。金属配合物双键吸收带通常在 1490～1580cm⁻¹ 处，但由于这个吸收带经常与其他配体振动重叠，很难归属，因此该方法几乎没有判断价值。

一方面，烯烃 π-受体的能力取决于金属与它的氧化态，另一方面，取决于烯烃上的取代基。前过渡金属具有高能态的 d 轨道，如果这些轨道被填满，将具有很强的反馈能力。第 8～10 族金属离子（Fe^{2+}、Ni^{2+}、Pt^{2+} 等）要么不能与烯烃形成配合物，要么很少成为反馈键供体；然而在相同金属（$d^8 \sim d^{10}$）的零价化合物中反馈作用却很重要。在这些化合物中，烯烃以最大化反馈作用的方式进行取向。这就是为什么在蔡氏（Zeise）盐中乙烯配体垂直于分子平面，使空间位阻斥力最小，而在零价化合物如 $Pt(C_2H_4)_3$ 或 $Fe(CO)_4(C_2H_4)$ 中，为了与 π* 轨道最佳重叠，乙烯倾向于平面取向。

F 或 CN 等吸电子取代基增加烯烃 π-受体的强度，导致 C—C 键明显拉长，下面以镍为例进行说明。反馈过程导致烯烃碳原子杂化从 sp^2 变为 sp^3。这点可通过碳原子周围的夹角的变化来证明，反馈键使得夹角从 120° 减小到更多四面体碳的特征值：在二价铂配合物中，烯烃取代基金属弯曲约 15°，在零价铂配合物中弯曲约 35°。在一些羰基锇乙烯加成物中，5d 元素达到更高氧化态的趋势导致极端的反馈键，使得碳碳键键长接近单键的键值。

游离烯烃　　　　　弱反馈键

Rh(I),d^8
反向键 $C_2F_4 > C_2H_4$

铁产生强反馈键：
Fe(II)中的Fe(0)

Os_2配合物：
$C_2H_4^{2-}$而非烯烃键

L= ^tBuNC

炔烃(乙炔)以类似的方式与金属键合，但比起烯烃，炔烃的 π-受体更强。这点可以通过 C—C—R 的键角从 180° 减小到 140° 清楚地证明。炔烃的反馈也取决于金属的氧化态。由于炔烃有两个正交的 π 体系，它们可以连接两个金属中心，具有广泛的反馈键，可认为形成的化合物最好描述为双金属四面体，其 C-C 键键级接近 1.5 或更小。

金属-炔
烃键

Pt(II)炔烃　　　Pt(0)炔烃

延伸阅读 2.4.2　^{13}C NMR 谱

除了 X 射线晶体学，评价烯烃和炔烃的结合模式结构信息最有用的工具之一是 ^{13}C NMR 谱。反馈键引起化学位移向更高场移动，同时它也改变了 C—H 自旋耦合常数 $^1J_{CH}$。还随着 C—H 键的 s 特征呈线性变化，同时配位会导致特征性变化。不幸的是，由于 ^{13}C 核敏感性有局限，$^1J_{CH}$ 值很少被报道。

化合物	$\delta^{13}C$(烯烃/炔烃 C)	$\Delta\delta$(无约束键)	$^1J_{CH}$/Hz
自由 C_2H_4	122.8		156
自由 Me—C≡C—Me	73.9		—
$(Ph_3P)_2Pt(C_2H_4)$	39.6	-83.2	146.5
$(Ph_3P)_2Pt(C_2Me_2)$	112.8	38.9	
$(Me_3SiCp)_2NbH(C_2H_4)$	10.3,14.7	-112.5,-108.1	

2.4.3 π-供体配体

无机和金属有机配合物，通常连有一个或多个孤对电子的杂原子，例如 M—NR₂（氨基）、M＝NR（亚胺）、M—OR（烷氧）和 M＝O（含氧）配体。虽然这些主要作为阴离子供电配体，但是在金属含有能量高的空 d 轨道情况下，孤对电子对可以充当 π-供体并增加金属中心的有效电子数。这在前过渡金属和镧系金属醇盐、酰胺和酰亚胺中特别突出，因此酰亚胺配体通常被视为一种线型 4 电子配体。正如第 1.6.1.2 节中关于 Si—N 和 Si—O 化合物讨论的情况，向缺电子金属中心提供 π 电子降低了 O 或 N 配体的碱性，导致平面三角 NR₂ 几何形状。同样，π-供体使得缺电子的金属与氧形成桥联化合物成为典型线型 M—O—M 几何形状。

$$M\overset{..}{-}\overset{..}{O}-R \quad M\overset{..}{=}\overset{..}{O}-\bigcirc \quad M\overset{..}{=}\overset{..}{N}\overset{R}{<}_{R} \quad M\overset{..}{=}\overset{..}{N}-R \quad M\overset{..}{=}\overset{..}{O} \quad M\overset{..}{=}O\overset{..}{=}M$$

$$M\equiv\bar{E}-$$

2.4.4 膦、卡宾：电子和空间参数

供体/受体配体在调控金属中心的电子和空间效应方面起着至关重要的作用，它们对于催化来说必不可少。迄今为止，最重要的一类配体就是膦配体。

膦配体首先通过一对孤对电子与过渡金属键合，与胺不同，它们也能够接受来自金属的电子。虽然 P 作为第三排元素具有空的 d 轨道，但是发现 P-C σ* 反键轨道可作为受体，减少 P 上的孤对电子可以抵消由于占据 σ* 轨道引起的 P-C 键的拉长。

膦取代基可以各不相同且彼此独立，因而膦化合物 PR¹R²R³ 可能的类型很广，其中 R¹、R²、R³ 可以是烷基、芳基、烷氧基、芳氧基、酰胺、卤化物等。烷基取代基通过给电子诱导效应（+I）增加孤对电子能量，进一步增加金属中心的 d 轨道能量，从而增强金属中心的反应活性和易氧化能力。吸电子基团 R 具有相反的效果。此外，大位阻的取代基如叔丁基或邻甲苯基通过空间位阻，从动力学上屏蔽金属，可能会降低反应速率，但往往能提高选择性，并防止副反应以及分解的发生；体积较大的取代基还限制了结合到金属中心上的膦配体的最多数目，从而提高配位不饱和度，这往往是产生催化活性物种的前提条件。因此，膦配体的表征需要了解两个参数：电子效应和空间位阻效应。

托尔曼（Tolman）电子参数　由于在金属羰基配合物中，ν_{co} 频率对反馈键的变化高度敏感，而反馈键又取决于其他配体，因此 CO 伸缩振动频率测量能作为一种工具，用于量化膦配体的电子效应。单取代的羰基镍配合物 L—Ni(CO)₃ 是理想的模型，因为其空间位阻作用并不重要。一个四面体配合物 L—Ni(CO)₃ 有两个红外活性带，A₁ 和 E，其中 A₁ 模式更高且能够很好地分辨，使其能够被精确测定。所以如下表所列，最强的膦供

电子参数 ν

体引起最强的反馈键和最低的 ν_{co} 值:

L–Ni(CO)$_3$	ν_{CO}/cm^{-1}	L–Ni(CO)$_3$	ν_{CO}/cm^{-1}
PBu$_3^t$	2056.1	PMePh$_2$	2067.0
PCy$_3$	2056.4	PPh$_3$	2068.9
PPr$_3^i$	2059.2	P(OMe)$_3$	2079.5
PEt$_3$	2061.7	P(OPh)$_3$	2085.0
PMe$_3$	2064.1	PCl$_2$Ph	2092.1
PMe$_2$Ph	2065.3	PCl$_3$	2097.0
P(o-C$_6$H$_4$Me)$_3$	2066.6	PF$_3$	2110.8

每个取代基 R^1、R^2、R^3 对位移频率的贡献引入一个增量 χ，从 R=Bu^t 时，$\chi=0.0cm^{-1}$（最强的给电子诱导效应 $+I$，参考标准）到 R=CF$_3$ 时 $\chi=19.6cm^{-1}$。由取代基引起的位移频率可以近似加合：

$$\nu = 2056.1 + \sum_{i=1}^{3} \chi_i$$

这使得可以预测尚未测量的新的膦配体的电子参数。

配体的 π-受体强度，也被称为 π-酸度，按照如下的顺序递增：

$$PBu_3^t < PMe_3 < P(OMe)_3 < P(OAr)_3 < PCl_3 < CO \approx PF_3$$

更常见的顺序是：

$$NH_3 < N \equiv CR < PR_3 < P(OR)_3 < PCl_3 < CO < NO$$

利用羰基钼配合物作为红外探针开发了另一套标准。这使得可以对单齿膦 [L—Mo(CO)$_5$] 和双齿膦 [(L—L)Mo(CO)$_4$] 进行评价。配体的趋势与镍标准相当。

空间参数 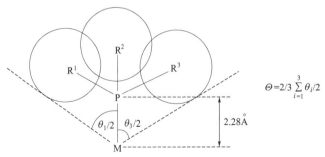 磷上的大取代基产生强大的空间位阻影响并控制反应活性和配位数。利用典型 Ni—P 距离 2.28Å 为基线，画出配体的范德华包络图的切线，通过测量其配体与金属中心的圆锥角，托尔曼定义了膦配体的位阻因素。这个角度(而不是 C-P-C 角，这个角在不同的膦的情况下变化并不大)反映了与金属中心作用时给定配体的特殊性。

空间参数与电子增量互相独立。如 PBu$_3^t$ 配体包住金属并几乎围住配位壳层的一半。更为突出的取代基配体，如 P(o-tol)$_3$，平均占据更多的空间，尽管存在 P—C 键旋转，但也存在不同构象的可能性。对于不同的取代基 R^1、R^2、R^3，空间参数 Θ 是各个角度的总和。

$$\Theta = \frac{2}{3} \sum_{i=1}^{3} \theta_i/2$$

L	$\Theta/(°)$	L	$\Theta/(°)$
PH_3	87	$PMePh_2$	136
PF_3	104	PPh_3	145
$P(OMe)_3$	107	PPr_3^i	160
PMe_3	118	$PCy_3, PBu_2^t Ph$	170
PMe_2Ph	122	PBu^t	182
$P(OPh)_3$	128	$P(o\text{-}tol)_3$	194
$PR_3, R = Et, Pr^n, Bu^n$	132	$P(mes)_3$	212

卡宾　卡宾 CR_2 是具有弯曲 R—C—R 几何构型和 sp^2 杂化碳的 2 电子供体，它们拥有平面的 sp^2 轨道（被称为是 σ）和垂直于它的 p_π 轨道。卡宾原则上可以形成单线态或三线基态。如果这两个轨道之间的能量差距比较大，有利于形成单线态。当 p_π 轨道与杂原子取代基（如 X 和/或 Y=N 或 O）的孤对电子相互作用时就是这种情况。在室温下稳定并能分离存在的卡宾分子是由杂原子稳定的类型，其他卡宾必须在金属配位中产生。

三重卡宾　　单卡宾 π-受体　　轨道相互作用 N-杂环卡宾

氮取代的卡宾在金属有机化学与催化中是越来越重要的配体。这些大多是基于咪唑骨架，一般称为 N-杂环卡宾，或 NHCs。它们一方面通过与 N 形成 π-供体相互作用得到稳定，另一方面通过 N 上的大取代基获得稳定。也有开环的、无环稳定的 N 卡宾 $C(NR^1R^2)_2$，也叫作无环二氨基卡宾（ADC），其通常在金属配位体中向金属异氰化物中加成胺来产生。与三烷基膦相比，N-杂环卡宾的给电子能力更强，而 π-受体能力较弱。NHCs 的碱性随着环饱和度增大而增加。基于 5 元环的 NHCs 是目前应用最广泛的，也有 6 元环和 7 元环的 NHCs。一些具有代表性的例子如下：

NHCs 按照给电子能力增大的顺序排列

最近，已经分离出许多"异常"卡宾，具备非常强的供体特性。对它们进行规范的描述需要几种共振形式，并且这些化合物最好理解为内部两性离子，或"介离子"的结构。卡宾-碳具有乙烯阴离子特性，这解释了相关配体的强供体性质。"异常"卡宾有时可通过"正常"NHCs 的重整产生。

E=OR,NR_2

"异常"卡宾 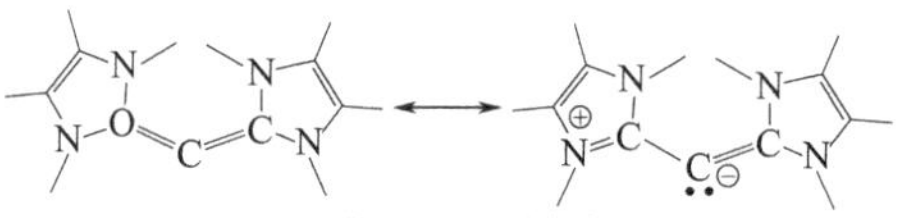   弯曲的丙二烯型卡宾

NHCs 配体的电子特性可以由托尔曼法评估。数据表明,与供体强的 PBu_3^t 配体相比,NHCs 配体的供体能力更强。

L-Ni(CO)$_3$	缩写	ν_{CO}(在 CH$_2$Cl$_2$ 中)/cm^{-1}	埋体积百分比/%
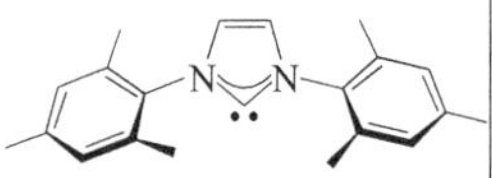	IMes	2050.7	34.0
	IPr	2051.5	38.1
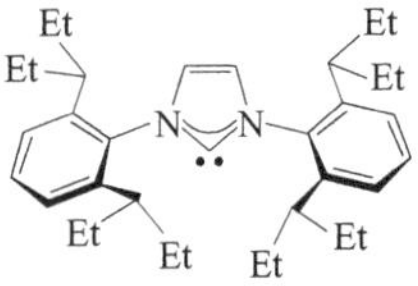	IPent	2049.3	39.4

虽然托尔曼电子参数(TEP)表明,N-杂环卡宾与金属中心作用时主要表现为非常强的供体,但依据键合情况,卡宾也可以作为 π-受体:

电子参数 E_L:
E(obs) = 1.11
(ΣE_L)-0.43(V)
E_L(NHC)=+0.29V
E_L(py)=+0.25V

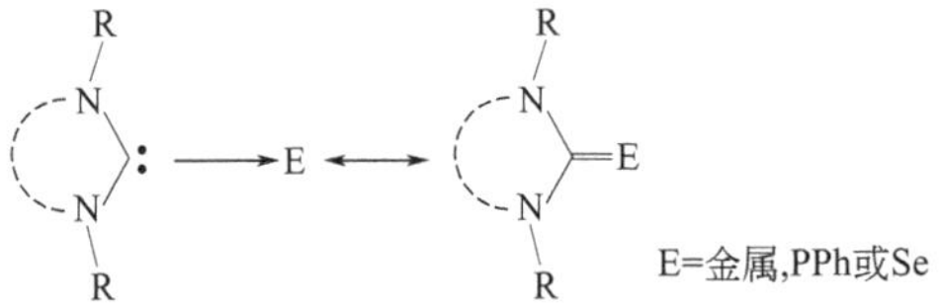

E=金属,PPh或Se

已经通过各种方法对与 Ni(CO)$_3$ 形成的配合物进行对比,用于直接评价 NHCs 配体的供体和受体能力,其中一种方法是使用电化学方法来提供有关配体属性的信息。半夹心 Fe 配合物 [CpFe(CO)(卡宾)(L)]$^+$ 的氧化还原势表明,咪唑类卡宾配体比大多数膦配体有更强的给电子能力,而且也具有一定的 π-受体能力;Lever 电化学参数 E_L,由于测量了每个配体对观察到势能 E_{obs} 的贡献,同样适用于配体为 NHCs 和吡啶的情况。

另一种方法是比较 NHCs 衍生物的 NMR 化学位移,例如易于合成得到的卡宾硒化物的 ^{77}Se NMR。硒的化学位移范围非常广,因而是一种高灵敏度的方法。这种方法似乎与 π-受体强度有关,但与相应 NHCs 配合物的 ν_{co} 托尔曼参数关联很小。

碳烯	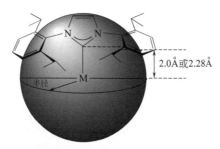(see structures)		

碳烯	ᶦPr–N,N–ᶦPr (苯并咪唑 Se)	Dipp–N,N–Dipp (咪唑 Se)	Dipp–N,N–Dipp (咪唑啉 Se)
$\delta^{77}Se$	67	87	181
托尔曼参数/cm^{-1}	2054	2051.5	2052

碳烯	Dipp–N,N–Dipp	Mes–N,N–Mes (O)	ᶦPr,ᶦPr–N,N–ᶦPr,ᶦPr	Mes–N,N–Mes (O,O)
$\delta^{77}Se$	271	472	593	856
托尔曼参数/cm^{-1}	2044	2050		2068

NHCs 配体空间位阻效应的测定更加困难，因为这些配体难以处理成圆形，它们在环平面的延伸远强于垂直面。在大多数情况下，NHCs 通过使用大的 R 基团来实现稳定性，如环己基、2,4,6-Me$_3$C$_6$H$_2$ 或者 2,6-Pr$_2^i$C$_6$H$_3$。这些配体空间位阻的影响，可以通过计算配位体所占金属中心球体的球体百分比，即"埋体积"的百分比来估计。这些计算是基于晶体结构的配体参数，本质上依赖于假定的金属-配体的距离。球体的半径设置为 3.5Å。

这种方法在本质上依赖于有关的金属，并且对具有较大 M-C 距离的大金属其值会略低。大多数大体积配体覆盖了金属球体体积的 30%～40%，与圆锥角模型相比变化不明显。这两种方法评估配体空间位阻有非常相似的趋势，例如，具有非常大锥角的膦也导致最大的体积百分值［例如三(1,4,6-三甲基苯)膦体积占到 53.1%］。

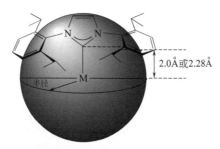

埋体积
百分比

2.4.5 一般的共配体

金属有机配合物和催化剂的稳定性和反应活性依赖以 P、N 和 O 给体为主的配体，特别是膦配体被广泛地应用。单齿配体的性质已在前面进行了部分讨论。对有机取代基进行改性，使其溶解于水或非极性碳氟化合物的溶剂中，这两种方法都用于促进以膦配体稳定的均相催化剂从反应混合物中分离。膦配体取代基连接到聚苯乙烯等聚合物上会产生多相膦配体和催化剂，其在反应结束时可以简单地过滤分离。

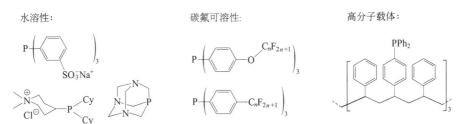

水溶性：   碳氟可溶性：   高分子载体：

除了改变 P 的供体能力之外，通过桥联两个或两个以上的 P 供体形成了新的可能的拓展。双齿和多齿配体通过螯合效应提高了稳定性：一个双齿配体总是远高于单齿配体的配合物形成常数。此外，骨架的长度和刚性会改变双膦的咬合角，并且螯合环的构象和流动性会对反应活性产生极大的影响。下图显示了一些常见的螯合膦和它们所产生的螯合环的大小。对于催化应用如 C-C 偶联反应（参见第 3.6 节），选择合适的螯合环大小意味着可以调控活性差的体系到高活性体系。它往往是"恰当"的情况：螯合环刚性或柔性多一点和少一点都是不利的，螯合环大小要恰到好处。

双齿膦类化合物

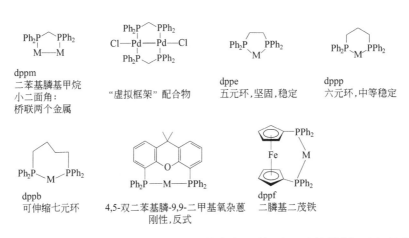

此外，螯合膦中的桥具有可发展的空间，特别是手性的桥，用于诱导不对称催化活性中心。

磷比氮具有更高的反转势垒（PH_3 为 155kJ·mol^{-1}，NH_3 为 25kJ·mol^{-1}），这意味着可以以膦为手性中心制备膦配体。这的确是首次尝试为不对称催化应用制备手性膦配体的方法。更常见和更容易制备的是嵌入在取代基或骨架中的手性膦配体。这些类型的配体广泛应用于手性催化，特别是在不对称氢化反应中，其中部分达到了超过 95% 的对映体选择性。以下是一些例子：

手性膦类化合物

氮配体 中性和阴离子的双齿和三齿氮配体通常用于提高空间位阻和稳定性。二氮杂芳环是优异的 N 供体以及良好的 π-受体，当与带正电的金属键合时，它们能作为并非无辜的配体，接受一个电子形成自由基阴离子。乙酰丙酮阴离子一直在配位化学中起着重要的作用，其亚胺衍生物 nacnac 具有在氮原子引入大位阻取代基的优势。吡唑基硼酸盐可作为双齿和三齿阴离子配体。

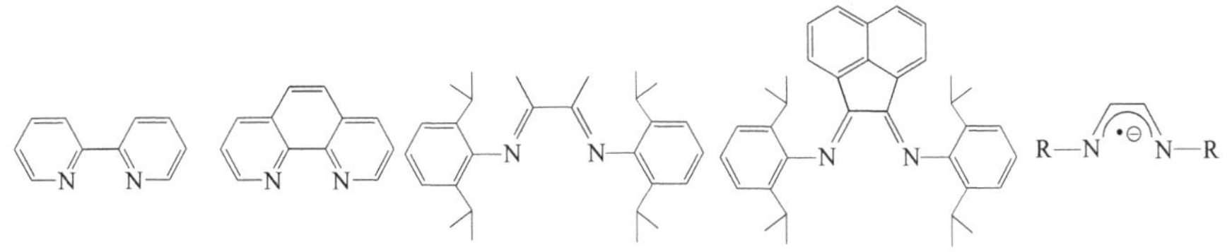

联吡啶(2,2′-联吡啶)	苯(1,10-菲咯啉)		二氮杂二烯	二氮烯基自由基阴离子

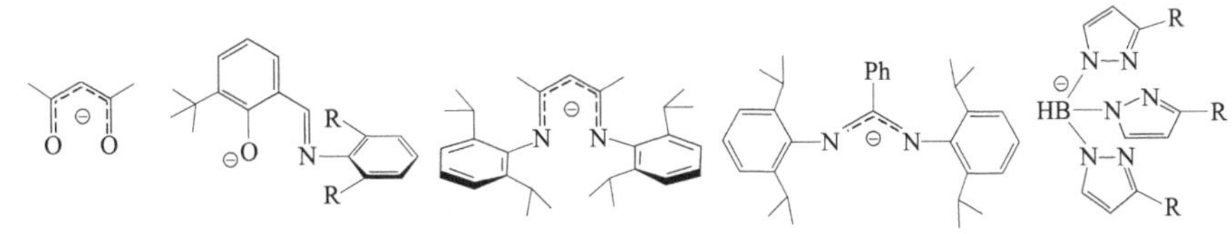

乙酰丙酮阴离子　　亚氨基酚盐　　　　nacnac阴离子　　　　苯甲脒基　　　　$HB(pz^R)_3^-$

具有平面四边形配位环境的三齿配体往往具有特殊的稳定性。这些配体可以形成中性或阴离子螯合物。基于它们提供紧密的结合，常常被称为"钳形配体"。

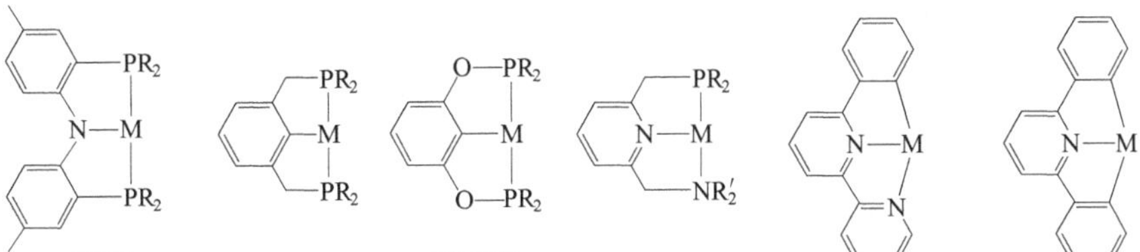

PNP⁻　　　　　　　　POCOP　　　　　　　　　　　N^N^C　　　　C^N^C　　　　钳形配体

多齿和卡宾配体：

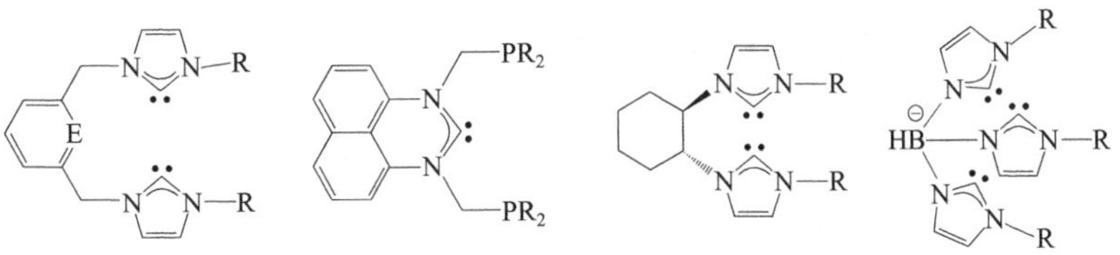

E=N,C⁻

⊚ **要点**

不饱和碳化合物如 CO、烯烃、炔烃与金属相互作用有两种方式：σ-供体相互作用，其中来自 π 键的电子密度与金属空轨道共享，以及从金属到配体的 π-受体相互作用。这就是所谓的供体和反供体(或反馈键)。后者是金属-配体键联的主要贡献者。

配体的电子和空间特性决定了金属中心的反应性，这些效应可以被量化，最重要的量化尺度是膦配体的托尔曼(Tolman)空间参数和电子参数。

反供体经常控制配体取向，改变 π 配体的键级。

练习

1. 请将下列物质增加 π-受体强度的大小排序：NO⁺，P（OMe）₃，N≡CR，PBu₃ᵗ，PCl₃，PPh₃，CO，NH₃。

2. 为什么托尔曼锥角是由 Ni—PR₃ 构成的，而不是自由的 PR₃？

3. 为什么炔烃和亚胺配体两者被称作四电子供体？请描述一下这个结构。

4. 请解释为什么 CO 与强亲金属阳离子配位呈现的伸缩振动频率往往高于自由一氧化碳的伸缩振动频率。

2.5 L型 π-受体配体：金属羰基配合物

$M—C≡O$

过渡金属羰基配合物是一类非常多样化的关键化合物，并且以一定范围的氧化态存在于几乎所讨论的所有过渡金属中。金属羰基配合物不仅对解释结构和成键有重要作用，而且可以在大多数配位催化反应中提供关键反应步骤和基本途径的例证。因此，将在此介绍这些反应步骤，并在以后章节中重提。

Ni(CO)₄、Fe(CO)₅的发现

金属羰基化合物是最早制备的金属有机化合物之一。科学家与实业家 Ludwig Mond 于 1888 年发现四羰基镍 Ni(CO)₄ 时，他意识到这种金属化合物有别于先前的任何化合物，特别是这种化合物不是盐而是挥发性液体，经热分解沉积金属镍。这些性质很快用于一种生产无铁纯镍（所谓蒙德工艺）的过程，该工艺至今仍在运行。1889 年，羰基铁化合物 Fe(CO)₅ 由 Mond 和 M. Berthelot 发现。金属羰基化合物的化学与工业发展与催化过程密切相关。

2.5.1 金属羰基化合物的合成

警告：挥发性的CO复合物毒性很强。Ni(CO)₄：欧盟3类可能的致癌物。

由金属制得 铁和镍的简单羰基化合物可由 CO 与细碎的金属反应得到；两者都是液体，与空气接触就能燃烧。化学计量由 18 电子规则确定。

$$Ni+4CO \xrightarrow{1bar,25℃} \begin{array}{l} Ni(CO)_4 \\ dec.>35℃ \\ 沸点大约为42℃ \\ 无色液体 \end{array}$$

$$Fe+5CO \xrightarrow[高压CO]{100℃} \begin{array}{l} Fe(CO)_5 \\ 沸点103℃ \\ 淡黄色液体 \end{array}$$

由金属盐还原制得 这是最普遍的制备方法。

$$TiCl_4(DME) + 6KC_{10}H_8 \xrightarrow{\text{15-冠醚-5}} [K(15-C-5)^+]_2[Ti(CO)_6]^{2-} + 4KCl + 6C_{10}H_8$$
$$18VE$$

$$VCl_3 + 4Na \xrightarrow[\substack{\text{乙二醇二甲醚,150℃} \\ -3NaCl}]{CO(200bar)} Na[V(CO)_6]^- \xrightarrow[-H_2]{H_3PO_4} V(CO)_6$$
$$18VE \qquad\qquad 17VE$$

$$CrCl_3 + Al \xrightarrow[\substack{AlCl_3,\text{苯}}]{CO(300bar)} Cr(CO)_6 + AlCl_3$$
$$18VE$$

M	n
Ti	2
V	1,0
Cr	0

[V(CO)$_6$]$^-$是一个 18 电子片段,质子化可望得到 HV(CO)$_6$;然而,这种七配位的产物是不稳定的,放出 H$_2$ 得到 17 电子的自由基 V(CO)$_6$,此自由基空间位阻太拥挤,能二聚成具有更高配位的二聚体。相比之下,单核的 17 电子锰和钴羰基片段,Mn(CO)$_5$ 和 Co(CO)$_4$,是配位不饱和的(CN 小于 6),可以通过金属键合形成具有 18 电子数的二聚体。有八面体配位饱和金属中心的 Mn$_2$(CO)$_{10}$ 相对不活泼,与之对应,Co$_2$(CO)$_8$ 具有丰富的有机化学性质(例如 Pauson-Khand 反应,延伸阅读 2.6.3),同时也是一个重要的催化剂前驱体(参见 3.4 节:催化羰基化反应)。

$$Mn(OAc)_2 \xrightarrow[\substack{80\sim100℃ \\ 200barCO}]{4AlEt_3} Mn_2(CO)_{10}$$
黄色晶体
熔点155℃

$$Co(OAc)_3 \xrightarrow[\substack{Ac_2O,160\sim180℃}]{\text{高压一氧化碳氢气}} Co_2(CO)_8$$
熔点51℃
橙色晶体

Co$_2$(CO)$_8$ 以 CO 桥联二聚体 [(CO)$_3$Co(μ-CO)]$_2$ 的形式存在于固体中,但在溶液中形成至少两种没有 CO 桥的异构体,具有 D_{4h} 和 D_{3d} 对称性。它具有热不稳定性,可以发生 CO 的解离,并容易形成黑色团簇 Co$_4$(CO)$_{12}$。虽然 18 电子规则表明存在以金属-金属键桥联的 Co$_2$(CO)$_8$ 形式,但是电子离域是通过 μ-CO 配体发生的。

C_{2V} 固态 D_{4h} 溶液 D_{3d}

羰基金属中的键合:参见2.4.2节

第二排和第三排过渡金属提供了大量多核金属羰基簇。RhCl$_3$ 与 CO 在温和条件下(乙醇为溶剂和还原剂)反应得到 16 电子羰基卤化物 [RhCl(CO)$_2$]$_2$;在苛刻条件下,RhCl$_3$ 羰基化生产簇 Rh$_4$(CO)$_{12}$;与铑类似的 Co$_2$(CO)$_8$ 化合物也是存在的,只是在带压 CO 下稳定。Rh、Ir、Pd 和 Pt 羰基化物形成团簇的趋势反映了第二排和第三排过渡金属的 M-M 键比第一排过渡金属同系物更强。

$$\text{RhCl}_3 \xrightarrow[\text{高温}]{\text{高压 CO}} \text{Rh}_4(\text{CO})_{12} \quad \text{四面体团簇}$$

金属羰基配合物在生物学和医学中占有重要地位（延伸阅读 2.5.1）。

高核金属羰基和金属羰基团簇　在 Fe(CO)$_5$ 发现后不久，人们发现其在光照下能产生具有较低 CO/Fe 比的化合物，这是金属羰基化合物一种普遍的反应模式，CO 配体可以在加热或辐射条件下解离，而光解 CO 的解离仍是一种温和且广泛使用的配体取代方法。Fe(CO)$_5$ 形成两种产物，Fe$_2$(CO)$_9$（非挥发性和不溶性）和 Fe$_3$(CO)$_{12}$（绿色晶体，可溶）。同样，Co$_2$(CO)$_8$（橙色 - 棕色晶体）经过加热损失 CO 产生簇 Co$_4$(CO)$_{12}$。

$$\text{Fe(CO)}_5 \xrightarrow[-\text{CO}]{h\nu} \text{Fe(CO)}_4 \begin{array}{c} \xrightarrow{\text{Fe(CO)}_5} \text{Fe}_2(\text{CO})_9 \quad \text{橙色晶体} \\ \searrow \text{Fe}_3(\text{CO})_{12} \quad \text{绿色晶体} \end{array}$$

$$\text{Co}_2(\text{CO})_8 \xrightarrow[-\text{CO}]{\triangle} \text{Co}_4(\text{CO})_{12} \quad \text{黑色晶体}$$

在室温环境中稳定存在的金属羰基化合物是第二排和第三排金属的金属-金属簇合物，最简单的表示如下图所示。尽管 Fe 和 Co 簇含有桥联 CO，但是大原子半径的重元素一般不利于 CO 桥联（当然不排除其存在）。

已经制备了许多高核数的簇，包括混合金属和混合配体的簇合物，可以理解为许多金属晶格的碎片，本书不详细讨论。一些簇包括 C 或 CR 片段。这些与 Fischer-Tropsch（费-托）过程中 CO 还原形成碳氢化合物相关。

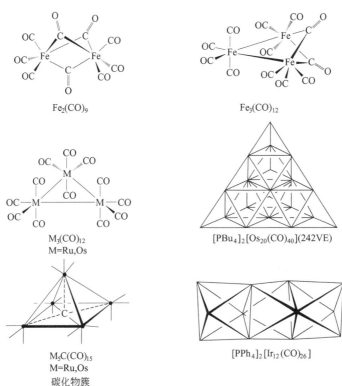

Fe$_2$(CO)$_9$

Fe$_3$(CO)$_{12}$

M$_3$(CO)$_{12}$
M=Ru,Os

[PBu$_4$]$_2$[Os$_{20}$(CO)$_{40}$](242VE)

M$_5$C(CO)$_{15}$
M=Ru,Os
碳化物簇

[PPh$_4$]$_2$[Ir$_{12}$(CO)$_{26}$]

延伸阅读 2.5.1　生物与医药中的金属羰基配合物

铁这样的金属能与 CO 形成稳定的配合物，这个发现是完全出乎意料的，自然界中从未见过这样的情况。总之，在有氧或水溶液条件下铁被氧化更倾向与 O 和 N 配位的 Fe^{2+} 和 Fe^{3+}。CO 配合物在生化过程及医学中的作用是显而易见的。

CORMs　由于与血红蛋白高的结合力，大剂量的 CO 气体是有毒的；然而，在血红素氧化降解成胆红素的过程中，CO 在体内不断产生。在人体中，CO 具有抗炎、舒张血管、抗增殖作用；它能抑制细胞死亡，保护组织免受缺氧的影响，在心血管疾病和炎症性疾病的治疗以及器官移植中起重要作用。

以可控的方式释放 CO 是关键。CO 气体是非常危险的，在生物体中足够稳定的金属羰基化合物可以控制 CO 的释放量。所需的水溶性可通过适当的共配体或制备带电配合物来实现。这些化合物被称为"CO 释放分子"或 CORMs。目前正在开发 Fe、Ru、Mn、Mo 和 Re 羰基配合物。一些类型如下图所示。钌氨基配合物(1)是最早的实例之一。羰基锰(2)具有较低的毒性，与 N 供体如组氨酸反应可释放 CO。在可见光照射下，前体配合物(3)释放的 CO 对结肠癌细胞有光致毒性。(4)和(5)是稳定的化合物，进入细胞后才有活性，酯酶切断酯功能键，并产生不稳定配合物释放 CO。

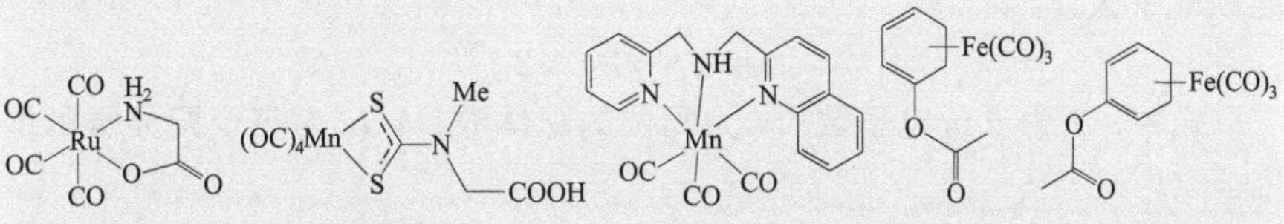

金属-CO 酶:[FeFe]氢化酶　许多微生物利用羰基铁催化实现氢分子氧化还原反应，被称为是 [FeFe] 氢化酶。这些氢化酶含有立方 Fe_4S_4 簇（所谓的氢簇），通过半胱氨酸的 S 与 Fe_2S_2 单元相连，Fe_2S_2 既含有 CO 和 CN 配体，也含有二硫桥。这些二铁氢化酶催化 H^+ 还原成氢的能力显著，为在温和条件下产生 H_2 提供了一条途径，并有可能在燃料电池中得到应用。另一类则是单铁氢化酶。

2.5.2　双核和簇合物中的键合

双核金属羰基化合物（和非羰基化合物）键合概念中 18 电子规则问题存在争议。$Fe_2(CO)_9$ 是最著名的例子，该分子由三个 CO 配体桥接的两个 $Fe(CO)_3$ 片段组成，形式上每个 CO 配体都向每个金属中心提供一个电子，给出每个铁的电子数为 17。为了实现 18 价电子（VE），并考虑 $Fe_2(CO)_9$ 的反磁基态，通常假定存在金属-金属键。然而，由结构和理论研究可知，沿着 Fe-Fe 向量上没有电子密度，事实上，相关轨道是反键轨道。同样，虽然直观地得出半桥联配合物如 $[Cp_2Cr(\mu\text{-}CO)_2]_2$ 通过 Cr-Cr 三键实现每个 Cr 的 18 电子数（在其他类型的化合物中具有先例），但有一个令人信服的理论观点认为 M-M 键不存在，电子离域通过桥接羰基配体发生。

在双金属有机配合物中，假设金属-金属键存在是使它们的结构与反磁性合理解释的直观且有效方法，这有利于多面体几何结构的可视化。然而，物理事实通常是不同的。即使在晶体学上确定 M-M 距离也不是指定或证明金属-金属键存的良好途径。

M-M键
何时不是
M-M键?

[CpFeCO(μ_2-CO)]$_2$ [CpFe(μ_3-CO)]$_4$

形成金属簇是缺电子的一种表象：在团簇中有更多的轨道，这些轨道远多于以简单 2e2c 键模式电子占据的轨道。因此金属团簇的情况类似硼烷和碳硼烷，它们的缺电子键合模式已得到很好的确立。

像硼烷簇一样，把金属团簇看作是每个角落由构造块组成，每个角都贡献出定量的电子形成簇键合。每个主族构造块 E-R 的电子数 z 等于 E 元素价电子数加上取代基 R 再减去参与 E-R 成键的价电子数。硼有三个价电子，其中一个与 H 成键，每个 B-H 键有两个电子用于团簇成键。同样，C-H 单元贡献三个电子。

对于过渡金属，这种计算需要考虑 d 电子。每个构造块参与团簇成键的 z 电子数为：

$$z = d + yL - 12$$

式中，d 为 d 价电子数；y 为配位的配体数目；L 为每个配体贡献的电子数。

因此，一个 Fe(CO)$_3$ 片段（d^8）贡献 $8 + 3 \times 2 - 12 = 2$ 个电子，一个 Co(CO)$_3$ 片段贡献 $9 + 6 - 12 = 3$ 个电子（表 2.2）。这些电子位于指向团簇的轨道上。具有相同电子数 z 的那些片段在原则上是可互换的，并且以一个取代另一个并不改变团簇或配合物的电子数。忽略第一、第二和第三排金属之间总电子计数的差异，这些碎片是等电子体。

表 2.2　金属配体片段及其对簇键的电子贡献

片段	z	片段结构
Mn(CO)$_3$ ($\eta - C_5H_5$)Fe	$7 + 3 \times 2 - 12 = 1$ $8 + 5 - 12 = 1$	
Fe(CO)$_3$ ($\eta - C_5H_5$)Co	$8 + 3 \times 2 - 12 = 2$ $9 + 5 - 12 = 2$	
Co(CO)$_3$ ($\eta - C_5H_5$)Ni	$9 + 3 \times 2 - 12 = 3$ $10 + 5 - 12 = 3$	

　金属有机与催化导论　　*Organometallics and Catalysis: An Introduction*

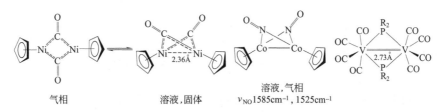

现在来讨论多核金属羰基化合物的结构，可以预期在具有适当对称性的 π 轨道且轨道能级适合电荷离域的情况下，可形成缺电子键。$Fe_2(CO)_9$ 的结构可以被分解为两个 $Fe(CO)_3$ 片段，每个片段有两个电子用于形成离域键，每个离域键与三个桥联 CO 配体相互作用。两个轨道是半充满状态，能与两个 CO 配体形成类似酮结构的 2e2c 键。第三个 CO 的孤电子对可以与铁的两个空轨道相互作用，形成整体上没有直接铁-铁键的离域 CO 桥联结构。

在 $[CpFe(CO)(\mu\text{-}CO)]_2$ 中的成键是类似的，所不同的是，由于这里的每个铁片段比 $Fe_2(CO)_9$ 多贡献一个电子，因此桥联 CO 配体的数量减少两个以达到相同的电子构型。每个铁额外的电子密度平面 Fe_2C_2 芯上的 π 键是有利的。$(\mu\text{-}CO)_n$ 键可以由几种共振结构来描述，所有桥联 CO 配体都是等价的。

一方面，强 π-受体配体如 CO 存在于桥位置时，π 离域比形成 M—M 键更有利。假定 M—M 键对于推导分子的形状并解释其磁性是有益的，但是在每种情况下都需要检验其物理现实。因此，在 CO 桥联 $Fe_3(CO)_{12}$ 或 Ni 二聚体 $[CpNi(\mu\text{-}CO)]_2$ 结构中不存在金属-金属键。M—M 键存在于 $Mn_2(CO)_{12}$ 和 $Cp(CO)_3Cr\text{—}Cr(CO)_3Cp$ 中，这两者都含有配位的饱和金属中心，并缺少桥联的 CO 配体。在 $[CpCr(\mu\text{-}CO)_2]_2$ 中不存在假定的 Cr≡Cr 键，取而代之的是缺电子的离域键。

另一方面，非常强的 π-受体配体可以在某些情况下从 M—M 反键轨道吸收电子，从而使 M—M 成键变为现实。光电子能谱的研究表明，等电子 $[CpNi(\mu\text{-}CO)]_2$ 和 $[CpCo(\mu\text{-}NO)]_2$ 化合物气相结构不同的原因是：前者不含 M—M 键，呈离域平面结构，后者是有 M—M 键的非平面分子。平面和折叠结构很容易相互转化：在晶体中，$[CpNi(\mu\text{-}CO)]_2$ 是折叠的，而其 C_5H_4Me 类似物是完全平面的，固体中 $[CpCo(\mu\text{-}NO)]_2$ 是平面的(Co—Co 2.37Å)，但在溶液和气相中是弯曲的。

当强 π-受体配体不存在时，M—M 键占优势。例如，磷桥联配合物 $(CO)_4M(\mu\text{-PEt}_2)_2M(CO)_4$ 是双核化合物，其中 M—M 键的键级分别为 2(M＝V)、1(M＝Cr) 和 0(M＝Mn)，每个金属有 18 个价电子。

等瓣方法还简化了对诸如 $M_4(CO)_{12}$ 较高核团簇的理解，其中一个或多个顶点可被 CR 基取代。所有这些结构是四面体并遵循与烷烃四面体 (C_4H_4) 或 P_4 分子相似的结构原理。

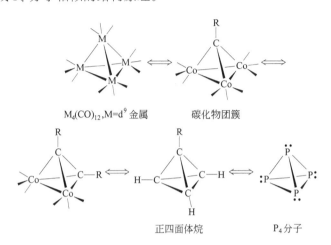

$M_4(CO)_{12}$，M=d^9 金属　　　碳化物团簇

正四面体烷　　　　P_4分子

尽管团簇通常如图所示绘制，但电子密度测量结果表明，当CO被桥联时，直接M-M键不存在

18 电子规则的扩展　特别稳定的电子构型通常称为"幻数"，随着结构从 6π 平面到三维芳香 18 电子配合物及延伸取得了很大进展。芳烃夹心配合物是最好的例子，添加（苯）Cr 片段到苯本身就体现了从 6 价电子到 18 价电子体系的转变。同样，像这样继续叠加，就得到下一个"幻数" 30，产生一个三层结构。注意在 $Cr_2(C_6H_6)_3$ 中，中心苯配体的六个 π 电子在两个 Cr 之间共有。这种离域结构满足了每个金属中心的电子需求。虽然每个 Cr 形式上电子计数为 15，但是没有 Cr—Cr 键，必须通过中心环。

最佳和稍高电子数之间的能量差异在三层夹心结构比简单夹心结构的小，也有含 34 电子的三层夹心。额外的四个电子拉长了这些团簇的 M—M 距离，削弱而不是加强了团簇键。事实上，上一节讨论的大多数双核化合物，以及其他许多化合物都属于 30～34 价电子体系。

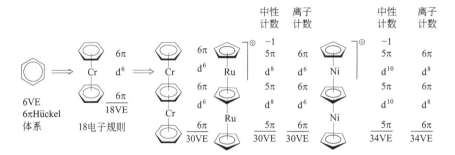

当考察另一个三层夹心型配合物，如硼杂环戊二烯（borole）配合物 $(CO)_3Mn(\mu,\eta^5\text{-}C_4H_4BR)Mn(CO)_3$ 时，这种形式与金属团簇的关系变

得更清晰。硼杂环戊二烯是 4π 环，需要两个电子才能成为 6π 芳香体系，这是由两个锰 $Mn(CO)_3$ 单电子供体片段提供的。一个等价描述就是一个金属碳硼烷团簇。显然，团簇形成不需要金属-金属键。其他双核化合物同样可以视为离域的团簇，有 30 价电子或 34 价电子。大多数金属羰基二聚体归为 34 价电子类，包括 $Fe_2(CO)_9$。

同样的考虑适用于氢化物桥联双核化合物，在这里，缺电子团簇键合并不需要假定 M—M 键。

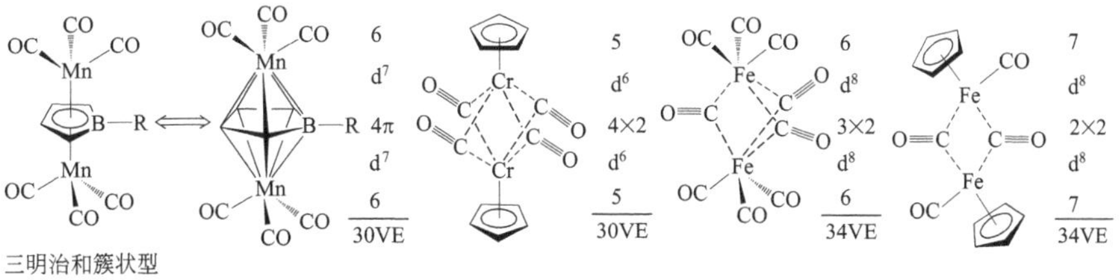

三明治和簇状型

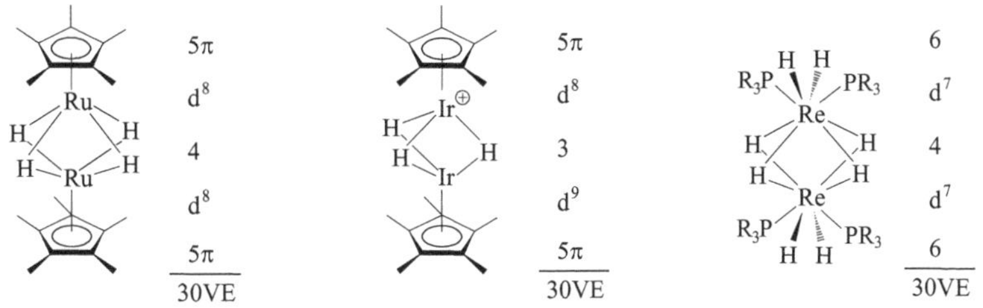

要点

CO 与低氧化态的金属结合。这些配合物的稳定性基于强的反馈键。

单核金属 CO 配合物及其衍生物倾向于服从 18 电子规则。

CO 离解导致双核金属羰基和/或羰基金属簇。集群形成的趋势从第一排到第三排金属逐渐增加。

具有桥联 CO 配体的双核羰基显示簇型缺电键，没有 M—M 键。

它们属于 30/34 VE 复合型。不含桥联 CO 的双核金属羰基配合物含有 M—M 键。

练习

1. 请解释固体 $Co_2(CO)_8 = [(OC)_3Co(\mu\text{-}CO)]_2$ 中没有 Co—Co 键。这个化合物是否符合 30VE/34VE 规则？

2. 请描述 $[CpFe(CO)]_2(\mu\text{-}CO)(\mu\text{-}CH_2)$ 的成键情况。

3. 讨论 $(Cp^* Re)_2(\mu\text{-}CO)_3$ 的电子计数和结构。

4. 在簇化物中下面的分子碎片贡献了多少电子：$Fe(CO)_3$，$Mn(CO)_3$，$\mu\text{-}CO$，$\mu\text{-}C_4H_4BR$，$\mu\text{-}C_6H_6$，$\mu\text{-}CR$，$\mu\text{-}CH_2$。

2.5.3 金属羰基化合物的反应机理

金属羰基化合物显示了许多重要的反应模式，这些反应模式也将出现在其他配体类别中，它们构成了大多数催化循环的基础：配体解离，配体取代，氧化加成，还原消除，分子内或分子间的亲核进攻。

2.5.3.1 配体取代：原理和机制

大多数化学计量和催化反应以配体取代方式开始，以使底物与金属中心结合。不同的反应机理可以基于其动力学行为来区分，一般可分为解离和结合的途径。遵循哪个反应途径主要取决于相关配合物的电子数，并且对反应速率有深远的影响。例如，平面四边形 16 价电子化合物 $Rh(acac)(C_2H_4)_2$ 和相关的 18 价电子的 $CpRh(C_2H_4)_2$ 分别通过缔合和解离途径与过量乙烯进行交换，然而，与 $CpRh(C_2H_4)_2$ 反应比与 $Rh(acac)(C_2H_4)_2$ 的反应快 10^{14} 倍。

解离取代 最初配合物的配体解离是速率决定步骤，该速率不依赖于新配体的浓度，活化熵 ΔS 小而且是正的。

$$L_nM{-}X \xrightarrow{k_1} L_nM + X \xrightarrow[k_2]{Y} L_nM{-}Y \qquad 速率 = -\frac{d[L_nMX]}{dt} = k_1[L_nMX]$$

配位不饱和中间体 $\qquad k_1 \gg k_2$

由于大多数反应是在溶液中进行的，因此要记住，真正的配位不饱和中间体如果存在也是很少的，因为溶剂作为弱配体配位并取代 X。溶剂浓度定义为 1，它不代入速率方程。但是，溶剂与中间体的配位会通过稳定过渡态对反应速率产生很大的影响。

18 VE 配合物发生解离配体取代，这常常是立体定向的，配位不饱和中间体保留了起始配合物的几何构型。

缔合取代 这里新配体与起始金属配合物结合，从而增加配位数，随后在第二步实现配体解离。由于结合其他配体涉及了平动和转动自由度的降低，活化熵 ΔS 大而且是负的。

$$L_n M{-}X \xrightarrow[k_1]{Y} L_n M \overset{X}{\underset{Y}{\big\langle}} \xrightarrow[k_2]{} L_n M{-}Y+X \qquad k_1 \ll k_2$$

二阶比率法则：
速率 $=k_1[L_nMX][Y]$

缔合配体交换要求金属配合物具有足够低的配位数，以允许另一个配位体进入配位区间。因此这一机制被发现在 d^8 构型金属的 16VE 的平面四边形配合物中最典型。

如果反应是在配位溶剂中进行，它可以遵循溶剂辅助缔合取代，与 Y 反应之前，涉及溶剂缔合平衡：

速率 $=k_1[L_nMX] + k_2[L_nMX][Y]$

例如，这种类型的速率定律是在通过 PPh_3 或 PBu_3 取代 $M(CO)_6$ 过程中得以观察，其中缔合和溶剂辅助反应途径相互竞争得到一致的产物。

与L的浓度无关

与L的浓度成正比

缔合取代速率明显取决于进入的亲核试剂 Y 和金属 M 的性质。然而，在平面四边形配合物中，对于一个给定的 M 和 Y，位于离去基团 X 反位配体的速率也会发生很大的影响。这种动力学现象被称为反位效应。特别是铂配合物，表现出较强的反位效应，对此进行了详细的研究。

在强供电子配体，如氢或烷基以及强 π-受体配体如 CN^-、CO 和膦中发现了最强的反位效应。原因是强供体一方面引起反位键的不稳定，即四方形平面基态的不稳定，而另一方面 π-受体的影响被认为是许多个数量级取代的结果。

反位效应按照以下序列近似地递减（遵循光谱序列从典型的强场到弱场的配体趋势）：

$$H^- > CH_3^- \geqslant CN^- \approx CO > PR_3 > Cl^- > NH_3 > OH^- > NO_3^- \approx H_2O$$

反位效应：
动力学

相关速率：
X=Cl CH₃ H
1   170   13000

与此相反，类似的四边形平面配合物顺式异构体在速率上几乎没有受 X 的任何影响（这称为顺式效应，但这个影响是很小的，速率之差只有 2~3）。

反位效应和
反式影响

反位效应涉及过渡态结构，是一种动力学现象。需要与反式影响相区别，反位效应反映了由于处于该键反位配体的作用而导致在基态下金属-配体键的拉长。反位效应经常被用来解释晶体上测定 M-L 键距离的变化。

17 电子配合物 小于 18 电子数的金属配合物进行配体取代要比其 18 VE 的速度大许多数量级。辐照可以通过产生 17 VE 自由基中间体来大大加快取代速率，如光解 $Mn_2(CO)_{10}$ 生成 $Mn(CO)_5$，与 PPh_3 迅速反应。17 价电子活性种与 L 配体反应得到具有 M—L 键的 19 价电子加合物。例如，$[V(CO)_6]^-$（18 VE）甚至在苛刻条件下也不与 PPh_3 进行反应，而自由基 $\dot{V}(CO)_6$（17 VE）即使在 -70℃也迅速反应。这些取代遵循缔合机制。

$$\dot{V}(CO)_6 + L \longrightarrow L\text{—}\dot{V}(CO)_6 \xrightarrow{\text{快}} L\text{—}\dot{V}(CO)_5 + CO$$
$$\text{17VE} \qquad\qquad \text{19VE} \qquad\qquad \text{17VE}$$

相同的原理控制氧化还原取代催化反应：小部分 18 价电子配合物被氧化为 17 价电子活性种，并经历快速的取代过程。接着从另一个 18 VE 物种发生电子转移，因此，只需要 17 VE 催化物种的浓度。

$$
\begin{array}{c}
L' \quad \xrightarrow{\text{快}} \quad L \\
ML_6^{+\cdot} \rightleftharpoons ML'L_5^{+\cdot} \quad \text{17VE} \\
ML'L_5 \qquad\qquad ML_6 \quad \text{18VE}
\end{array}
$$

氧化还原催化

缔合取代与环滑动 环戊二烯配体哈普托数从 η^5 到 η^3 变化有时是产生 18 VE 配合物配位点的一种途径，以便配体缔合和取代。这是在富电子 18 VE 茚基配体的配合物中发现的。例如，茚基配合物 $(Ind)Co(CO)_2$ 的反应比 $CpCo(CO)_2$ 快 10^8 倍。

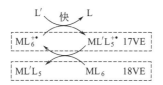

$$\eta^5, \text{18VE} \qquad \eta^3, \text{16VE}$$

交换机理 许多情况下，决定取代反应速率的因素包含新配体结合和旧配体离去键合能的贡献，特别是所讨论配合物是阳离子时，因此取代之前是离子缔合。根据反应坐标中过渡态的位置，即根据 L 和 L′ 键合作用的强度，来区分缔合与解离交换机理，即 I_A 和 I_D。例如，茂金属硼酸盐离子对型的催化剂催化烯烃聚合遵循 I_A 机制。

$$L_n M\text{—}L \xrightarrow{L'} L_n M\overset{L'}{\underset{L}{\diagup\!\!\diagdown}} \longrightarrow L_n M\overset{L'}{\underset{L}{\diagup\!\!\diagdown}} \xrightarrow{-L} L_n M\text{—}L'$$
$$\text{早期过渡态：}I_A \qquad\qquad \text{后期过渡态：}I_D$$

2.5.3.2 CO 配体取代：概述和方法

金属羰基化合物的取代反应为多种类型化合物提供了理解的途径，每

102 金属有机与催化导论 Organometallics and Catalysis: An Introduction

种化合物各自都成了重要的起始原料。

　　光化学取代可以在室温或低于室温下进行，并允许分离热敏感产物如单烯烃和双烯烃化合物。母体乙烯配合物是热不稳定的。与丁二烯的反应通过$(OC)_4Fe(\eta^2$-丁二烯$)$逐步进行。与炔烃的反应涉及 C-C 偶联，有时也有 CO 的引入。与炔烃和环戊二烯的取代反应分别产生环戊二烯和环丁二烯半夹心配合物。

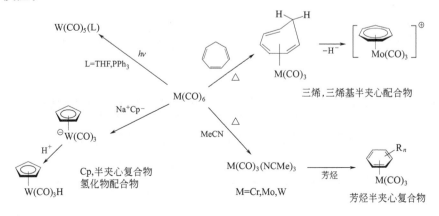

二烯取代

　　由于 $Fe(CO)_5$ 是热稳定和有毒的，通常更倾向使用非挥发性的 $Fe_2(CO)_9$ 作为起始原料。$Fe_2(CO)_9$ 分解成 $Fe(CO)_5$ 和活性的 $Fe(CO)_4$ 片段。$Ru_3(CO)_{12}$ 同样可以用作 $Ru(CO)_4$ 原料。

　　另一种促进 CO 取代的方法是使用氧化胺选择性氧化成二氧化碳：

$$M(CO)_n + Me_3N{-}O \xrightarrow{L} M(CO)_{n-1}(L) + CO_2 + Me_3N$$

　　d^6 电子构型的金属，比如 $M^0(M=Cr,Mo,W)$ 和 $M^1(M=Mn,Re)$，已知为动力学惰性的，取代反应需要更苛刻的条件。克服反应惰性的一种方法是生成配位（却不稳定）的溶剂配合物，如 THF 或 MeCN（乙腈）。例如，在乙腈中回流 $W(CO)_6$ 生成 $W(CO)_3(MeCN)_3$。乙腈配体的结合能力足够强，可以产生可分离的加合物，但对于容易取代的化合物，例如芳烃，是不稳定的。在下面的原理图中总结了 d^6 金属羰基化合物的一些反应。

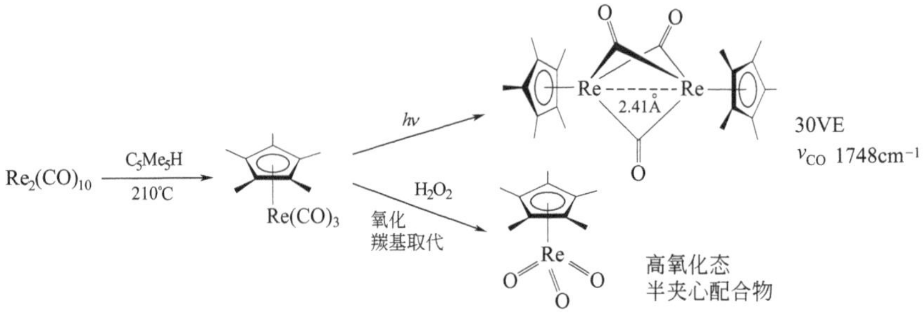

相比之下，$Co_2(CO)_8$ 的取代反应非常容易，一方面是该化合物具有 d^9 结构而且未配位饱和，另一方面因为它容易分解产生 17 VE $Co(CO)_4$ 自由基，正如前面关于 $V(CO)_6$ 的示意图中所示，该自由基比偶数电子化合物或中间体发生 CO 取代反应要快得多。

随着取代程度的增加，CO 配体取代性能降低，最后一个或两个 CO 配体的去除通常很困难。由于大多数配体都是比 CO 更好的电子供体，取代增加了金属中心上的电子密度，从而加强了对 CO 的反馈，因此，随着 CO 的取代，M-C 与剩余 CO 配体的结合强度增加。这种 CO 被取代的过程降低了配合物中 CO 配体上进行亲核进攻反应的可能性。

CO 转换率：

$$M(CO)_n > (L)M(CO)_{n-1} > (L)_2M(CO)_{n-2} > (L)_3M(CO)_{n-3} > 等等$$

2.5.3.3 CO 亲核进攻

在配位 CO 上亲核进攻是催化反应和化学计量反应中常见的步骤。由于阳离子羰基络合物中 CO 配体具有较弱的反馈键和强极性，因此反应性高，甚至可以被水等弱亲核试剂进攻；而中性络合物则需要更强的亲核试剂（OH^-，胺）。富电子金属羰基化合物反应的活性较低。随着 CO 被更多富电子配体如膦所取代，亲核进攻速率降低。

氢化物发生亲核进攻产生甲酰配合物，在某些情况下可以分离。烷基锂得到 O-稳定的卡宾，可以通过随后的 Me^+ 的烷基化步骤得到稳定。这是一个制备卡宾的途径。

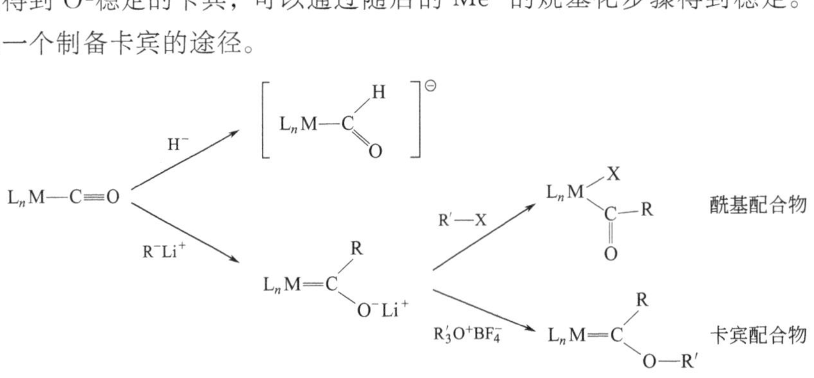

烷氧基盐或酰胺酯基进攻得到烷基羧基和氨基甲酰基化合物。

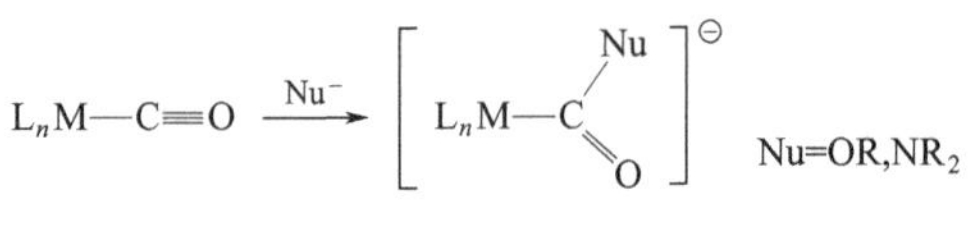

CO 亲核进攻的分子内反应是催化烯烃官能化的关键步骤。烯烃插入 M—H 键生成烷基，再顺位转移到 CO 配体上，然后在各种试剂作用下 M-酰基键断裂生成氢甲酰化或羰基化产物：

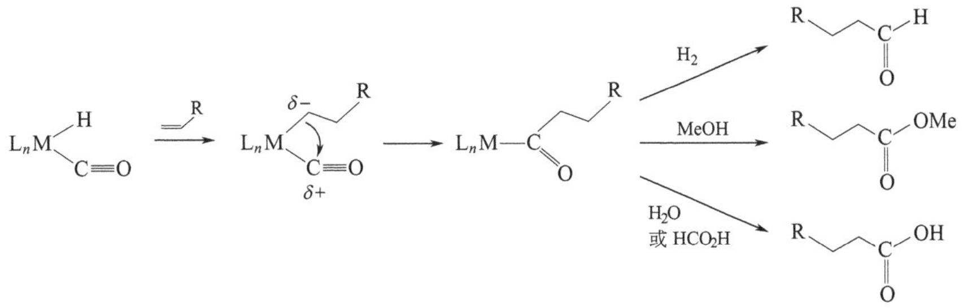

延伸阅读 2.5.3　对 CO 亲核进攻制氢

对 CO 亲核进攻制氢最为重要的是 OH^- 对金属羰基化合物的进攻。该反应模拟了在所谓的水煤气转化(WGS)反应中在非均相金属催化剂表面上反应的过程。这是一个从 CO 和蒸汽生产氢的大型技术过程。它通常结合蒸汽重整，是一个将碳氢化合物(主要是甲烷)转换为 CO 和氢的大型非均相催化过程。

同时，这些过程中产生的氢满足氨合成和其他工业规模氢化反应。

该循环还表明，H_2 产生与 CO_2 生成有着千丝万缕的联系(除非通过水电、核能或风力发电电解产生)。因此，使用 H_2 作为燃料并不降低温室气体排放。

水蒸气转化：

$$CH_4 + H_2O \xrightarrow[700\sim1100℃]{镍催化剂} CO + 3H_2$$

水煤气变换：

$$CO + H_2O \xrightarrow[200\sim350℃]{铁或钌催化剂} CO_2 + H_2$$

全过程：

$$CH_4 + 2H_2O \longrightarrow CO_2 + 4H_2$$

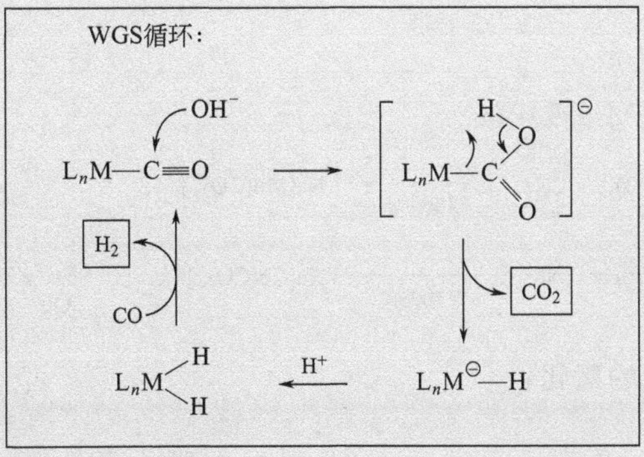

WGS循环：

$$M \stackrel{\ominus}{=} C = O$$

2.5.4　金属羰基阴离子

在某些情况下，用一个强还原剂如碱金属在 CO 加压下可使金属盐还原生成阴离子羰基配合物，这种还原形成 18 电子构型产物。同样，金属羰基配合物可以作为前驱体还原成为阴离子产物。两个电子的加成伴随着一个 CO 配体的损失。金属羰基氢化物可以被去质子化产生阴离子化合物。

合成方法概述：

歧化：

$$3Mn_2(CO)_{10} \xrightarrow[120℃]{\text{吡啶}} 2\left[Mn(Py)_6\right]^{2+}\left[Mn(CO)_5^-\right]_2$$

对 CO 亲核进攻：

$$Fe(CO)_5 + Na^+OH^- \longrightarrow Na^+\left[(CO)_4Fe\begin{array}{c}H\\O\\\\O\end{array}\right]^{\ominus} \xrightarrow{-CO_2} Na^+[HFe(CO)_4]^- \xrightarrow[-H_2]{Na} Na_2[Fe(CO)_4]$$

（参见水煤气转换反应，用于从 CO 和 H_2O 生成 $H_2 + CO_2$，延伸阅读 2.5.3）。

还原：

$$ZrCl_4(THF)_2 + 6KC_{10}H_8 \xrightarrow[\substack{15\text{-冠-5}\\-4KCl}]{THF} [K(15\text{-冠-5})]_2[Zr(CO)_6]$$

$$Fe(CO)_5 \xrightarrow[1,4\text{-二氧六环}]{Na/Ph_2C=O} Na_2[Fe(CO)_4]\cdot 1.5(\text{二噁烷}) \qquad Na^+\text{---}O\equiv C\text{—}Fe\ Na^+\ \text{在固态复合}$$

$$Fe(CO)_5 + Na/Hg \xrightarrow[2)\,[PPN]Cl]{1)\,h\nu} [Ph_3P=N=PPh_3^+]_2\left[\begin{array}{c}OC\ CO\ CO\ CO\\OC\text{—}Fe\ \underset{2.79}{\quad}Fe\text{—}CO\\CO\ OC\ CO\end{array}\right]^{2\ominus}$$

$$\xleftarrow[-CO_2]{OH^-,CO}$$

大体积的阳离子如 PPN^+ 常常促进大型复杂阴离子的分离

$$Cr(CO)_6 + KC_8 \xrightarrow[25℃]{\text{四氢呋喃}} [Cr_2(CO)_{10}]^{2-} \xrightarrow[\text{液氨}]{Na} [Cr(CO)_5]^{2-}$$

$$Cr^{-I},Cr\text{-}Cr\text{键} \qquad Cr^{-II}$$

$$\left[\begin{array}{c}CO\\OC\text{—}M\text{—}CO\\OC\quad CO\\CO\end{array}\right]^{\ominus}$$

M	n
Cr	2
Mn	1

还原性 M—M 键裂解：

$$Mn_2(CO)_{10} + 2Na \xrightarrow{\text{四氢呋喃}} Na[Mn(CO)_5]$$

$$Co_2(CO)_8 + 2Na \xrightarrow{\text{四氢呋喃}} Na[Co(CO)_4]$$

$$\left[\begin{array}{c}CO\\OC\text{—}Co^{\ominus}\text{—}CO\\OC\quad CO\end{array}\right]$$

羰基阴离子的氧化：

$$Na_2[W(CO)_5] + Na_2[W_2(CO)_{10}] \xrightarrow[DME]{CpLuCl_2} [Na^+]_2\left[\begin{array}{c}CO\ CO\ CO\ CO\\OC\text{—}W\text{—}W\text{—}W\text{—}CO\\OC\ OC\ OC\\CO\ CO\ CO\end{array}\right]^{2-}$$

氧化态 -2/3

阴离子 $[M(CO)_6]^{2-}$（M＝Ti,Zr,Hf）出现在第 4 族金属的二元羰基配合物，也制得了其第 5 族金属同系物 $[Nb(CO)_6]^-$ 和 $[Ta(CO)_6]^-$。这些阴离子羰基物尽管热稳定，但高度敏感于氧化反应。

利用 CO 处理 $Y[N(SiMe_3)_2]_3$ 和金属钾的混合物，得到不寻常的镧系元素的 CO 配合物，形成 $[(R_2N)_3Y(CO)_2]^{2-}$，其中含有 $CO^{\bullet-}$ 自由基阴离子。该反应伴随着 CO 偶合反应。

羰基金属阴离子氧化加成烷基和酰基卤化物生成 M-烷基键，由于配合物带负电荷，它们具有类似格氏（Grignard）试剂的反应活性。铁羰基盐 $Na_2Fe(CO)_4$ 具有广泛的有机合成应用。

铁酰基络合物

强还原金属羰基阴离子　当金属羰基化合物在一般还原剂如 THF 的钠汞齐中还原停止在单或双阴离子的阶段，更加强制还原条件（通常用溶剂化电子还原：配体氨，锂-萘，碱金属和冠醚的 Na，或六甲基磷酰胺中的钠）产生高度还原的羰基金属酸盐，在这种情况下金属中心的正式氧化态可降低至 IV 价。实例就是三价阴离子 $[M(CO)_5]^{3-}$（M＝V,Nb,Ta）、$[M(CO)_4]^{3-}$（M＝Mn,Re）和四价阴离子 $[M(CO)_4]^{4-}$（M＝Cr,Mo,W）：

$$Na[V(CO)_6]+3Na \xrightarrow{\text{液氨}} Na_3[V(CO)_5]+0.5Na_2C_2O_2$$

$$Na[Mn(CO)_5]+3Na \xrightarrow{\text{HMPA}} Na_3[Mn(CO)_4]+0.5Na_2C_2O_2$$

$$K[Co(CO)_4]+3K \xrightarrow{\text{液氨}} K_3[Co(CO)_3]+0.5K_2C_2O_2$$

在这些反应过程中，释放出的 CO 被还原成偶联产物乙酰胆碱，$^-OC\equiv CO^-$。

实质上金属羰基阴离子是非常强的碱，金属中心非常富电子。因此，这些化合物显示出广泛的反馈键，如非常低的 ν_{CO} 频率 1462 cm^{-1} 对应于最高还原的物种（表 2.3）。

从广泛接受电子密度的角度看，金属氧化态是纯粹形式分配的，CO 配体变得高度负极化，使得金属中心的电子密度以及因此导致的 d 轨道能量的增量远小于Ⅲ或Ⅳ负氧化态的增加。

表 2.3　金属羰基阴离子的 IR 频率

金属羰基阴离子	ν_{CO}/cm^{-1}	超精简阴离子	ν_{CO}/cm^{-1}
$[V(CO)_6]^-$	1860	$[V(CO)_5]^{3-}$	1807(w),1630(s),1580(s)
$[Cr(CO)_5]^{2-}$	1750	$[Cr(CO)_4]^{4-}$	1462(s)
$[Mn(CO)_5]^-$	1893,1860	$[Mn(CO)_4]^{3-}$	1790(w),1600(s)
$[Fe(CO)_4]^{2-}$	1790		
$[Co(CO)_4]^-$	1890($AsPh^{4+}$)	$[Co(CO)_3]^{3-}$	1740,1610(vs)

2.5.5　金属羰基阳离子

$$M^{\oplus}C\equiv O$$

在金属中心累计正电荷会使 d 壳层收缩并有减少反馈键的趋势。这削弱了 M—CO 键，并促进了更多亲核配体如卤化物或水对 CO 的取代。因此只有当搭配有亲核性低的阴离子时，才能形成阳离子金属羰基配合物。

制备：

卤化物和路易斯酸的交换反应：

$$Mn(CO)_5Cl+AlCl_3 \xrightarrow[300\ bar\ CO]{100℃} [Mn(CO)_6]^+AlCl_4^-$$

氧化反应：

$$Mn_2(CO)_{10}+2HF+2BF_3 \xrightarrow[RT]{0.6\ bar\ CO} 2[Mn(CO)_6]^+BF_4^-+H_2$$

$$Co_2(CO)_8+2(CF_3)_3B-CO+2HF \xrightarrow[HF(无水)]{CO} 2[Co(CO_5)]^+[FB(CF_3)_3]^-+H_2$$

一个特别成功的策略是在强酸性介质如 HF/SbF_5 中的反应，生成极不亲核的阴离子 SbF_6^- 和 SbF_{11}^-。

$$Fe(CO)_5+XeF_2+CO+4SbF_5 \xrightarrow[HF/SbF_5,2d]{50℃,1bar} [Fe(CO)_6]^{2+}[Sb_2F_{11}^-]_2+Xe$$

$$2IrF_6+15CO+12SbF_5 \xrightarrow[SbF_5,50℃]{1\ bar\ CO} 2[Ir(CO)_6][Sb_2F_{11}]_3+3COF_2$$

在这些条件下，可以分离氧化态为 +2 和 +3 的金属的高亲电羰基配合物，也可以分离线型二羰基化合物如 $[Au(CO)_2]^+$ 甚至 $[Hg(CO)_2]^{2+}$，后者是唯一可分离的主族元素的羰基配合物（表 2.4）。

表 2.4　均配型金属羰基阳离子的 IR 频率

d^6	ν_{CO}/cm^{-1}	d^8	ν_{CO}/cm^{-1}	d^{10}	ν_{CO}/cm^{-1}
$[Fe(CO)_6]^{2+}$	2215	$[Pd(CO)_4]^{2+}$	2259	$[Au(CO)_2]^+$	2235
$[Ru(CO)_6]^{2+}$	2214	$[Pt(CO)_4]^{2+}$	2261	$[Hg(CO)_2]^{2+}$	2280
$[Os(CO)_6]^{2+}$	2209				
$[Ir(CO)_6]^{3+}$	2268				

这些所谓的"非经典"的金属羰基化合物表现出有趣的键合概念，就这些阳离子中 M-C 距离非常长来看，几乎不存在反馈键。然而，这不能解释红外频率远高于自由 CO 的原因，计算显示，在 CO 的 C 端上放置一个正电荷可增加极性，并增加了库仑力对 CO 成键的贡献。相反，在 O

端放置一个电荷有利于酮类共振，并降低 CO 的振动（如异羰基键）。

$$\boxed{M^{n+}} \ |\overset{\ominus}{C}=\overset{\oplus}{O}| \quad \longleftrightarrow \quad \boxed{M^{n+}} \ |C=O\rangle$$

有人认为，在振动激发的普通金属羰基化合物中也出现了类似反馈键的减少和极化增加的情况，因此，大大减少了激发态中 CO π^* 轨道的占据。如 2.4.1 节所说，这将使亲核试剂进攻配位的 CO 配体，而反馈键会不利于这种相互作用，帮助解释在催化过程中 CO 的活化。

2.5.6 金属羰基卤化物

金属羰基化合物和卤素 X_2 的反应导致氧化加成和 M—X 键的形成。这是一种简单的使羰基配合物功能化的方法。

从金属卤化物制备 这条路线仅对贵金属 CO 配合物的制备重要。这些元素的卤化物容易被还原生成较低价态的配合物。$Pt(CO)_2Cl_2$ 是有史以来第一种被制备的金属羰基化合物。零价铂的羰基化合物 $Pt(CO)_4$ 与 $Ni(CO)_4$ 相似，仅在较低温度下的氩气中稳定，分解将得到更高核的铂羰基簇，钯可以明显还原到 Pd(Ⅰ)。类似地，使用 CO 或乙醇溶剂作为还原剂，可由 $RhCl_3$ 制备 $[RhCl(CO)_2]_2$，这是一个重要的催化剂前驱体。用 PPh_3 取代生成 $trans$-$RhCl(CO)(PPh_3)_2$，这是氢甲酰化催化剂的重要前体。

2.5.7 金属羰基氢化物

2.5.7.1 合成

金属羰基阴离子质子化生成金属羰基氢化物，$H_xM(CO)_y$。典型的例子如：

$$Co(CO)_4^- + H^+ \longrightarrow HCo(CO)_4$$

$$HFe(CO)_4^- + H^+ \longrightarrow H_2Fe(CO)_4$$

第一排过渡金属羰基化合物的单核氢化物是挥发性液体，在低温 CO 气氛下稳定，但在没有 CO 时释放出 H_2。第三排重金属的氢化物较稳定。$HCo(CO)_4$ 是第一个被发现的金属氢化物，它是钴催化烯烃氢甲酰化反应循环中的成分之一。

中性金属羰基配合物的质子化需要强酸，随着 CO 配体被更多给电子配体如膦配体取代，易质子化程度增加。例如，与 $CpCo(CO)_2$ 不同，$CpCo(PMe_3)_2$ 是一个脱氢铵盐的强金属有机碱。

$$Fe(CO)_3(PPh_3)_2 + H_2SO_4 \longrightarrow [HFe(CO)_3(PPh_3)_2]^+[HSO_4]^-$$

$$CpCo(PMe_3)_2 + NH_4PF_6 \longrightarrow [CpCo(PMe_3)_2H^+]PF_6^- + NH_3$$

高度还原的金属羰基阴离子质子化，如 $[Mn(CO)_4]^{3-}$，能够分离出双氢阴离子。

$$Na_3[Mn(CO)_4] \xrightarrow[\text{HMPA}]{\text{EtOH,AsPh}_4\text{Cl}} [AsPh_4]^+[H_2Mn(CO)_4]$$

阴离子团簇可以被质子化得到团簇金属框架包裹氢产物，这种"质氢"表明氢原子可以容易地在金属晶格内移动。在 $[HCo_6(CO)_{15}]^-$ 中，氢化物位于 Co_6 八面体的中心。

得到氢化物的一般途径是还原金属羰基卤化物和 H^- 加成所得羰基化合物。阴离子 $[M_2(\mu\text{-}H)(CO)_{10}]^-$ ($M=Cr,Mo,W$) 没有 M—M 键或桥联 CO 支撑，而是弯曲的 M-H-M 桥联的体系，氢化物中部分是 2e3c 键。

氢气中的 H—H 键是最强的化学键之一，远强于 C—C 键，其键焓为 $450 \text{kJ} \cdot \text{mol}^{-1}$，并且 H_2 分子没有极性。然而，金属能通过 H—H 键断裂与 H_2 反应形成 M—H 键。这种氢活化是许多重要催化反应的基础。由于 H 比大多数金属电负性更强，氢化物中氢配体形式上视为阴离子，因此 H_2 加成到金属上是氧化加成过程，其中金属中心的氧化态增加了两个单位。

$HCo(CO)_4$ 是金属氢化物中第一个被发现的，热力学并不稳定，在其熔融温度下分解。它是氢甲酰化反应催化剂中第一个被发现的中间体化合物。铑配合物类似物的活性更高，特别是使用膦配体得以稳定时。反式 $RhCl(CO)(PPh_3)_3$ 加氢形成羰基氢化物可以分离，这是一种高活性的烯

这里显示的半箭头形式表明，M-Hσ键作为供体做第二个M中心

烃氢甲酰化催化剂。需要注意的是，普通条件下铑不像铱的类似物容易形成氢化物。在高沸乙醇中加热 $RuCl_3$ 和 PPh_3 也生成氢化羰基配合物，该情况下溶剂被部分脱氢并且作为 CO 源。$RuH(Cl)(CO)(PPh_3)_3$ 是一种有效的加氢催化剂。

$$Co_2(CO)_8 + H_2 \longrightarrow 2HCo(CO)_4$$

$$RhCl(CO)(PPh_3)_3 \xrightarrow[PPh_3]{NaBH_4 \text{或} H_2} RhH(CO)(PPh_3)_3 \underset{L}{\overset{-L}{\rightleftharpoons}} RhH(CO)(PPh_3)_2$$
$$\nu_{Rh-H}2041cm^{-1}, \nu_{CO}1923cm^{-1}$$

$$\text{Vaska's 化合物} \xrightarrow{H_2} IrH_2Cl(CO)(PPh_3)_2$$
Vaska's 化合物
Ir(I), d^8, 16VE, 平面正方形
$\nu_{CO}1944cm^{-1}$

Ir(III), d^6, 18VE, 八面体
$\nu_{Ir-H}2098cm^{-1}, 2022cm^{-1}$

$$RuCl_3 + 3PPh_3 \xrightarrow{120\sim190℃} RuH(Cl)(CO)(PPh_3)_3$$
Ru(II), d^6, 18VE, 八面体
$\nu_{Ru-H}2020cm^{-1}$

金属羰基氢化物的酸性 尽管术语"氢化物"似乎意味着负电荷集合在 H 配体上，但在金属羰基氢化物中 CO 配体的强吸电子特性使得 M—H 键产生极性，H 带部分正电荷。因此在极性溶剂中羰基金属氢化物是酸性的。

当用膦或 Cp 配体取代 CO 时，金属氢化物的酸性降低；虽然 $HCo(CO)_4$ 在水溶液中与稀释盐酸的酸度相当，但 $HCo(PMe_3)_4$ 是一个强还原氢化物（以及高度敏感）。随着 M—H 键的稳定性增加，酸度依次降低：第一排金属<第二排金属<第三排金属。

在表 2.5 中列出了部分指示性的 pK_a 值。二氢化物有两个 pK_a 值。例如，对于 $H_2Fe(CO)_4$，消除其第一个质子，pK_{a2} 值减少 10 个数量级，而阳离子氢化 $[L_nMH_2]^+$ 的酸性可能比对应中性 L_nMH 的酸性高 10^{20} 倍。

M—H 拉伸频率接近 ν_{CO} 的区域，然而，它们往往在红外光谱中给出的信号很弱，通常难以检测。

氢化物酸度：$HCo(CO)_4$ 对$HCo(PR_3)_4$

表 2.5 羰基金属氢化物的光谱和酸度数据

配合物	ν_{M-H}/cm^{-1}	δ^1H NMR[①]	$pK_a(H_2O)$	酸度可比
$HCo(CO)_4$	1934	−10.7	1	HCl
$HCo(CO)_3(PPh_3)$		−12.1	7	H_2S
$HMn(CO)_4$	1783	−7.5	7.1	H_2S
$H_2Fe(CO)_4$		−1.1	4.4	醋酸
$[HFe(CO)_4]^-$		−8.7(THF)	14	水

配合物	ν_{M-H}/cm^{-1}	$\delta^1 H$ NMR[①]	$pK_a(H_2O)$	酸度可比
$[HTa(CO)_5]^{2-}$		-2.2		
$CpW(CO)_3H$	1854	-7.5	9.0	硼酸
$CpW(CO)_2(PMe_3)H$		$-7.9(cis), -8.0(trans)$	19.1[②]	丁醇
$[CpW(CO)_2(PMe_3)H_2]^+$		$-2.48(CD_2Cl_2)$	-1.9[②]	$MeSO_3H$

① 氢化物配体的^{1}H NMR化学位移也包括在内,金属氢化物的化学位移覆盖范围很广,从约 50到20,这不能被视为是一种显示氢化物特性的指标。负的"杂乱"位移是位于相邻金属片段中的顺磁电流的结果。

② 从基于$pK_a(MeCN) = pK_a(H_2O) + 7.5$的乙腈中测定的值重新计算。

S. S. Kristjánsdóttir, J. R. Norton. Transition Metal Hydrides. Wiley-VCH,1991。

2.5.7.2 反应

金属氢化物活性很高,在很多有机转换和催化循环中参与反应。末端 M—H键是最活泼的,反应活性按如下顺序降低:端基 H$\gg\mu_2$-H$>\mu_3$-H $>$中间 H。它们与不饱和底物反应生成金属-烷基键、金属-乙烯基键和金属-烯丙基键,也是氢化和还原过程的关键。

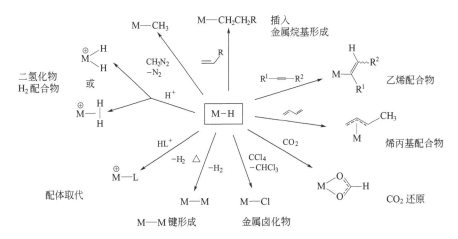

将 CO 插入 M—C 键中以得到金属酰基产物是非常普遍的。相比之下,CO 插入 M—H 键是吸热的,$\Delta H \approx +20kJ \cdot mol^{-1}$,因此不会发生。甲酰基配合物可以通过其他途径制得,如分子间 H^- 进攻 CO 的反应。

然而,如果其后反应步骤总体上有利于能量平衡,则 CO 与金属氢化物的还原反应是可能的,如 CO 还原偶联中产生烯醇化合物:

延伸阅读 2.5.7　CO 还原：Fischer-Tropsch 过程

金属羰基团簇使得我们可以对非均相催化剂表面上发生的基本过程进行研究。例如，形成 CO 桥联的可逆性是催化剂表面上 CO 具有流动性的基础。团簇研究使得这样的流动过程被更详细地观察，以确定 CO 和表面氢化物的优选反应途径。

金属羰基表面物质起重要作用，非均相铁、钴或钌催化剂重要催化反应的一个实例是 CO 和 H_2 对饱和烃的反应。催化剂负载在高表面积的氧化物如氧化硅上，反应通常在 150～300℃加压下实现。反应过程包括 CO 在表面断裂还原成与表面结合的 CH、CH_2 物种，通过迁移组合形成烃类产物，产物也往往含有不完全脱氧的化合物如醇、醚、酯。CO/H_2 的混合物，简称为"合成气"，可从任何碳氢化合物包括煤中得到。F-T 反应由煤得到液体燃料和煤化工原料，在没有天然石油资源的国家是很重要的。金属羰基簇使得可以对 CO 加氢的关键步骤进行监测。

2.5.8　相关 π-受体配体

2.5.8.1　CS、CSe 和 CTe

较重元素的 CO 同系物并不能自由存在，但可以在金属配位体系中合成。它们主要对理论和成键有贡献。它们是比 CO 更强的供体以及更好的 π-受体，C 的孤对电子似乎有明显的 C—E 反键特点（E＝S，Se，Te）。通过用膦还原 CS_2 配合物可以获得 CS 配合物，例如，还原 $CpMn(CO)_2$ $(\eta^2\text{-}CS_2)$ 产生 $CpMn(CO)_2(CS)$；而且已知 $CpMn(CS)_3$ 存在。末端 C-S 振动发生在 1400～1150cm^{-1} 区域，即它们在红外光谱的指纹区中，与其他配体振动频率重叠，因此不如 ν_{CO} 容易鉴别。CSe 和 CTe 可以通过亲核取代制备，例如：

$$L_2(CO)Cl_2Os \overset{Cl}{\underset{Cl}{<}} + Na_2E \longrightarrow L_2(CO)Cl_2Os—C≡E$$

二氯卡宾配合物

$E＝S, Se, Te$

2.5.8.2　异腈配合物

异腈 C≡N—R 是更基础的给体，其给电子性能比 CO 强，但 π-受体性能较弱。因此，它们能够制备稳定的高氧化态金属配合物；这些高氧化态金属却不能与 CO 生成稳定的配合物，像不含 d 电子（d^0）的金属，这类金属对 CO 的反馈键并不重要或者说不存在。例如：

Ti^{IV}, d^0　　$[Mn(CNR)_6]^{2+}$　　Mn^{II}, d^5　　Au^{III}, d^8　　$R＝Cy, Ar$

不同于 CO，异腈带有易被修饰的取代基 R。通常使用大体积的取代基来得到可分离的配合物，例如 Bu^t、Cy 或 2,6-Me$_2$C$_6$H$_3$。

异氰配体可以在末端或者作为桥联，可以是弯曲或线形的状态，这取决于金属中心对电子的要求：

$$M\leftarrow:C\equiv N-R \longleftrightarrow M=C=\overset{..}{N}-R$$

异氰配合物可以通过配体交换制备：

$$Ni(CO)_4 + 4PhNC \longrightarrow Ni(CNPh)_4 + 4CO$$

$$FeCl_2(CNR)_4 + RNC \xrightarrow{Na/Hg} Fe(CNR)_5$$

$$NEt_4[CpTi(CO)_4] \xrightarrow[I_2,-78℃]{R-NC} $$

与 CO 不同，异氰配体能够与金属-烷基键发生多次插入反应。

$$Ni(CNR)_4 + MeI \longrightarrow$$

异氰配合物与亲核试剂反应广泛用于制备非环状和稳定的 N-卡宾配合物。

$$[Pt(CNMe)_4]I_2^+ + 4H_2NMe \longrightarrow \left[Pt\left(\leftarrow:C\overset{NHMe}{\underset{NHMe}{\diagup}}\right)_4\right]^{2+}$$

一些异氰配合物非常稳定并且可溶于水性介质中。例如，放射性锝的异氰配合物［Tc(CNR)$_6$］$^{2+}$ 在核医学中用作放射性成像剂，专门在某些器官中积累(如心脏与肝脏的显像)。

2.5.8.3 亚硝基化合物

一氧化氮是一个自由基分子 NO·，比 CO 多一个电子，因此它可以作为单电子或 3 电子供体。由于 N 上有孤对电子，一氧化氮作为单电子配位是呈现弯曲构型的结构。

NO

$$L_{n-1}M-\overset{..}{N}=O \underset{-L}{\overset{L}{\rightleftharpoons}} L_nM-\overset{..}{N}\underset{\theta}{\diagdown}O$$

线型：θ 约 160°～180°   弯曲：θ 约 120°～140°

作为 3 电子供体，两个 NO 配体可代替三个 CO 配体。因此，有一系列等电子金属羰基化合物和亚硝基化合物，如四面体结构配合物 ML_{4-n} L'_n：$Cr(NO)_4$、$Mn(NO)_3(CO)$、$Fe(CO)_2(NO)_2$、$Co(NO)(CO)_3$、$Ni(CO)_4$。

NO 的未成对电子存在于 π^* 轨道上。氧化产生稳定的亚硝锑阳离子 NO^+，其与 CO 是等电子体并形成稳定的市售盐 $NO^+BF_4^-$，NO^+ 是强 π-受体。N—O 的红外频率反映了其成键特点：

$$\text{自由 NO} \quad 1876cm^{-1}$$
$$NO^+BF_4^- \quad 2387cm^{-1}$$
$$L_nM\text{—}NO \quad 1950\sim1500cm^{-1}\text{（末端 NO）}$$
$$1650\sim1300cm^{-1}\text{（桥联 NO）}$$

金属配合物的红外频率变化很大，不能作为推测 NO 键几何构型的可靠信息。

在 $[Fe(CO)_3(NO)]^-$ 中，NO 配体具有低的伸缩频率 $1630cm^{-1}$，被视为一个 4 电子给体的 NO^-，因此金属中心为 $Fe(0)18$ 电子。

NO 配合物可以由通入 NO 气体处理配合物制得，也可以与 NO^+ 盐反应来制备。NO 配合物的化学性质一般与之前描述的金属羰基化合物一致，也得到类似的结构。使用所谓的硝普钠离子 $[Fe(CN)_5(NO)]^{2-}$ 作为分析试剂，用于还原底物的定性测试，能得到具有特征显色产物，如用于检测 S^{2-}、HS^- 或 SO_3^{2-}。NO^+ 还与复合金属阴离子形成多种盐，它并没有与金属键联，如 $[NO]_2FeCl_4$。

$NO^+:2e^-$
$NO:1e^-$ 或 $3e^-$
$NO^-:4e^-$

⊙ **要点**

CO 配合物展示了配体交换机理的原理：

在八面体羰基配合物中 CO 取代具有立体选择性，无论顺式还是阴离子配体。

在平面四边形 d^8 金属配合物中配体交换展示明显的反式效应。

羰基金属配合物含奇数电子比偶数电子的配体交换快多个数量级。CO 可以被烯烃、炔烃、Cp 或者芳基取代。

反馈键变化趋势为 $[M(CO)_n]^- > M(CO)_n \gg [M(CO)_n]^+$。

羰基金属氢化物具有酸性；M—H 键容易与烯烃、炔烃和双烯发生插入反应。

双 CO 插入到 M—C 键是一个吸能反应，换句话讲，不会发生；但是，双异氰基插入 M—C 键是容易的。

异氰基比 CO 具有强给电子和弱的接受电子性能，稳定异氰基配合物不依赖于反馈键。

接收电子强度顺序为：$NO^+ > CO > RNC$。

练习

1. 烷基金属羰基 R—M（CO）$_x$ 插入 CO 产生相应的酰基金属化合物。相比之下，金属羰基氢化物 HM（CO）$_x$ 和 CO 反应未得到相应的甲酰基金属化合物（CO）$_x$M—CHO。解释这个现象。

2. 在 ^{13}CO 氛围下用光照射 ClRe（CO）$_5$ 可制得相应含有 ^{13}C 的化合物，展示该反应的立体过程。

3. 确定 Mn$_2$（CO）$_{10}$ 进行以下反应的产物和化学方程式：

  （1）与过量的吡啶反应生成产物 A；

  （2）与当量的溴发生反应生成产物 B；

  （3）与钠汞齐进行反应生成产物 C；

  （4）产物 C 与碘甲烷进行反应生成产物 D 和无机盐。D 暴露在一氧化碳气氛中生成产物 E，E 的红外伸缩光谱吸收在 2115cm^{-1}，2011cm^{-1}，2003cm^{-1} 和 1664cm^{-1}。列出产品 A 至 E，并绘制反应的途径。

4. PtCl$_2$（CO）$_2$，第三金属周期二价金属羰基化合物，羰基红外吸收出现在 ν_{CO} = 2175cm^{-1}。Cp$_2$W（CO）$_2$，另一个第三金属周期二价金属羰基化合物，羰基红外吸收出现在 ν_{CO} = 1872cm^{-1} 和 1955cm^{-1}。这说明 M—CO 成键有什么不同？

5. 为什么 Co$_2$（CO）$_8$ 上一氧化碳配体的取代比 Ni（CO）$_4$ 快得多？

6. 什么是水煤气变换（WGS）反应以及如何进行催化？

2.6 L型、π-受体配体：烯烃、二烯烃、炔烃

不饱和烃可以通过其 π 电子体系作为电子给体。正如 2.3.2 节所描述的，它们也参与金属到配体的反馈键。它们的 π-受体强度随着不饱和度增加而增加：烯烃＜共轭二烯烃＜炔烃。

金属中心配位诱导其他非极性分子如烯烃和炔烃的极化，这使它们容易接受亲核进攻和进行功能化。除了作为配体外，C═C 化合物也是大多数催化转化和工业过程的基础。

第一个金属有机 π-配合物是 Zeise 盐 K［PtCl$_3$（η^2-C$_2$H$_4$）］，最先报道于 1827 年，但是确定其结构大约拖后了一个世纪。该化合物最初通过 K$_2$Pt^{IV}Cl$_6$ 在乙醇中加热形成，其中乙醇用作还原剂，并且在脱水之后成为乙烯的来源。在催化剂 SnCl$_2$ 存在下用乙烯与 K$_2$Pt^{II}Cl$_4$ 进行反应提高了反应的产率。其结构是 d^8 金属的典型构型：平面正方形，与乙烯配体形成少量的反馈键，并且与游离乙烯相比 C—C 键仅略微拉长。反馈键的程度强烈地依赖于金属的性质与氧化态。对于 Pt，反馈键不重要，烯烃配体垂直于最小空间相互作用的配合物面。这可以与 Pt(0)化合物（Ph$_3$P）$_2$Pt（η^2-C$_2$H$_4$）中的面内取向对比，呈现 C—C 键的显著拉长，因为面内取向使占据 d 轨道的重叠最大化。

基于反馈键，使得烯烃配合物的稳定性与金属的 HOMO 能级和烯烃 π^* 轨道之间的能量差（ΔE_π）相关，并随 ΔE_π 增大而增强。一般烯烃 π^* 能级比 π 能级对取代基效应更敏感。ΔE_π 趋势可通过各种烯烃配位的 NiL_4 配合物中配体取代的平衡来衡量（表 2.6）。

$$NiL_4 + 烯烃 \underset{}{\overset{K_1}{\rightleftharpoons}} L_3Ni(烯烃) + L \qquad L = P(OPh)_3$$

表 2.6　Ni(0)烯烃配合物的 π-π^* 解离能和缔合常数

烯烃	E_{π^*}	$\Delta E_\pi/eV$[①]	K_1
$CH_2 = CH—CN$	-4.48	-3.1	4.0×10^4
$CH_2 = CH_2$	-3.24	-4.4	4.0×10^2
$CH_2 = CHMe$	-2.63	-5.4	5.3×10^{-1}

①　以 $E_{HOMO}(NiL_3) = -7.6eV$ 为基准。

供体和反馈键导致 C 从 sp^2 杂化变化成 sp^3 杂化。在环烯烃中这缓解了环张力，因此张力大的环烯烃比非环烯烃是更强的供体。

正如烯烃配合物的几何构型取决于最大化的反馈键相互作用（除了不可避免的空间因素），其反应活性也一样。例如，在 Ni(cdt)（cdt 为反，反，反，-1,5,10-环十二烷三烯）中环状配体是扭曲的，这使得三个 C = C 键不可能实现最佳的面内取向。虽然多齿配体通常难以置换，但是这种配合物是非常不稳定的，cdt 配体甚至可以被乙烯取代。在 Ni(cdt)中配体的易置换性能使得该化合物被描述为"裸露的镍"。

对 $Ni(C_2H_4)_3$ 的 MO 计算表明，乙烯配体的面内取向比垂直取向在能量上稳定 $100kJ \cdot mol^{-1}$。

烯烃的流动性　烯烃和炔烃中供体-受体成键的一个问题是配体旋转能垒的存在。烯烃配体绕着 M-C 键旋转，只有通过解离-再结合的过程才可能实现相当于绕 C = C 轴旋转的交换。这些过程和所涉及的能垒可以通过变温 NMR 谱来测量。

烯烃旋转的本质可通过记录不对称配合物 $[Os(C_2H_4)(NO)(CO)(PPh_3)_2]^+$ 中乙烯碳原子的 ^{13}C 核磁共振谱来呈现。在低温度下有两个耦合了 ^{31}P 核的 C_2H_4 ^{13}C NMR 信号，C_A 和 C_B。在升温时，两个共振融合为一个，C—P 耦合被保持，这是唯一与 M—C 键旋转一致的。

烯烃旋转交换 1 和 $1'$ 位置而不是 1 和 2：

根据 d 电子构型，烯烃配合物存在多个几何构型：d^6 金属中心将倾向于八面体构型，而 d^8 化合物可能是平面正方形或三角双锥，d^{10} 烯烃配合物更倾向于平面三角形结构。炔烃配体有相似的几何形状。

根据 d 电子构型，烯烃配合物存在多个几何构型：d^6 金属中心将倾向于八面体构型，而 d^8 化合物可能是平面正方形或三角双锥，d^{10} 烯烃配合物更倾向于平面三角形结构。炔烃配体有相似的几何形状。

| 八面体 d^6 | 三角双锥 d^8 | 平面正方形 d^8 | 平面三角形 d^{10} |

这些基态几何构型扭曲所需能量的信息体现在旋转能垒中，当反馈键使配合物中的电子稳定性最大时，它们的旋转能垒也达到最高值。一种情况是，当几个配体与烯烃竞争配位电子时，配位数的增加使能垒变低。显而易见，最有利与最不利构象的差异出现在平面三角形构型中，八面体几何构型中旋转能垒差异最小。这点可由观察到的旋转能垒的范围来证实（表 2.7）。

表 2.7　烯烃配合物的旋转屏障作为 d 电子构型的函数

配合物类型	几何构型	d 电子配置	旋转能垒/kJ·mol^{-1}
L_2M(烯烃)	三角构型	d^{10}	$76\sim105$
L_4M(烯烃)	三角双锥	d^8	$42\sim63$
L_5M(烯烃)	八面体	d^6	$29\sim42$

2.6.1　烯烃配合物

烯烃配合物可以通过低价配合物如羰基金属或膦配合物的热或光化学配体取代来制备，或通过金属盐的还原来获得。烯烃配体结合强度比 CO 或膦要弱得多，因此烯烃配合物为进一步的合成或催化应用提供了方便的起始原料。

2.6.1.1　烯烃配合物的合成

当原料中有不稳定的供电子配体时，烯烃配合物可以通过配体取代制备。金属羰基配合物需要加热或光解来制备。在 $Cp_2Zr(PMe_3)_2$ 中进行 PMe_3 的取代，或 Cp_2ZrCl_2 与 BuMgBr 在配体 L 和烯烃存在下反应，得到加合物 $Cp_2Zr(L)$(烯烃)。

用单取代的烯烃 $CH_2{=}CHR$ 得到两个旋转异构体，它们在室温下缓慢互变的现象是一种测量反馈键强度的方法：烯烃旋转 90° 意味着将损失反馈键的稳定性，因此配体的旋转存在一个重要的电子能垒。正如 Cp_2Zr (C_2H_4)(Py) 晶体结构所示，通过占据 d 轨道的 Zr^{II} 反馈键导致 C—C 键显著伸长，这个成键可以通过金属环丙烷共振形式来表示。

配体取代合成：

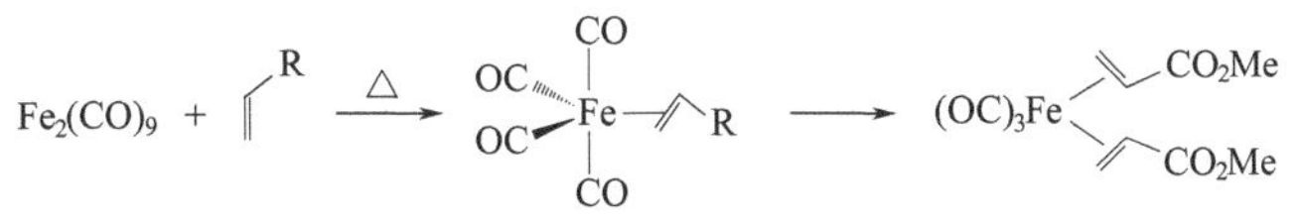

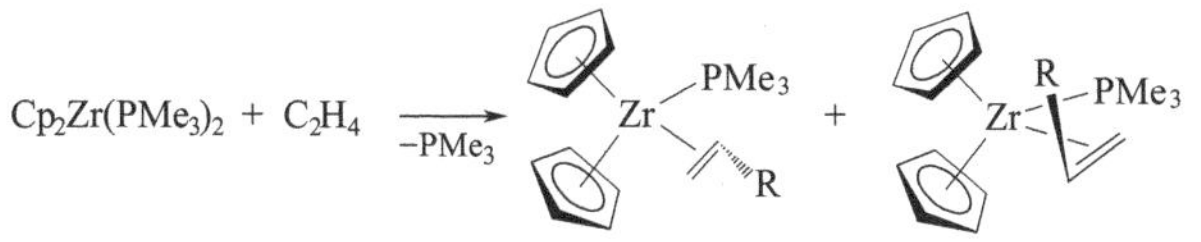

$Fe_2(CO)_9$ + [烯烃 R] $\xrightarrow{\triangle}$ (OC)$_2$Fe(CO)$_2$←R $\longrightarrow$ (OC)$_3$Fe(烯烃 CO$_2$Me / CO$_2$Me)

$Cp_2Zr(PMe_3)_2$ + C_2H_4 $\xrightarrow{-PMe_3}$ Cp$_2$Zr(PMe$_3$)(烯烃 R) + Cp$_2$Zr(R)(PMe$_3$)

通过还原及非还原卤化物置换合成：

一般地讲，无论有没有其他稳定配体，制备烯烃配合物最方便的途径都是烯烃存在下还原金属盐。氧化态为 1 和 2 的贵金属烯烃配合物，对空气和水分稳定，因此是易得的起始物。烯烃铂配合物的合成，如 Zeise 盐可以在水中进行，用烯烃处理铂盐水溶液并收集沉淀物。由于第 10 族金属的 d 能级远低于第 4 族或第 5 族的金属，反馈键程度和 C—C 键的伸长率也往往是比较小的。下图所示的烯烃配合物可以通过配体取代得到。

在低温和乙烯气氛下，通过碱金属还原茂金属 MCp_2（M=Fe,Co）得到类似于羰基阴离子 $[M(CO)_4]^{n-}$ 高度敏感的化合物 $Li_2[Fe(C_2H_4)_4]$ 和 $K[Co(C_2H_4)_4]$。金属形式上分别处于氧化态 −2 和 −1。铁络合物催化芳基氯与烷基格氏试剂的交叉偶联。

1,5-环辛二烯（COD）配体通过螯合作用保证了稳定性（这可以视为两个乙烯配体结合在一起），但也容易被置换。因此，COD 配合物是配体取代和氧化加成反应具有特殊价值的起始原料。特别是 $Ni(COD)_2$ 容易高产率制备，是一种有价值的起始原料和催化剂前驱体。同一族化合物 Co 和 Rh 的乙烯配合物不稳定性与氧化敏感性差异大，说明第二排和第三排贵金属的烯烃-金属键具有强亲和力和强共价特性。

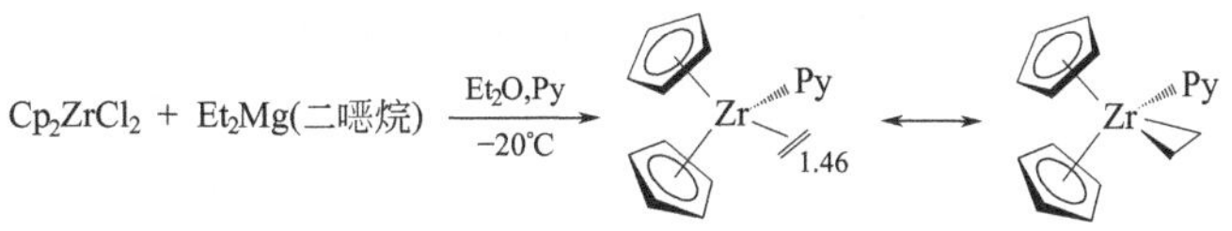

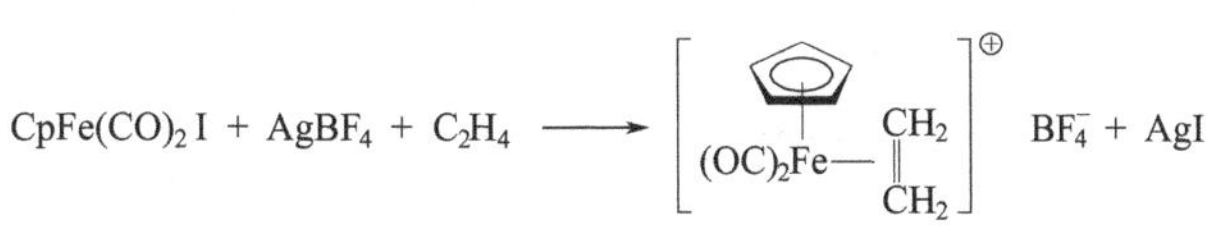

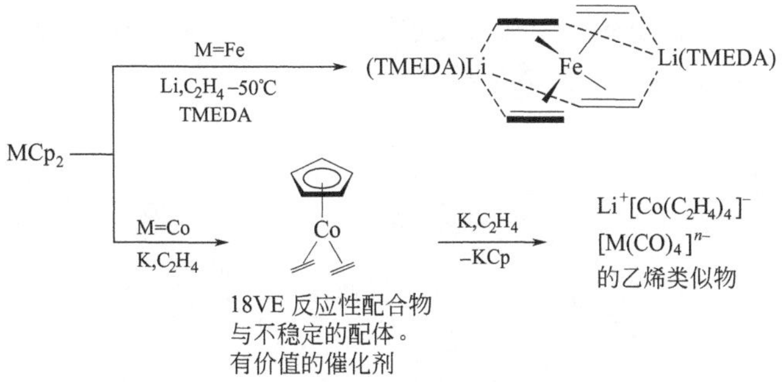

Cp_2ZrCl_2 + Et$_2$Mg(二噁烷) $\xrightarrow[-20℃]{Et_2O,Py}$ Cp$_2$Zr(Py)(烯烃 1.46) $\longleftrightarrow$ Cp$_2$Zr(Py)(环丙烷)

CpFe(CO)$_2$I + AgBF$_4$ + C_2H_4 $\longrightarrow$ $\left[(OC)_2Fe(Cp)\!-\!\dfrac{CH_2}{CH_2}\right]^{\oplus}$ BF_4^- + AgI

MCp_2

- M=Fe, Li,C_2H_4−50℃, TMEDA $\longrightarrow$ (TMEDA)Li—Fe—Li(TMEDA)
- M=Co, K,C_2H_4 $\longrightarrow$ Co（18VE 反应性配合物与不稳定的配体。有价值的催化剂） $\xrightarrow[-KCp]{K,C_2H_4}$ Li$^+$[Co(C$_2$H$_4$)$_4$]$^-$，$[M(CO)_4]^{n-}$ 的乙烯类似物

另一个有用的烯烃配体是亚苄基丙酮(dba＝1,5-二苯基-1,4-戊二烯-3-酮),这是一个好的 π-授体,可以合成从 COD 出发不能合成的稳定配合物。主要作为零价钯的来源,成为钯催化合成的原料。dba 配体容易被其他供电子配体取代,例如得到催化活性的 Pd(0)膦配合物

具有功能性基团的烯烃配合物也可以得到,例如乙烯醇铂配合物,这与 Pt 催化氧化乙烯生成乙醛是相关的。

像环丙烯一样有环张力的烯烃也可以形成配合物,它们是很好的供体

和受体；然而，环张力会造成后续的反应。一个例子为镍催化的1,1-二甲基环丙烷二聚。环丙烯配合物中间体模型已得到了结构表征，并验证了预期的C-C键伸长。

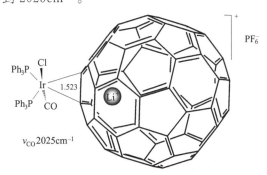

烯烃配体的一种特殊情况，就是所谓的勃克明斯特富勒烯（或简单的富勒烯，以建筑师 Buckminster Fuller 的名字命名），这是基于五元环和六元环足球形状的碳空心球，最简单的分子是 C_{60}。与石墨烯不同，六元环只有很少的芳香性特性。富勒烯是很好的电子授体，可以像烯烃一样通过 C=C 键与过渡金属结合，金属配位到最富电子的 C—C 键，配位伴随着显著的 C—C 键的伸长。一个 C_{60} 分子可以结合六个 PtL_2 片段。类似配合物由高级同系物 C_{70} 获得。由于富勒烯是空心球，因此可以在高温合成过程中包裹金属离子得到 $M^{n+}@C_{60}$ 的内嵌配合物。已经分离出 $[Li^+@C_{60}]$ PF_6 的铱和铂加合物；由于配合物中的静电作用，Li^+ 被吸引到过渡金属中心，从而导致 $^7Li^+$ NMR 化学位移的变化。$Li^+@C_{60}$ 是一个比 C_{60} 本身更强的 π-受体，正如在 $IrCl(CO)(PPh_3)_2$ 配位中所看到的，ν_{CO} 频率从 $1944cm^{-1}$ 提高到 $2025cm^{-1}$。

它们通过将 C_{60} 与 $Pd_2(dba)_3$ 以不同的比例混合，利用富勒烯对钯的强配位作用，制备组成为 $C_{60}Pd_n(n=1,2,3,4,5)$ 的材料，发现它们是碳氢化合物蒸气的强吸收剂，即使在 10^{-6} 水平。

2.6.1.2 烯烃配合物的反应

金属烯烃配合物可以进行几个关键的反应：

· 配体取代；

· 与亲核试剂反应；

· 与亲电试剂反应；

· C—H 键活化反应。

这些反应通常用来把官能团引入到分子中，同时也是一些重要催化循环反应中的一部分。

配体取代 金属烯烃配合物进行配体取代的优势在于，多种烯烃具有配位易变能力，起占据配位空间的作用，产生配位不饱和物种。在这些反应中，烯烃本身并不参与进一步的反应。例如，用烯烃反应生成金属膦配合物或用于氧化加成反应。膦配体取代反应是逐步进行的。尽管在固体状态下镍和钯的膦配合物（常用的催化剂前驱体）通常由 ML_4 组成，但是在溶液中 16 价电子的 ML_3 物种经常占上风［如下面的例图所示的 $Ni(PEt_3)_4$］；这些配位不饱和物种比 18 价电子配合物反应快得多，例如，在亲电试剂的氧化加成反应中。

配位烯烃可能携带官能团。通常用于有机合成的金属配合物（镍、钯）显示与 C＝C 键联而不是与官能团中的 O 结合。

$$\text{Ni(PEt}_3)_4 \rightleftharpoons \text{Ni(PEt}_3)_3 + \text{PEt}_3$$
固体　　　　　　溶液

甲基丙烯酸酯络合 C＝C键而不是C＝O键

醌复合物

通过颜色变化确认16价电子物种形成：如PEt_3作配体的NiL_4是无色的，NiL_3为紫红色

与亲核试剂反应 金属-烯烃键最重要的结果是，这种配位使极性低的C＝C底物极易受到亲核进攻。

正如 2.4.1 节所述的一氧化碳配体，反馈键占据了亲核试剂反应所需的 π^* 轨道，因此使得进行亲核进攻的可能性变小。而烯烃配体与之情况相反。由于金属-烯烃键联的活化效应使分子不是静止的，在配合物中任何配体围绕其平衡位置振动。对于烯烃，垂直于金属-烯烃载体的振动会诱导电荷的再分配，从而引起键极化。在极端情况下，这可以被描述为碳阳离子特征在烯烃的 C 上的积累：

振荡

这种极性共振形式可以帮助解释配位烯烃的反应活性增强。烯烃是相当普遍的配体，反应能力与键的极性增强相关联。

亲核进攻是以分子间还是分子内方式发生，还是反应之前作为亲核试剂就结合到金属中心上，这两种途径都是可能的，往往不容易从实验上区分它们。

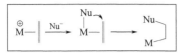

在许多情况下显示，即使在基态下配位烯烃不对称地与金属键联，M—C 键也明显地长于其他 M—C 键，这导致了两个 C 的 ^{13}C NMR 信号的强烈变化，从而可以在光谱上检测不对称的烯烃键合。

反应性和 C=C 键极性之间的关系可以通过结构特征的例子来说明。锆（Ⅱ）配合物如 $Cp_2Zr(C_2H_4)(PMe_3)$ 显示广泛的反馈键。虽然一个 C 末端与 P 相邻，而另一个 C 末端不是，但两个 Zr-C 键长度相似，C-C 键的极化小，配合物相对稳定且能够纯化分离。另一方面，阳离子 $[Cp_2Zr(X)(L)]^+$ 中心金属具有 d^0 电子，其离子状态是不稳定的。任何配位的烯烃都被高度活化，因而，这些茂金属阳离子物种顺理成章地成为烯烃聚合催化剂的活性中心。已经分离获得带有侧链烯基取代基阳离子锆的醇盐，结果显示 C=C 键具有极大的不对称配位，金属键合结果反映在核磁信息中，则为 C1 出现在低场位移和 C2 去屏蔽，显示部分阳离子性质（相比之下，C_2H_4 的 ^{13}C NMR 响应位置为 δ 122.8），因此 C2 很容易受到亲核进攻。

在 1,1-二取代烯烃的情况下，不对称键合尤为明显，因为—CR_2 末端的烷基取代基 R 稳定 C 上的正电荷。为此异丁烯 $CH_2=CMe_2$ 容易通过碳阳离子机理聚合，—CH_2—C(+)Me_2 作为链增长物种。

在化学计量反应中，可以使用预先形成的烯烃配合物，比如手性金属助剂 $[CpFe(CO)(PPh_3)]^+$。由此产生的铁烷基是一个 18 价电子化合物且对空气稳定。

亲核进攻可以立体专一地进行。一个例子是钯参与的顺式和反式 1,2-二乙烯基环己烷的环氧化反应：

详细研究表明，亲核试剂可分为两类：

(1)通过相对弱场配体的外部(分子间)反式进攻金属的反位，这些配体包括：OH^-、H_2O、羧酸盐 RCO_2^-、醇盐 RO^-、胺。

(2)通过强供电子金属预配位和分子内顺式进攻，强供体有：氢化物 H^-、烷基和芳基配体。

在用碱处理时，钯烯烃配合物很容易转化为钯 η^3-烯丙基产物。这些烯丙基配合物在 1 或 3 位上容易受到亲核进攻。这是一个未取代烯烃转换为含取代基烯丙基衍生物中广泛使用的标准反应。

与亲电试剂反应　烯烃配合物可以实现质子化或与 CPh_3^+ 反应。它们可以提供适用于氧化加成反应的低价金属配合物。其氧化剂包括有机亲电试剂，如烯烃和炔烃。

这些原理以通过控制 H_2O 加成到 $Cp_2Ti(C_2H_4)$ 产生氧桥 Ti-Et 产品为例。通过用三苯甲基盐处理烯烃如丙烯配合物，H^- 的亲电提取生成 η^3-烯丙基配合物。

更常见的是烯烃配合物作为溶解型 M(0)物种的来源，通过氧化加成与亲电试剂进行反应，例如，$Ni(COD)_2$ 与烯丙基溴发生加成反应，生成金属烯丙基配合物。

富电子前过渡金属烯烃配合物，如 Ti(Ⅱ)、Zr(Ⅱ)，与有机亲电试剂反应生成加合化合物。由于这些金属强烈地倾向于获得最高氧化态，所以烯烃也可以作为氧化剂。该反应包含 C—C 键的形成，生产杂金属环戊烷衍生物，其金属的氧化态为 4。$Cp_2^*Ti(C_2H_4)$ 与有机亲电试剂如炔烃、腈、CO_2 等反应的综合应用是非常广泛的。Cp^* 环主要用作大体积保护配体，便于分离。两个乙烯配体的偶联是可逆的，并且在乙烯不过量的情况下，再次产生单烯烃配合物。在非常缓和的条件下接触双氢会导致 Ti-C 键的氢解，形成 $Cp_2^*TiH_2$ 和乙烷副产物。

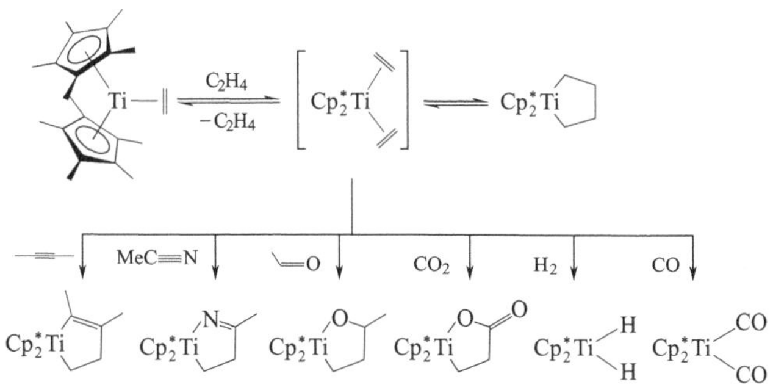

C—H 键活化反应 高亲电金属中心可能在 C—H 键的断裂下与烯烃反应。在某些情况下，可能检测不到前述的烯烃配合物。典型的例子是镧系配合物与烯烃的反应。

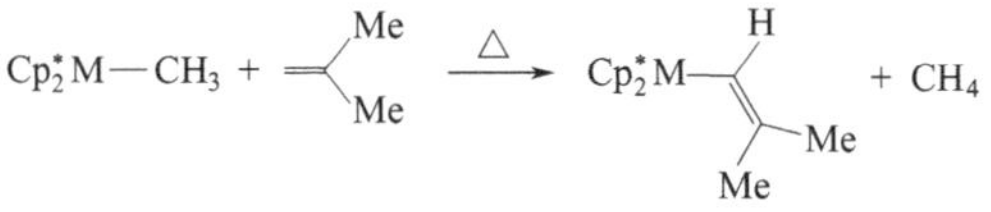

如果烯烃配合物和 C—H 活化产物之间的能量差很小，则这两种类型的化合物可能处于平衡状态：

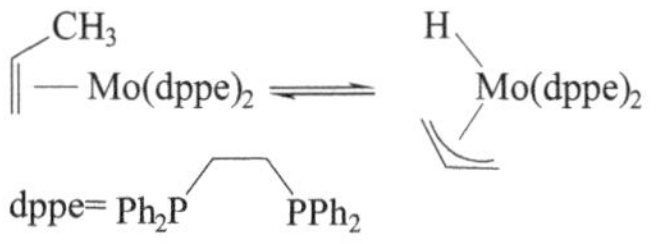

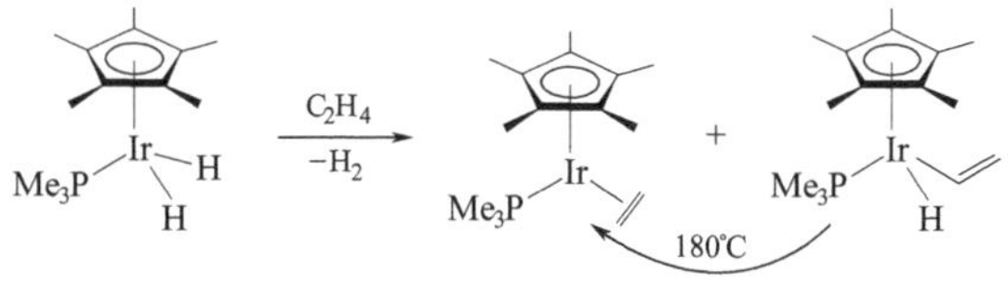

2.6.2 共轭二烯烃配合物

2.6.2.1 共轭二烯烃配合物的合成

共轭二烯烃是 4 电子供体，同时与非共轭烯烃相比是更好的 π-受体。在化学计量和催化反应中共轭二烯是高活性试剂或反应的中间体。

合成方法类似于合成烯烃的方法。光解和还原方法是最常见的。金属原子合成法是指在真空下蒸发金属原子并与过量的配体在冷冻（−196℃）表面上共缩聚，生成了一系列其他方法难以得到的共轭二烯烃金属配合物。

光合成：

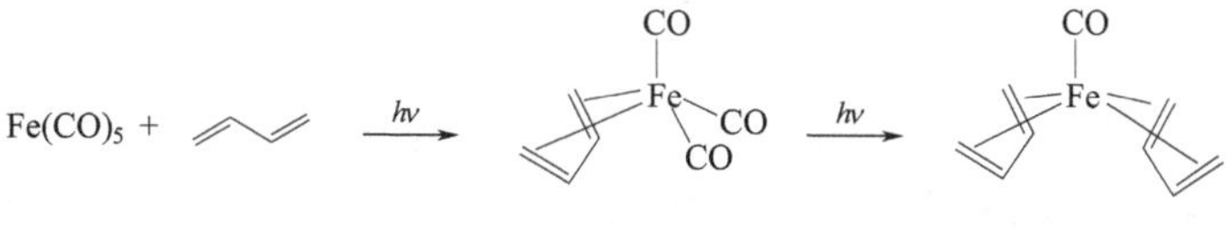

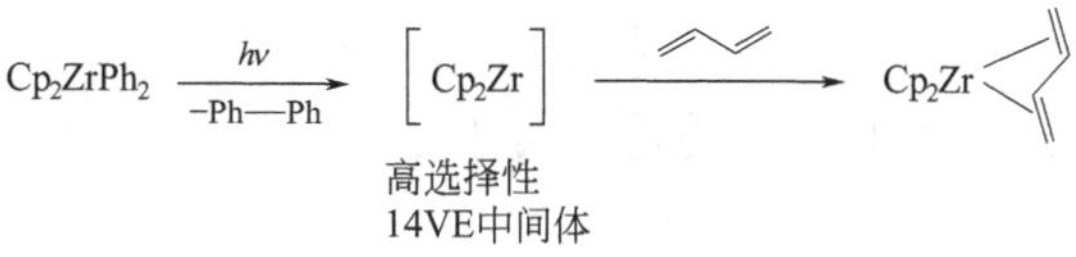

还原法：

$$TiCl_4 + dmpe + 2 \quad \xrightarrow[-4NaCl]{Na/Hg} \quad$$

通过烷基化反应：

丁二烯基镁作为烷基化试剂产生二烯配合物：

$$CpNbCl_4 + 2Mg(C_4H_6) \xrightarrow{-MgCl_2}$$

内　　　　外

2.6.2.2　共轭二烯烃配合物的成键

二烯与单烯相比具有较低的 π^* 轨道，是更强的 π-受体，因此才能制备钛双二烯烃配合物［形式上是 Ti(0)］，而与之对应的四乙烯配合物尚未发现。除了少数例外，配位二烯更倾向 s-顺式构象。经典实例是（η^4-C_4H_6）Fe(CO)$_3$，它具有半夹心或"钢琴凳"的结构。

自由丁二烯和配合物中 C—C 键长的数据反映了关于成键情况的信息。在丁二烯中成键模式是短-长-短，而在其铁配合物中所有碳-碳键的长度大致是相同的。

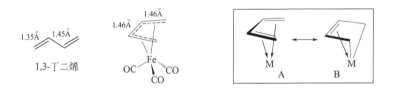

1.35Å　1.45Å
1,3-丁二烯

1.46Å　1.46Å

丁二烯在锆和铌配合物上的 s-反式配位是不寻常的。在辐照条件下，Cp_2Zr(s-*trans*-C_4H_6)通过一个杂锆金属环戊烯中间体，与 s-顺式构型相互转换。从 2,3-二甲基衍生物的晶体结构可以看出，在这个平衡中，金属的氧化态发生了明显的变化：在丁二烯配合物中，C1—C2 键和 C3—C4 键短于 C2—C3 键，与杂金属环戊烯的情况相反。C═C 键的 π-供体形成的"折叠信封"构型是这类化合物中的一个特例。

$$Cp_2Zr \quad \underset{hv}{\rightleftharpoons} \quad Cp_2Zr \quad \rightleftharpoons \quad Cp_2Zr$$

2.30　1.45　2.59　1.40

配合物中的成键可以由两个共振结构来描述。共轭二烯的 MO 图定性地表示了如下图所示的 π 轨道顺序，其中 ψ_1 和 ψ_2 是占据轨道，ψ_3 代表 LUMO。上述结构 B 对应的是金属 d 电子的丁二烯 LUMO 轨道的分布数。

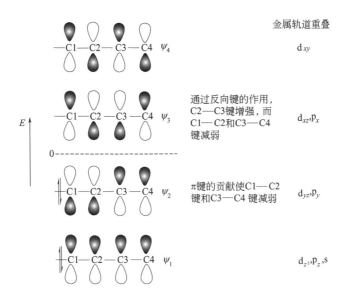

在 $(C_4H_6)Fe(CO)_3$ 配合物中，这种协同作用使得二烯中 C—C 键长大致相等。在前过渡金属配合物中，反馈键更为明显，正如 Cp_2Zr(二烯)配合物结构所示，因此，C1—C2 键和 C3—C4 键级减小到 1，而 C2—C3 有双键特征并且配位到金属中心上。

除了 s-反式构象外，二烯烃和杂金属环戊烯同系物还可以参考相对应配体的两种取向，内式(exo)和外式(endo)。

$$
\text{内式} \qquad \text{外式}
$$

如果只有一个配位位点可用，丁二烯也可能以 η^2 方式结合。在 L_2Pd(η^2-丁二烯)配合物中，金属在 1,2-键和 3,4-键之间波动。

在丁二烯存在下，Pd(Ⅱ)和 Pd(0)发生歧化反应得到双核 Pd(Ⅰ)化合物，形成桥联两金属的 s-反式丁二烯配体。虽然这样的双核钯化合物通常包含一个长度为 2.5～2.8Å 钯-钯键，但下图所示的双阳离子化合物含有一个很难解释为金属-金属键的钯-钯距离。这个主题在延伸阅读 2.6.2.2 中将进一步阐述。

合成共轭二烯烃金属配合物可以扩展到多烯。下图列举了一个四烯的例子。可以得到由多烯支架(分子导线)支撑的扩展的多金属 1D 结构，被多烯脚手架("分子导线")支撑。晶体结构表明，在无溶剂的配合物中存在烯丙基 η^3 配位，在溶剂配位结构中存在烯烃键，这使得 Pd 氧化态确定相当困难。

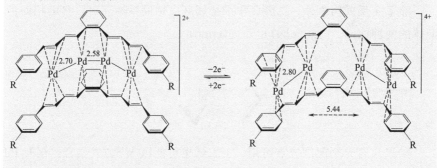

这些体系可以转化为分子氧化还原开关，金属排列在 C=C 链上可逆移动，在氧化和还原过程中断裂并重新形成金属键，而金属氧化态在 +0.5 和 +1 之间波动。

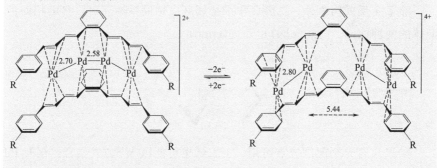

2.6.2.3　共轭二烯烃配合物的反应

典型反应包括：

· 与亲电试剂反应；

· 与亲核试剂反应；

· 环加成反应。

对于亲核进攻的规则，见延伸阅读 2.6.2.3。

与亲电试剂反应　烯烃配合物的质子化会形成阳离子金属烯基产物，该反应在二烯烃(含丙二烯)中通常发生，例如：

相对进攻率

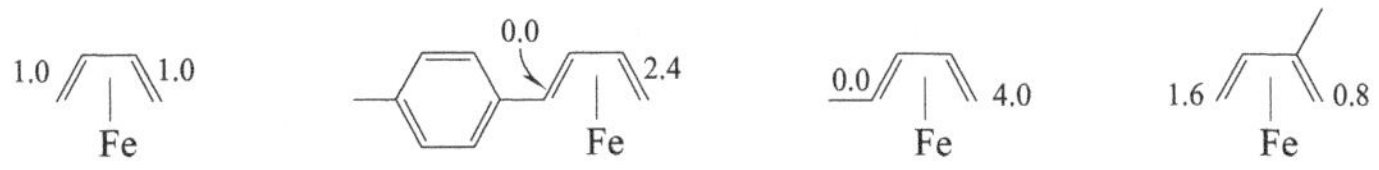

羰基铁的环己二烯配合物与亲电试剂的反应可以作为生成阳离子环己二烯衍生物的途径。作为一个亲电再亲核合成序列反应，反应是能够实现区域与立体选择性的。

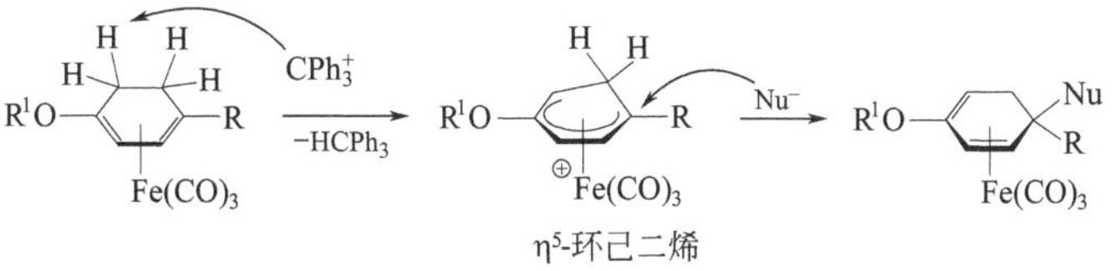

η⁵-环己二烯

与亲核试剂反应　配位二烯配体的亲核进攻反应是生成 C-X 和 C-C 键的通用方法。该途径可能存在外部进攻，或后续与金属中心进行配位的反应，其所产生的立体化学是显而易见的。

膦进攻：

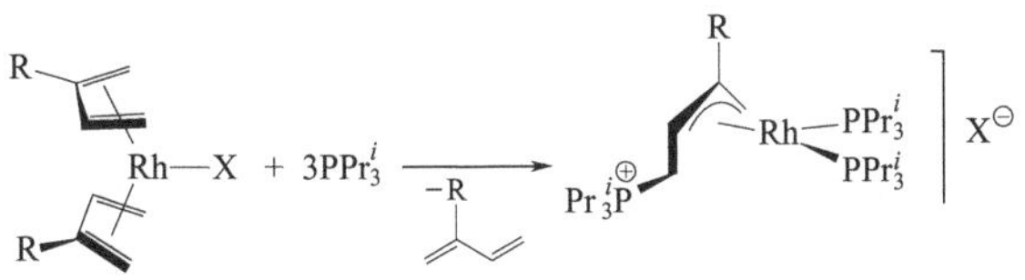

卤化物进攻：只有当 R 是小取代基时，Br⁻ 对二烯的进攻反应才能发生，否则形成离子对。

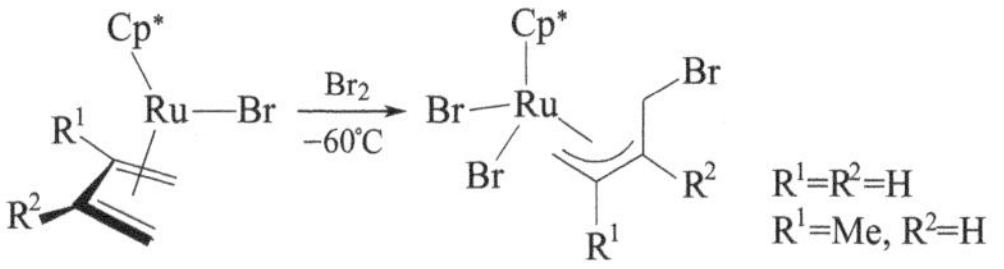

$R^1=R^2=H$
$R^1=Me, R^2=H$

配位环己二烯的亲核进攻能实现立体选择性的双取代。反应过程的钯可以再次被氧化成 Pd²⁺ 使催化循环。

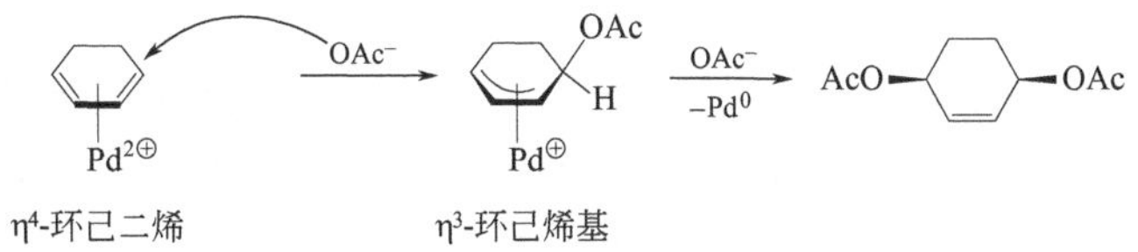

η⁴-环己二烯　　　　　η³-环己烯基

立体选择性是亲核进攻反应的直接结果。在钯催化氧化环己二烯与醇和羧酸进行双官能化反应中，烷氧基作外部亲核试剂，而羧酸盐与 Pd 配位是从反方向进攻。因此，生成反式双取代异构体的立体选择性大于 98%。

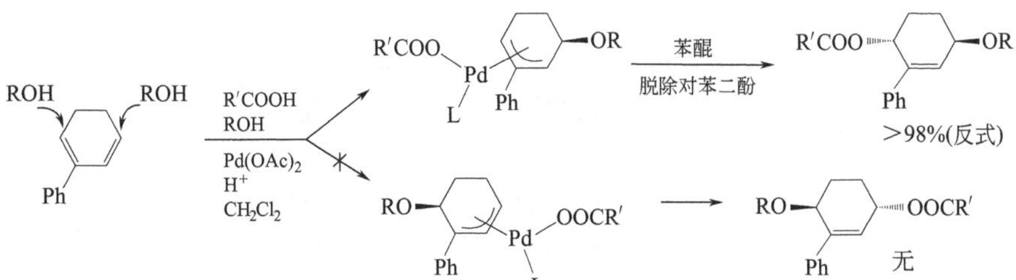

对于二烯二聚和亲核加成进攻，见 2.7.1 节：调节聚合反应

伴有 C-C 偶联的进攻反应：Ru(0) 二烯配合物与活化丙烯酸酯发生 C-C 偶联反应，该方法生成了大量的羧基化二烯产物，进攻反应后发生了氢迁移。

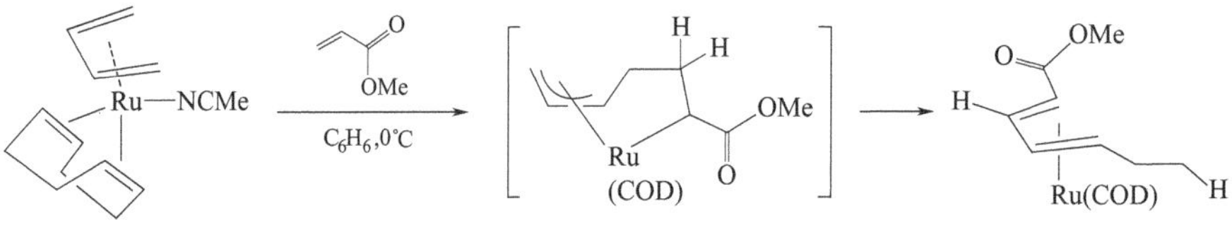

以上实例介绍了 1,3-丁二烯，反应等价物是 1,2-二烯（丙二烯）。在 C-C 键形成过程中它们也可以与配位烯烃和 1,3-丁二烯反应。该反应已用于钯催化环化反应。

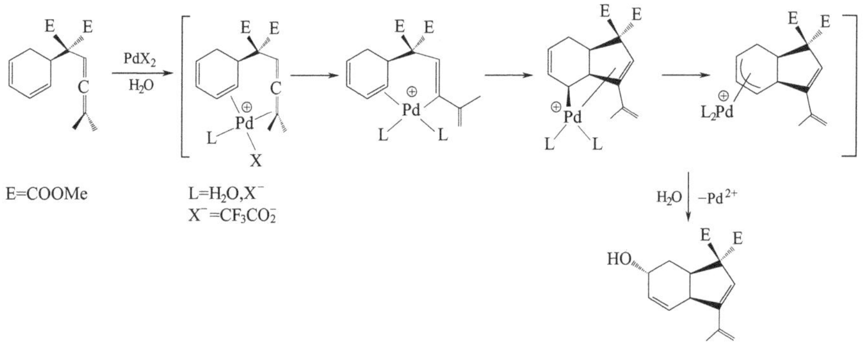

环加成反应 共轭二烯烃和二烯烃配合物可以进行 [4＋2] 环加成反应，例如：

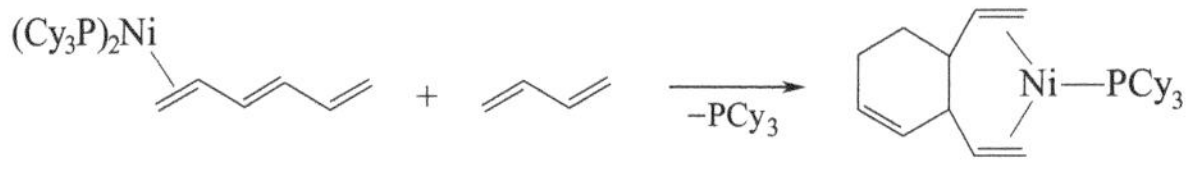

二烯配位作为保护基团。当对分子中的烯烃或炔烃进行修饰时，共轭二烯烃与金属片段如 Fe(CO)₃ 的配位可用来保护二烯烃。下图是炔基三烯 Fe 配合物的例子：

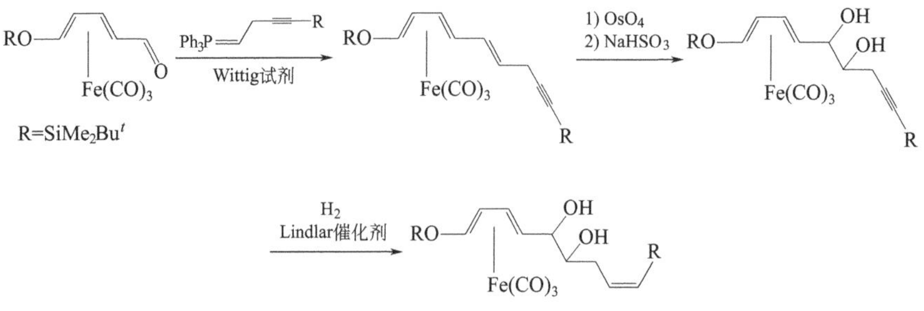

非配位配体部分的选择性修饰

延伸阅读 2.6.2.3　π-配体的亲核进攻：Davies-Green-Mingos 规则

π-配体中含有不同不饱和配位碳原子数，开环或环状 π 体系，以及配体带电荷或不带电荷的结构差异，使它们能以不同的速率与亲核试剂反应。通常一个配合物中会含有几个以下类型的配体，那么如何引导亲核进攻的选择性？

化学行为可以用三个简单的规则进行概括：

(1)偶数优于奇数。如果一个配合物包含的 π-配体是一个具有偶数碳原子和一个具有奇数碳，那么含有偶数碳原子的配体将被优先进攻。

(2)开环优于闭环。非环状 π-配体比环状的更容易受到进攻。

(3)偶数在末端,奇数在末端或者中间。偶数哈普托数配体其末端碳原子将首先反应。如果金属是富电子的，奇数哈普托数配体其末端碳将被进攻，如果中间位置的碳带有部分正电荷(正电性金属)，那么该碳原子将被进攻。

因此，在配合物含有 η^3-、η^4 和 η^5-配体时，η^4-二烯与亲核试剂反应次序为(双数非环＞单数非环＞双数环状＞单数环状)：

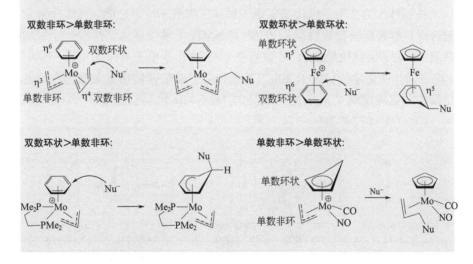

2.6.3　炔烃配合物

现今大多数化学工业是基于石油衍生化学品，主要是从原油裂解得到烯烃和芳烃。在原油大量供应之前，化学工业是基于煤及其气化产品 CO 和乙炔，形成了一个基于乙炔转换的产业链。用石灰加热固体碳源(煤、焦炭)至高温(2000～2100℃)得到碳化钙，水解成为乙炔：

$$CaO + 3C \longrightarrow CaC_2 + CO$$
$$CaC_2 + H_2O \longrightarrow C_2H_2 + CaO$$

乙炔本身是弱酸性的。炔烃 C≡C 键比烯烃 C=C 键反应性更高。

乙炔具有两个正交的 π 体系，因此可以当作 2 电子供体和 4 电子供体，即使与一个金属中心配位，也可能出现这类情况。与烯烃类似，炔烃与金属的键合包括 π-供体和 π-受体。如 C—C—R 角从 180° 减小到约 140°～160° 所示，反馈键导致 C 的杂化从 sp 杂化更多地变成 sp² 杂化。

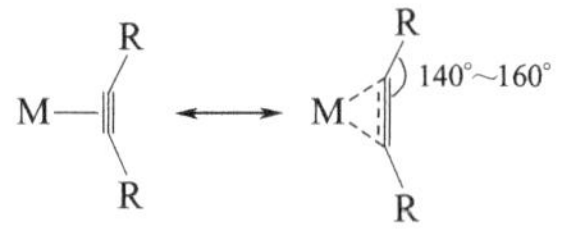

配位炔的线性结构偏离取决于金属电子数及反馈键的倾向，如 Zr(Ⅱ)≈Pt(0)>Pt(Ⅱ)。如下图实例所示，反馈键程度和红外 C—C 拉伸频率之间存在一些定性相关性。

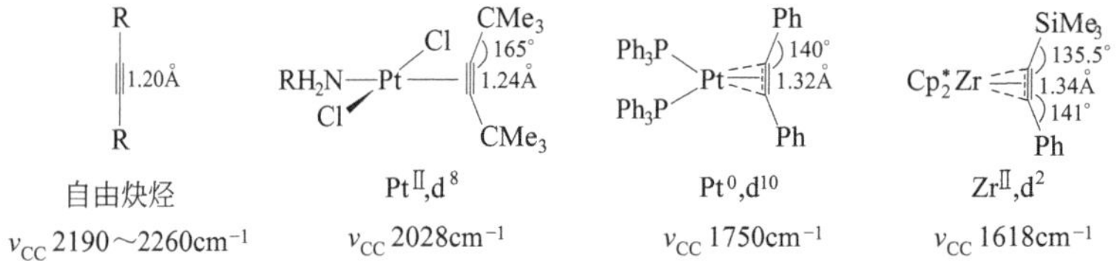

| 自由炔烃 | Pt^Ⅱ,d^8 | Pt^0,d^10 | Zr^Ⅱ,d^2 |
| v_{CC} 2190～2260cm⁻¹ | v_{CC} 2028cm⁻¹ | v_{CC} 1750cm⁻¹ | v_{CC} 1618cm⁻¹ |

炔配体作为 2 电子供体或 4 电子供体或者处于两者之间，当多个炔键键合时，都将反映在炔烃碳原子的 ^{13}C NMR 化学位移上。作为一个经验法则，2 电子供体炔烃显示 ^{13}C 位移在 80～120，3 电子供体为 170～180，4 电子供体的化学位移大于 200。下图显示了钼配合物中的趋势。在其他金属中，已经发现 2 电子配位炔烃的 ^{13}C NMR 化学位移在 δ 80～90 区间，4 电子给体在 δ 260～270 区间。

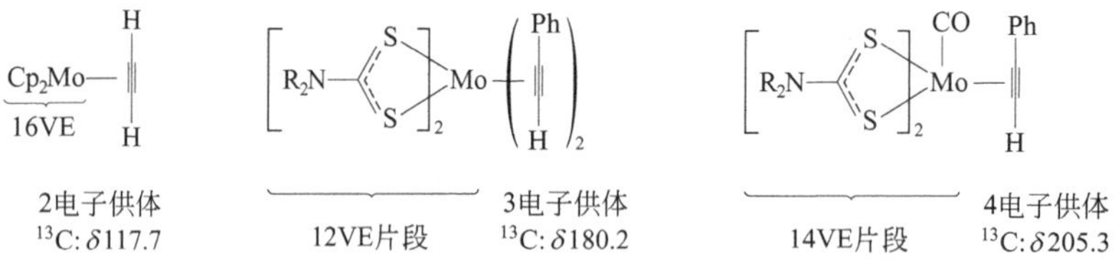

反馈键以及作为 4 电子供体的行为有望反映在关于金属-炔键的旋转能垒上。对于在单核配合物中的 2 电子炔烃，$\Delta G_{rot}^{\neq}$ 大约为 40kJ·mol⁻¹；而对于 4 电子炔烃，$\Delta G_{rot}^{\neq}$ 为 50～70kJ·mol⁻¹。

在平衡反应中，可以通过 NMR 光谱法估计炔烃和烯烃配体的键合强度。例如，在 $-60℃$ 的二氯甲烷中，用炔烃、烯烃取代弱配位的腈得到下表所示的缔合平衡常数 K_{eq}，表明相似配体之间的巨大差异，如己炔键合比 PhC_2Me 强约 90 倍。

IPr=Ar—N⌒N—Ar
C—C 和 C≡C 相关键强度

$$[IPr—Au—NCAr^F]^{\oplus} SbF_6^- + L \xrightarrow[CH_2Cl_2,-60℃]{K_{ep}} [IPr—Au—L]^{\oplus} SbF_6^- + NCAr^F$$

L	EtC≡CEt				MeC≡CMe		Ph	PhC≡CH
K_{eq}	780 ± 62	90 ± 7	67 ± 4	25 ± 1	24 ± 1	6.8 ± 0.3	1.7 ± 0.4	0.21

在金属簇中，桥联炔基 C—C 键长往往被视为 C—C 单键值，甚至能倾向于将这种化合物描述为由两个金属和两个 C 组成的团簇。在金属羰基团簇中，可以发现多种位置键联两个或更多金属的炔基。金属原子簇键合的乙炔基 $RC≡C^-$ 可以作为 3 电子供体或 5 电子供体（在离子计数规定中为 4 或 6 个电子）。

桥联炔
π键分布   集群描述

2.6.3.1　炔烃配合物的合成

由于炔烃配位比烯烃更强，大多数炔烃配合物通过配体取代生成，通常使用烯烃类化合物作为起始原料。

一种不寻常但合成方便的路线是通过将膦配合物中的膦氧化成氧化膦合成铂的炔烃配合物。

不像 $Pt(C_2H_4)_3$，二炔铂(0)配合物是四面体。这里的炔烃作为 4 电子供体。

四面体Pt(0)

14VE、16VE 或 18VE 配合物？

$$Mo(CO)_6 + 3Ph—≡—Ph \xrightarrow{\triangle 或 h\nu}$$

还原制备：特别值得注意的是炔烃配合物也可能由 CO 配体还原偶联

产生。

苯炔配合物 脱除苯中两个相邻 H 生成苯炔 C_6H_4，在游离状态下，这种高环张力的分子是不稳定的；然而，苯炔配合物可在金属配位层中产生。虽然我们习惯描述具有 $C\equiv C$ 键的苯炔配合物，但是反馈键作用使得 C_6H_4 环中所有的环碳原子显示出非常相似的 C—C 键长度，这与苯本身几乎相同。配位使 C_6H_4 环基本上无张力。

苯炔配合物可以通过光化学 C—H 键活化或在还原捕获物的过程中产生，例如，与膦或腈、烯烃、炔烃结合产生［2+2］环加成产物。

2.6.3.2 炔烃配合物的反应

炔烃可以进行大量的插入反应。通过顺式插入与 M—H 键反应产生乙烯化合物，而连续的炔烃插入到 M—C 键得到可以合成芳烃或杂环的线型或环状产物。

炔烃的偶联反应:插入,环加成

炔可以与金属—X(X可以是Cl)键进行单次和多次插入反应。许多过渡金属也可以聚合 C_2H_2 以及单取代的炔衍生物。$Ti(OR)_4/AlEt_3$ 混合物(齐格勒型催化剂)可用来制备聚乙炔,通过多共轭键聚合物掺杂可形成导电聚合物。钯盐可以聚合苯乙炔。双取代乙炔更稳定,但可以反应得到金属乙烯基、环丁二烯基、杂金属环戊二烯基和芳烃配合物。主要反应途径如下。

许多金属配合物,如镍、铅、铌和钽卤化物,以及半夹心配合物 $CpML_2(M=Co,Rh)$ 催化炔烃环三聚生成芳烃衍生物。反应逐渐进行形成杂金属环戊二烯和杂金属环庚三烯,这是得到高取代芳烃 C_6R_6 的便捷方法。

依据 R 取代基,一些情况下这些中间体可以分离出来:

许多低价金属配合物氧化加成两个乙炔产生杂金属环戊二烯。一个常用的实例是用两等当量丁基锂还原 Cp_2ZrCl_2，然后与炔烃进行反应，形成的杂金属环化物可以合成环戊烯酮和杂环化合物。

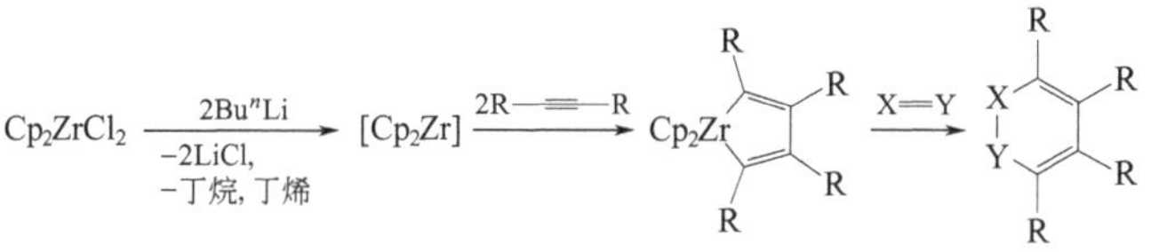

相同地，在二乙炔 $R—C≡C—C≡C—R$ 存在下对 Cp_2MCl_2 进行还原再加成可以形成 5 元环产物，但由于 2 位和 3 位碳原子不带任何取代基，因此所得结构是**金属累烯**。MC_4 环是平面的，尽管人们原则上可以将其化学式描述为双—$C≡C$ 加合物，但是键长数据分析表明，广泛离域能降低环张力。尤其是金属和四个碳原子之间的键合相互作用近乎相同。累烯中的每个 C 在垂直于环的 p 轨道中有一个电子。此外，C2 和 C3 在环平面中共享 π 轨道，以此为金属的供电子体。根据计算，这种金属累烯的构型比常规键合的 $M(C≡CR)_2$ 异构体更稳定。

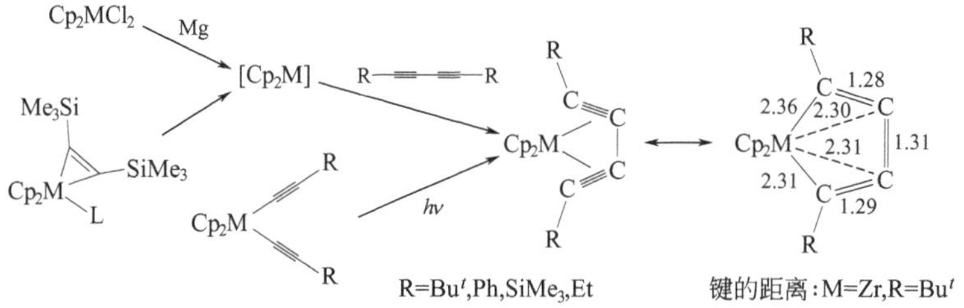

金属环戊三烯与二炔配合物处于平衡，它们的反应如下：

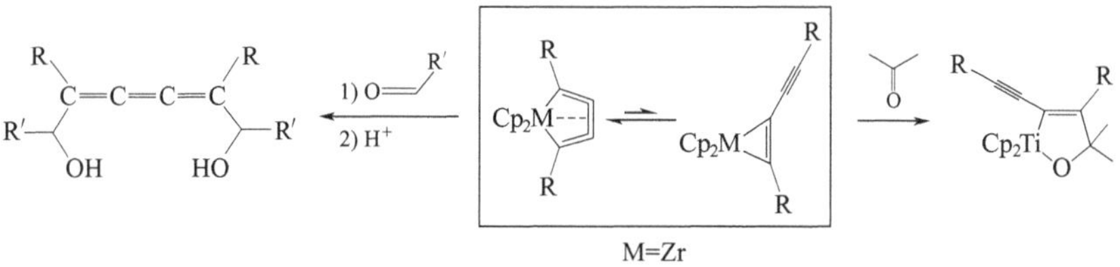

CpCo 催化环化反应包括烯炔缩合和炔烃三聚反应。具有不稳定配体 L 的［CpCo］片段促进了反应的进行；如在 CpCo(COD) 中 1,5-COD 配体容易被取代，比 $CpCo(CO)_2$ 的反应更顺畅，后者需要 CO 配体光化学解离。

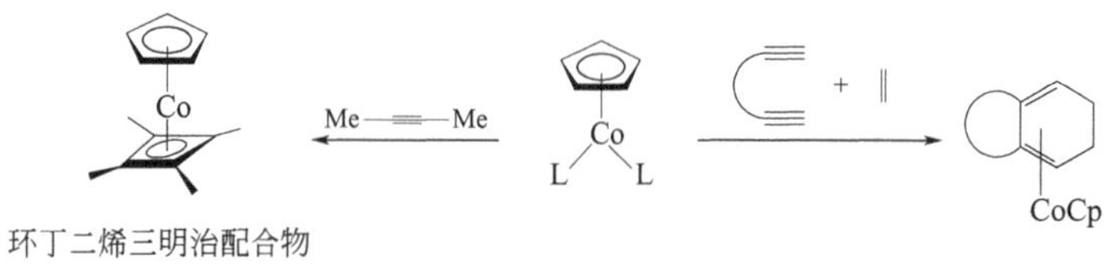

环丁二烯三明治配合物

炔烃可以异构化成丙二烯。同样，炔烃配合物可以重新排列成亚乙烯基或丙二烯配合物：

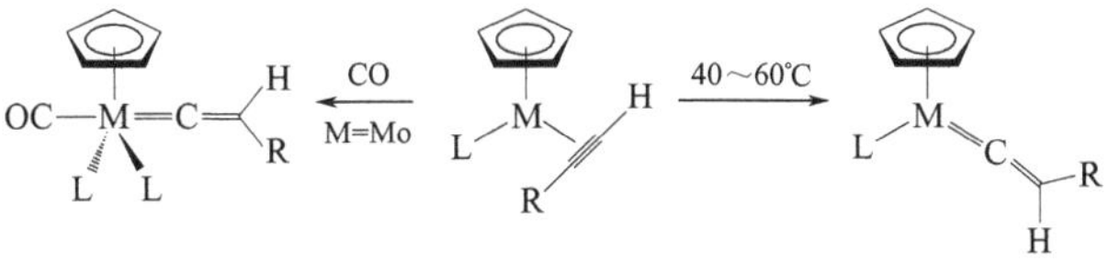

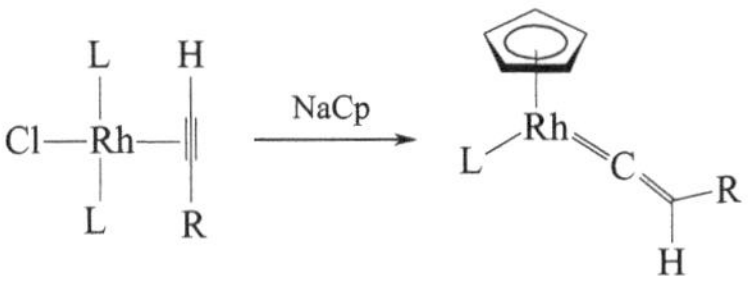

钴炔配合物具有抗
囊肿活性

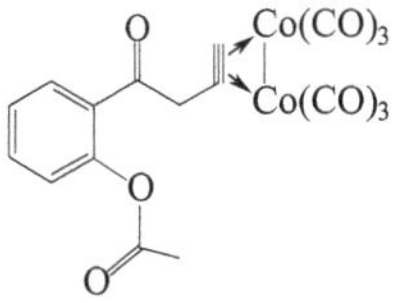

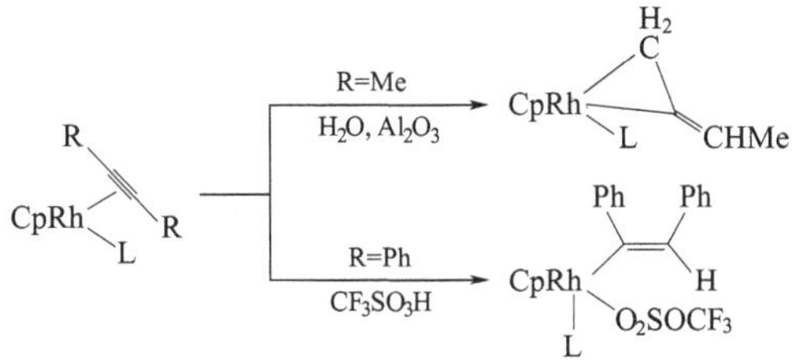

金属炔烃配合物在合成中的应用见延伸阅读 2.6.3。

延伸阅读 2.6.3　有机合成方法学中的炔烃配合物

14 价电子的 CpCo 片段是一种用于炔烃三聚的高效催化剂，可催化腈与炔烃三共聚产生吡啶衍生物。CpCo 可以通过 CpCo(CO)₂ 光化学的 CO 解离产生，或者更方便地使用 CpCo(1,5-COD)为前驱体产生 CpCo。

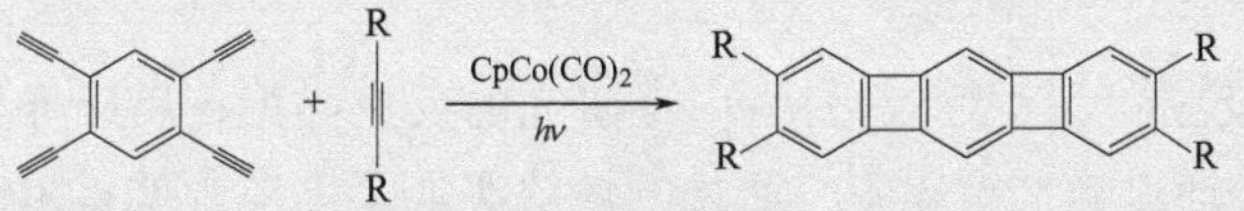

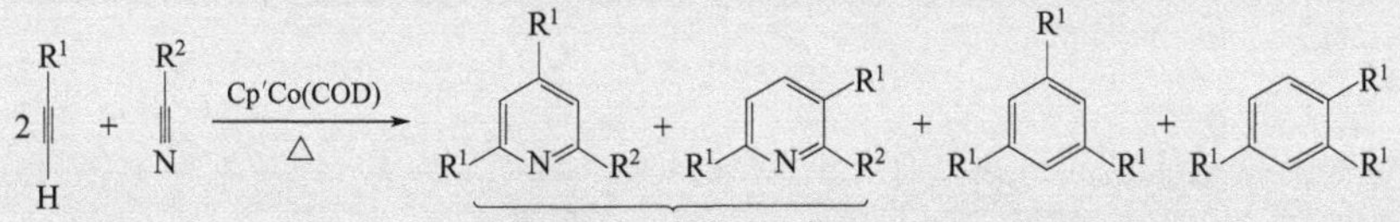

高腈浓度时的主要产物

杂金属环戊二烯中间体参与 Ru 催化炔二聚物的氢化羧化：

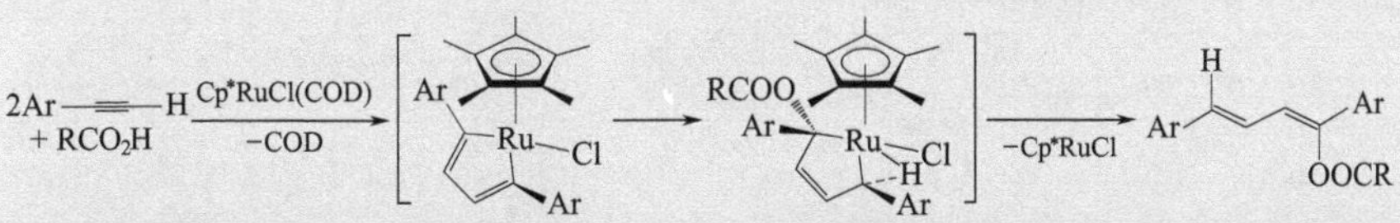

亲电金属中心与炔烃配位并通过杂原子或其他碳基参与亲核进攻，这已被广泛应用于分子间和分子内转换。下图给出了几个有代表性的例子。

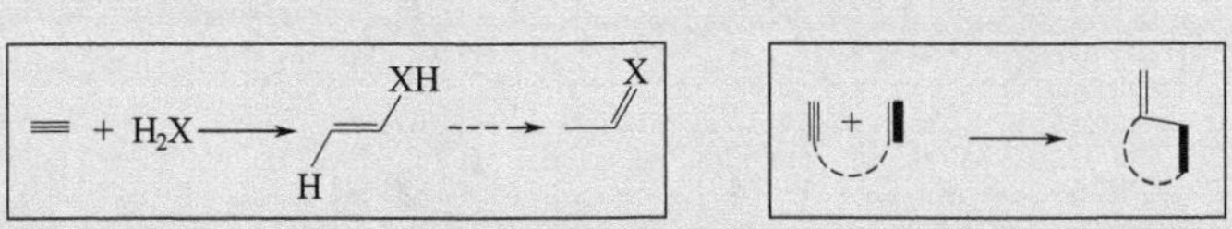

反应原理不变，M^+ 配位 C≡C 诱导活性乙烯基阳离子的形成，从而引发一连串的正离子重排。原则上这些反应也可以由 H^+ 简单引发，该过程和结果都呈现了金属的催化效果。在大多数情况下，该机理比实验观察到的假设更合理。

铂和金的化合物都有广泛的应用，无论是它们简单的卤化物(PtCl$_2$、AuCl、AuCl$_3$)还是通过供电子配体(膦、烯烃、NHCs)形成易溶解的配合物，两者均作为与叁键炔配位金属阳离子 M$^+$ 的来源。这种配合物可以通过核磁共振形式来描述，该共振形式认为正电荷置于 β 位 C 上，即形成一种易受亲核试剂进攻的乙烯基阳离子，使得 C＝C 键与 HX 进行加成，例如炔与水合反应制酮，以及炔加成伯胺生成亚胺。

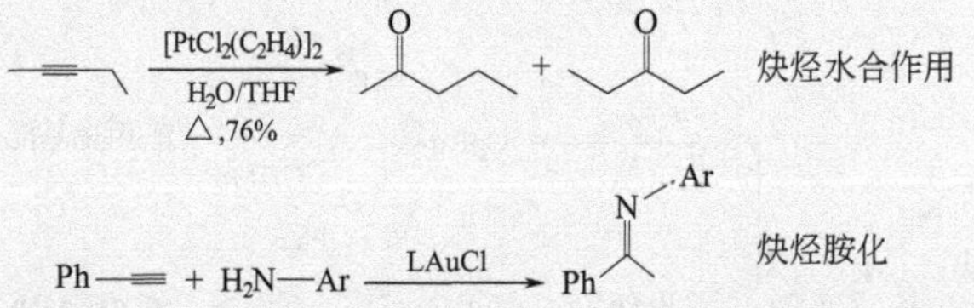

炔烃水合作用

炔烃胺化

基于炔烃对氨基或羟基功能基团相同的加成反应原理，分子内的环化反应生成多种杂环化合物。如：

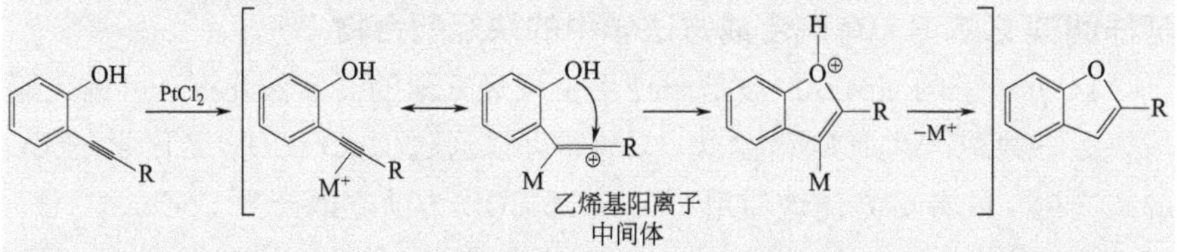

乙烯基阳离子中间体

烯烃与炔烃的反应("烯炔"反应)是广泛研究的反应类型，反应导致 C-C 键形成和环化。通过亲电金属中心活化的烯炔实现了许多骨架重组的反应。

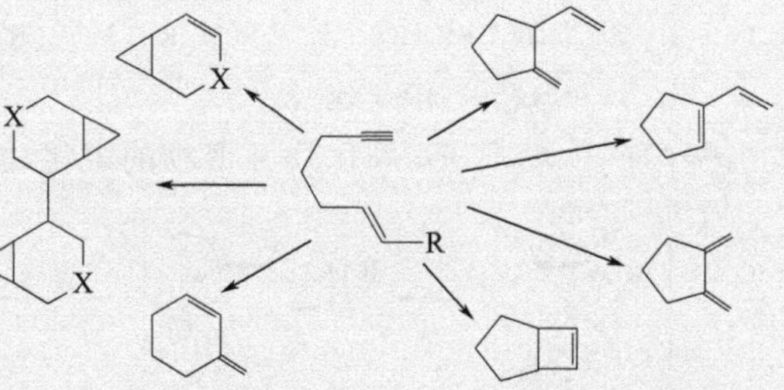

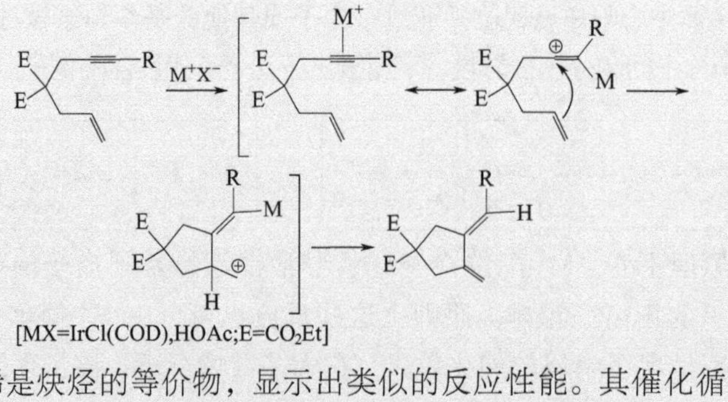

[MX=IrCl(COD),HOAc;E=CO$_2$Et]

丙二烯是炔烃的等价物，显示出类似的反应性能。其催化循环已被详细地研究，其中 C—O 键形成迅速，同时该反应是可逆的。

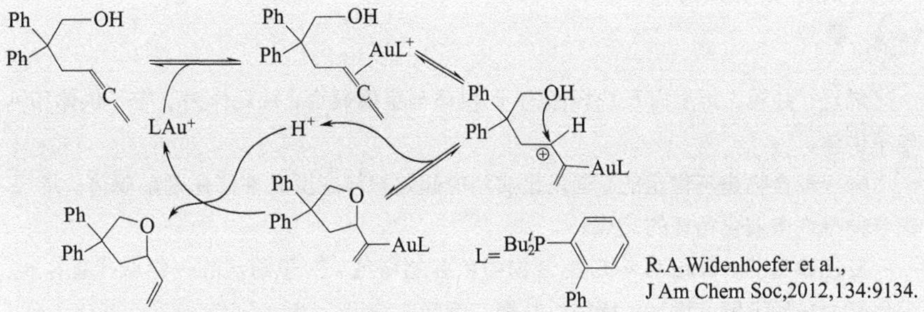
Ph
Ph
OH
AuL⁺
LAu⁺
H⁺
AuL
O
L=
Bu₂ᵗP
R.A.Widenhoefer et al.,
J Am Chem Soc,2012,134:9134.

Pauson-Khand 反应

通过将炔烃与烯烃偶联形成环状产物进而与 CO 反应扩展为［2+2+1］环加成反应。

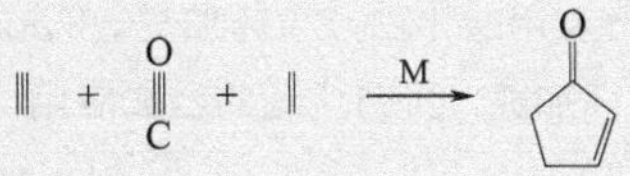
O
C
M

原理上，机理包括以下关键步骤：

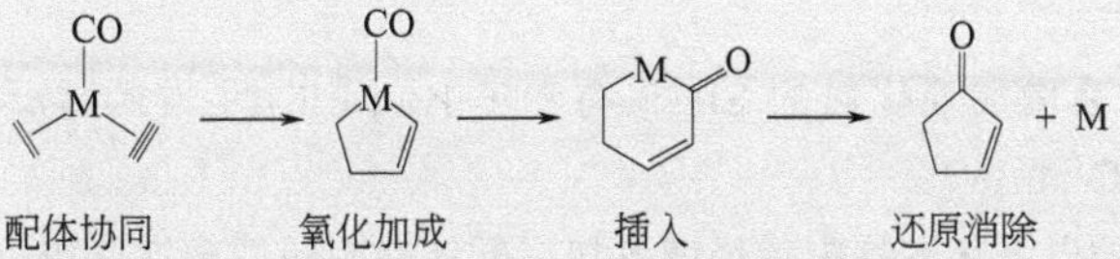
CO
M
O
+ M
配体协同
氧化加成
插入
还原消除

反应最初是在尝试 $Co_2(CO)_6(PhC_2H)$与降冰片二烯反应时发现的。羰基钴炔配合物形成稳定的四面体 $Co_2(CR)_2(CO)_6$ 簇，该反应需要苛刻条件。CO 压力需要满足足够量的 CO 才能实现高产率；但高 CO 浓度会阻碍其进一步的反应，因为 CO 会阻挡底物与金属的配位。尽管如此，许多金属羰基配合物都呈现了计量或催化反应的性能，可用的金属有很多，如 Ti、Mo、Fe、Ru、Co、Rh、Ir、Pd。

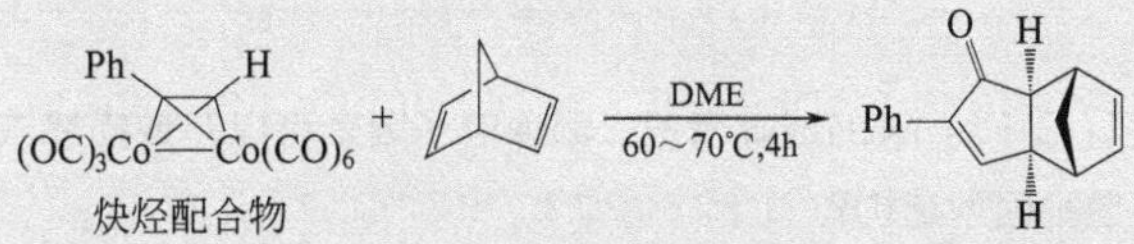
Ph
H
(OC)₃Co
Co(CO)₆
炔烃配合物
DME
60～70℃,4h
O
H

使用(η^5-茚基)$Co(CO)_2$ 为催化剂可以实现相同的反应(产率 93%)。其分子内催化体系已经开发了出来，并且这类反应已被成功地用于控制不对称合成中的立体化学。

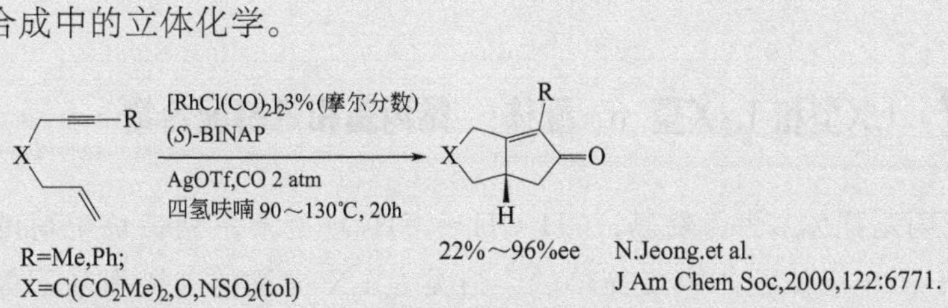
[RhCl(CO)₂]₂3%(摩尔分数)
(S)-BINAP
AgOTf,CO 2 atm
四氢呋喃 90～130℃, 20h
R=Me,Ph;
X=C(CO₂Me)₂,O,NSO₂(tol)
22%～96%ee
N.Jeong.et al.
J Am Chem Soc,2000,122:6771.

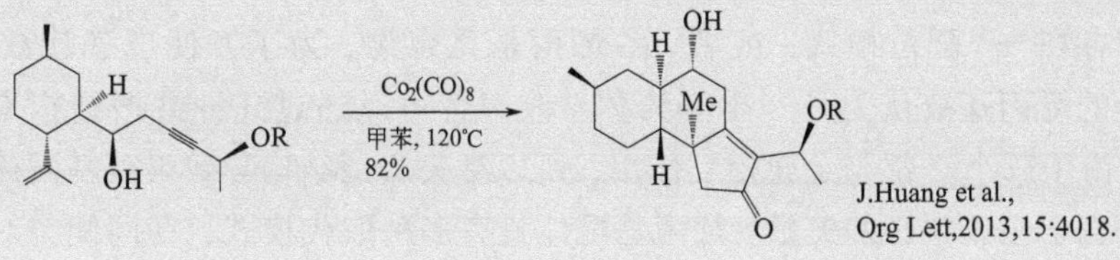
H
OH
OR
Co₂(CO)₈
甲苯, 120℃
82%
Me
O
J.Huang et al.,
Org Lett,2013,15:4018.

> **要点**
>
> 烯烃、共轭二烯烃以及炔烃作为 π-供体与金属键合。炔烃作为 2 电子供体和 4 电子供体。
>
> 烯烃配合物是不稳定的，通常是实用的起始原料或反应性催化剂前驱体。烯烃配合物是许多催化循环的起点。
>
> 反馈键是 C=C 和 C≡C 配合物中重要的特征。对于给定的一组取代基，π-受体能力按如下顺序增加：烯烃< 共轭二烯烃< 炔烃。
>
> 配位诱导 C—C 键极性增加以便亲核进攻。
>
> Davies-Green-Mingos 规则阐述了非环和环状烯烃以及烯基体系相对应的反应活性。
>
> 烯烃和炔烃都能够进行实用的 [2+ 2] 环加成。Pauson-Khand 反应是烯烃、炔烃和 CO 的 [2+ 2+ 1] 环加成，具有广泛的合成应用。

> **练习**
>
> 1. 为什么增加催化量的 $SnCl_2$ 有利于 $K_2[PtCl_4]$ 与乙烯反应形成蔡斯盐$K[PtCl_3(C_2H_4)]$？
>
> 2. 请根据以下化合物中烯烃或者炔烃配体的旋转能垒次序进行排序：（1）$(Ph_3P)_2Ni(C_2H_4)$；（2）$Fe(C_2H_4)(CO)_4$；（3）$[PtCl_3(C_2H_4)]^-$；（4）$Cp_2Zr(C_2H_4)(PMe_3)$；（5）$Ni(1,5\text{-}COD)_2$；（6）$(Ph_3P)_2Ni(C_2Ph_2)$。 并给出排列的理由。
>
> 3. 列出以下转化过程中的系列反应与反应中间体。
>
> 4. 讨论 $Pt(C_2Ph_2)_2$ 的成键情况。哪种电子因素可以有效描述该配合物， 为什么该物质不是平面型结构？
>
> 5. 画出一价钴催化内炔烃和腈类反应制备吡啶化合物的反应历程和中间体产物。

2.7 LX型和 L₂X型 π-配体：烯丙基和烯基配合物

烯丙基配体（2-丙烯基，$CH_2CH=CH_2$）是一系列带负电荷的共轭非环 π-供电子体配体中最简单的，归类为 LX 型配体。烯丙基配体可以采用 η^1 配位模式，如具有金属-C σ 键的格氏试剂 $CH_2=CH—CH_2MgX$ 中就存在 η^1 配位模式，或者 η^3-烯丙基化合物。为了方便电子计数，π 键合的烯丙基被认为是 3 电子给体。该键合可以通过几种共振结构来描述，由于三个 C 都与金属相互作用，所以半夹心型结构导致烯丙基配体接近垂直于金属中心的矢量。烯丙基配体具有多种取代模式，在同侧与对侧之间还有内消旋。

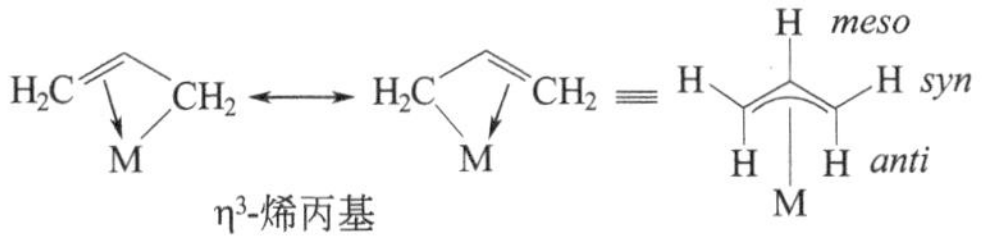
H meso
H syn
H anti
M
η³-烯丙基

在金属中心配位和电子不饱和状态下苄基配体（CH_2Ph）通常采用烯丙基结构，其中苄基环为 2 电子 π-供体。

二烯基也形成夹心型 π 结构并且作为 L_2X 配体。

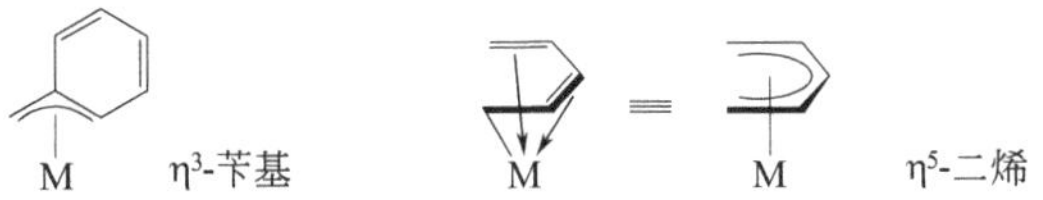
η³-苄基
η⁵-二烯

2.7.1 金属烯丙基配合物

2.7.1.1 合成

金属键联的取代烯烃通常可以去质子化形成烯丙基配合物。典型的实例是 [(η³-烯丙基) PdCl]₂。类似的配合物可以通过二烯或二烯配合物的去质子化来制备。所有三个碳原子与 Pd 等距，并且烯丙基配体可认为占据了平面正方形配合物中的两个配位点。

由烯烃和二烯配合物出发：

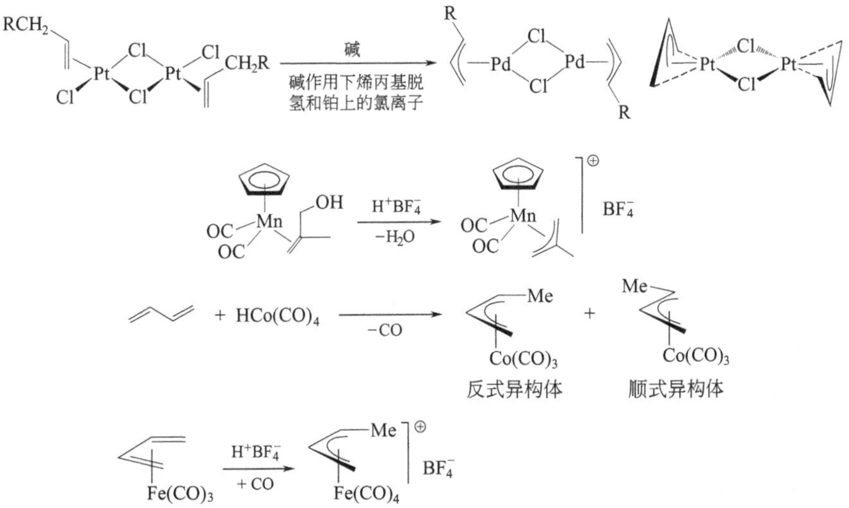
碱
碱作用下烯丙基脱
氢和铂上的氯离子
反式异构体
顺式异构体

通过烯丙基转化：

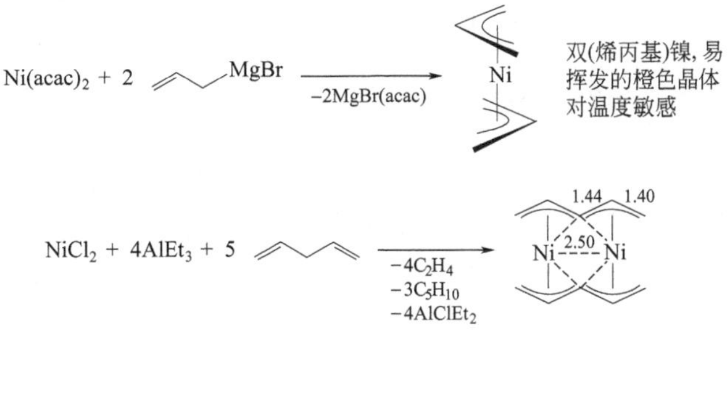
双(烯丙基)镍，易
挥发的橙色晶体
对温度敏感

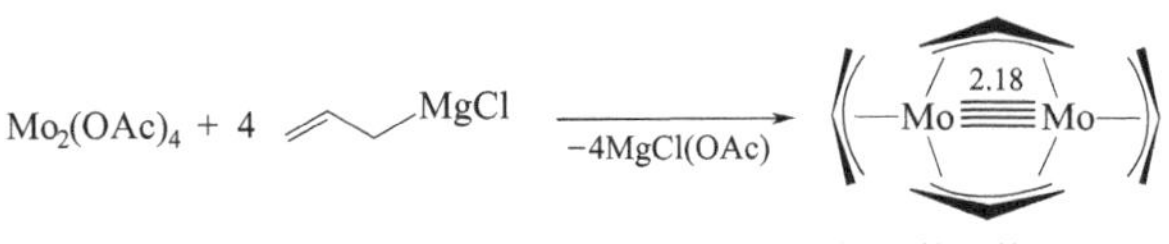

烯丙基配体将两个
金属中心夹在中间

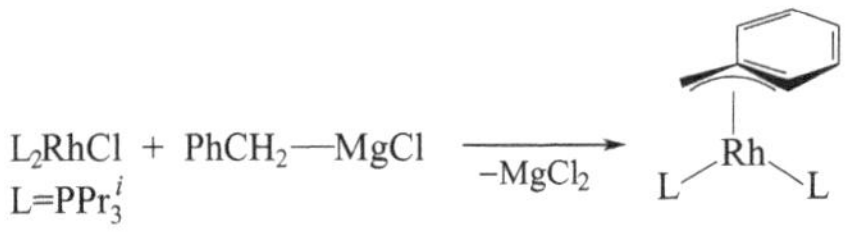

η^3-苄基配合物

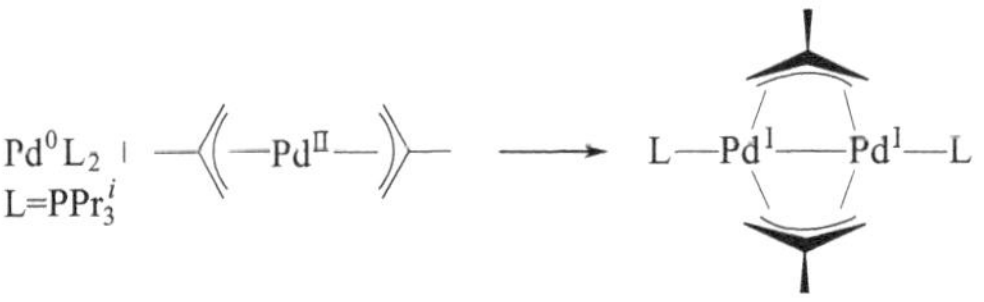

配体交换
和歧化

通过卤化烯丙基氧化加成：

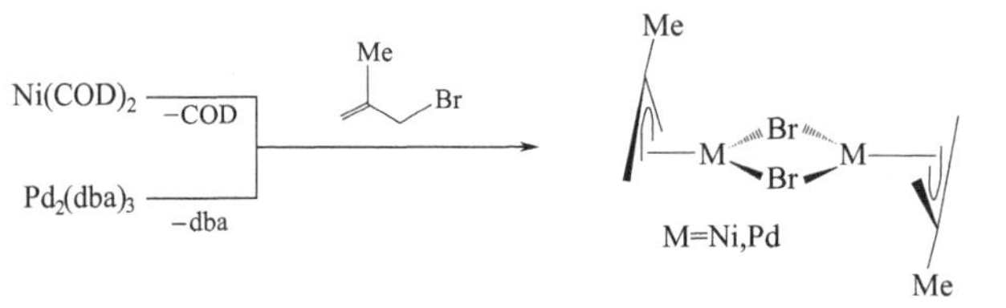

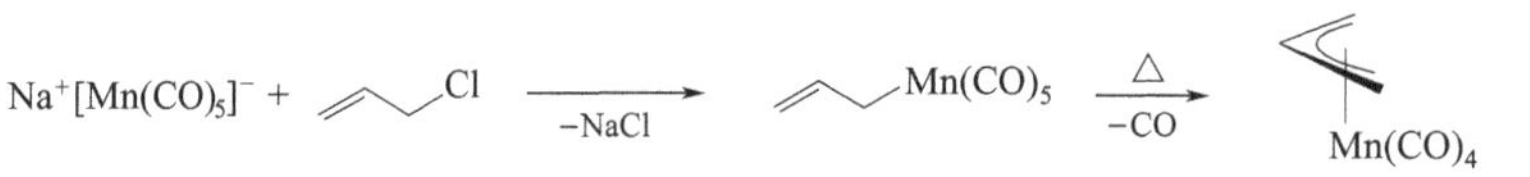

M=Ni,Pd

η^1-烯丙基, Mn-Cσ键,18VE η^3-烯丙基, 18VE

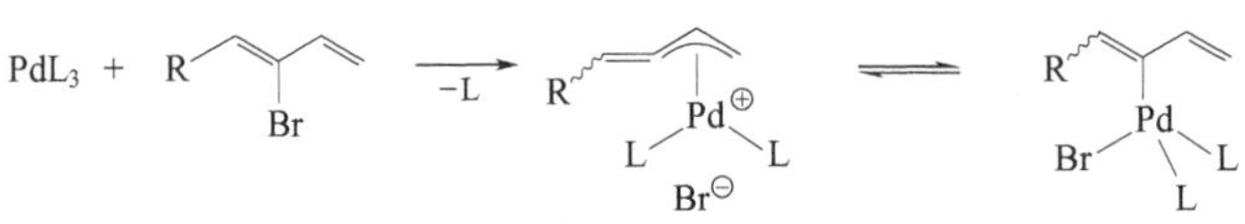

烯丙基-二烯基平衡

通过氧化 C-C 偶联：烯丙基镍化学一个特别有趣且重要的现象是二烯氧化加成到 Ni（0）可以产生 C-C 偶联产物，该原理已用于构筑选择性官能化有机分子。

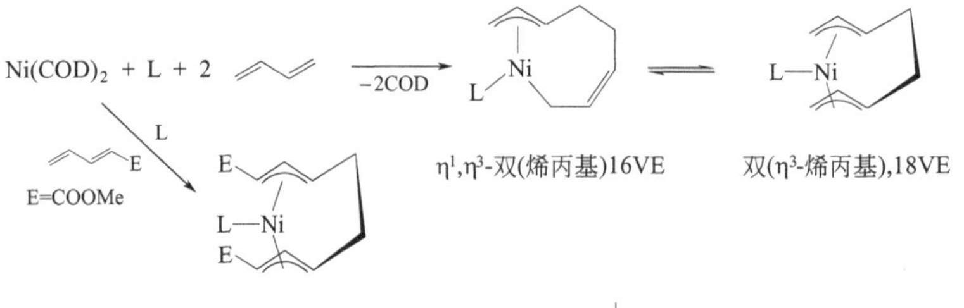

η^1,η^3-双(烯丙基)16VE   双(η^3-烯丙基),18VE

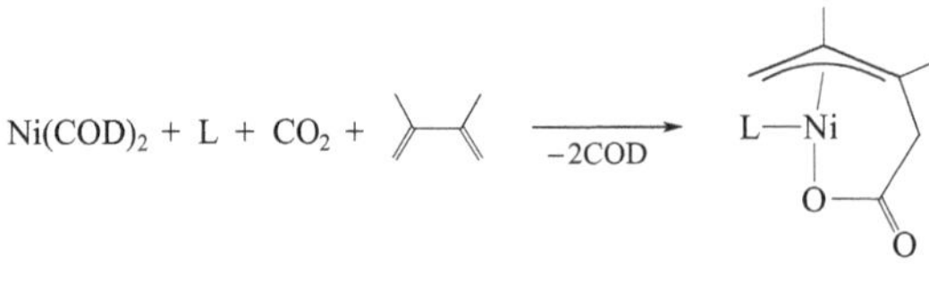

E=COOMe

二烯-二氧化碳耦合

2.7.1.2 性质

配合物中烯丙基通常以 π 键合方式配位。在氯桥联的 [(η³-丙烯基) PdCl]₂ 二聚物中，两个烯丙基配体夹着平面 Pd_2Cl_2 部分，烯丙基和 Pd_2Cl_2 核心平面间的二面角为 111.6°（而不是 90°）。甲基取代基稍微向金属倾斜。在该配合物以及其他配合物中，烯丙基配体有效地占据两个配位点。

Ni(烯丙基)₂ 是第一个分离出来的相同配体金属烯丙基，它具有夹心结构。16 价电子配合物是高度空气敏感和易挥发的，因此只能使其与乙醚在低压下共蒸馏。它在低于室温下分解，通过己二烯的还原消除得到金属镍是生成零价镍的途径。其他第一排金属烯丙基 [Cr(烯丙基)₃、Co(烯丙基)₃] 对温度特别敏感。相比之下，Rh(烯丙基)₃ 在室温或略高的温度下是稳定的，并且不受空气或水分的进攻，具有挥发性。这种稳定性提高的趋势反映出烯烃配合物的性质，第二排和第三排金属与烯丙基的配合物比第一排金属同系物对空气和水分更稳定。

第一排金属低氧化态符合 18 价电子数的烯丙基配合物更稳定，如 CpNi(η³-烯丙基)。

烯丙基配体几种构型变化影响其反应性和立体选择性。首先，由于 π-烯丙基在烯丙基-金属键上旋转，所以双（烯丙基）配合物存在顺式和反式异构体。其次，η³-结构和 η¹-结构可以相互转化，该过程相互交换顺式和反式氢。如存在供电子配体 L，η³-烯丙基和 η¹-烯丙基的混合物可在各种相对浓度下存在，这直接影响其反应的立体化学结果，如二烯插入和低聚反应。

烯丙基配体旋转时没有 η³ 和 η¹ 相互转化就不能实现顺式和反式氢原子互换。如果在 NMR 时间尺度上旋转足够慢，可以观察到烯丙基氢原子的两种异构体和两组共振形式，这两种共振模式在加热时会遵循两种氢位置交换的模式实现重合。

2.7.1.3　烯丙基配合物的反应性

与膦配体反应　将膦供电子配体加成到 16 电子配合物如 Ni(烯丙基)$_2$ 中，增加了配合物的稳定性并得到 18 电子加合物 Ni(η^3-烯丙基)$_2$(PR$_3$)。烯丙基配体是共平面的。供电子配体进一步加成可实现还原消除，得到低价金属化合物和 C-C 偶联产物。例如：

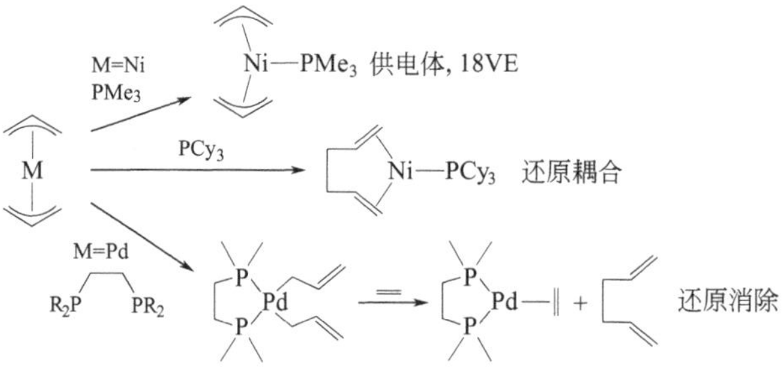

与亲核试剂反应　烯丙基配合物既可以与亲电试剂也可以与亲核试剂反应。亲核进攻常用于引入官能团或实现 C—C 键的形成。原则上，存在两种攻击位：在 1 位和 3 位的末端或在 C2 中心原子上，进攻位置取决于烯丙基配体上的电荷分布。在大多数烯丙基配合物用于合成时，金属是富电子的，如烯丙基钯，亲核进攻发生在一个或两个末端碳上，区域选择性将取决于取代的模式。然而，当烯丙基带吸电子取代基时，或者金属带正电荷且末端带部分明显的负电荷，亲核试剂将进攻中间碳原子。

亲核进攻的立体化学取决于反应是对配体的分子间进攻还是通过金属配位后的分子内还原消除。如果钯原子中心是手性的，在第一种情况下将存在构型反转，在第二种情况下构型将保持。

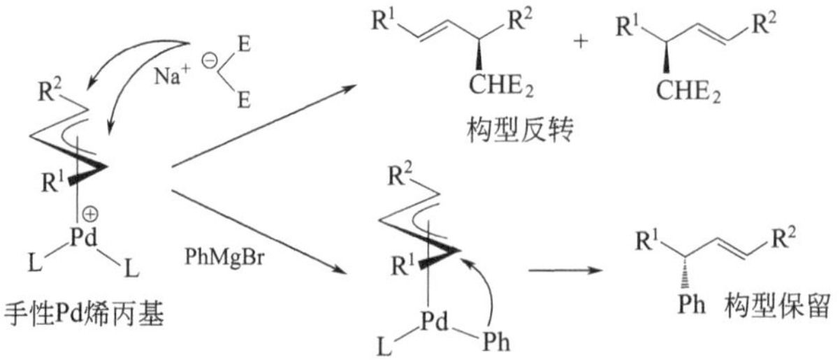

例如，该原理已经用于丙二烯和共轭二烯烃的选择性合成。共轭二烯烃反应的其他例子在 2.6.2.3 节已经讨论。

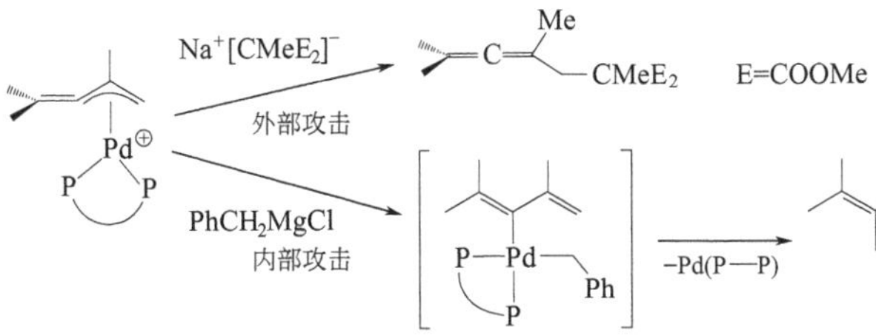

钼或钨的正电荷导致对烯丙基配合物的进攻发生在中心碳原子上：

尽管大多数镍和钯烯丙基与亲核试剂的反应会在末端发生，但含有 2-氯取代基的烯丙基钯也可产生 C2 区域选择性，这取决于中性配体 L 供电子的能力。区域选择性与末端和中心碳原子的^{13}C NMR 化学位移差异成正比：差异大时，意味着有更多的正电荷在中心碳上，有利于 C2 进攻。

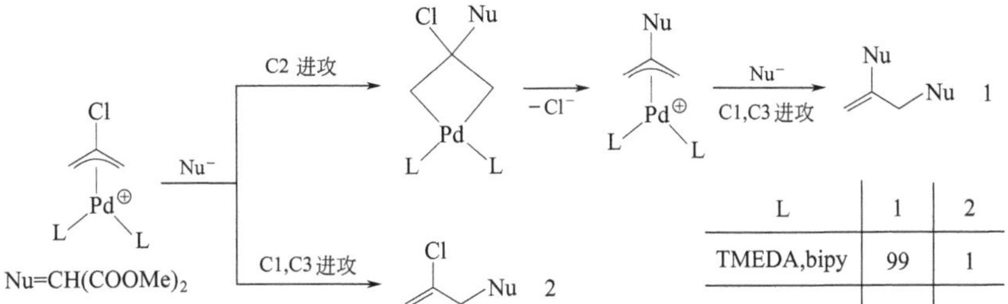

L	1	2
TMEDA,bipy	99	1
PPh₃,COD	2	98

与亲电试剂反应 烯丙基配合物可以与亲电试剂如 CO_2 或醛进行插入反应。与 CPh_3^+ 的反应中脱氢将产生阳离子二烯配合物。与亲核试剂反应后与亲电试剂进一步反应是引入取代基的途径，同时会再生成 π-烯丙基配合物。

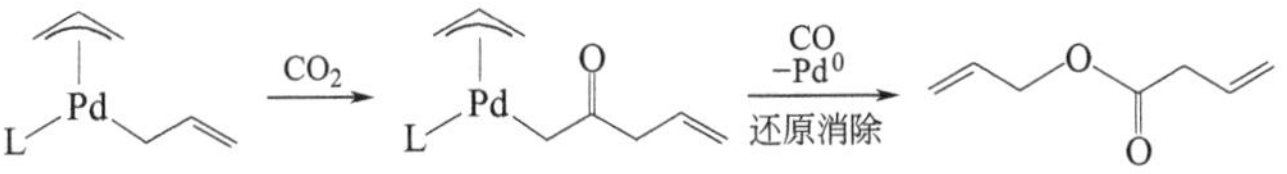

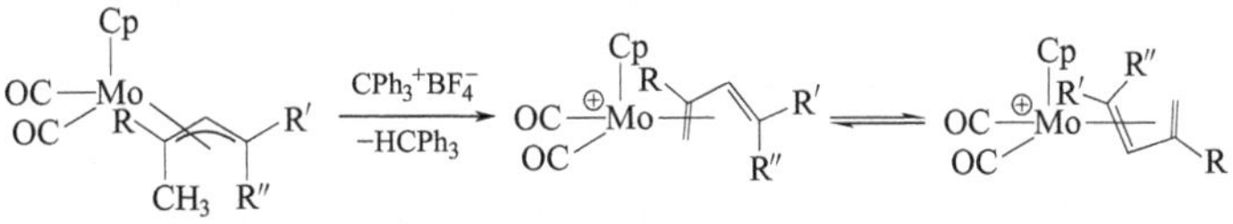

延伸阅读 2.7.1.3　烯丙基金属催化剂

　　金属烯丙基配合物是共轭二烯烃低聚、聚合及官能化反应中的活性物种。最重要的二烯底物是 1,3-丁二烯和异戊二烯(2-甲基-1,3-丁二烯)，它们是萜类烯和合成橡胶的单体。对于二烯低聚的催化剂研究最多的是镍和钯配合物。

　　丁二烯的二聚形成多种 C_8 产物，包括可以脱氢为苯乙烯的乙烯基环己烯(VCH)，二聚反应所用催化剂通常是膦稳定的零价镍配合物。

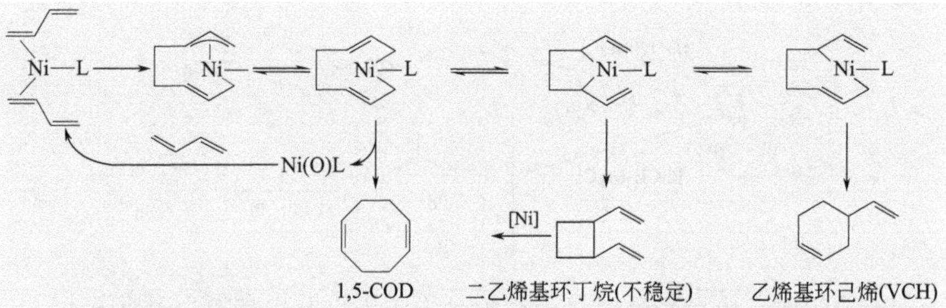

1,5-COD　　　二乙烯基环丁烷(不稳定)　　乙烯基环己烯(VCH)

在没有膦配体的情况下，镍能够另配位丁二烯，得到丁二烯环三聚化产物。

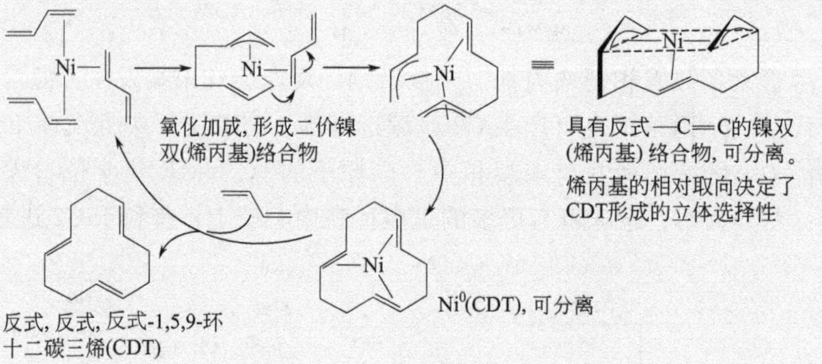

氧化加成,形成二价镍
双(烯丙基)络合物

具有反式—C≡C的镍双
(烯丙基)络合物,可分离。
烯丙基的相对取向决定了
CDT形成的立体选择性

反式,反式,反式-1,5,9-环
十二碳三烯(CDT)　　　　　Ni⁰(CDT),可分离

类似的 π-烯丙基中间体参与二烯聚合得到具有 1,4-顺式、1,4-反式、1,2-区域选择性和 3,4-区域选择性的聚合物。共轭二烯烃(丁二烯、异戊二烯、1,3-戊二烯等)的聚合通常由处于低氧化态的金属配位催化，特别是 Ti、V、Cr、Fe 和 Nd。在大多数情况下，对链增长物种结构的了解并不精确，只可以从所得聚合物的立体化学来推测。

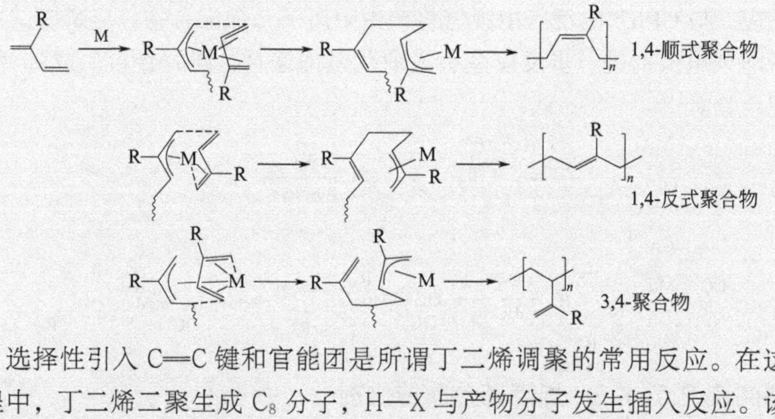

1,4-顺式聚合物

1,4-反式聚合物

3,4-聚合物

选择性引入 C=C 键和官能团是所谓丁二烯调聚的常用反应。在这个过程中，丁二烯二聚生成 C₈ 分子，H—X 与产物分子发生插入反应。该过程主要产物是 1-位官能化的 2,7-辛二烯，该反应由钯催化实现。

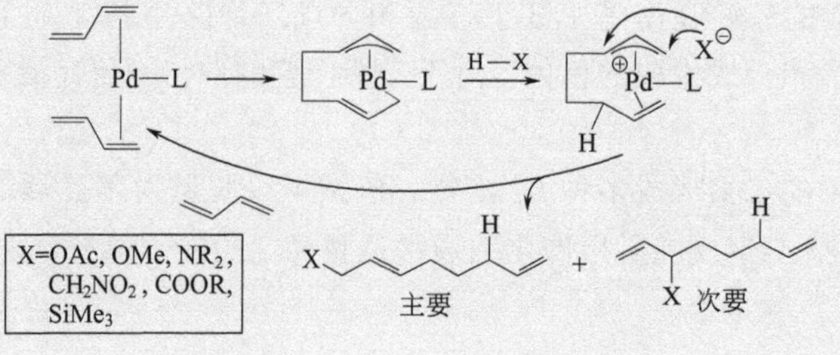

X=OAc, OMe, NR₂,
CH₂NO₂, COOR,
SiMe₃

主要　　　　+　　　　X 次要

丁二烯与甲醇发生调聚作用是工业化选择性生产 1-辛烯的方法，1-辛烯是乙烯聚合成 LLDPE(线型低密度聚乙烯)的重要共聚单体。尽管可以通过乙烯低聚制备 1-辛烯，但该途径选择性有限，而丁二烯调聚反应提供了可行的替代方案。具有 OMe 取代的芳基膦或 P-N 螯合配体的钯催化剂已被证明是特别有用的。

2.7.2 二烯基和三烯基金属配合物

二烯基和三烯基将体系从 η^3-烯丙基延伸到 η^5- 和 η^7-键合形式的阴离子 π-配体。它们可以形成开放的离域结构，以及这些 π 体系末端通过饱和碳桥连接。将在第 2.8 节和 2.9 节中讨论闭环 $(4n+2)$ π 芳香体系（环戊二烯基、芳烃）。

| η^3-烯丙基 | η^5-戊二烯 | η^5-环己二烯 | η^5-环庚烯 | η^7-环辛三烯 |

2.7.2.1 合成

经典的制备二烯基配合物的途径是二烯基配合物的脱氢化。所得阳离子二烯基物质易受亲核试剂进攻。基于取代方式，这是高度区域选择性二烯官能化的方法。

亲电加成：

亲和加成：

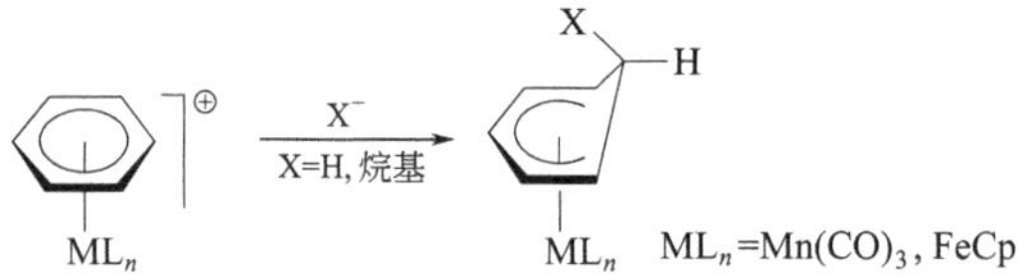
X⁻
X=H, 烷基
X
H
MLn
MLn
MLn=Mn(CO)3, FeCp

成盐反应：

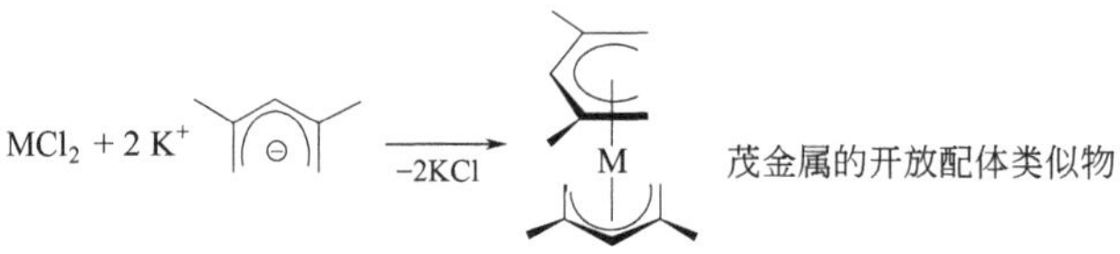
MCl2 + 2 K+
−2KCl
M
茂金属的开放配体类似物

异构化：

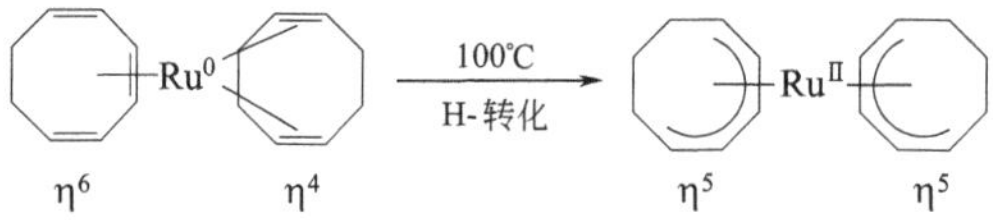
Ru0
100℃
H-转化
RuII
η6
η4
η5
η5

2.7.2.2 反应性

二烯基配合物，特别是其 Fe 和 Mn 的羰基化合物，在立体选择性合成中具有重要应用。该合成策略是使用一系列反应实现从［η^4］到［η^5］$^+$再到［η^4］的转化，或者从［η^6］$^+$到［η^5］的转化来实现选择性功能化。(例如，分别使用 $Fe(CO)_3$ 和 FeCp 化合物)。

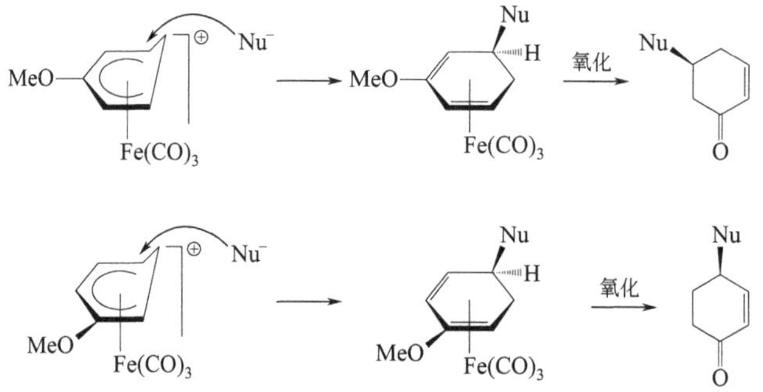
MeO
Nu⁻
Fe(CO)3
MeO
Nu
H
Fe(CO)3
氧化
Nu
O
Nu⁻
MeO
Fe(CO)3
Nu
H
MeO
Fe(CO)3
氧化
Nu
O

延伸阅读 2.7.2.2 有机合成中的金属二烯基配合物

连续的亲核加成和质子化能使环辛四烯配合物转化为立体选择性的双官能化二烯。

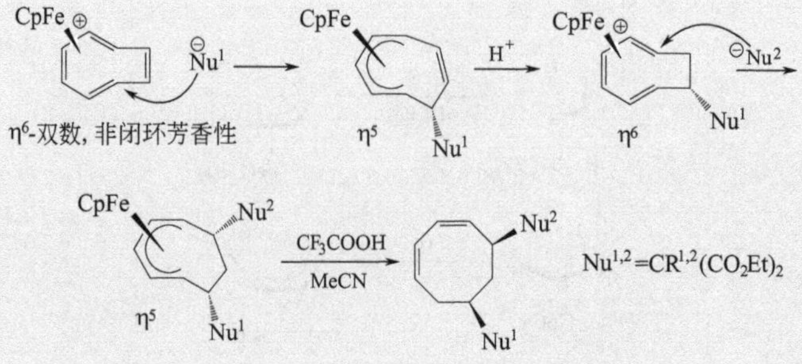
CpFe
Nu1
η6-双数, 非闭环芳香性
CpFe
η5
Nu1
H+
CpFe
Nu2
Nu1
η6
CpFe
Nu2
η5
Nu1
CF3COOH
MeCN
Nu2
Nu1
Nu1,2=CR1,2(CO2Et)2

类似的反应过程已经被用于合成抗流感药物奥司他韦的核心成分。在这种情况下，起始物二烯来源于苯微生物氧化的产物。

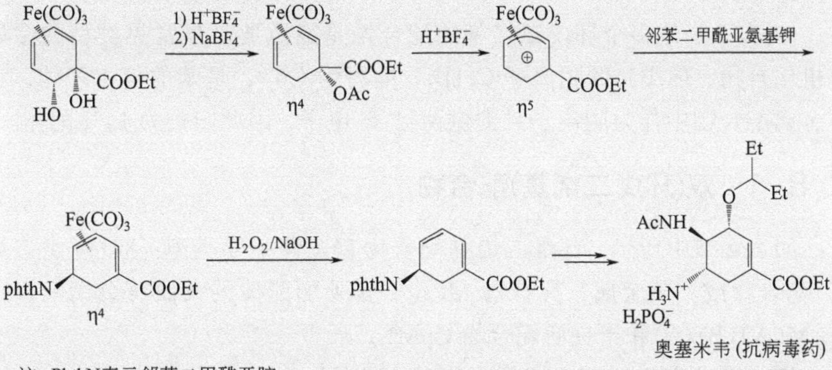

注：PhthN表示邻苯二甲酰亚胺。

⊙ 要点

烯丙基和二烯基在多数情况下分别作为贡献 3 个和 5 个电子的 π-配体与金属配位。这些配体被认为是单阴离子，LX 和 L_2X 类配体。

烯丙基常常由烯烃和共轭二烯生成，并作为催化循环的一部分(双键异构化，二烯低聚和聚合，合成中间体)。它们易于发生亲核进攻，最常见于 1-位和 3-位(参见 Davies-Green-Mingos 规则)。

烯丙基和二烯基的形成允许不饱和底物的区域和立体选择的功能化。

含 π-烯丙基配合物的重要催化应用：

(1)催化丁二烯二聚和三聚；

(2)丁二烯二聚并与 HX 加成：调聚；

(3)丁二烯和异戊二烯聚合制备弹性体聚合物。

⊙ 练习

1. [(η^2-C_3H_6) $PdCl_2$]$_2$ 与碱发生反应生成什么产物？

2. 零价镍配合物催化 1，3-丁二烯二聚生成 4-乙烯基环己烯（VCH），该化合物可以被氧化形成苯乙烯。画出形成 4-乙烯基环己烯过程的所有中间体化合物，并描述反应过程。

3. 画出下列物质在亲核试剂存在下，二氯化钯促进反应的历程和反应中间体化合物：

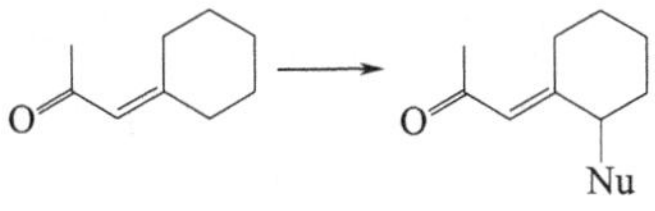

2.8 L₂X型 π-受体配体: 茂金属配合物

含有一个或多个环戊二烯基的配合物是最重要与最常见类型的金属有机化合物。环戊二烯阴离子 $C_5H_5^-$，缩写为 Cp^-，是苯的等电子体，它在金属配合物中作为阴离子且提供两对 π 电子，因此归类为 L_2X 配体。

2.8.1 双(环戊二烯基)配合物

如 2.2 节中所示，环戊二烯基配合物有三种主要类型：双(环戊二烯基)配合物或"茂金属"配合物 MCp_2、含外加配体的弯曲茂金属配合物 $Cp_2M(A)(B)(C)$ 和半夹心配合物 $CpML_z$。

第一个被发现的茂金属化合物是二茂铁，$Fe(\eta^5\text{-}C_5H_5)_2$ 即 $FeCp_2$。二茂铁具有"双锥形"或"夹心"结构，即金属中心对称地保持在两个平面 C_5 环之间。二茂铁已经成为象征金属有机化学建立的标志。

1973年诺贝尔奖颁发给 E. O. Fischer 和 G. Wilkinson 以表彰他们发现夹心配合物

二茂铁这个名字来源于人们认识到它在化学上表现得很像苯或三维芳烃分子。例如，二茂铁的 Friedel-Crafts 反应比苯更容易。

Cp 环可以含有多个取代基，这种多取代基对茂金属化合物多样化制备和成功应用有很大的贡献。

人们很快就意识到夹层型键合具有普适性结构。不仅双 Cp 配合物适用于许多不同的金属，而且 Cp 和苯的等电子关系也可以用于预测和合成其他体系；例如，苯作为中性 Cp 类似物的配合物，$Cr(苯)_2$ 是最主要的例子之一。夹心配合物存在于 3～9 元环状配合物中。

环戊二烯阴离子通过环戊二烯 C_5H_6 脱质子化来制备，C_5H_6 通常作为 Diels-Alder 二聚体存在，通过热裂解产生单体。它是一种 C-H 酸性化合物($pK_a = 16$)，因此它与碱金属或碱金属氢化物反应，释放出 H_2 并形成相应的金属-Cp 化合物。碱性化合物是无色盐(通常由于氧化产物的痕量杂质而着色为粉红色)。取代的环戊二烯衍生物作为单体更加稳定。

见2.2节例子

单茂钛见1.5.3.2节

对于部分合成应用，如贵金属卤化物参与的反应，使用对空气和水分稳定的铊衍生物 TlCp 是便利的（尽管铊化合物剧毒），它可以通过升华纯化。

结构类型 典型的茂金属 $[MCp_2]^{n+}$ 可以是中性或阳离子。在第一排金属中，仅二茂铁和 $[CoCp_2]^+$ 是抗磁性的，其他的茂金属都具有 $1\sim5$ 个不成对电子。

不是所有具有 MCp_2 经验式的配合物都具有茂金属结构，例如，$[CpRh(\eta^4\text{-}C_5H_5)]_2$ 是 $RhCp_2\cdot$自由基（18VE）的二聚体。对于多数金属如锆 $[r(Zr^{4+})=0.91\text{Å}]$ 和最大过渡金属如铀 $[r(U^{4+})=1.17\text{Å}]$ 能够与两个以上 Cp 配体进行 π 配位。相比之下，具有较小半径金属中心的 $TiCp_4$ 含有两个 η^5 和两个 η^1 键合 Cp 配体。

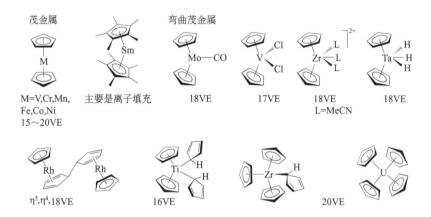

配体类型 引入取代基的 Cp 环容易方便地改变金属配合物的电子和空间特性。与 C_5H_5 相比，五甲基-Cp 配体，C_5Me_5（通常缩写为 Cp*）大大增加空间位阻，五个甲基的存在使配体具有双倍于 C_5H_5 的直径和厚度。结果是，当 $M^+\cdots Cp^-$ 间作用具有强离子键性质和未取代环戊二烯基化合物（Mn^{II}，镧系元素）展示二聚或聚合 $[MCp_2]_x$ 结构时，Cp*（五甲基环戊二烯基）的金属配合物却以单体和独立分子形式存在。由于甲基取代基的给电子效应，Cp* 是一个比 Cp 更强的电子给体。五卤取代环戊二烯配体 C_5X_5（X＝Cl,Br,I）与 C_5Ph_5 一样具有相反的作用，$C_5(CN)_5^-$ 配体的碱性很弱，使其作为阴离子形成金属盐化合物，如 $[Ni(DMF)_6]^{2+}$ $[C_5(CN)_5^-]_2$。然而，卤素取代 Cp 衍生物的配合物可用于制备功能化的 Cp 衍生物。

苯并环 Cp 骨架（即加入一个芳香的 C_6 环）更倾向于提高配合物的稳定性，例如，（η^5-茚基)$_2$TiMe$_2$ 比 Cp$_2$TiMe$_2$ 的热稳定性更高。另一方面，如第 2.5.3.1 节所指出的那样，在茚基配体与可以从 $\eta^5\rightarrow\eta^3$ 滑移的富电子金属结合的情况下，可证明茚基配合物比其 Cp 配合物的反应活性更高。手性取代基经常用于诱导 Cp 配合物的立体选择性。

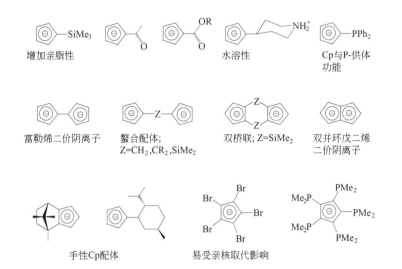

增加亲脂性   水溶性   Cp与P-供体功能

富勒烯二价阴离子   螯合配体; Z=CH₂,CR₂,SiMe₂   双桥联; Z=SiMe₂   双并环戊二烯二价阴离子

手性Cp配体   易受亲核取代影响

有许多基于杂环的 Cp 类似物，特别是碳硼烷和含硼环。那些具有 B—N 键的类似物与 C_5 母体化合物密切对应，而含有一个或多个 BR 单元取代 CH 的环化物是缺电子的。$[C_2B_9H_{11}]^{2-}$ 体系具有非常类似于 Cp^- 的前线轨道，并且存在一系列类似于茂金属的配合物。

Cp类似物

$[C_2B_9H_{11}]^{2-}$
Cp类似物   硼杂环戊二烯基   1,3-二硼杂环戊二烯基   1,2-氮硼杂环戊二烯基   硼杂苯基

空间效应 正如对膦和卡宾所讨论的一样，环戊二烯基配体的空间参数可以描述它们对金属配合物的空间影响。由于 Cp 配体可以携带不同数量的取代基，并且每个取代基能够采取多个构象来减小空间排斥，因此难以用单个参数来概括其总效应。通常基于晶体结构测量（或计算）两个角度，即金属周围的角度和描述取代基体积的角度。

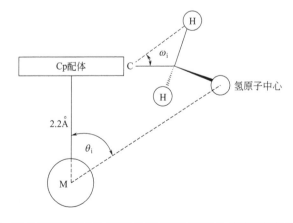

根据 Cp 配体逐渐增加的空间位阻排列它们的空间效应的大小，对此

比较好的衡量方法就是参考所形成二茂铁化合物的旋转能垒。当两个值彼此接近时，会有个别的特例现象，其空间位阻排序如表 2.8 所示。

表 2.8　Cp 配体的空间(°)和电子(ν_{COav})参数[①]

配体	C_5H_5	C_5H_4Me	(茚基)	$C_5H_4SiMe_3$
$\Theta/(°)$	88.2	95.1	102.6	104.3
$\Omega/(°)$	0	49.0	0	95.6
$\nu_{CO\,av}$	1932	1926.5	1942	1929.0

配体	Bu^t(环)Bu^t	Bu^t(环)Bu^t,Bu^t	Pr^i(环)Pr^i,Pr^i,Pr^i	C_5Me_5
$\Theta/(°)$	116.2	132.0	146.4	167.4
$\Omega/(°)$	100.7	99.8	85.9	88.6
$\nu_{CO\,av}$	1913.0			1899.5

① 空间参数由（Cp^R）Zr（η^7-C_7H_7）得出，ν_{CO} 值由（Cp^R）$_2$Zr（CO）$_2$ 得出。

电子效应　Cp 取代基电子效应评估是比较难的，如 Cp 配体的最佳二面角构象变化受取代基影响，且不遵守线性关系。一个好的通用方法是测量（Cp^R）$_2$Zr（CO）$_2$ 配合物的对称和反对称 ν_{CO} 伸缩频率的平均值。该值随着具有 +I 效应的取代基数目增加而降低。每个 CH_3 取代基平均将 ν_{CO} 减少 3.2 cm^{-1}。通过测量，取代基的给电子能力按顺序降低。

$$Bu^t > Pr^i \approx Et \approx Me > SiMe_3 > H$$

σ_{meta} 与 Hammett 参数有良好的相关性，并与其诱导效应相符。

Cp 配合物的流变性和环滑移　Cp 配合物显示四种类型的流动行为：

（Ⅰ）Cp 环旋转；

（Ⅱ）η^1-Cp 配体的 σ 键键移；

（Ⅲ）η^1/η^5 哈普托数交换；

（Ⅳ）η^5/η^3 环滑移。

五配位基（η^5）配位的 Cp 配体可以被认为占据八面体配合物中的三个配位点。虽然在晶体中这样的配体相对于其他配体可以采取偏转构象，但是在溶液中 Cp 配体是非静态且围绕 M-Cp（质心）向量非常快速地旋转。除了极少数例外，C_5H_5 环的旋转能垒非常小，约为 2kJ·mol^{-1}，因此，即使在冷却至非常低的温度时，所有的 Cp 氢原子在 NMR 光谱中也是等效的。在二茂铁中，旋转能垒仅为乙烷能垒的 1/3。

Cp配体占据了四面体的一个配位点

L^1—M—L^3
L^2

已经讨论了 Hg（η^1-Cp）$_2$ 中 η^1-Cp 键和 σ 键的移动问题，其所有五个 Cp 碳之间的 M—C 键快速交换（见 1.4.3.2 节）。对于过渡金属，该情况由（η^5-Cp）Fe（CO）$_2$（η^1-Cp）举例说明。这里 η^1-Cp 配体经历一连串的 σ 键迁移（1,2-迁移和 1,3-迁移都是可能的），因此在室温以上五个 C-H 在 NMR 时间尺度上是相等的。在 30℃，该配合物的 ^{1}H NMR 光谱由两个尖锐的单峰组成，其中一个在冷却后变宽以显示预期的 1∶2∶2 单峰信号模式。η^5-Cp 配体的信号不受影响，仍是尖锐的。

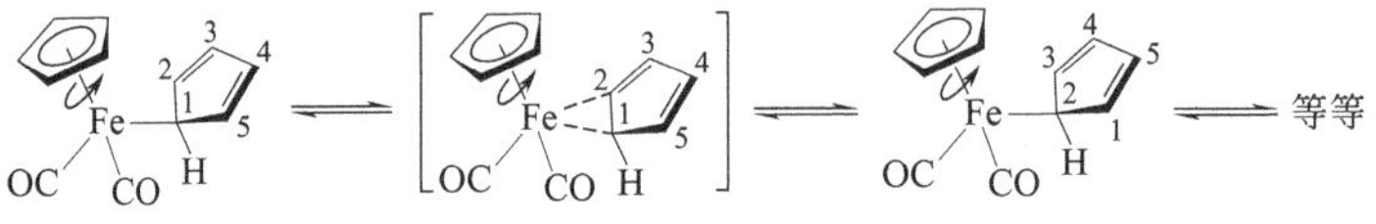

在 TiCp$_4$ 中可以看到第二种类型的变化。18 电子规则和小的 Ti(Ⅳ) 意味着不能容纳四个 η^5-Cp 配位。在 60℃时该化合物显示单一 ^{1}H NMR 信号，该化合物在冷却时会分裂成两个单重态。在这种情况下，两个 Cp 配体是 η^1 键合，另外两个是 η^5 键合，并且四个 Cp 配体都参与了交换过程。因此，存在三种流动过程：η^5-Cp 旋转，η^1/η^5 交变，以及 η^1-Cp 环上的 σ 键位移。

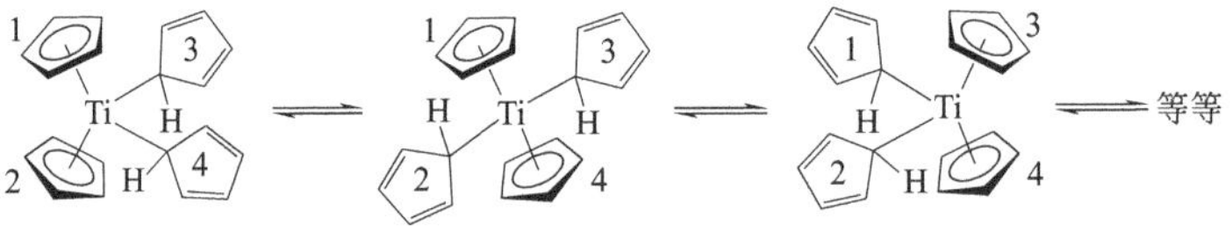

η^5/η^3-环滑动是 Cp 与其他配体之间配位点竞争的结果。经典的情况是通过 Cp$_2$W(CO) 吸收 CO 以得到 Cp$_2$W(CO)$_2$。这似乎是个 20 电子物种，然而，CO 配位与一个 Cp 环产生 $\eta^5 \rightarrow \eta^3$ 滑移相关，最终保持 18 电子。

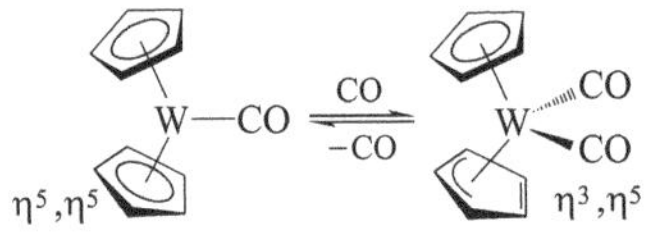

虽然这种滑动在 Cp 中是不常见的，但在茚基配体中，六元环的芳香性增加会促进这一过程。$\eta^5 \rightarrow \eta^3$-茚基环滑动对配体取代的动力学的重要性已经在第 2.5.3.1 节中讨论了，它对于 Co 和 Rh 的茚基配合物非常重要。例如，尽管 CpRh(C$_2$H$_4$)$_2$ 非常难与乙烯配体交换为 CO，但是在 (Ind)Rh(C$_2$H$_4$)$_2$ 中与 CO 交换是瞬时完成的：

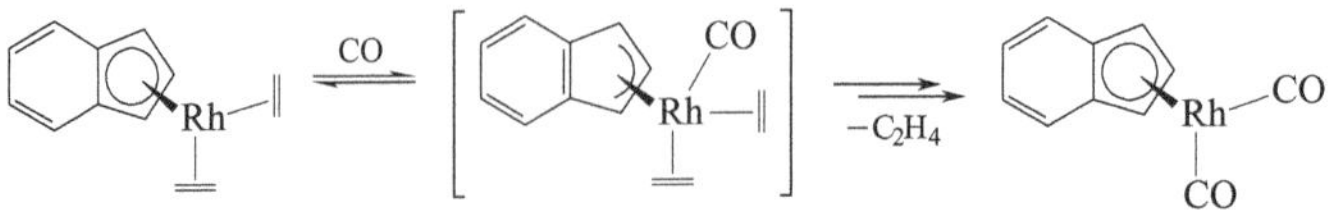

2.8.1.1　茂金属配合物的合成

制备茂金属最常用方法是金属盐与环戊二烯基碱金属的反应。

$$\text{MCl}_2 + 2\text{Na}^+\text{Cp}^- \xrightarrow[\text{乙醚或四氢呋喃}]{} \text{MCp}_2 + 2\text{NaCl}$$

$$M = V, Cr, Mn, Fe, Co, Ni$$

$$\text{Ni(acac)}_2 + 2\text{CpMgBr} \xrightarrow[\text{乙醚}]{} \text{NiCp}_2 + 2\text{MgBr(acac)}$$

对于稳定的茂金属如二茂铁，在 DMSO 中从环戊二烯和 Et_2NH 或 KOH 碱原位反应生成低浓度 Cp^- 是可行的合成途径，也更便捷。

$$\text{FeCl}_2 \cdot 6\text{H}_2\text{O} + \text{C}_5\text{H}_6 + 2\text{Et}_2\text{NH} \longrightarrow \text{FeCp}_2 + 2\text{Et}_2\text{NH}_2^+\text{Cl}^-$$

并环戊二烯阴离子由两个边缘共享的 Cp 环组成。它可以当作夹层以及桥联配体：

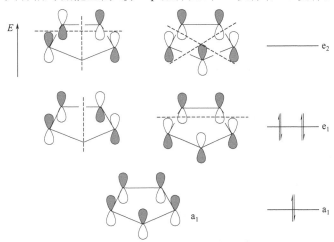

2.8.1.2 MCp₂ 配合物的结构和键合

由于具有相对低能垒的 e_2，Cp 配体充当 π-供体和 π-受体：

对于夹心型茂金属 MCp_2 的分子轨道图，Cp 和金属 d 电子轨道的组合给出了决定配合物磁性的分裂模式。锰的茂金属磁矩强烈依赖于 Cp 取代模式。18VE 化合物 FeCp_2 和 CoCp_2^+ 是抗磁性的（表 2.9）。

表 2.9 茂金属的电子构型和磁性

茂金属部分定性分子轨道图		占有 d 轨道	电子数	非成对电子	自旋值 μ_{eff}	实测（玻尔磁子）
	Cp₂V	$(e_{2g})^2(a'_{1g})^1$	15	3	3.87	3.84
	Cp₂Cr	$(e_{2g})^3(a'_{1g})^1$	16	2	2.83	3.20
	Cp₂Fe⁺	$(e_{2g})^3(a'_{1g})^2$	17	1	1.73	2.34
	Cp₂Mn	$(e_{2g})^2(a'_{1g})^2(e^*_{1g})^2$	17	5	5.92	5.81
	Cp₂Co	$(e_{2g})^4(a'_{1g})^2(e^*_{1g})^1$	19	1	1.73	1.76
	Cp₂Ni	$(e_{2g})^4(a'_{1g})^2(e^*_{1g})^2$	20	2	2.83	2.86

茂金属的电子数从 15（VCp₂）增加到 20（NiCp₂），即镍化合物超过 18 电子规则。它具有真正的茂金属结构（不同于 η^5-Cp/η^3-Cp 配位转化），

磁性

但是，额外的电子削弱了 Ni-Cp 键。与 Fe < Co < Ni 的原子半径趋势不同，两个 Cp 平面之间的距离逐渐增大。

在简单茂金属 MCp_2 系列中缺少二茂钛 $TiCp_2$，这是一个高度不稳定的 14 VE 物种。相反，Cp 配体的 C—H 键发生断裂，得到 Ti 富勒烯氢化物配合物。虽然存在空间稳定的 $Ti(\eta^5\text{-}C_5Me_5)_2$，但是这与 C-H 活化的"折入"形成异构体相平衡。大体积取代基的引入对于产生可分离的稳定的二茂钛是必需的。线型二茂钛 (d_2) 是顺磁性的，$Ti(\eta^5\text{-}C_5Me_4Ph)_2$ 显示出 $\mu_{eff}=2.7B.M.$ 的磁矩，接近于 2 个自旋电子的值 2.83B. M. 。

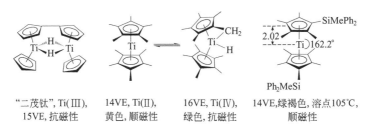

"二茂钛", Ti(Ⅲ),　　14VE, Ti(Ⅱ),　　16VE, Ti(Ⅳ),　　14VE,绿褐色,溶点105℃,
15VE, 抗磁性　　黄色, 顺磁性　　绿色, 抗磁性　　顺磁性

二价锰具有半填充的 d 电子层，其在高自旋状态下意味着零配体场稳定和离子的特性。因此，固态锰化合物 $MnCp_2$ 含有带桥接 Cp^- 聚合结构，使人想起 Zn^{2+} 与 Cp 配位的多样性。作为 Mn^{2+} 配位差异的例子，$MnCp_2$ 与供体配体如 $Cp_2Mn(THF)_2$ 和 $Cp_2Mn(PMe_3)$ 形成 19～21VE 单加合物和双加合物。$MnCp_2$ 存在两相：在 158℃时，琥珀色聚合物低温相变转化为粉红单体金属茂结构。

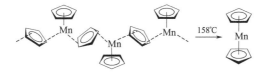

在 $Mn(C_5H_4Me)_2$ 中高自旋(HS)和低自旋(LS)态能量上非常接近，因此，温度或溶剂的微弱变化可以影响磁性变化。HS/LS 交叉带使 Mn-Cp 键共价键特性发生变化；高自旋 d^5 形式是具有大 Cp(质心)-Mn-Cp(质心)距离的离子型，而低自旋形式是共价的，其中 Mn-Cp 距离与二茂铁相当。

$MnCp_2^*$ 是一个17VE 的单体配合物，具有可预期的夹层结构。由于 Cp* 的场强较高，所以化合物是低自旋的。它可以被氧化成 $[MnCp_2^*]^+$ 或者还原成 18VE 的阴离子 $[MnCp_2^*]^-$。

没有二价铜的茂金属化合物，但是 Cu(d^{10}) 可以形成双 Cp 配合物，其中 Cp 配体是 η^2 键合的并且形成"滑动-夹心"结构。与本文讨论的其他双 Cp 配合物不同，$[CuCp_2]^-$ 盐受热不稳定，在 0℃以上的溶液中分解。

Na[MnCp$_2^*$] 是一个单电子还原剂 $(E_{1/2}=-2.17\ V$ vs.SCE)

$$CuCl + 2\,LiCp + PPh_4{}^{+}Cl^{-} \xrightarrow[-80℃]{} [PPh_4]^{+} \left[\underset{}{\bigcirc} \!\!-\!\!Cu\!\!-\!\! \underset{}{\bigcirc} \right]^{\ominus} + 2\,LiCl$$

第二排和第三排前过渡茂金属，如 Nb、Mo 和 W，与二茂钛类似，能够使 C—H 活化，并产生具有桥接 η^1,η^5-C_5H_4 配位的各种异构茂金属氢化物结构。下图是一些代表性的例子。$ReCp_2$（17VE）不稳定，但 $ReCp_2^{*}$ 是可分离的。只有 Ru 和 Os 形成类似于二茂铁的简单茂金属结构。

2.8.1.3　MCp_2 配合物的反应

茂金属 MCp_2（即排除具有其他 L 型或 X 型配体的配合物）显示四种类型的主要反应：

① 缺电子茂金属会增加配体以获得更高的电子数。该反应模式适用于第 4 族茂金属。

② 富电子的茂金属具有氧化-还原活性，并显示可逆的 1-电子氧化和还原。

③ 18VE 茂金属如二茂铁的反应性主要是修饰 Cp 配体，而不影响茂金属结构本身。

④ 富电子的茂金属显示出配体交换行为以实现 18VE 构型。

（1）前过渡金属的茂金属　其反应活性物质的例子是 14VE 物种 $M(C_5Me_5)_2$，它与烯烃、炔烃、H_2、CO 甚至 N_2 配位以实现 16～18VE 电子数和四价氧化态。

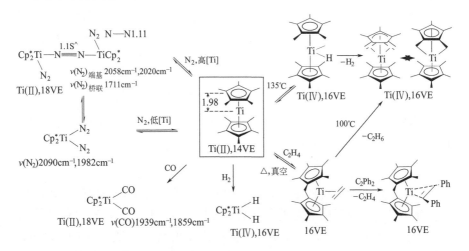

第 5 族和第 6 族过渡金属：二茂钒 VCp_2（15VE）配位 CO 得到 $Cp_2V(CO)$。二茂铬 $CrCp_2$（16VE）强烈趋向于保留茂金属结构并在低温下与 CO 形成加合物。在加压 CO 气氛下，两者都发生配体取代反应，分别得到 CpV

$(CO)_4$ 和 $[CrCp_2][CpCr(CO)_3]$。$CrCp_2$ 被碘或烯丙基碘氧化得到 $[CrCp_2]^+I^-$，而与 CCl_4 一起加热导致氧化并有部分 Cp 配体被取代，得到 $[CrCp_2]^+[CrCpCl_3]^-$。

(2)氧化还原反应 最广泛使用的茂金属是二茂铁(Fc)，其最具特色的反应是其橙色二茂铁(Fe^{II}，d^6，18VE)氧化成深蓝色二茂铁阳离子(Fe^{III}，d^5，17VE)，基于标准甘汞电极(SCE)$E_{1/2} = +0.34V$(乙醇，25℃)和$+0.31V$(乙腈)。

$$FeCp_2 \underset{+e^-}{\overset{-e^-}{\rightleftharpoons}} [FeCp_2]^+$$

Fc/Fc^+ 转化通常用作电化学参比标准电极。Cp 环上每增加一个甲基取代基都将电位向负值移动 0.048V。

二茂铁与许多试剂都可以发生氧化反应，包括 $FeCl_3$，与碘进行反应是一个平衡过程。

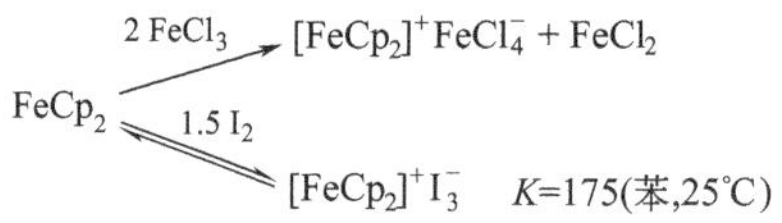

$$FeCp_2 \overset{2\ FeCl_3}{\longrightarrow} [FeCp_2]^+FeCl_4^- + FeCl_2$$
$$\underset{1.5\ I_2}{\rightleftharpoons} [FeCp_2]^+I_3^- \quad K=175(苯,25℃)$$

二茂铁与电子贫乏的烯烃如四氰基乙烯(TCNE)形成电荷转移加合物，很容易被氧化的 $FeCp_2^*$ 与电子受体如 TCNQ(7,7,8,8-四氰基对醌二甲烷)通过电子转移反应，得到导电性的盐 $[Fe^{III}Cp_2^*]^+[TCNQ]^-$。

二茂钴 $CoCp_2$ 是 19VE 物种，它在惰性气体气氛中是稳定的，但是对空气敏感。它是一种优异的单电子还原剂($E_{1/2} = -0.87$，基于甘汞电极)，黑紫色的 $CoCp_2$ 被氧化后生成黄色的二茂铁等电子体 $[CoCp_2]^+$。在水存在下，用 O_2 对二茂钴进行氧化，得到氢氧化二茂钴 $[CoCp_2]^+$ OH^-。钴锇阳离子是非常稳定的，即使在强碱性水溶液和强酸中也是如此，而阳离子表现得像大的碱离子。它对进一步的氧化具有耐受性。例如，用浓硝酸处理 $[Co(C_5H_4Me)_2]^+$，可以氧化甲基取代基得到 $[Co(C_5H_4COOH)_2]^+$，但是，二茂金属核仍然保留。

$$CoCp_2 \xrightarrow[\text{水}]{O_2} [CoCp_2]^+OH^-$$

二茂镍(20VE) 有两个氧化步骤。虽然 $[NiCp_2]^{2+}$ 是 18VE 物种，但难以生成并且不稳定(Ni^{IV}!)。

$$NiCp_2 \overset{+0.1V}{\rightleftharpoons} [NiCp_2]^+ \overset{+0.74V}{\rightleftharpoons} [NiCp_2]^{2+}$$

(3)Cp 环上的取代反应 如前所述，二茂铁表现出芳香族化合物的性质，并且已经应用于标准有机合成方法，制备合成物、材料和医药品的大量衍生物。二茂铁比苯的电负性更强，在发生路易斯酸催化的 Friedel-Crafts 酰化反应时二茂铁比苯的反应速度快约 10^6 倍。茂金属配合物中 Cp 环可以进行锂化，产生 $CpFe(C_5H_4Li)$ 像常规的芳基锂一样与亲电试剂进行反应。以下图示对其多样化反应性进行了概述。

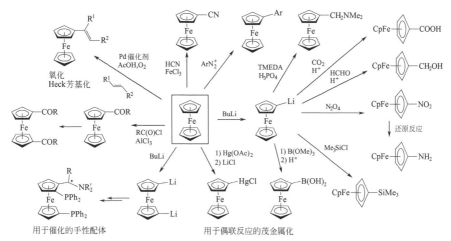

FeCp$_2$ 和 RuCp$_2$ 中 Cp 配体的金属化过程显示可以实现 10 个氢原子全部被取代。这可以通过 Hg(OAc)$_2$ 或 Hg(O$_2$CCF$_3$)$_2$ 的亲电子汞化来实现。汞可以依次被 Li、Mg、Zn 或卤化物取代：

$$MCp_2 \xrightarrow[\text{2) 10KCl}]{\text{1) 10Hg(OAc)}_2} \text{[ClHg}\cdots\text{M}\cdots\text{HgCl]} \xrightarrow[\substack{Y=MgMe,\\ZnMe}]{\text{MeMgCl或}\\ \text{ZnMe}_2} Ru(C_5Y_5)_2 \xrightarrow{Br_2} Ru(C_5Br_5)_2$$

M=Fe,Ru

二茂铁基单元可以稳定与 Cp 环结合的碳阳离子，如〔Fc-CPh$_2$〕$^+$ 是可分离的，这有利于在环的邻（α-）位取代：

一般用芳烃交换二茂铁中 Cp 环的方法是用 AlCl$_3$ 和铝粉处理 FeCp$_2$ 与芳烃的混合物，以得到相应的阳离子化混合配体夹心配合物：

$$FeCp_2 + C_6H_6 \xrightarrow{\text{Al/AlCl}_3} \text{[Cp-Fe-C}_6\text{H}_6]^{\oplus} \text{AlCl}_4^-$$

（4）二茂镍的反应 这种 20VE 物种的反应性趋向于获得具有能量优势的 18 电子数产物。这可以通过配体取代来实现，其中一个 Cp 环被 3 电子给体取代，与此同时，歧化反应形成零价镍配合物。用过量的膦或 1,5-COD 处理 NiCp$_2$ 还原形成零价镍化合物。

用含有非配位阴离子的酸 HBF$_4$ 对 NiCp$_2$ 进行质子化，观察到了很有意思的反应。H$^+$ 与 Cp 反应形成 C$_5$H$_6$ 解离，获得高反应活性的〔CpNi〕$^+$ 片段。其进一步与二茂镍反应以得到堆叠的配合物〔Ni$_2$Cp$_3$〕$^+$，这是第一个能够分离出的三层夹心配合物。其他金属也有类似的三层夹心结构，例如，$[Cp^*Ru(NCMe)_3]^+$ 与 $RuCp_2^*$ 堆叠反应产生 $[Ru_2Cp_3^*]^+$；这是一个有 30VE 的多层结构，具有 18VE 双核等价结构及稳定键合状态。相比之下，$[Ni_2Cp_3]^+$ 具有 34VE，多出的电子削弱了团簇键合并延长了 Ni-Ni 键的距离。

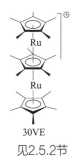

30VE

见2.5.2节

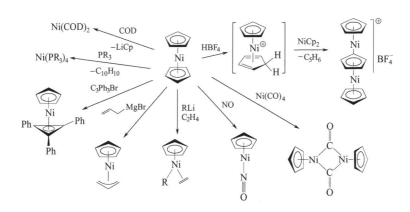

延伸阅读 2.8.1.3　医药和催化中的二茂铁

血糖传感器　全世界约有 3.5 亿糖尿病患者，快速和容易地测定血糖水平是每天必需的。酶葡萄糖氧化酶(GOD)是高度敏感和特异性的，然而，由于酶不与电极表面直接反应，通过电化学方法测定氧化过程是行不通的。这个难点可以通过使用二茂铁作为介导葡萄糖定量氧化成葡萄糖酸内酯的氧化还原催化剂来克服，所得到的电流与葡萄糖浓度成比例。氧化还原势和动力学可以通过合适的 Cp 环取代来优化。据估计，自 1982 年该传感器系统发明以来，已经出售了大约 250 亿个测试条。该系统包括几个相互连接的氧化还原循环：

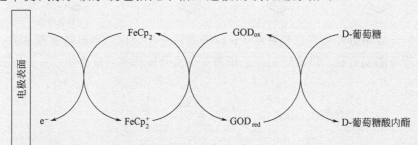

抗癌药物　由于许多疾病对药物产生耐药性持续增加，现在越来越多地测试含有金属有机片段的药物。特别是经常使用二茂铁衍生物来修饰或增强抗肿瘤药物，现在正在研究许多结构的序列。该方法可用实例来说明，例如，诱导他莫昔芬的羟基二茂铁(A)。他莫昔芬是乳腺癌治疗的标准药物，但肿瘤会产生抗药性。在这种情况下，二茂铁衍生物 A 是有效的且抑制非激素依赖性乳腺癌细胞的生长。B 型化合物对肝癌具有活性。二茂铁基醚 C 正在针对前列腺癌进行实验，而 D 化合物可以控制癌细胞中异常激酶的活性(蛋白质磷酸化)。

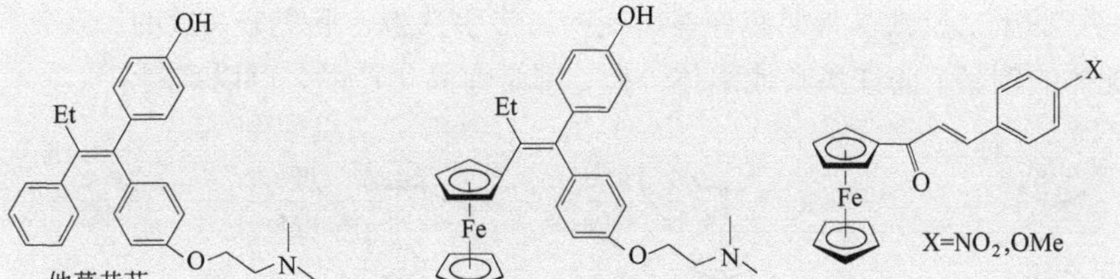

他莫昔芬

A 羟基二茂铁昔芬

B

X=NO₂,OMe

C 二茂铁比卡鲁胺

D

疟疾和结核病 除了癌症，疟疾和结核病的世界性威胁日益加剧，也是造成死亡的主要原因之一。多重耐药细菌菌株难于常规治疗。二茂铁衍生物 E 对抗氯喹耐药性疟疾病原体具有活性。已报道 F 和 G 型化合物有望对多重耐药结核病菌株进行治疗。

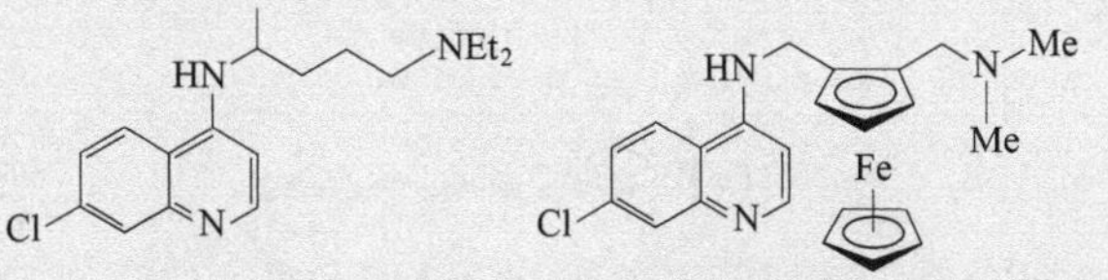

氯喹

E 二茂铁氨基喹啉,抗疟疾药物

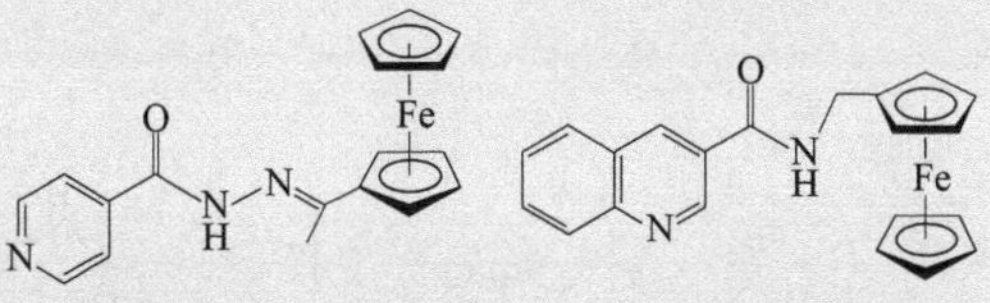

F

G

二茂铁衍生配体用于不对称催化 由于二茂铁两个环可以独立地被取代，每个 Cp 环一个或多个手性取代基提供了手性协助。在一个环上引入两个取代基可以构建具有平面手性的配体。例如，该类型的配体用于不对称亚胺氢化的铱催化剂，这已用于生产除草剂中间体的大规模工业化。

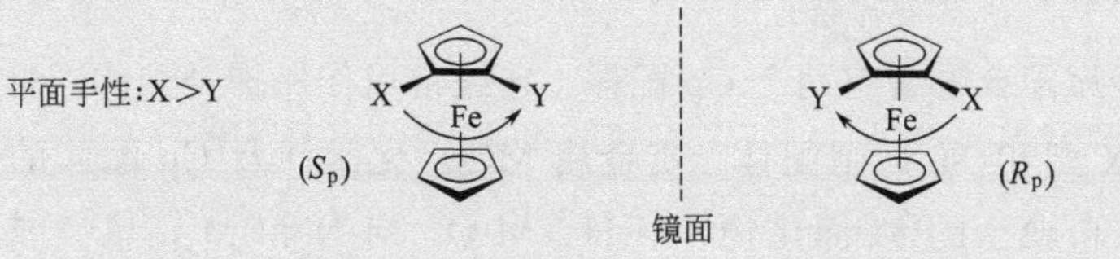

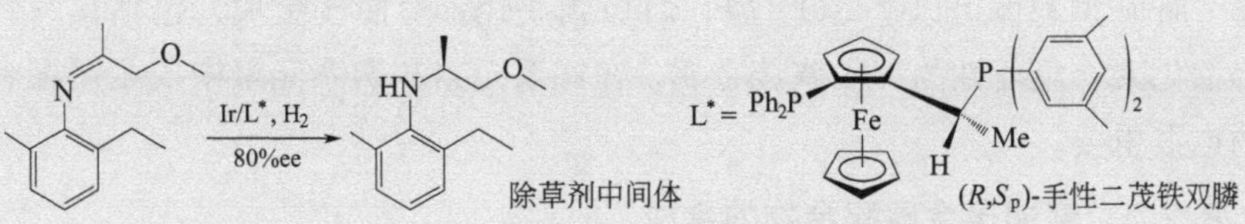

平面手性:X>Y

(S_p)

镜面

(R_p)

Ir/L*, H₂
80%ee

除草剂中间体

L* =

(R,S_p)-手性二茂铁双膦

2 过渡金属有机化合物

161

基于二茂铁基骨架有许多可变的二齿手性膦，下图是大量的二茂铁型配体的例子，同许多其他配体一样，都是商品化产品，可以购得。

R=Bu^t,Ph,

R=Cy,3,5-Me$_2$C$_6$H$_3$

R=

二茂铁配合物作为化学传感器 金属配合物被广泛用作选择性传感器检测金属离子、阴离子或各种其他底物(包括生物分子)，其中二茂铁衍生物应用最多。收集传感响应的渠道很多：紫外-可见(UV/Vis)光谱，荧光或电化学响应，即 Fc/Fc$^+$ 氧化还原的位移。例如，冠醚类二茂铁 H 在其他碱金属存在下对 Li$^+$ 具有选择性，二茂铁衍生物 I 在 Cd^{2+} 存在下对 Zn^{2+} 的电化学和 UV/Vis 响应具有选择性，而硼酸衍生物 J 是 HF 以及碳水化合物的传感器。配合物 K 作为比色传感器检测手性仲醇对映体，L 型二茂铁衍生物用来检测三核苷酸，两者都是基于底物形成氢键键合的特征。

H

I

J

K

L

2.8.2 弯曲茂金属配合物

弯曲茂金属配合物含有两个 Cp 配体，它经常用作保护类配体，用作一个或多个 X 型和/或 L 型配体。茂金属 MCp$_2$ 化学涉及 Cp 配体的反应。X 配体来自典型的 M-卤化物、M-H、M-O、M-N 和 M-C 单键或多键，而 L 型配体可以是 CO、膦、烯烃或炔烃。弯曲茂金属，包括具有烯烃催化聚合重要性的第 4 族茂金属，在镧系元素和锕系元素中茂金属配合物也很重要。

2.8.2.1 弯曲茂金属配合物的合成

最重要的合成路线是前过渡金属卤化物，例如 MX$_4$（M＝Ti，Zr，Hf，V）与 NaCp 或 LiCp 衍生物以 1∶2 的摩尔比进行反应，得到 Cp$_2$MX$_2$

第4族二卤二茂金属化合物

配合物。第 5 族较重的金属卤化物进行类似反应时预期得到五价配合物 Cp_2MX_3（M＝Nb，Ta），这些配合物具有顺磁性。$CpSiMe_3$ 和 $CpSnR_3$（R＝Me，Bu^n）是温和的 Cp 转移剂，与路易斯酸性金属卤化物平稳地反应，得到单或双茂金属配合物。$(Cp^R)_2NbCl_2$ 可以由 $NbCl_4(THF)_2$ 与 $LiCp^R$ 反应获得。

基于定量反应，镧系元素卤化物反应制备 Cp_2LnX 和 $LnCp_3$ 类型的化合物。Cp_2LnX 配合物是卤化物桥联二聚体。不含取代基的 Cp 配体形成 $LnCp_3$ 化合物是由 Cp 桥联成聚合物。然而，化合物在加热时解聚，并通过升华纯化。Cp^* 配位镧系化合物是单核金属配合物。

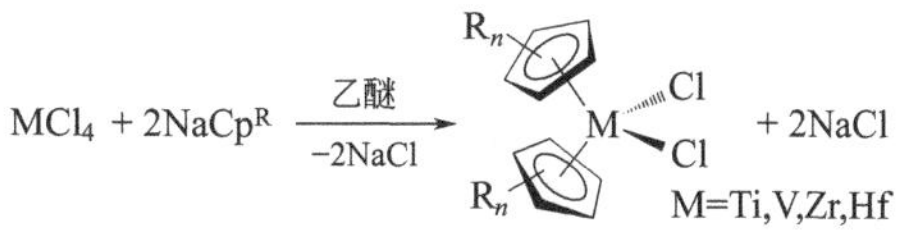

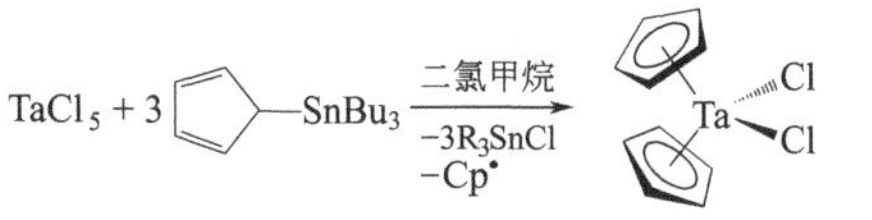

镧系元素
Cp_2Ln
Cp_2LnX
Cp_3Ln

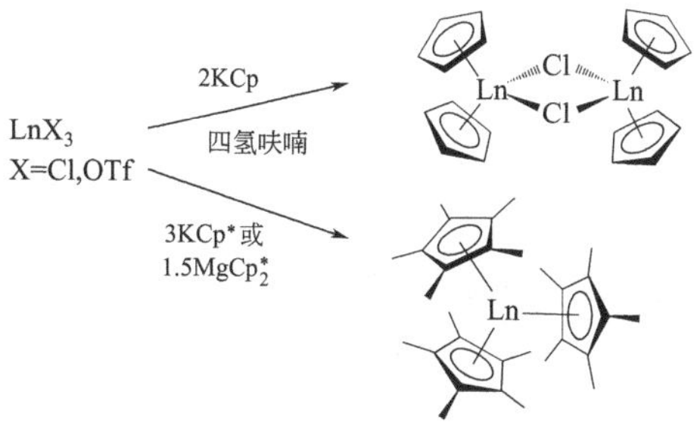

已知镧系元素钐、铕和镱的二价氧化态相对稳定。它们可以使用金属直接制备二茂金属 Cp_2Ln 配合物，以配位溶剂形成加合物 Cp_2LnL_2。这些化合物是热稳定的，但对氧高度敏感。

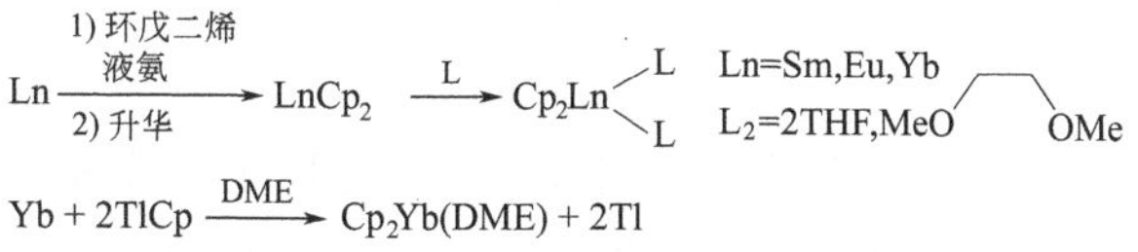

第5族和第6族金属

在 $NaBH_4$ 存在下 $ReCl_5$ 与 NaCp 的反应产生第一个茂金属氢化物。该反应方法具有普遍性，用于合成 Cp_2MH_2（M＝MO，W）和 Cp_2MH_3（M＝Nb，Ta）配合物。

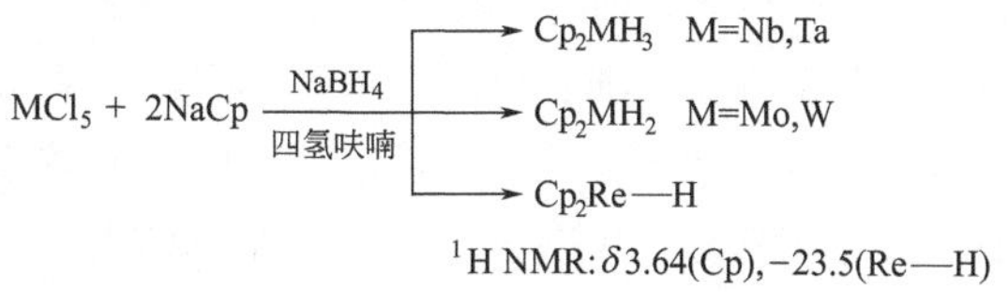

特别重要的一类弯曲夹心配合物是钛、锆和铪配合物，其中 Cp 配体

通过基团连接，即所谓的桥联茂金属（源自拉丁语 ansa，意为柄）。带有取代基的 Cp 配体配合物可以形成外消旋和内消旋立体异构体，外消旋构型配合物是 1-烯烃的立体选择性聚合反应的重要催化剂，而内消旋构型配合物催化活性低且没有立体选择性。例如，使用合适催化剂助剂时，C_2 对称的外消旋 Z(Ind)$_2$ZrCl$_2$（Z=连接基团：如 Me$_2$Si、C$_2$H$_4$、Me$_2$C）生成全同立构的聚丙烯聚合物。变化配体形成具有 C_s 对称性（用于丙烯间规聚合）和更多开放空间的 Cp-桥联氨基配合物。有关催化应用，请参见第 3.7.2 节。

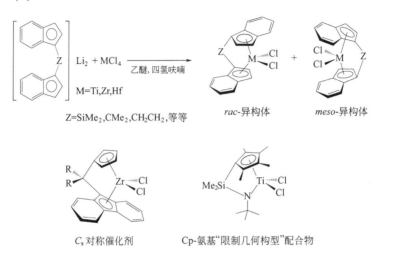

2.8.2.2 弯曲茂金属配合物的结构

基于 18 电子规则，弯曲的双 Cp 配合物仅限于含有低 d 电子数的金属。下图示出典型配合物：

Ln=第3主族镧系元素
R=烯丙基

弯曲茂金属参与化学反应的轨道位于"赤道平面"，即平分 Cp-M-Cp 角的平面。Cp$_2$MX$_2$（M=Ti，Zr，Hf）的化合物的 LUMO 轨道在该平面中，原则上能够接受 π-供体（因此标记为 d_π）。另外，存在两个轨道参与形成两个 M-X σ 键。因此，弯曲的茂金属片段 Cp$_2$M 具有这三个可用的轨道，可以被不同数量的电子占据。根据金属的电子数，它们可以用于结合最多三个配体。如果这三个轨道都是空的，则可以结合三个供电子配体。如果其赤道轨道中的一个轨道包含两个电子，则它可以作为碱。因此，从第 3 族到第 7 族金属的茂金属化学性质具有系统性变化。可以结合配体的数量受限于空间相互作用和金属中心大小，例如，锆能形成 [Cp$_2$Zr(NCMe)$_3$]$^{2+}$，而较小的钛只能结合两个腈配体形成 [Cp$_2$Ti(NCMe)$_2$]$^{2+}$。

桥联茂金属

前线轨道

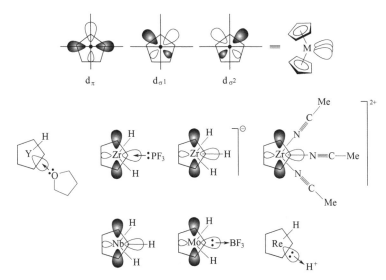

通过调节两个 Cp 配体平面之间的夹角可以改变化合物前线轨道的能量，对通过桥联 Z 连接 Cp 配体的桥联茂金属起了重要效果。这里金属配位几何构型可以通过 C_5 环最佳平面所形成的二面角 γ、环质心-M-环质心所形成中心角 β，以及 Cp 配体的范德华表面与金属之间形成的 α 角来描述，称为金属配位间隙的孔径（CGA）。

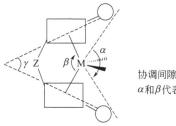

协调间隙孔径
α 和 β 代表桥联茂金属特征角度

在单原子短链如 Z 是 CH_2 的情况下，前线轨道的能量升高，金属的路易斯酸性加强。相反，链较长使 α 角变小，除了空间相互作用外金属实际上更具富电子。当然，取代基或多或少的强吸电子效应（$+I$）会降低金属上电子云的密度。例如，可以通过测定 $L_2Zr(CO)_2$ 配合物的平均 ν_{CO} 频率，考察供电子取代基和环倾斜角所造成的影响。引入抑制性桥联链 Z 导致路易斯酸度增加，这个例子解释了桥联茂金属催化剂比普通茂金属配合物在催化 1-烯烃聚合时活性显著增加（表 2.10）。

表 2.10　Cp 配体的空间和电子性质

L	Cp	Cp*	⬠—SiMe₃	Si			
$\gamma/(°)$	53.5	43.7		60.1	71.4	56.4	50.2
ν/cm^{-1}	1932.0	1899.5	1929.0	1939.5	1935.0	1931.0	1928.5

2.8.2.3 弯曲茂金属配合物的反应性

卤素复分解 就合成效用和催化应用而言，最重要的反应是通过烷基交换卤素配体。

$$Cp_2MCl_2 + 2RLi \xrightarrow[\text{乙醚}]{} Cp_2MR_2 + 2LiCl$$

$$R = Me, CH_2SiMe_3, 芳基, 炔基, 等等$$

$$Cp_2MCl_2 + AlMe_3 \xrightarrow[\text{乙醚}]{} Cp_2M\begin{matrix} Me \\ | \\ Cl \end{matrix} + Me_2AlCl$$

类似地，用氢替代卤素开辟了新的反应途径。前过渡金属的 M-Cl、M-H 和 M-C 键易水解得到桥接或末端氧化物。茂金属卤化物可与烯烃或膦进行配位还原。下面是二氯二茂钛的反应图示。

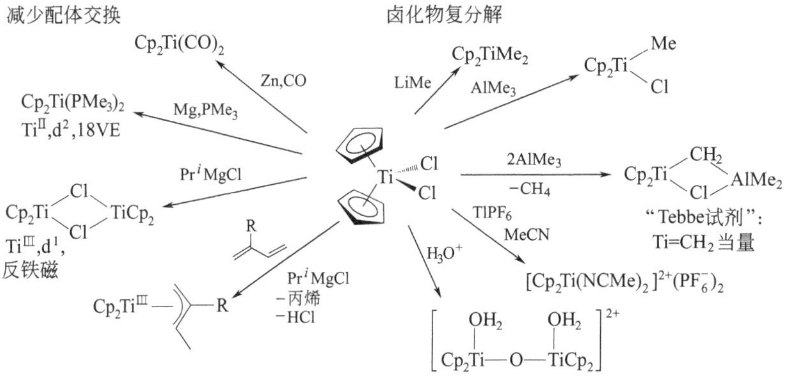

通过 Cp_2MR_2 中一个烷基配体与 H^+、CPh_3^+ 或 $FeCp_2^+$ 实现非配位脱盐，得到高反应活性、缺电子（14VE）的第 4 族金属烷基化物的阳离子。缺电子的影响可以由其反应模式和结构呈现，当 R 为苄基时，缺电子性减弱，与苯环的 π 键相互作用。金属与 β 位的 C-H 键形成抓氢键 "agostic" 来提高配合物的稳定性，是另一种缓解配合物缺电子性质的方式。

茂金属烷基化阳离子比中性同系物具有高反应性，能够活化 C-H 键，它们还容易插入烯烃和炔烃。

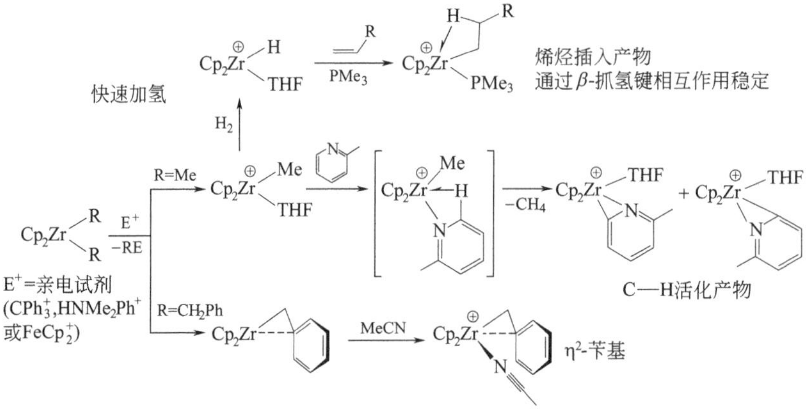

含有杂原子(O、N)双键的第 4 族金属配合物虽不常见，但可以通过甲基与氨基配位锆化合物 $Cp_2ZrMe(NHR)$ 热消除甲烷产生，中间体 $Cp_2Zr=NR$ 可由配位 THF 来稳定或用炔捕获产生杂金属环化物：

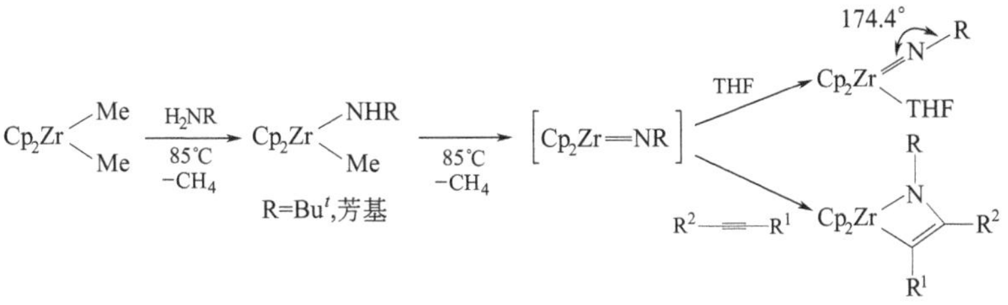

与第 4 族相反，第 5 族金属通常趋向于形成 M=E 双键。这种结构的化合物往往通过自发性 H 消除产生，下图示意了亚胺或亚甲基钽配合物。α-H 消除是可逆的，该前驱体配合物也可能被供电子配体捕获：

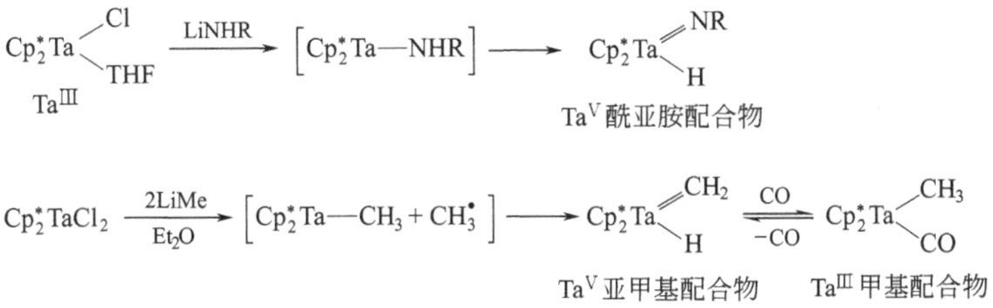

大体积的金属中心如 U(Ⅳ)能够增加其配位数，比普通过渡金属的配位数更多，得到五棱双锥形配合物：

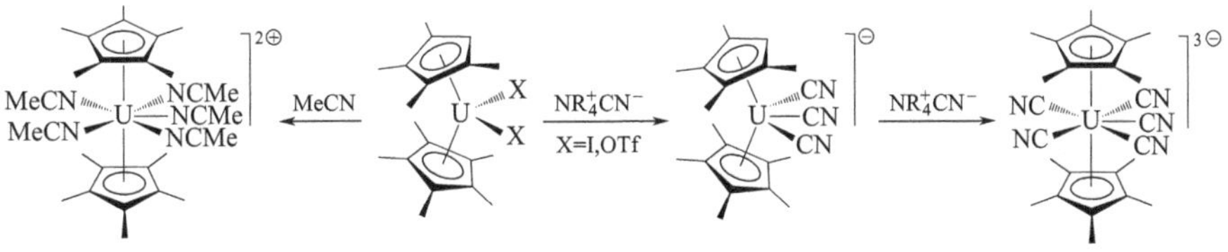

茂金属氢化物　氢基氯化茂锆，$Cp_2Zr(H)Cl$，称为 Schwartz 试剂，在合成中广泛使用。它可以使烯烃和炔烃进行氢锆加成；插入内烯烃的 C=C 后进行异构化，从而得到伯烷基二茂锆。这可以用于引入具有反马尔科夫尼科夫(anti-Markovnikov，反马氏)区域化学的官能团。

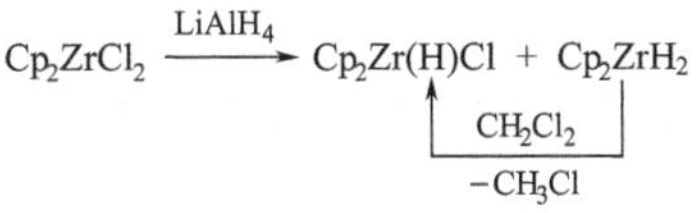

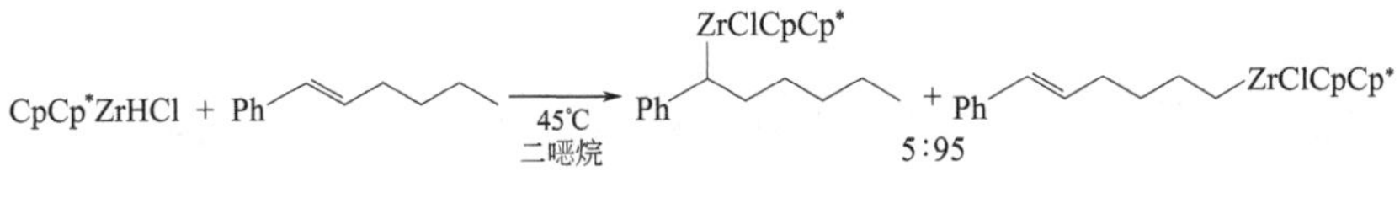

二氢化二茂锆可通过二甲基二茂锆氢解制得，除非 Cp 配体非常庞大，通常是以二聚方式 $[Cp_2^RZr(H)(\mu\text{-}H)]_2$ 存在。非配位阴离子盐中的 CPh_3^+ 可以脱去一个阴离子 H^-，形成氢化阳离子 $[(Cp_2^RZr)_2(H)(\mu\text{-}$

锆的氢化物

H)$_2$]$^+$，其具有结构易变性，是异丁烯聚合制备丁基橡胶的引发剂。

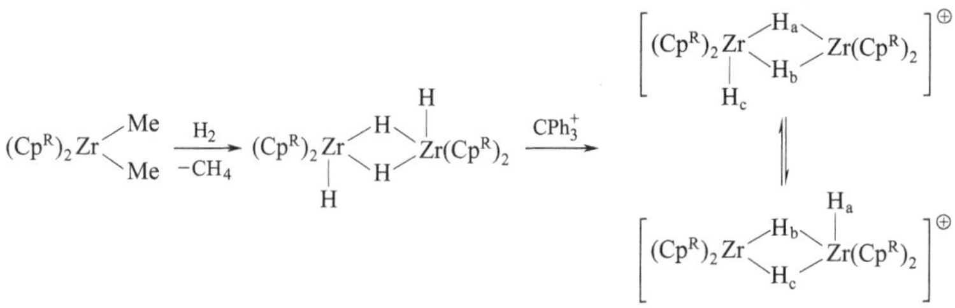

茂金属氢化物常发生 H$_2$ 消除反应，这是制备 CO 和烯烃配合物的方便和清洁的途径。对第 5 族和第 6 族金属 π-受体配体加合物具有强反馈特征，这使得乙烯配合物如 Nb(Ⅲ) 非常稳定，不适合使乙烯进一步插入参与反应，因此，这些化合物不是聚合催化剂的活性物种。

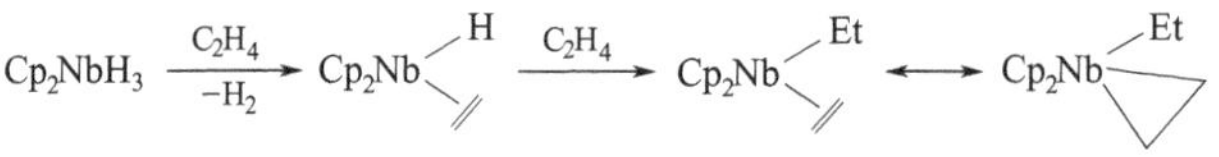

配体交换还原　使用 Al、Zn 或 Pr^{i}MgCl 还原 Cp$_2$TiCl$_2$ 得到深绿色 Ti(Ⅲ)氯化物 [Cp$_2$Ti(μ-Cl)]$_2$，金属中心具有 d^1 电子构型且反铁磁耦合。其 Cp* 同系物是单体结构，并且容易使卤素配体交换成烷基或氢基。Ti(Ⅲ)配合物对氧化高度敏感。

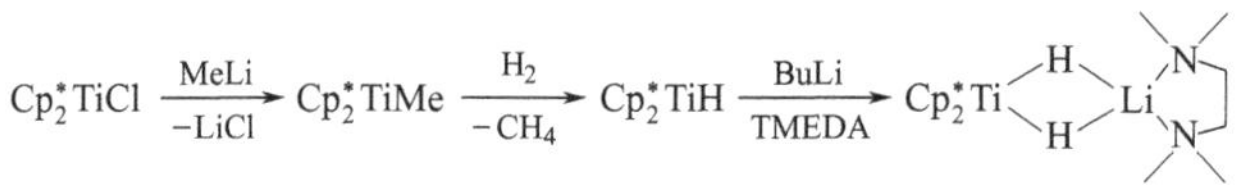

在烯烃或炔烃存在下还原二氯茂金属通常伴有氧化加成反应，得到杂金属环化物，是形成 C—C 键的有效方法：

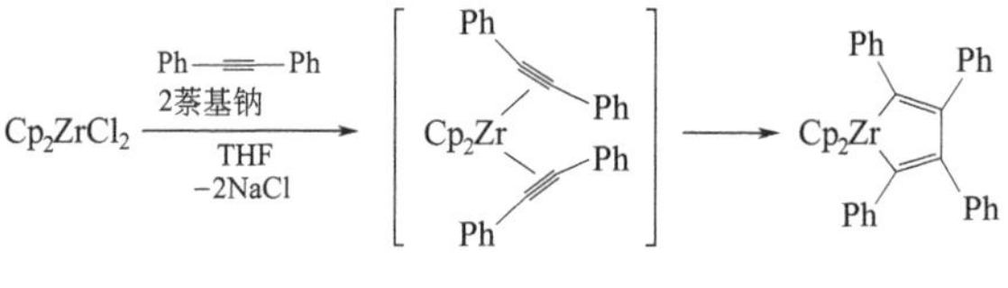

用含 β-H 的烷基镁试剂还原 Cp$_2$ZrCl$_2$ 生成热不稳定烷基二茂锆，β-H 消除与还原消除反应形成 Zr 烯烃配合物。这是锆诱导的有机合成转化的途径。Zr(Ⅱ)物种总在原位生成，没有分离出来。该反应序列最终导致烯烃碳异构偶联。

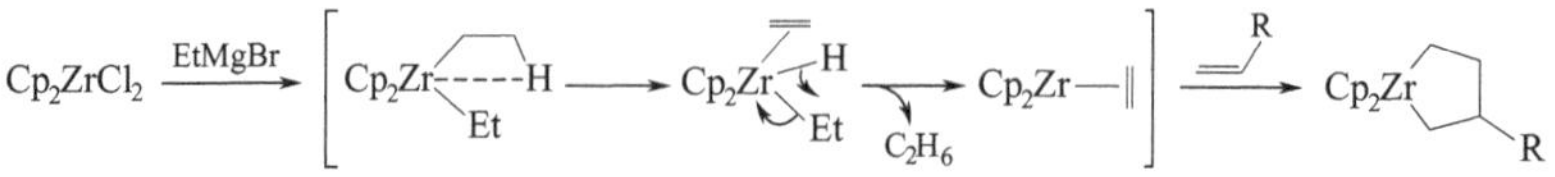

还原富电子茂金属卤化物容易与供电子配体形成加合物，包括 N$_2$ 配位加合物：

$$\text{Cp}_2\text{MoCl}_2 \xrightarrow[\text{L}]{\text{Na/Hg}} \text{Cp}_2\text{Mo}\!-\!\text{L} \qquad \text{L}=\text{CO}, \text{C}_2\text{H}_4, \text{PR}_3, \text{R}\!=\!\!=\!\!=\!\text{R}, \text{N}\!\equiv\!\text{N}$$

延伸阅读 2.8.2.1 亲电茂金属的结构特征：正方形-平面与三角-双锥体碳

亲电金属中心能够稳定不寻常的配位构型，如平面碳原子。当 sp^2-杂化碳原子与四个取代基在同一平面成键，即形成所谓的非四面体碳 (**anti-van't Hoff – LeBel**) 化合物"。这存在二电子三中心（2e3c）形式的键，六个电子形成了四个键。虽然正常情况下这种键合非常不稳定，但缺电子金属中心作为碳上的取代基造成必要的离域，使得这种构型成为基态。这已经通过含 Cp_2Zr 片段成功实现：

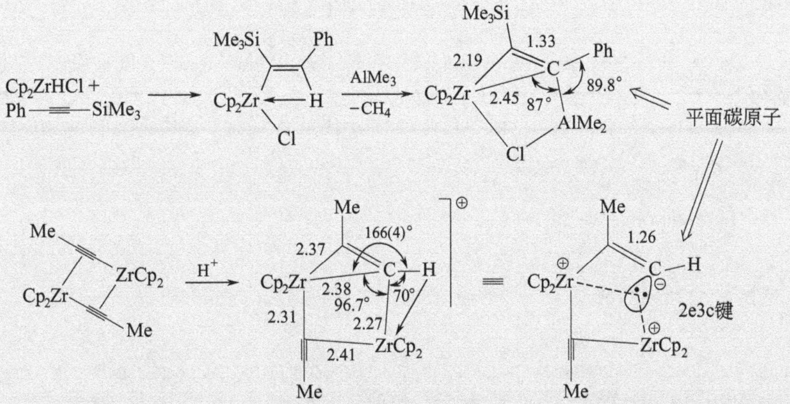

亲电茂金属阳离子也稳定三角双锥形碳。许多配合物 L_2MMe_2（M＝Ti，Zr，Hf；L＝Cp 或非 Cp 阴离子配体）在没有配位阴离子情况下与强亲电子试剂反应，得到阳离子 $[\text{L}_2\text{MMe}]^+$，将其加成到 L_2MMe_2 的甲基配体上形成甲基桥。虽然原则上这会让人联想到 Al_2Me_6 中的缺电子 μ-甲基键合（见 1.5.2.2 节），但是这类配合物包含线型 M-C-M 排列。

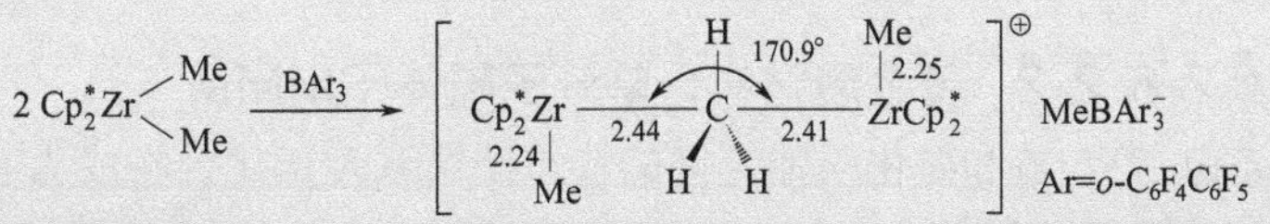

二茂锆在有机合成中的应用：

烯烃和炔烃与 Schwartz 试剂发生锆氢化反应已得到广泛应用。Zr—C 键可用于引入各种官能团。锆氢化反应后接着可进行 CO 或异氰化物插入的反应。该反应也可以发生金属转移偶联，例如，与锌试剂交换，促使其与有机羰基化合物反应更容易。

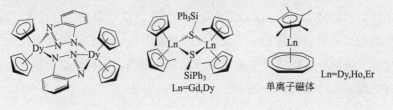

如正文解释过的，锆金属诱导的烯烃金属化碳耦合包括 Cp$_2$ZrCl$_2$ 还原为 Cp$_2$Zr(烯烃)片段，进一步与烯烃反应得到杂金属环戊烷中间体，中间体与 Al 或 Mg 试剂发生金属交换反应产生键裂解。使用手性茂锆化合物能够用于不对称合成。炔可以类似地用 AlR$_3$ 金属转化制得反应性乙烯基铝试剂。

2010年诺贝尔化学奖授予根岸英一教授，以表彰他在碳碳偶联方法学方面的贡献

延伸阅读 2.8.2.2 茂金属材料：单分子磁体(SMMs)

4f 离子的高自旋和磁化松弛缓慢的特点使镧系元素化合物成为有吸引力的高密度磁数据存储分子的目标。配体环境控制电子结构和离子之间的磁相互作用的程度。单离子磁体(SIMs)已成为普及的材料。以下是几个例子：

要点

金属夹在两个 Cp 配体之间的配合物称为茂金属。

第 5～8 族过渡金属形成的茂金属 MCp_2 具有 15～20VE。

最重要的茂金属是二茂铁，$FeCp_2(Fc)$。它具有电化学活性；Fc/Fc^+ 氧化还原用作电化学参比标准物和电子转移催化剂。

二茂铁在药物和传感器中具有重要应用。

茂金属可以形成三层结构，$[CpMCpMCp]^+$ 具有 30～34VE。

弯曲茂金属具有 Cp_2MX_n 和 Cp_2ML_y 类型，最常见的是 $n=y=2$。X 配体和 L 配体可以被取代，这提供了不同的化学性质。在这种配合物中，Cp 配体主要作保护基团。

弯曲茂金属参与化学反应的轨道存在于赤道平面上，轨道能量可以通过改变配位间隙孔径及通过 Cp 上的取代变化来调节。

重要的合成应用是催化剂，如烯烃和炔烃的 C-C 偶联和氢化锆插入反应。

练习

1. 计算下列物质的金属氧化态、价电子数和磁性：Cp_2V，Cp_2^+TiH，$Cp_2Zr(CO)_2$，Cp_2NbCl_2，$[Cp_2WH_3]^+$，$(C_5H_4Me)_2Mn$，Cp_2Ru，$[Cp_2Ni]^+$，Cp_2Co。哪些化合物满足 18 电子规则？

2. 描述一下 Cp_2TiCl_2 和 $AlMe_3$ 反应，解释 Tebbe 试剂 $Cp_2Ti(\mu-CH_2)(\mu-Cl)AlMe_2$ 的形成。该试剂如何与酮类化合物发生反应？

3. 写出下列化学反应的方程式，给出产物的结构并解释所参与反应发生的原因：
(1) $Cp_2TiCl_2 + 2CpMgBr$；(2) $Cp_2^+ZrH_2 + HCl$；(3) $Cp_2WH_2 + HBF_4(OEt_2)$；
(4) $(C_5H_4SiMe_3)_2ZrH_2 + CPh_3^+$；(5) $Cp_2HfCl_2 + 2LiEt$；(6) $Cp_2ZrCl_2 + 2EtMgBr + 1-$己烯；(7) $[Cp_2ZrMe(THF)]^+ + 1)H_2$ 和 2)1-己烯

4. 解释练习 3(1) 中观察到不稳定化合物变化过程的原因。

5. 什么是桥联茂金属以及这类化合物有哪些特性和应用？

2.8.3 单环戊二烯（半夹心）配合物

单环戊二烯配合物含有一个 Cp 配体，与其他 X 配体和 L 配体形成的配合物种类繁多，是一类重要化合物，该配合物结构常被描述为"半夹心"或"钢琴凳"几何构型。

除了少数例外，Cp 配体主要作为保护基团和提供空间位阻，适用于取代反应且具有手性效果。单 Cp 配合物包括许多实例，其中高氧化态金属对金属-Cp 键的反馈贡献最小；这种情况下相互作用主要依靠 Cp 阴离子和金属阳离子间的库仑引力，这是 Cp 配合物不同于芳烃和烯烃配合物的键联与反应。单芳烃金属配合物见 2.9.2 节。

除了单 Cp 单核金属配合物，还有许多双核和多核配合物。这些配合物(如［CpFe(CO)$_2$]$_2$)的键合特性已经在第 2.5.2 节中讨论。

2.8.3.1 单茂金属配合物的合成

单茂金属配合物的合成包括许多途径,如下所示:

(1)Cp$^-$ 的卤化物复分解;

(2)羰基还原;

(3)羰基金属与 CpH 或 Cp$^-$ 反应;

(4)茂金属的配位交换;

(5)茂金属羰基配合物的氧化。

卤化物复分解 在醚中 TiCl$_4$ 和 NaCp 以 1:1 摩尔比反应期望合成 CpTiCl$_3$,但主要得到 Cp$_2$TiCl$_2$ 和未反应的 TiCl$_4$;弱碱性的 CpSiMe$_3$ 是选择性 Cp 转移试剂,可得到定量单 Cp 产物。该反应最好在饱和烷烃溶剂中进行。通过形成 SMe$_2$ 加合物有利于调节 MCl$_4$ 的路易斯酸性。该方法还避免了生成能降低产率的碱金属卤化物副产物,且 Me$_3$SiCl 容易在真空下除去。

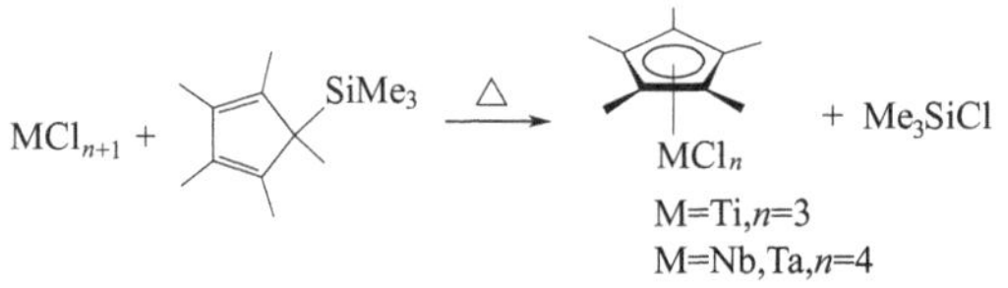

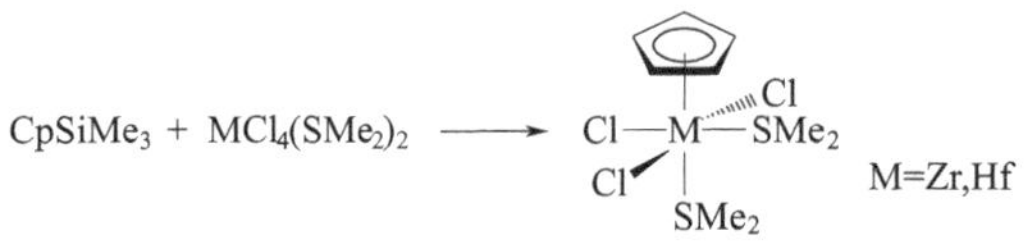

虽然这些单 Cp 卤化物是缺电子的(12～16VE),但含有 CO 或膦的配合物遵从 18 电子规则。CpMn(CO)$_3$ 俗称 cymantrene(环戊二烯基三羰基锰)非常稳定,其 C$_5$H$_4$Me 同系物曾经用作汽油抗爆的添加剂。CpCo(PMe$_3$)$_2$ 富电子且具有无机碱性质,它容易与亲电子试剂 MeI 进行氧化反应,完全不同于其 CO 同系物 CpCo(CO)$_2$,后者不具有碱性。

Ni(I)配合物 NiCl(PPr$_3^i$)$_2$ 与 LiCp 反应形成一个 Cp 作为桥同时键联两个金属的产物,需要大位阻且含碱性的 PPr$_3^i$ 配体以稳定 +1 氧化态的镍。用碱性 [CuOBu^t]$_4$ 可以方便地制备单茂铜 CpCuL 型配合物,该配合物不同于 [CuCp$_2$]$^-$ CpCu(PR$_3$)中 Cp 配体提供 η^5-键合以得到 18VE 结构。

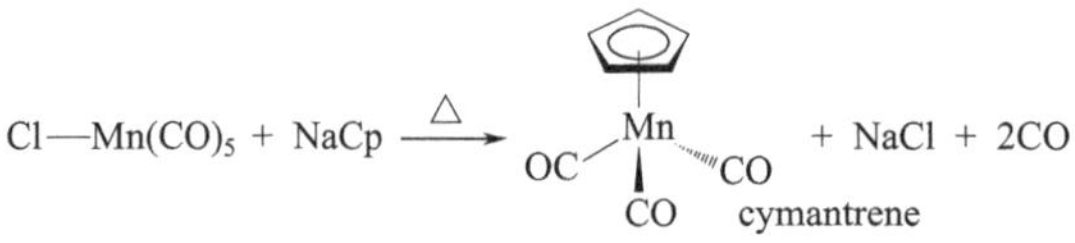

$$Cl-Co(PMe_3)_2 + TlCp \longrightarrow \underset{Me_3P \quad PMe_3}{Co} + TlCl$$

$$L_2NiCl + LiCp \xrightarrow{L=PPr_3^i} \underset{Cl}{L-Ni-Ni-L} + LiCl + 2L$$

$$CuOBu^t + L + \underset{H}{\overset{H}{\diamond}} \longrightarrow L-Cu\diamond + Bu^tOH$$

$$L=PMe_3, PEt_3, PPh_3$$

通过还原羰基化 由 VCl_3 制备 $CpV(CO)_4$ 有多个途径,但需要高压 CO 气氛,也可以在温和条件下使用 CO 还原二茂钒制备:

$$VCp_2 + K \xrightarrow[-80℃]{四氢呋喃} K^+[VCp_2]^- \xrightarrow{CO} \underset{OC}{\overset{}{V}} \underset{CO}{\overset{CO}{}} + KCp$$

从金属羰基化合物制备 Cp 阴离子可以取代 CO 配体制备阴离子配合物 $[CpM(CO)_n]^-$,其可以继续发生质子化或与亲电子试剂反应形成衍生化的产物。在 150℃ 下,将 $Fe(CO)_5$ 与 CpH(或其 Diels-Alder 二聚体)一起加热,得到 $[CpFe(CO)_2]_2$,通常缩写为 Fp_2。

$$V(CO)_6 + Cp'H \longrightarrow Cp'V(CO)_4 + 2CO + 0.5H_2$$
$$Cp'=烷基取代的Cp衍生物$$

$$M(CO)_6 + NaCp \xrightarrow{THF} Na^+\left[\underset{OC}{\overset{}{M}}\underset{CO}{\overset{}{CO}}\right]^{\ominus} \xrightarrow{O_2} \underset{OC}{\overset{}{M}}-\underset{}{\overset{}{M}}\underset{CO}{\overset{CO}{CO}}$$
$$M=Cr,Mo,W$$

通过茂金属配体交换 作为 20VE 物种,二茂镍经历各种配体交换反应,得到 18VE 产物。$[CpNi(\mu\text{-}CO)]_2$ (Ni^I, d^9) 的结构和键合已在第 2.5.2 节中讨论过。例如,通过 $LiCp^R$ 与 $NiBr_2(PPh_3)_2$ 反应也得到 $Cp^RNi(X)(L)$ 类型的化合物。如下所示 Ni 产物都可以用作反应原料。

$$NiCp_2 + Ni(CO)_4 \longrightarrow [CpNi(\mu\text{-}CO)]_2 + 2CO$$

$$NiCp_2 + NiCl_2(PPh_3)_2 \longrightarrow 2\underset{Cl \quad PPh_3}{Ni}$$

碳基金属配合物氧化

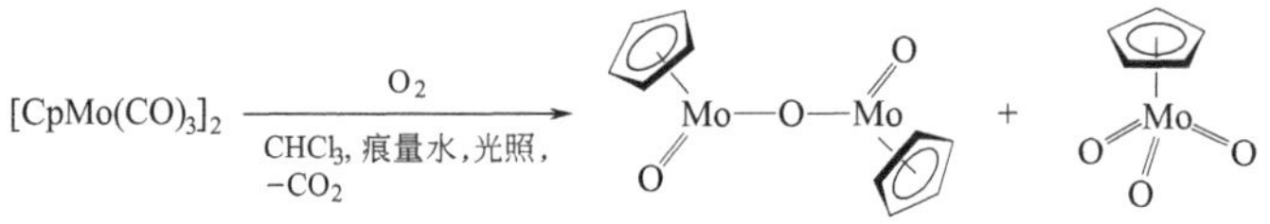

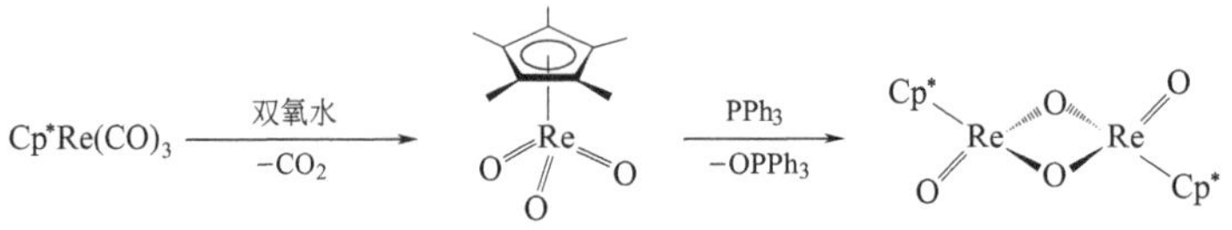

2.8.3.2 单茂金属配合物的反应性

卤素取代 单茂金属配合物的反应性与弯曲茂金属化合物相似。含卤配体金属配合物是制备许多新型化合物的起始材料。基于路易斯酸性，前过渡金属配合物与 Me_3Si 试剂反应很容易除去至少一个氯配体，真空下除去其挥发性副产物 Me_3SiCl。下图所示 CpTi 与次膦酸亚胺和芳氧基的实例是高活性乙烯聚合催化剂的前驱体，并且用于工业生产；含孤电子对配体的原子 E 是氮或氧，与中心金属进行 π 配位，使得 E 键角接近 180°。

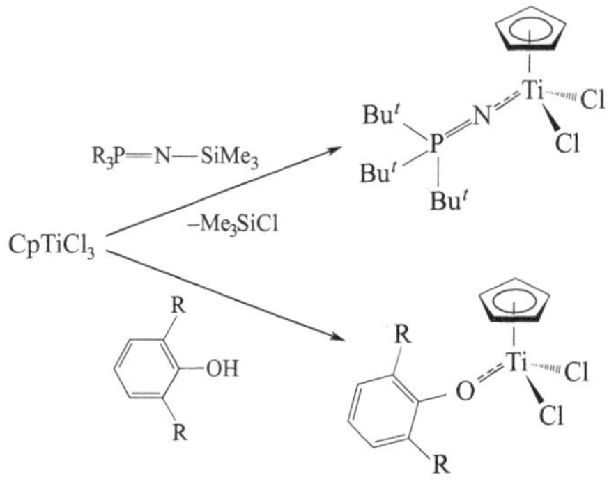

单茂金属卤化物或氧化物与氢化物转移剂进行反应制备金属氢化物。或者，在合适供电子配体环境存在下脱氯留下一个空配位点，此空配位点与 H_2 反应。下图中所示的铁二氢化配合物是将氢气电化学氧化为 H^+ 的高效催化剂，该反应在利用 H_2 作为能源方面具有重要价值。

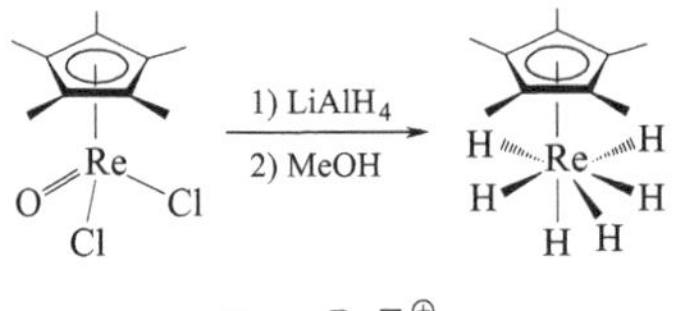

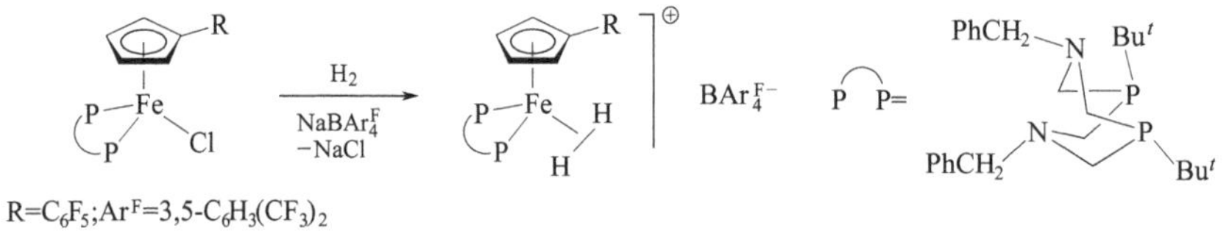

$R=C_6F_5; Ar^F=3,5-C_6H_3(CF_3)_2$

还原 用金属钾还原含大体积 Cp 衍生物 $Cp'''ZrCl_3$ 的反应提供了 Zr(Ⅲ)半夹心配合物($Cp'''=1,2,4-Bu^t_3C_5H_2$)的例证。在 N_2 下用钠汞齐还原 $Cp^*MoCl_4(L)$ 型配合物可使金属中心结合 N_2，接着可以将配位双氮还原为二氮烯基阴离子 $N=N^{2-}$。

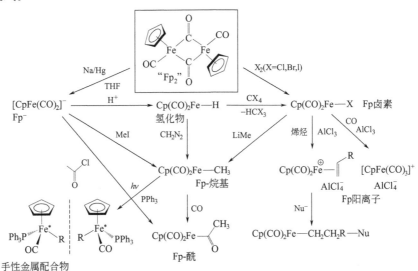

用钠汞齐还原也容易得到茂基双核金属羰基化合物，如 [CpCr(CO)$_3$]$_2$ 和 [CpFe(CO)$_2$]$_2$。还原产生 18VE 茂基单核金属羰基阴离子，可以被烷基卤化物质子化或烷基化，得到氢化物或金属烷基衍生物。双核配合物也同样可被卤素亲电裂解。CpFe(CO)(PPh$_3$)R 配合物被认为是具有四个不同取代基的四面体金属配合物，具有手性结构。如果反转较慢，可以拆分对映异构体并用于不对称合成。下图总结了茂基铁羰基化合物的典型反应模式。

氧化还原反应 除了经常用碱金属和铊的 Cp 化合物与卤素配体取代制备茂金属配合物外，环戊二烯基金属配合物也可以通过氧化还原交换产生。例如，CpCuPPh$_3$ 与金属镧系元素反应生成铜金属和茂镧系元素配合物。这也是得到单茂的镧系混合配体配位化合物清洁和高效的合成途径。

$$2CpCuL + Yb \xrightarrow[20℃]{THF, YbI_2} Cp_2Yb + 2Cu + 2L \quad L = PPh_3$$

$$3CpCuL + Ln \xrightarrow[20℃]{THF, LnI_3} Cp_3Ln + 3Cu + 3L$$

$$Ln = Pr, Er$$

$$CpCuL + SmI_2(THF)_2 \xrightarrow[20℃]{THF} CpSmI_2(THF)_2 + Cu + L$$

延伸阅读 2.8.3　立体选择性合成中的单茂金属配合物

单茂金属配合物广泛用作催化剂和立体选择性试剂。有两种途径：把茂配体用作保护基团并与第二个手性配体结合，或用手性和趋向立体的取代基修饰茂配体。以手性 CpTi 烯丙基配合物为例，介绍第一种途径，该配合物在较高取代的碳原子上生成 C—C 键，形成具有非对映选择性的两个手性中心。

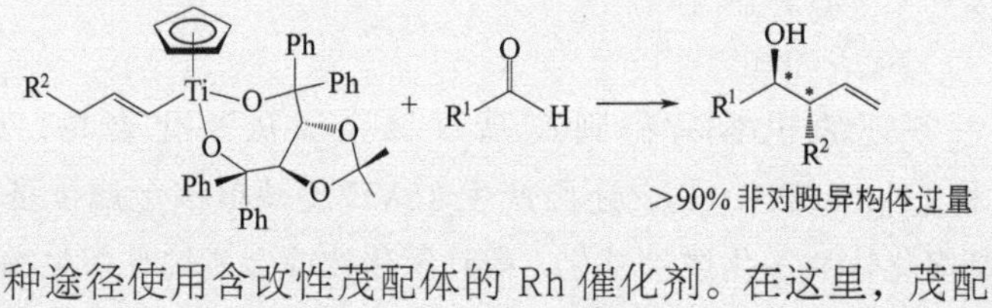

>90% 非对映异构体过量

第二种途径使用含改性茂配体的 Rh 催化剂。在这里，茂配体上的取代基位置控制了 C—N 衬底的取向和插入烯烃的方向，实现对映体选择性高于 90%。该反应通过杂环金属的氧化形成 C—N 键联得到 Rh(Ⅲ)中间体，随后进行烯烃插入和还原消除，生成环状产物并实现 Rh(Ⅰ)再生。

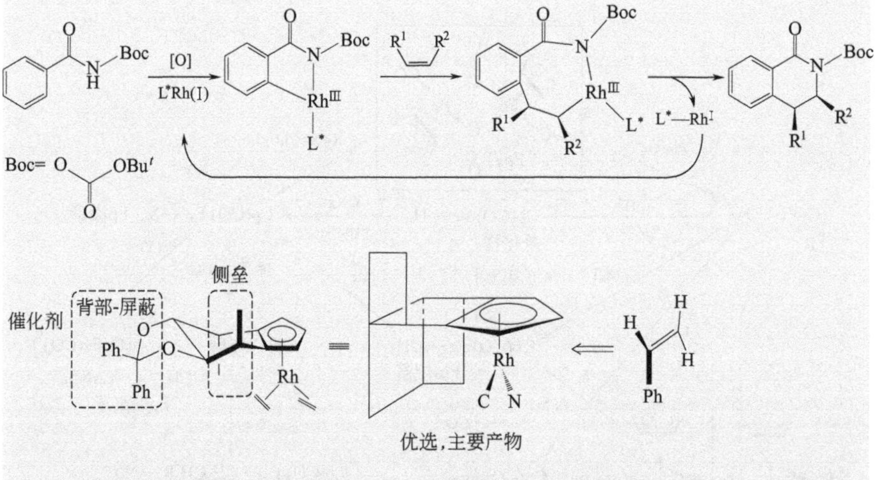

优选,主要产物

炔烃氢化为烯烃通常经顺式方式传送 H₂ 来进行，得到具有 Z-构型的烯烃。相比之下，一些 Cp* 钌(Ⅱ)配合物已显示催化产生 E-(反式)-烯烃。有许多催化剂前驱体可以使用，它们似乎都通过弱键合的配体或溶剂分子(MeOH,CH₂Cl₂)稳定其阳离子 [Cp* Ru(H₂)]⁺，该反应耐受许多种官能团。

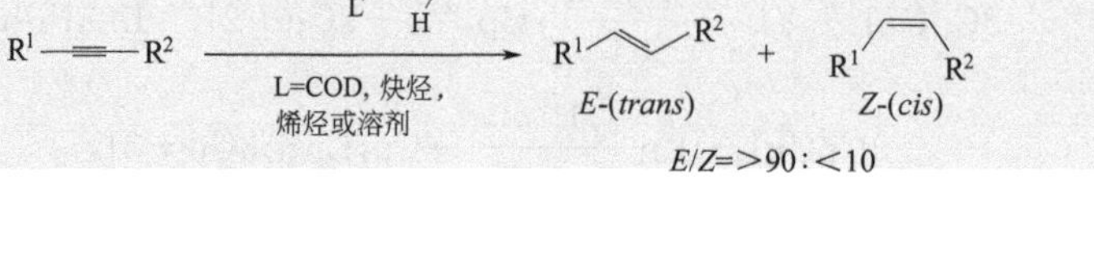

$E/Z = >90 : <10$

要点

半夹心配合物由一个芳族 π-配体加上 X 型配体和 L 型配体组合而成。

含有 CO 配体的半夹心单核配合物遵循 18 电子规则。

具有桥接 CO 配体的单茂双核金属配合物是 30/40 价电子的二聚体。

最常见且对合成有用的是卤化物 $CpMX_n$，它的 X 可被其他阴离子配体取代得到含 M—C、M—O、M—N 键的配合物。

富电子金属 $CpML_n$(L= 膦，烯烃)的配合物广泛用作催化剂和反应性 CpM 片段的前驱体。

CpM 配合物可用于聚合、C—C 偶联和催化氢化反应中。

 练习

1. 给出下列物质合成单茂金属配合物的合成路线和方程式：

(1)$TiCl_4$;(2)$Mo(CO)_6$;(3)$Fe(CO)_5$;(4)$[RhCl(C_2H_4)_2]_2$

2. 策划下列化合物的合成路线，讨论其结构与成键情况：

(1)$[CpNi(CO)]_2$;(2)$CpNi(NO)$;(3)$[CpNi(PPh_2)]_2$;(4)$[CpNi(PPh_3)_2]BF_4$;

(5)$[CpNi(PEt_3)]_2$

3. 请解释为什么(η^5-茚基)$Rh(C_2H_4)_2$ 中 CO 代替乙烯的反应速率要远高于(η^5-C_5H_5)$Rh(C_2H_4)_2$ 反应数个数量级？

2.9 芳烃配合物

2.9.1 双（芳烃）夹心配合物

芳烃与 2.8 节中所述的环戊二烯基结构密切相关，可以形成 π 配合物，因为 $C_5H_5^-$ 和 C_6H_6 都是等电子 6π 芳香族体系。与 Cp 一样，芳环可认为占据三个配位点，因此，双（芳烃）金属配合物可以被认为是八面体。

芳烃配合物中的 C—C 键与游离芳烃相比稍微拉长，呈现了反馈键的贡献。由于芳烃不带电荷，因此静电贡献的键合是不存在的，所以芳烃配合物通常更不稳定。这点可由金属-芳烃的键能反映出来，D(Fe—C_5H_5) 的键能为 $260kJ \cdot mol^{-1}$，而 D(Cr—C_6H_6)仅为 $170kJ/mol^{-1}$。

  双(芳烃)和二烯的基本结构
芳烃半夹心配合物

2.9.1.1 合成和结构

经典芳烃配合物的例子是双（苯）铬，一个 18VE 芳烃化合物，与二茂铁为等电子体结构。E. O. Fischer 在 20 世纪 50 年代第一次通过用 Al/

$AlCl_3$ 在苯中还原 $CrCl_3$（Fischer-Hafiner 合成）得到 Cr 夹心配合物：

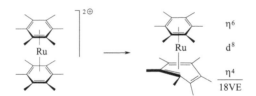

$$3CrCl_3 + 2Al + AlCl_3 + 6C_6H_6 \longrightarrow 3 \left[Cr \right]^{\oplus} AlCl_4^{\ominus} \xrightarrow[KOH]{S_2O_4^{2-}} Cr \quad \begin{matrix} 6\pi \\ d^6 \\ 6\pi \\ \hline 18VE \end{matrix}$$

另一种制备芳烃配合物的方法是在高真空下使用冷凝反应器罐（－196℃），在壁上将原子金属蒸气与芳烃共同冷凝。该方法可分离一系列取代的双（芳烃）金属配合物，特别是芳烃＝$1,3,5\text{-}R_3C_6H_3$（$R＝Pr^i, Bu^t$）：

$$M(g) + C_6H_{6-n}R_n \longrightarrow \quad M \quad \begin{matrix} R_n \\ \\ R_n \end{matrix} \quad \begin{matrix} M=Ti,Zr,Hf,Nb,Cr, \\ \text{镧系元素} \\ R=H,Me,Bu^t, \text{等等} \end{matrix}$$

芳烃配合物的稳定性随着取代度增加而增加，特别是六甲基苯形成系列具有 16～21 价电子的双（芳烃）金属配合物。超过 18VE 数的化合物倾向于芳烃环键合电子数少于六个，例如，$Ru(C_6Me_6)_2$ 包括一个 η^6 和一个 η^4 键合的芳烃，从而保持了 18 个有效电子数。化合物结构具有易变性，是一类典型成键弱化结构的情况。

$$\left[Ru \right]^{2\oplus} \longrightarrow \quad Ru \quad \begin{matrix} \eta^6 \\ d^8 \\ \eta^4 \\ \hline 18VE \end{matrix}$$

许多双（芳烃）配合物偏离 18 电子规则且具有顺磁性。在表 2.11 中列出了一些例子。

表 2.11　双（芳烃）配合物概述

配合物	电子数	未配对电子数	其他
$Ti(C_6H_6)_2$	16	0	
$[V(C_6H_3Me_3)_2]^+$	16	0	
$[Ti(C_6H_5Ph)_2]^-$	17	1	
$V(C_6H_6)_2$	17	1	
$[V(C_6H_6)_2]^-$	18	0	
$Cr(C_6H_6)_2$	18	0	
$[Fe(C_6Me_6)_2]^{2+}$	18	0	橙色,非常稳定
$[Fe(C_6Me_6)_2]^+$	19	1	深紫色
$[Co(C_6Me_6)_2]_2^+$	19	1	
$Fe(C_6Me_6)_2$	20	0	可能是 η^6, η^4
$[Co(C_6Me_6)_2]^+$	20	2	黄色, η^6, η^6
$[Ni(C_6Me_6)_2]_2^+$	20	2	红棕色

芳烃配合物可以由 Cp 配合物通过配体交换制备。芳烃环可以桥联两种金属以得到三层结构。键合是缺电子的，例如，在 $Cr_2(1,3,5\text{-}三甲基苯)_3$ 中每个 Cr 的电子数仅为 15。然而，桥接芳环通过离域键一起形成了

金属有机与催化导论　*Organometallics and Catalysis: An Introduction*

M_2C_6 核部分。

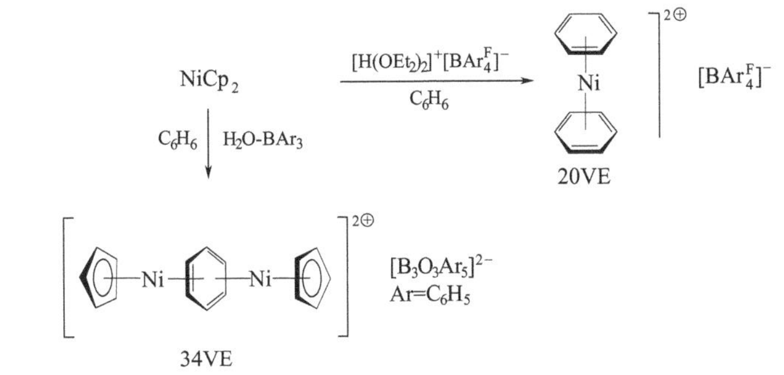

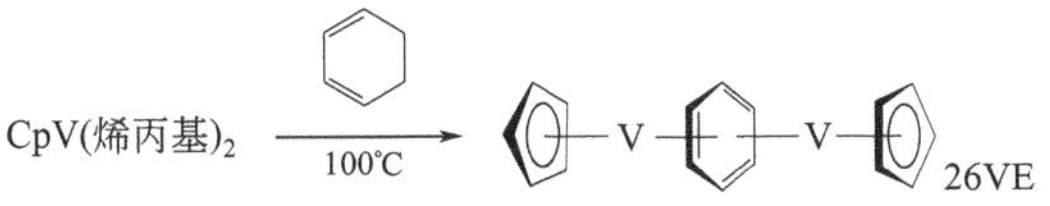

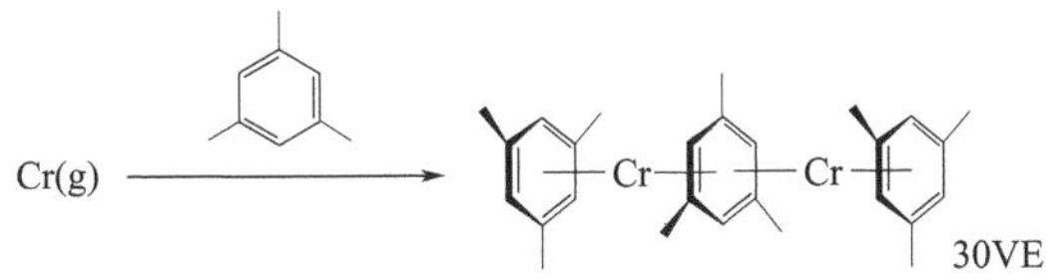

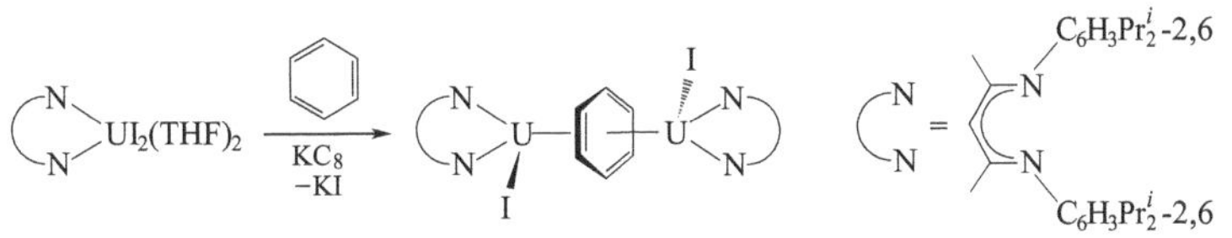

2.9.1.2 双(芳烃)配合物的反应性

芳烃配合物可进行以下反应：

(1)在金属上氧化和还原；

(2)配体取代；

(3)在芳烃配体上金属化和亲核进攻。

Nb(η^6-甲苯)$_2$ 的氧化还原反应是金属和配体取代反应的典型实例。芳烃低价金属配合物容易被氧化，如 Ti($C_6H_3Pr_3^i$)$_2$ 与 1 电子氧化剂 $FeCp_2^+$ 反应，得到了少见的一价钛配合物 [Ti($C_6H_3Pr_3^i$)$_2$]$^+$，其含有未成对电子，是 15VE 顺磁物种。Cr(苯)$_2$ 与 Cr(CO)$_6$ 反应导致配体交换，得到芳烃半夹心化合物。

氧化：

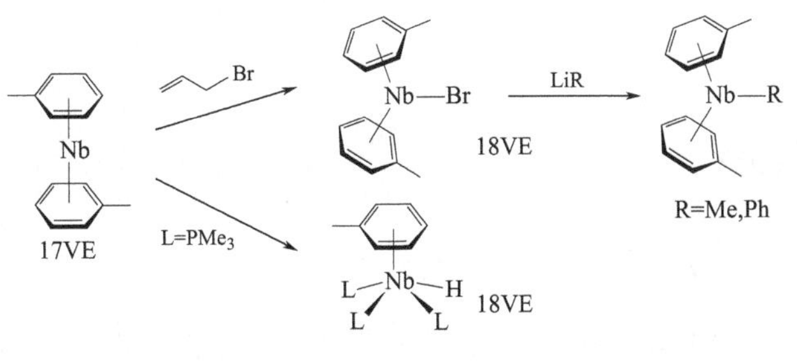

$$\text{Ti}(1,3\text{-}5\text{-}C_6H_3Pr^i_3)_2 \xrightarrow[-FeCp_2]{[Cp_2Fe][BAr_4]}$$

（产物：Ti 芳烃夹心阳离子）BAr_4^- $Ar=Ph,C_6H_4F,3,5\text{-}(CF_3)_2C_6H_3$

配体交换：

$$Cr(C_6H_6)_2 + Cr(CO)_6 \longrightarrow 2 \quad (OC)_3Cr(\eta^6\text{-}C_6H_6)$$

芳烃上加成：

$$Cr(C_6H_6)_2 \xrightarrow[TMEDA]{Bu^nLi} \text{（双锂化产物）} \xrightarrow[-LiCl]{E-Cl \atop E=Me_3Si,Ph_2P} \text{（双 E 取代产物）}$$

金属化

亲核加成：

$$[Ru(C_6H_6)_2]^{2\oplus} \xrightarrow{BH_4^-} \text{（主要）} Ru^0 + \text{（次要）} Ru^{II}$$

主要   次要   氢化加成

2.9.2　芳烃半夹心配合物

到目前为止，最大和最重要的一组芳烃配合物是具有"钢琴凳"几何构形的半夹心化合物，类似于环戊二烯配合物。它们在配合物中结合的配体类型，包括（芳烃）金属卤化物和供电子配体，尤其是（芳烃）金属羰基配合物。

2.9.2.1　单芳烃配合物的合成和结构

卤素配合物　前过渡金属卤化物具有足够的路易斯酸性与芳烃形成 π 配合物，富电子芳烃如 C_6Me_6，形成特别稳定的加合物。

$$3TiCl_4 + C_6Me_6 \longrightarrow \text{（Ti 芳烃三氯化物阳离子）}^{\oplus} Ti_2Cl_9^-$$

12VE

$$Cp''HfMe_3 \xrightarrow[B(C_6F_5)_3]{\text{甲苯}} \text{（Hf 芳烃二甲基阳离子）}^{\oplus} [MeB(C_6F_5)_3]^-$$

Cp_2MX_2 的芳烃类似物
弯曲的三明治配合物

$Cp''=Me_3Si$（环戊二烯基）$SiMe_3$

16VE

低价前过渡金属卤化物可以制备芳烃配合物，通常由 AlX_3（$X=Cl$，

Br)作稳定剂，在芳烃溶剂中用 Al/AlX₃ 混合物还原金属卤化物来生成。

相比之下，贵金属芳烃配合物可以通过二烯作为还原剂进行脱氢制得，如还原反应制备钌配合物。该方法得到了多样化且重要的芳烃 RuCl₂(L)配合物。

延伸阅读 2.9.2.1 用于癌症治疗的单芳烃配合物

许多半夹心配合物，特别是钌的芳烃配合物展示了抗肿瘤活性。选择该配体部分原因是确保在生理条件下具有溶解性，还有一部分则与已知的抗肿瘤药物相关。

混合配体芳烃配合物 二烯配位金属化合物脱氢化可以制备芳烃配合物（译者注：通常是环己二烯衍生物的二烯配合物），还可以用芳烃取代配合物中的不稳定配体，如乙腈，形成芳烃配合物。由［（烯丙基）NiCl］₂通过氯化物取代可以制备 CpNi(烯丙基)阳离子芳烃类似物，与其他许多富电子金属不同，芳烃镍配合物（参见下文）中芳烃通过 η⁶ 键满足 18VE。

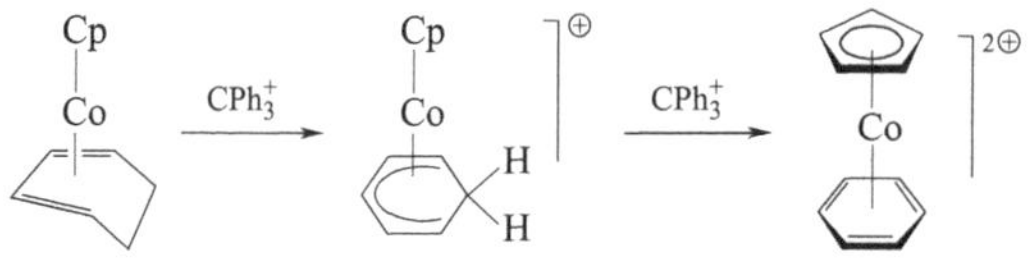

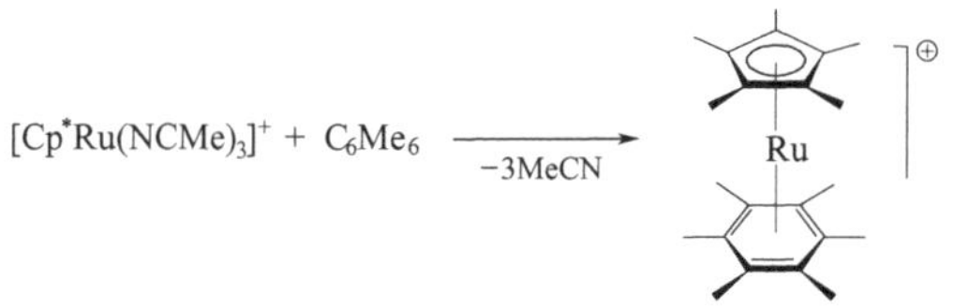

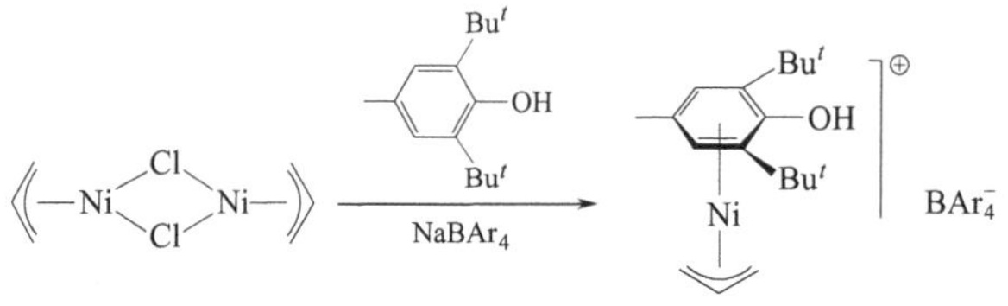

芳烃羰基金属化合物　吸电子 $M(CO)_n$ 片段参与配位活化配体芳烃，常见合成应用包括配体取代和用 $AlCl_3$ 参与金属羰基卤化物脱卤。

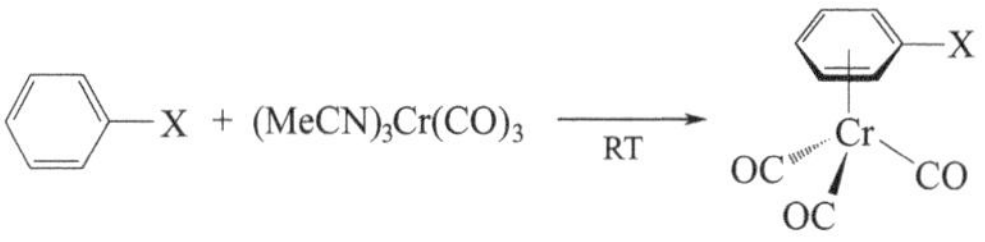

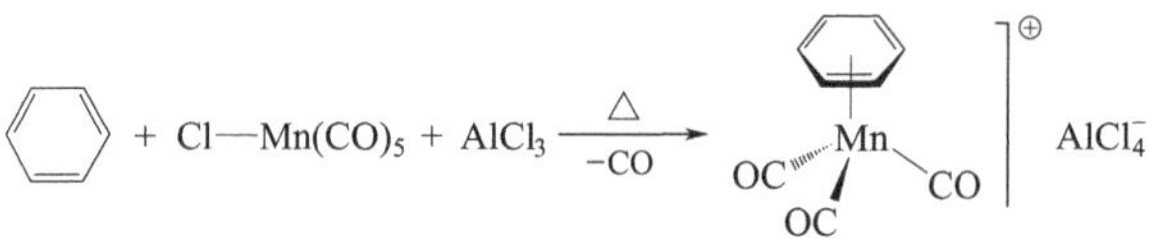

pK_a:
PhCOOH 5.68
$(PhCOOH)$—Cr
$(CO)_3$ 4.77
p-O_2N—C_6H_4—COOH 4.48

2.9.2.2　单芳烃羰基金属配合物的反应性

　　芳烃三羰基铬配合物具有非凡的反应性,配位的芳烃容易接受亲核进攻,而游离芳烃仅在非常苛刻的条件下才能进行这类反应。$Cr(CO)_3$ 片段还提高了芳环上 C—H 键及烷基取代基上 C—H 键的酸性,使金属化更加容易,且配位稳定了环上 α-位碳阳离子,加速了苄基亲核取代分解和溶剂化反应(Y＝离去基团)。用苯甲酸 pK_a 值比较判断,PhCOOH 中苯环与 $Cr(CO)_3$ 配位与苯环上引入硝基表现出相同的电子影响。

　　$Cr(CO)_3$ 配位的影响：快速亲核取代/溶剂化

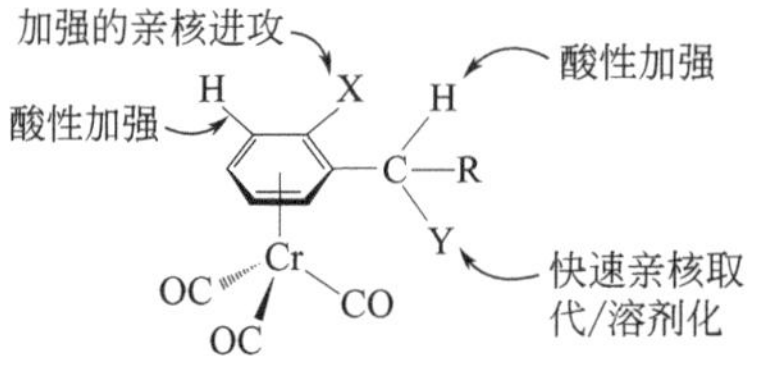

　　这些性质可以通过多种方式体现。例如,$Cr(CO)_3$ 配位烷基取代基的引入具有 100% 的区域选择性,甚至通常情况下极易发生化学插入反应的

氯代芳烃都遵守亲核取代：

稳定的碳阳离子

也可能发生多位点金属化，在环(平面手性系统)和苄基位置上进行手性取代。如：

芳烃，如氯代芳烃，它与阳离子 CpM⁺ 片段配位，呈现与 Cr(CO)₃

配位类似的活化作用且有利于亲核进攻。就 C_6Me_6 而言，碱（这里用 KOH）与烯丙基卤化物共同活化形成了多个 C—C 键。

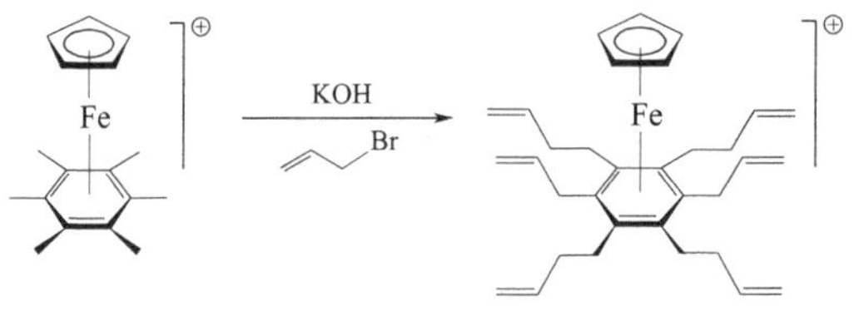

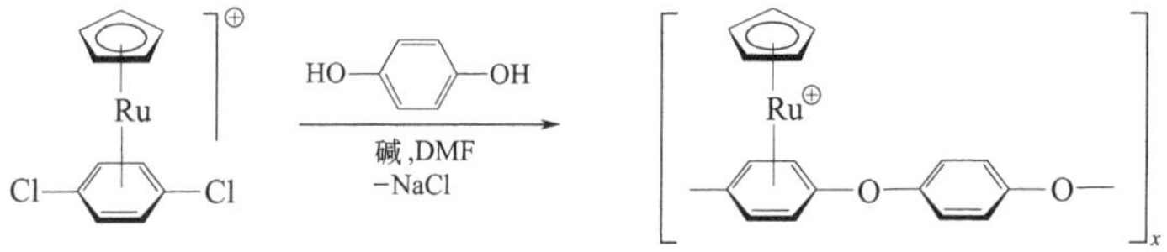

2.9.3 配位模式少见的芳烃配合物

虽然 η^6 配位模式是最常见的芳烃配合物，但也有其他配位类型。在 2.9.1.1 节中提到了 $Ru(C_6Me_6)_2$ 中转化的 η^4 键合模式。动力学惰性配合物 $[Os(C_6H_6)(NH_3)_5]^{2+}$ 就是 η^2-苯配位的例子。这里配位的 C=C 键被保护了，其他苯的非配位键可被选择性氢化，得到环己烯配合物。在将 Os(Ⅱ)(d^6)氧化为动力学不稳定的 Os(Ⅲ)之后，释放出烯烃配体，从而用于设计逐步反应循环：

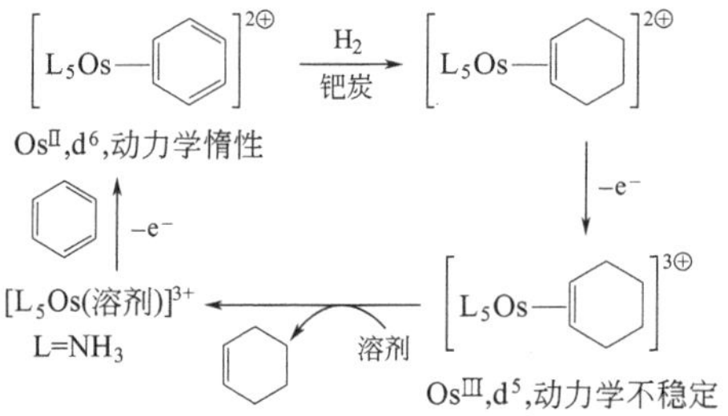

已知的 η^2-苯配合物还有大体积强供电子膦配位镍化合物，通过氢化生成 Ni 的氢化物。还观察到桥联 $\eta^2:\eta^2$ 芳烃。这些富电子配合物中的苯配体可以被电子受体 C_6F_6 代替，该过程中会发生 C—F 键的缓慢氧化加成。该反应结果表明 η^2-芳烃配合物只是芳烃 C—X 键的氧化加成的中间体。

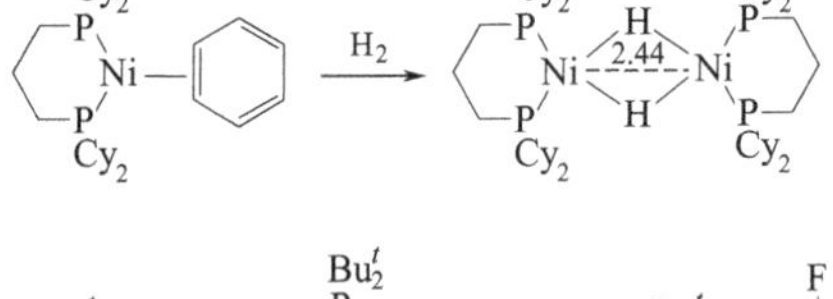

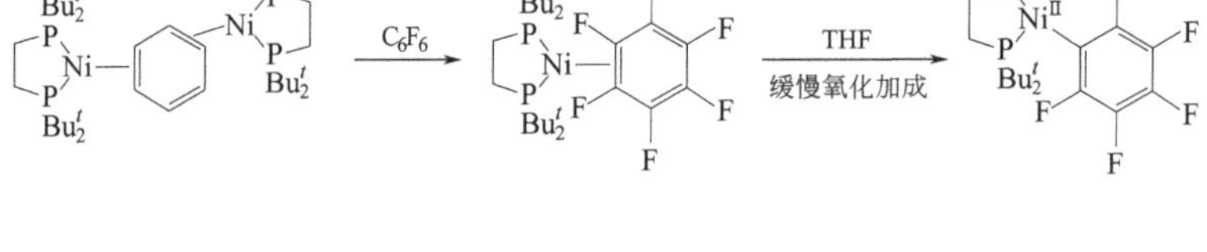

在相关的芳烃桥联的双膦钴化合物中，芳烃是 $\eta^3 : \eta^3$ 配位的，而在热不稳定的阴离子 $[(C_6H_6)Cr(CO)_3]^{2-}$ 中，苯是 η^4-键合的，这些都反映了金属中心对电子的需求。

人们早知道 Ag^+ 盐在水溶液中可与芳烃结合，最近分离和确定了几个这类结构的配合物，证实三个苯分子具有类似乙烯的键合。金（Ⅰ）芳烃配合物需要含联苯基团的强供电子膦配体的支撑，形成一个短键 η^2-芳烃与键联苯的 C=C 键形成较长和键能较弱的相互作用。这种配合物用作金属有机转化的亲电催化剂。相同的配体支持芳烃 η^2 和 $\mu_2, \eta^3 : \eta^3$-配位 Pd(0) 和 Pd(Ⅰ)。这些配合物常用于 Suzuki-Miyaura 催化实现 C—C 偶联反应。

2.9.4 较大的芳烃配体：7元环、8元环和9元环

扩展芳烃环的大小得到具有 6 个和 10 个 π 电子的平面芳族体系：

2.9.4.1 π-C_7H_7 配合物

根据其配位的金属中心性质，环庚三烯基环可以被认为是 6π 环庚三烯阳离子 $C_7H_7^+$ 或 10π 三阴离子 $C_7H_7^{3-}$。这依赖于所用的环庚三烯金属配合物，如 $(\eta^6\text{-}C_7H_8)M(CO)_3$（M = Cr，Mo，W）容易发生脱氢化得到 $[(\eta^7\text{-}C_7H_7)M(CO)_3]^+$，该阳离子配合物易受亲核试剂进攻，在环上或金属中心上反应。下图概括了亲核试剂 MeO^- 和 Br^- 进行的反应。

在环庚三烯存在下还原 $CpMCl_4$（M＝V，Nb，Ta）生成夹心金属配合物 $CpM(C_7H_7)$，认为形成了 $C_7H_7^{3-}$ 阴离子金属化合物。

某些情况下金属中心的电子数由其他参与配位的配体决定，影响着 C_7 环中的几个碳原子作用，如在 $[(\eta^3\text{-}C_7H_7)Fe(CO)_3]^-$ 或 $(\eta^5\text{-}C_7H_7)Re(CO)_3$ 中。η^6，η^6 键型夹心配合物 $Mo(C_7H_8)_2$ 通过氢重排反应成为 $Mo(\eta^7\text{-}C_7H_7)(\eta^5\text{-}C_7H_9)$ 结构。

2.9.4.2　π-C₈H₈ 配合物

$\pi\text{-}C_8H_8$ 配合物

环辛四烯（COT）是一种常见配体，其与金属配位的形式有两种，一种是作为非平面反芳香性的中性四烯配体，另一种是作为平面 10π COT^{2-} 二价阴离子配体。在许多配合物中 COT 使用一个或两个 C＝C 键配位。大的 C_8 环意味着能够桥接两个金属中心并形成双核化合物。

镧系和锕系元素大的离子形成 COT 夹心配合物，大家熟知的 COT 配合物是双环辛四烯合铀，$U(\eta^8\text{-}C_8H_8)_2$，由于其结构类似茂金属且 f 轨道参与配位键，具有理论价值。尽管镧系金属 COT 配合物具有高度的离子特性且对水解反应非常敏感，但是 $U(\eta^8\text{-}C_8H_8)_2$ 对水稳定且为共价键，因此认为 5f 及 6d 轨道参与锕系元素-配体键合。双环辛四烯茂锕系元素配合物 M(η^8-C$_8$H$_8$)$_2$ 超出了 18 电子规则，电子数为 20(M=Th)到 25(M=Am)。钍和钚配合物是抗磁性的，而双环辛四烯基的茂铀及其他镧系金属配合物是顺磁性的。下列反应过程概括了 COT 配合物的合成路线与成键情况。

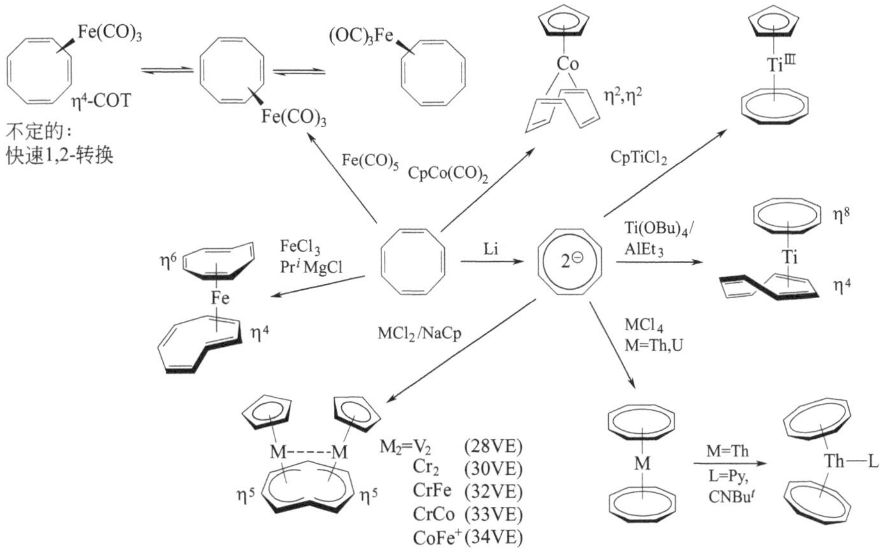

双核化合物 (CpM)$_2$(μ-C$_8$H$_8$) 已被描述为 "并胎茂金属"（twin-nocenes），基于 18 电子规则假定存在 M—M 多重键。然而，磁性能的研究表明，仅在缺电子 28VE 和 30VE 配合物中存在金属-金属单键。未配对自旋电子本质上位于金属的中心。单线态和三线态能量上非常接近，产生了奇异的磁性行为。

镧系元素 COT 配合物作为单分子磁体（SMMs）已经进行了广泛研究。Cp*Er(COT) 的 SMM 行为已在第 2.8.2.3 节中提过。下图所示的是单核和双核镝 COT 配合物（含有增加溶解度的 SiMe$_3$ 取代基）。DFT 计算表明，金属-COT 成键倾向于强的共价键，离子跨越 COT 桥呈现磁相互作用。

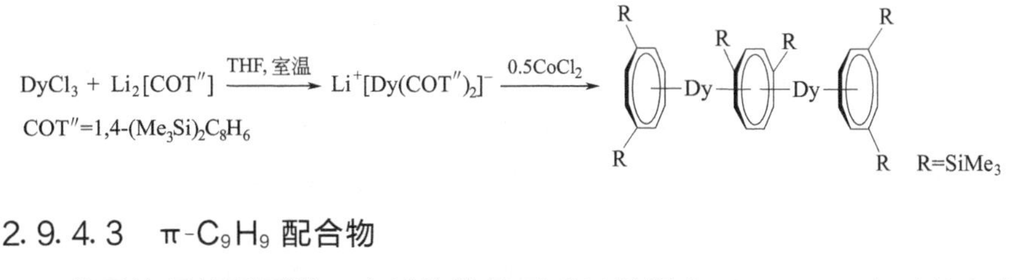

2.9.4.3　π-C$_9$H$_9$ 配合物

芳香族环状平面进一步延伸就是环壬四烯阴离子 C$_9$H$_9^-$，由于其太大并不能与大多数金属离子形成夹心型配合物，且倾向于缩合偶联异构化成茚基，如 K[C$_9$H$_9$] 与 Cp″ZrCl$_3$ 反应。C$_9$ 环的大小通过其 Pd 化合物 [Pd$_4$(η^8-C$_8$H$_8$)(η^9-C$_9$H$_9$)]$^+$[BArF$_4$]$^-$ 中填充四个钯原子得到了充分验证。

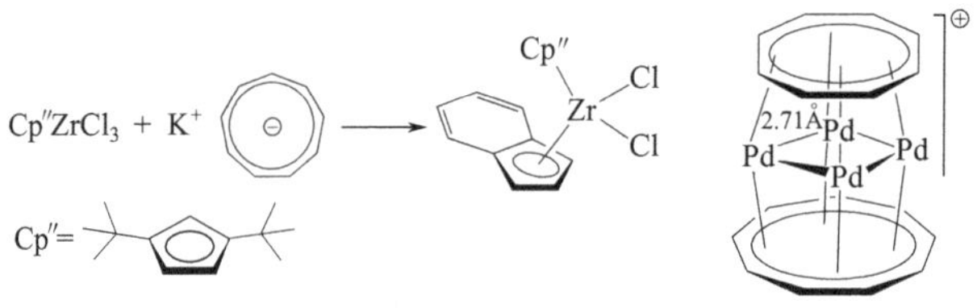

2.9.4.4 杂环 π-配合物

具有孤对电子的杂原子芳族体系通常用作 2 个电子的 n-给电子体，但也能够形成 π 配合物。由于它们比芳烃更富电子，可用来修饰金属中心的氧化还原行为。催化加氢脱硫研究了煤衍生物——噻吩配合物。[CpFe(CO)$_2$]$_2$ 与 P$_4$ 在还原条件下反应得到含有 P$_5^-$ 的类二茂铁化合物，具有 Cp$^-$ 的构型和电子数。当含有 B—N 键的杂环化合物是芳烃化合物的等电子体时，具有类似芳香基配位的化学性质。B-N 键具有双键特征，但比 C=C 键极性大。在下图中展示了几个代表性示例。

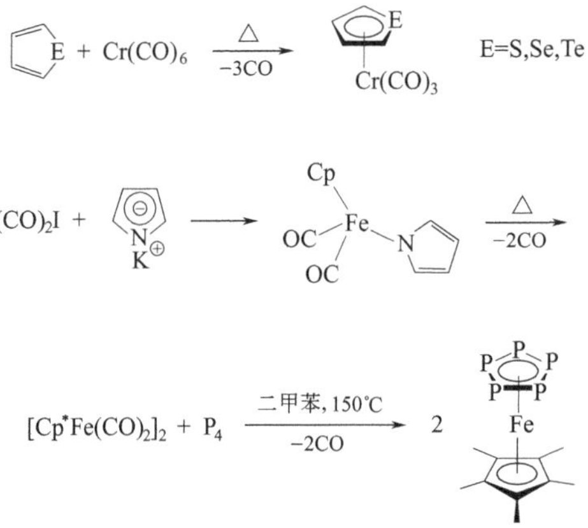

吡啶更倾向于通过 N 形成 κ^1-配位。尽管已经制备了 Cr(η^6-吡啶)$_2$，但其不稳定，容易溶剂化。混合夹心 Cr(吡啶)(苯)更稳定。

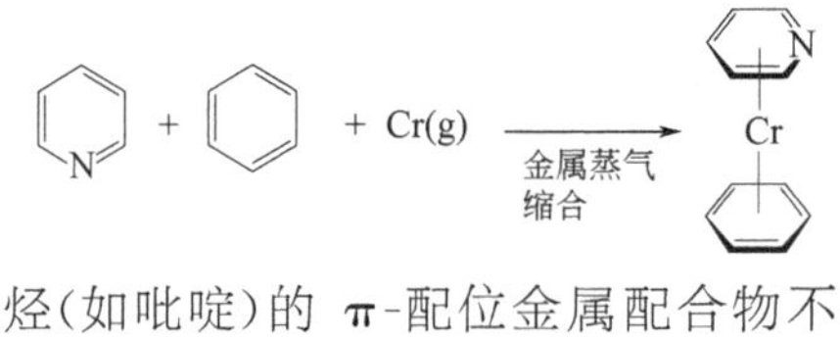

尽管杂原子芳烃(如吡啶)的 π-配位金属配合物不像其芳烃同系物那样容易合成，但它们在基于饱和 N-杂环药物不对称氢化合成中具有重要意义。五环杂芳烃更容易衍生化,如动力学惰性配合物 [(η^2-C$_5$H$_4$NMe)Os(NH$_3$)$_5$]$^{2+}$ 中未配位的 C=C 键容易被亲电试剂进攻。

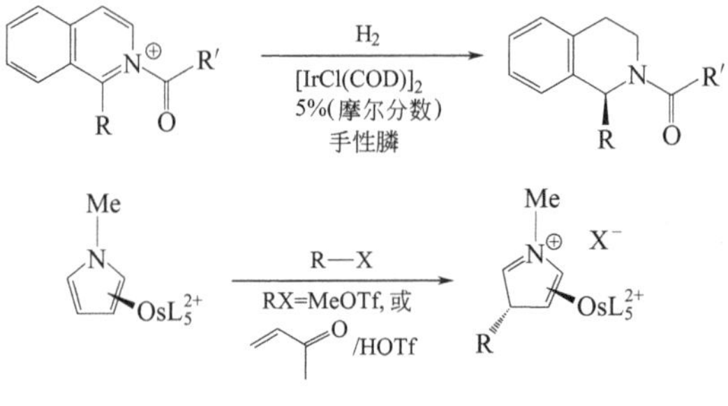

在 2.8.1 节中提到了硼杂环，它们缺电子，从金属与配体片段 ML_n 接受电子得到 6π 休克尔芳构型化合物。这些电子通常由两种不同的金属提供，生成超出 18 电子规则电子数的多层结构，对于三层结构，"幻数"是 30VE，四层结构是 42VE。

ML_n电子贡献数:
$Mn(CO)_3$= CpFe 1 e$^-$
$Fe(CO)_3$= CpCo 2 e$^-$
$Co(CO)_3$= CpNi 3 e$^-$

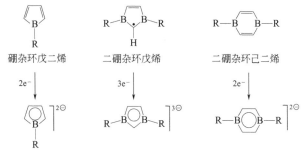

硼杂环戊二烯   二硼杂环戊烯   二硼杂环己二烯

硼杂环戊二烯基   1,3-二硼杂环戊二烯基   二硼杂环己二烯基

在 2.5.2 节中所示规则适用于 1,3-二硼戊烯的反应，由 CpNi 片段或通过 CpFe 与 CpCo 结合来提供三个电子。该合成原理可以延伸，并合成了 1,3-B_2C_3 环桥联五和六夹心配合物。

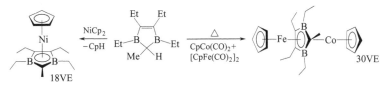

 要点

芳烃形成夹心配合物 M(芳烃)$_2$ 和半夹心化合物(芳烃)ML_n。

金属-芳烃键是共价键，但缺乏金属-Cp 配合物的库仑贡献。

大多数单核芳烃夹心配合物遵循 18 电子规则。

将 M(芳烃)$_2$ 配合物与其他 M(芳烃)片段堆积，导致三层和四层结构，其将 18VE 规则分别延伸至 30VE 和 42VE。

半夹心配合物(芳烃)$Cr(CO)_3$ 和等电子阳离子 $[(芳烃)FeCp]^+$ 是区域和立体选择性合成中的重要试剂。芳烃与 $Cr(CO)_3$ 的配位增加了 C—H 键的酸度，容易受亲核取代和环金属化的影响。

Ru 的单芳烃配合物有望成为抗癌药物。

$C_7H_7^+$、$C_7H_7^{3-}$ 和 $C_8H_8^{2-}$ (COT)是更大的平面芳族体系并形成类似的配合物。大尺寸的 M(M= Th，U，镧系元素)形成 M(COT)$_2$ 夹心化合物。

杂环芳烃可以形成相似芳烃结构金属配合物。

 练习

1. 请绘出下列化合物的结构，确定其金属氧化态和电子数。

(1) $[Cr(C_6H_6)_2]^+$;(2)$Cr(C_6H_3Me_3)_2$;(3)$Cr_2(C_6H_3Me_3)_3$;(4)$(C_7H_7)Mo(CO)_2Br$; (5)$U(C_8H_8)_2$

2. 以氯苯为原料，通过芳基三羰基铬合成策略制备 2-苄基-苯甲醚。

3. 为什么环辛四烯(COT)配体在 CpTi(COT)配合物中是平面构型，而在 CpCo (COT)配合物中是非平面构型?

2.10 σ配合物

孤对电子和 π 电子都能平衡亲电性和反馈键，金属中心能与 H—H 和 H—X 分子进行 σ 键配位，最重要的 σ 配体是 H_2。尽管金属氢化物和氢配合物不是严格意义上的金属有机物，但它们在金属有机反应和催化中起着关键作用，因此在这里讨论。

$$M \overset{\displaystyle H}{\underset{\displaystyle H}{|}}$$

2.10.1 氢配合物

类似于 2e3c 键，σ 键电子云与金属共享。由于 d 轨道 $nd(n=3\sim5)$ 能量水平与 H—H 和 H—X 键的 σ^* 轨道相当或更高，所以存在一定程度的反馈键，导致 H—H 或 H—X 键的拉长。

H—X 的配位可以认为是一种捕获反应，大多数情况是 H—X 氧化加成到金属中心的方式，M(HX)加合物是其过渡态。然而，某些情况下，如金属中心缺电子，氧化加成步骤是缓慢的，通常是阳离子配合物。在这种情况下，H—X 加合物是基态产物，可以分离。

$$L_nM + H_2 \longrightarrow L_nM\overset{\displaystyle H}{\underset{\displaystyle H}{|}} \quad \xrightarrow{\text{氧化加成}} \quad L_nM\overset{\displaystyle H}{\underset{\displaystyle H}{<}}$$

双氢配合物　　　　　　　　　金属二氢化物配合物

配位电子不饱和配合物 $W(CO)_3(PCy_3)_2$ 暴露在氢气中首次发现形成了 H_2 配合物。该化合物的两个大位阻 PCy_3 配体容易形成具有空配位点的 16VE 物种。仔细研究表明，缺电子性质通过金属与环己基取代基的一个 C—H 键相互作用而减弱。这种相互作用键足够弱，以至于容易被 H_2 置换。另一方面，三个 CO 配体接受反馈键的吸电子特性，确保金属中心上的电子富足程度不会使 H_2 中的 H—H 键裂解实现快速氧化加成，因此该反应中间体可以分离。氧化加成确实能发生，但是很缓慢。

$$\nu_{\text{H-H}} = 2690\text{cm}^{-1}$$

配位使 H—H 距离从游离 H_2 的 0.74Å 拉长到配合物中 H_2 的 0.8～1.0Å。还存在"伸长的氢"配合物，H—H 的距离高达 1.36Å。经典配合物 $W(H_2)(CO)_3(PCy_3)_2$ 中 H_2 结合焓仅为 39.4kJ·mol^{-1}（通过量热法测定），在其他配合物中 H_2 结合焓是该值的 2～3 倍。然而，H_2 是易被置换的弱键配体。

有许多含一个或多个 H_2 配体的多氢配合物，是否能形成 H_2 配合物取决于其他配体和金属上提供或接受电子的能力。同族三个过渡金属的原子序数越高，其高氧化态稳定性越强，其形成多氢化物趋势也增加，而非 H_2 配合物。例如，$RuH_4(PPh_3)_3$ 实际上是 $Ru^{II}(H_2)(H)_2(PPh_3)_3$，Os 的同系物是四氢化物 Os^{IV}。

由于 X 射线衍射通常难以定位氢配体，晶体通过中子衍射可以定位结构中氢的位置，而适合用于中子衍射测定的晶体很难得到，因此 $M(H_2)$ 和 $M(H)_2$ 成键状态之间的最佳测试方法是 NMR 光谱，通过测量部分标记的 HD 配合物的 J_{HD} 耦合常数来区分。配位削弱了 H—D 键，从而降低耦合常数值，从自由 HD 的 43Hz 降低到 35Hz 或更低。原则上，H—H 振动也可以通过振动光谱检测，但通常光吸收较弱。

H_2 在金属中心上的配位显著增加其酸度，特别是在阳离子配合物中，可以达到三氟甲磺酸（CF_3SO_3H）的强度（表 2.12）。这种酸度增加对 H_2 活化起重要作用，产生 H—H 键异裂和 σ 键复分解反应，如 M≡C 键氢解。

表 2.12 氢配合物的酸性

化合物	pK_a
H_2（在 THF 中）	>49
$Ru(H_2)(H)_2(PPh_3)_3$	36
$[Cp^*Ru(CO)_2(H_2)]^+$	−2
$[Os(H_2)(CO)(dppp)_2]^{2+}$	−5.7

2.10.2 烷烃和硅烷配合物

烷烃配合物 如 $W(CO)_3(PCy_3)_2$ 结构所示，金属中心原则上能够以供体-受体方式与饱和烃 C—H 键键联。期望烷烃的金属配合物中有相同的键合作用。这类物质必须在烯烃配合物氢化和氢化金属烷基化中还原消除形成。在大多数情况下，这种配合物太不稳定，难以被检测到。

金属配合物结合烷烃的能力长期以来都是重点研究课题，例如，在低温下金属羰基化合物快速质子迁移；如 16VE 物种 $W(CO)_5$ 以 11kcal·mol^{-1} 的解离能与己烷结合，该配合物非常不稳定，难以分离。

一些烷烃配合物已被假定为金属烷基中 H/D 交换反应的中间体。

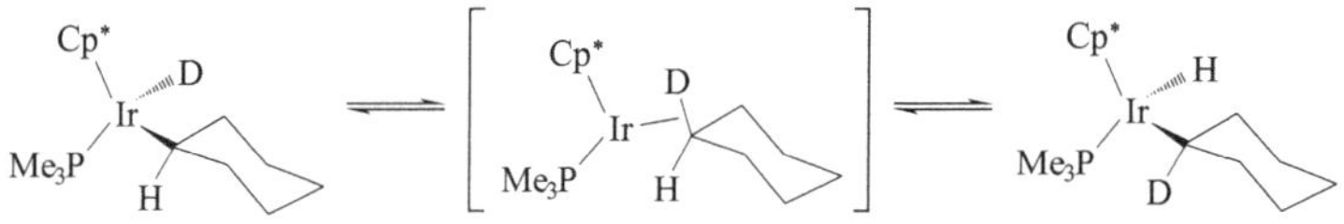

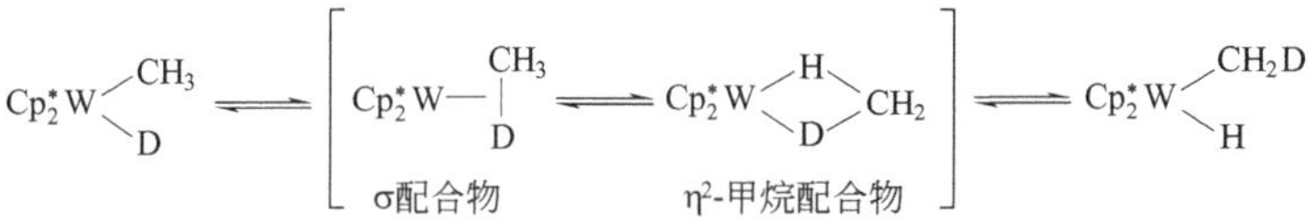

钳型配合物(PNP)Rh—CH₃ 的质子迁移得到阳离子 Rh(Ⅰ)甲烷配位
化合物,其具有足够的稳定性且寿命长,可以通过 NMR 光谱法表征。计
算模拟 Rh—H 键,一个比另一个短得多,并存在 Rh⋯C 相互作用。该化
合物是高度易变的。

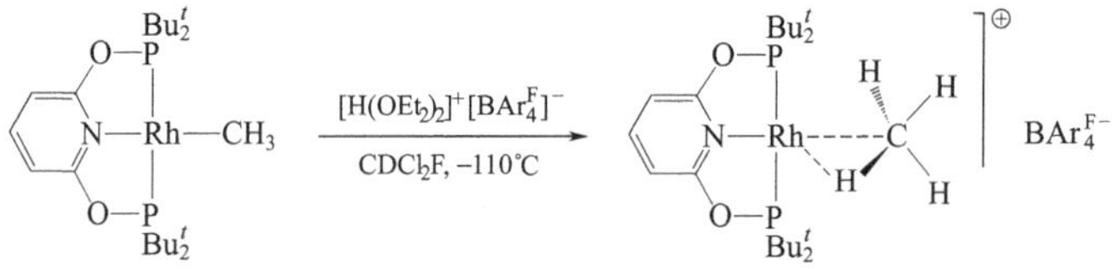

利用单晶 X 射线衍射表征烷烃配合物的方法可以测试气固反应所得
铑降冰片二烯配合物结晶氢化产物:

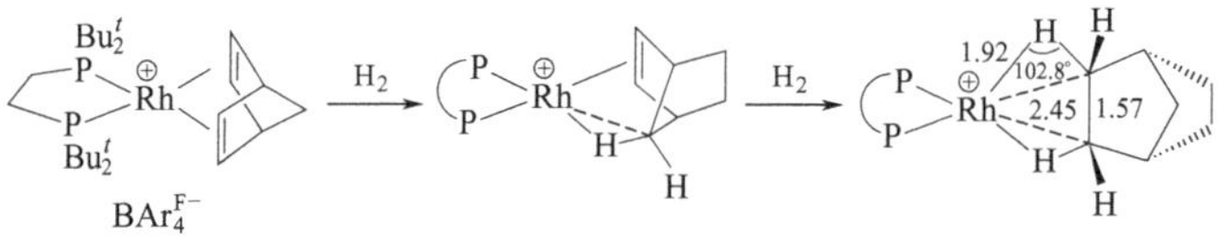

Si—H 配合物   硅烷具有类似 H₂ 的特征,遵循氢化过程相似的途径
实现烯烃和炔烃的氢硅烷化。因此,可以预见硅烷 R₃Si—H 能形成类似于
H₂ 和烷烃配合物的 Si—H 的 σ 配合物。的确检测到了这类化合物,它们
比烷烃配合物更活泼,其贵金属化合物已经获得结构表征,具有 η²-Si—
H 键以及 η¹ 型键。也存在硼烷 B—H 键配合物。

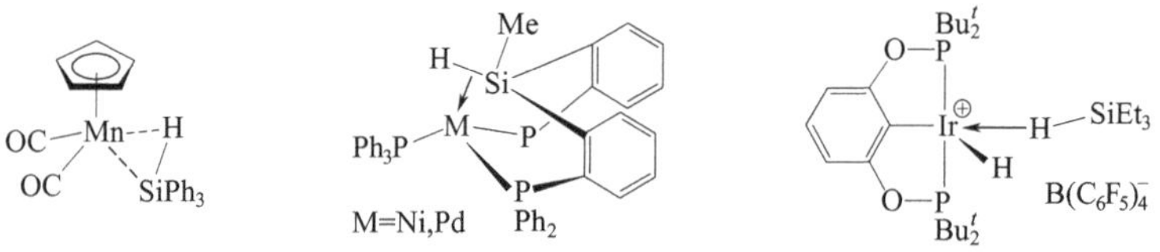

σ 键复分解   σ 键复分解可以使 C—H 键与金属-烷基键反应,该反
应不属于氧化加成,过程发生时金属中心具有足够的亲电性,不能进行氧
化加成。

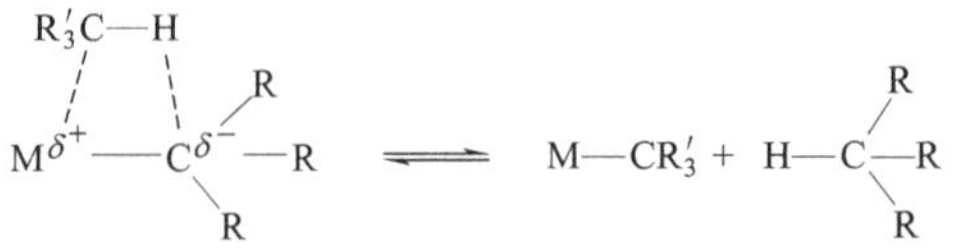

该过程通常发生在第 3 族和镧系元素配合物中,得到新烷基化合物或
烷基化产物,甚至通常稳定的甲烷也可以是烷基化试剂。

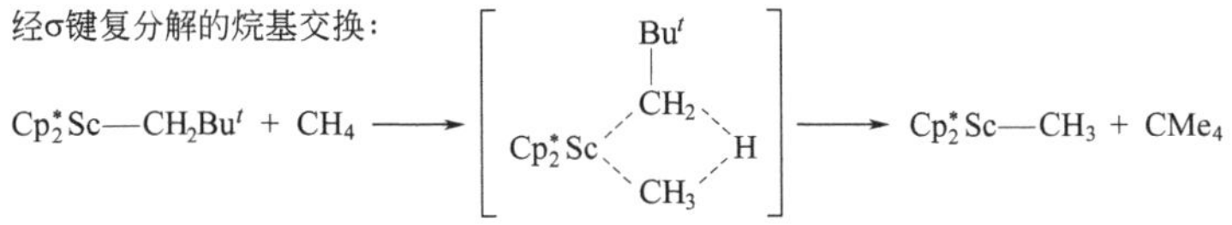

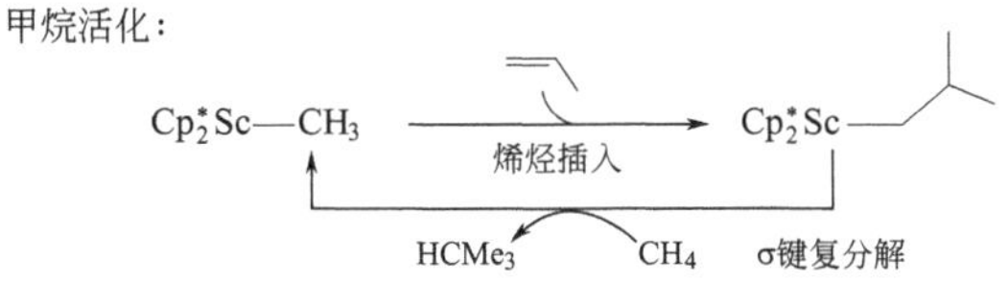

经σ键复分解的烷基交换：

甲烷活化：

产业界 σ 键复分解是重要的反应，用于控制烯烃聚合物的分子量，向反应器中加入适量的氢使齐格勒型烯烃聚合的 M-C 键氢化。

延伸阅读 2.10.2 烷烃脱氢和功能化

过渡金属活化饱和烷烃 C-H 键之前需要通过烷烃配合物反应形成烷基金属氢化物，其进行 β-H 消除形成烯烃和金属二氢化物。如果该 MH_2 物质容易还原消除 H_2，则反应可以实现烷烃催化转化成烯烃和 H_2。该反应进行需要 H_2 受体的牺牲，显然该反应原子效率很低。带强供电子体二烷基膦取代基的低价贵金属钳形配体配合物已经证明是"无受体"烷烃脱氢的高效催化剂。

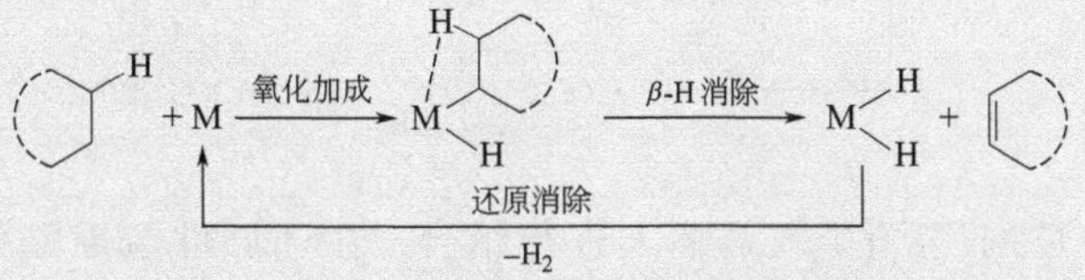

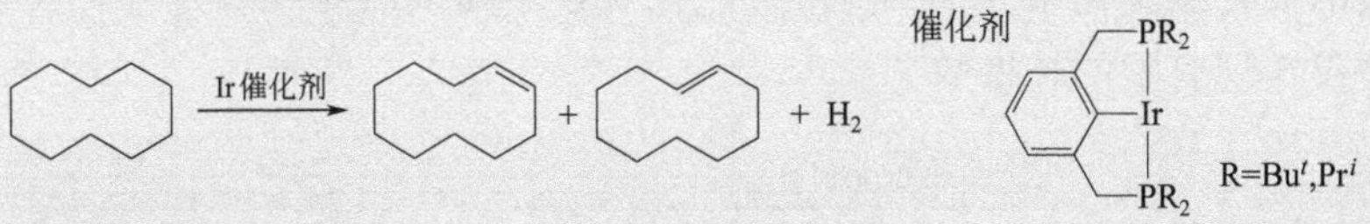

化学计量反应可以呈现乙烷转化为乙烯的反应步骤。在该特殊情况下，钛卡宾配合物在 C—H 裂解过程中充当分子内 H-受体。三齿钳配体也被证明有助于实现分离反应中间体物种：

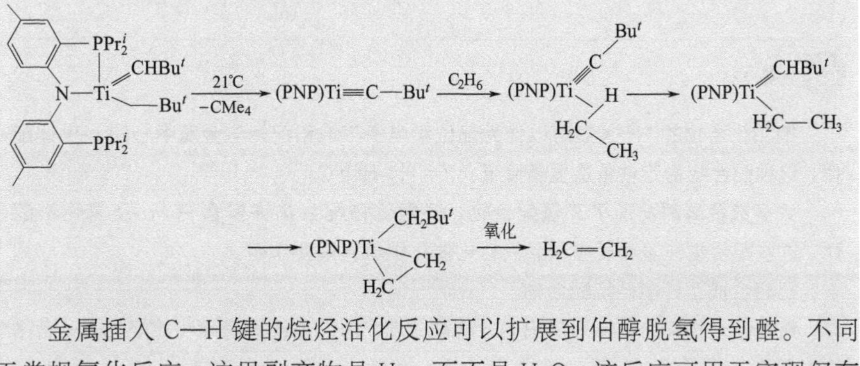

金属插入 C—H 键的烷烃活化反应可以扩展到伯醇脱氢得到醛。不同于常规氧化反应，这里副产物是 H_2，而不是 H_2O。该反应可用于实现仅有 H_2 副产物的配合物合成。

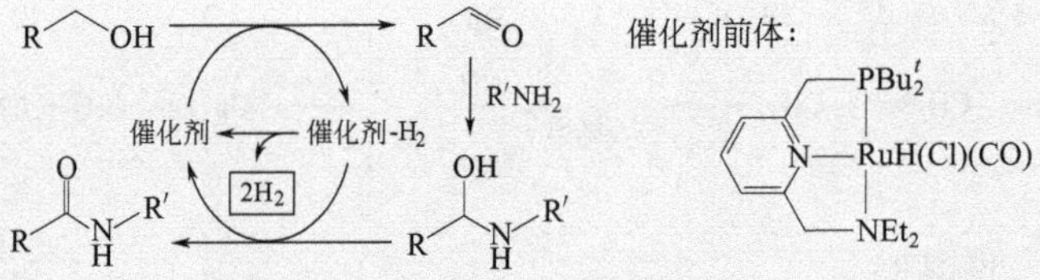

催化剂前体：

烷烃活化得到的烷基金属产物可以进行还原消除实现偶联反应，制得官能化烷烃。例如，该反应过程使得能够引入硼取代基，如下所示为 Rh 催化硼化循环。

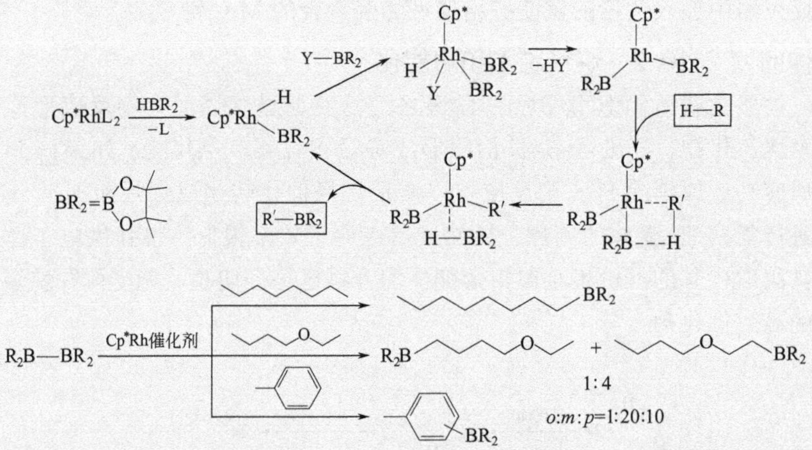

将烷烃 C—H 活化与 CO 插入进行组合，在还原性氢甲酰化条件或更一般的氧化羰基条件下，制得官能化烷烃。其虽然对金属是催化反应，但是仅实现有限的转换数。

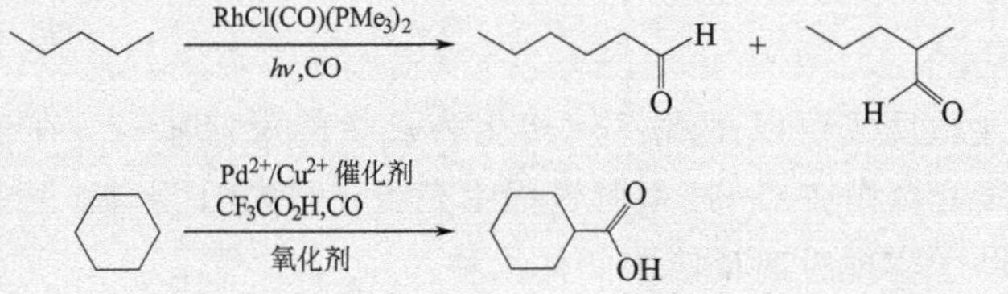

◉ **要点**

饱和化合物的 H—X 键可以作为配位和电子不饱和配体与金属中心的 s-供体配体。这种配合物稳定性依次显著降低：X= H > Si > C。

大多数金属都发现了二氢配合物。多氢化物配合物许多含有 H_2 及氢化物配体。这些配合物在氢化反应和氢气转化催化中具有重要作用。

已经合成了许多硅烷配合物。

烷烃配合物只有在特殊情况下才能被分离。它们是还原消除和烷烃 C—H 活化的中间体。

H/D 交换帮助提供了烷烃配合物中间体证据。

2.11 含 M—C 键的 σ 键配合物

金属催化过程包括金属-碳键的形成与断裂，其原理也适用于金属有机试剂定量转化的有机合成中。金属烷基中间体存在于生成烷烃、烯烃、炔烃或芳烃、氢化、聚合或官能化反应过程中。化学工业生产的绝大多数产物中都包含催化过程，至少在某个阶段如此。

第一个特意合成的金属烷基化物是由 Edward Frankland 在 1848 年制备的烷基锌 $ZnEt_2$ 和 $EtZnI$。此后，其他主族烷基化合物，包括烷基硅、锡、铅、汞和铝等实现了合成，认为过渡金属烷基配合物更难合成。W.J.Pope 于 1907 年第一次报道烷基过渡金属配合物，分别是 $[Et_2AuBr]_2$ 和 $PtMe_3I$，后者具有八面体配位四聚体结构，其结构确认推迟了几十年。

这些化合物的合成方法中最重要和最广泛应用的，氮气气氛下在低温乙醚溶液中用格氏试剂使过渡金属卤化物烷基化，得到二乙基金化合物，但是产率很低，并伴随有大量还原产物。

$$2AuBr_3 + 4EtMgBr \xrightarrow[\text{冰浴}]{\text{乙醚}} \underset{Et}{\overset{Et}{Au}}\underset{Br}{\overset{Br}{}}\underset{Et}{\overset{Et}{Au}} + 4MgBr_2$$

一个过渡金属烷化合物 (Pope, 1907)，其四聚体结构推后50年才被确认

2.11.1 金属烷基化合物的热力学和稳定性

除了前面提到的铂和金的过渡金属烷基配合物外，其他过渡金属烷基配合物在很长一段时间内都未能制备成功。现在已知这不是热力学问题，而是动力学的原因：含 β-H 的过渡金属烷基化合物易于分解，存在脱氢和烯烃消除。与主族元素不同，具有空 d 轨道的过渡金属，β-H 消除过程是非常容易的。

微可逆的原理

涉及 β-H 消除的步骤是平衡反应，逆反应是金属氢化物对烯烃的氢化反应。

设计制备可分离的过渡金属烷基化物的重要原则是使用不含 β-H 的烷基配体，或者，如果所有可用的配位点被诸如 Cp 和 CO 配体牢固配位而占据，并且获得 18 电子数，则可以制备稳定的烷基金属化合物。

过渡金属-碳键的离解能 D 与主族金属离解能相当（表 2.13）。然而，与主族元素不同的是键强随着周期增加而增强。

表 2.13　M—C 键解离能[①]

金属烷基	$D/kJ \cdot mol^{-1}$	金属烷基	$D/kJ \cdot mol^{-1}$
$Ti(CH_2CMe_3)_4$	198	$Cp_2^* TiMe_2$	281 ± 8
$Zr(CH_2CMe_3)_4$	249	$Cp_2^* ZrMe_2$	284 ± 2
$Hf(CH_2CMe_3)_4$	266	$Cp_2^* HfMe_2$	306 ± 7
$TaMe_5$	261 ± 5	$Cp_2 MoMe_2$	166 ± 8
WMe_6	160 ± 6	$Cp_2 WMe_2$	221 ± 3
$(OC)_5 Mn—CH_3$	187 ± 4	$(OC)_5 Mn—Cl$	294 ± 10
$(OC)_5 Mn—Ph$	207 ± 11	$(OC)_5 Mn—Br$	242 ± 6
$(OC)_5 Mn—C(O)CH_3$	160 ± 10	$(OC)_5 Mn—I$	195 ± 6
$(OC)_5 Re—CH_3$	220 ± 11		
$cis\text{-}(Et_3P)_2 Pt(Cl)—CH_3$	251 ± 30	$CH_3—I$	238 ± 1
$trans\text{-}(Et_3P)_2 Pt(Cl)—C_2H_5$	206	$CH_3C(O)—I$	209 ± 3

主族金属烷基化合物离域能

①Simões J A M, Beauchamp J L, Chem Rev, 1990，90：629.

数据显示，M—C 键强度与烷基或酰基碘中碳-碘键相当。甲基与金属键的强度高于长链烷基，证明甲基配合物不稳定性是由于动力学原因，而不是热力学。键强度降低顺序为：$M\text{-}C(sp^2) > M\text{-}C(sp^3) > M\text{-}C(O)R$。

在供电子配体存在下，烷基金属也可以通过其他途径发生分解。例如，膦配位钯乙基配合物是可分离的。膦配体不利于 $\beta\text{-H}$ 消除解离，不同于 $PbEt_4$，均裂 M-Et 键和形成乙基自由基的分解也不是热力学可行的。二烷基钯(及其他富电子金属)可以通过其他途径分解，这两个烷基配体进行 C—C 偶联分解形成烷烃及零价钯膦配合物。这个过程称为还原消除，它是钯催化 C—C 偶联反应的终止步骤。为使反应进行，两个烷基配体必须占据相邻的位置，即它们必须处于顺式位置。该方法伴随一个较高的活化能垒并且通常需要加热，不像 $\beta\text{-H}$ 消除，是不可逆的。

键解离能可以预测金属烷基化合物的稳定性，未满 18 电子数 TiR_4 金属烷基化物是不稳定形式。$PbEt_4$ 是一种吸热化合物，但仍然可以分离且在室温下是稳定的。$TiEt_4$ 是放热的，如前面解释的，由于易发生 $\beta\text{-H}$ 消除而不能制备。尽管 $TiMe_4$ 没有 $\beta\text{-H}$ 消除，但该甲基化合物也是热不稳定的，在温度高于 $-50℃$ 分解。原因在于该化合物低电子数($TiMe_4$ 是

8VE 化合物），金属中心能够与 C—H 键 α 位反应引发 α-H 分解。这意味着对于 TiR₄ 等缺电子化合物，必须采用替代策略以稳定配合物。

2.11.2　M—C 的 σ 键配体的类型和成键模式

2.11.2.1　M—R 配体类型

两种策略实现稳定的过渡金属烷基物的合成：

用供电子配体阻断配位点

该策略一个好的实例是如 $CpFe(CO)_2$—R（R＝Me，Et 等）等 18VE 烷基化合物，其对空气和水分稳定，且通过柱色谱法分离。由于这个原因，$CpFe(CO)_2$ 片段常缩写为 Fp，广泛用于有机合成。螯合配体如 2,2′-联吡啶（biPy）和单齿或多齿膦具有相同的效果。例如，尽管四面体 $TiMe_4$ 是高度不稳定的，但是八面体加合物 $TiMe_4(dmpe)$（12VE）在室温下是稳定的，即使它不符合 18 电子规则〔dmpe＝1，2-双（二甲基膦基）乙烷，$Me_2PC_2H_4PMe_2$〕。有许多含16～18 个电子的金属烷基配合物，烷基阴离子本身可充当稳定供体，例如，$RhMe_3$ 是未知的，但〔$RhMe_6$〕$^{3-}$ 的盐能分离。

用烷基配体抑制 β-H 消除

稳定具有 β-H 消除性质的配合物，可以使用不存在 β-H 的配体、大位阻配体或使 β-H 消除热力学上不利。常用的配体包括：

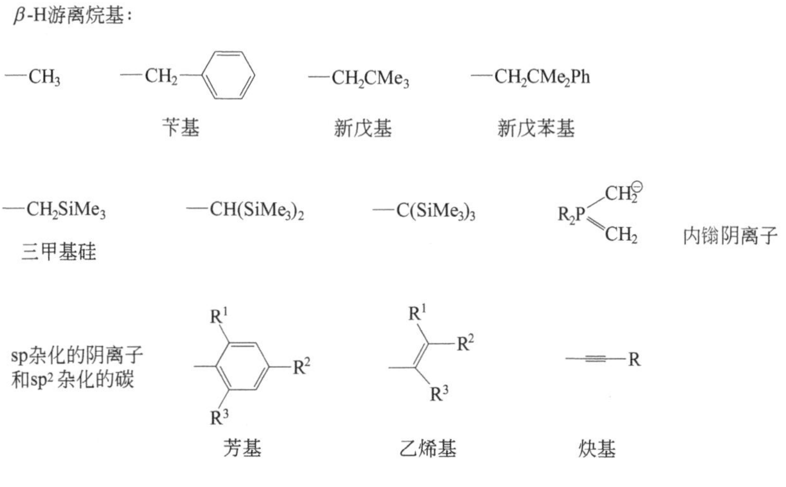

一般情况下，金属-碳键强度随 C 上 s-特性的增加而增强：

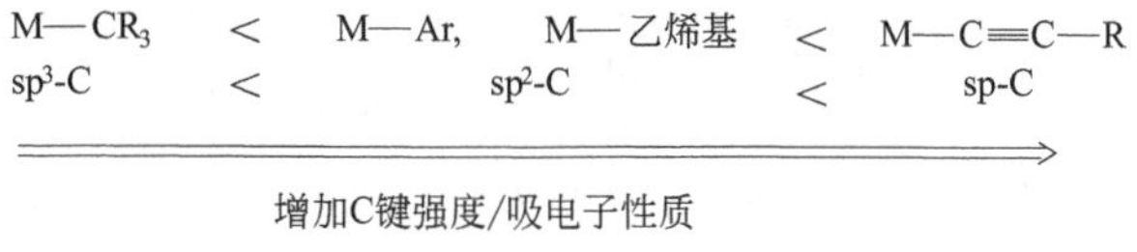

芳烃和乙烯基含有 β-H，但是该情况下，脱 β-H 热力学上是非常不

利的。桥头堡烷基如 1-降冰片基也一样，虽然该烷基具有六个氢原子，但不会出现脱氢现象，因为脱氢将导致桥头堡烯具有很大的张力：

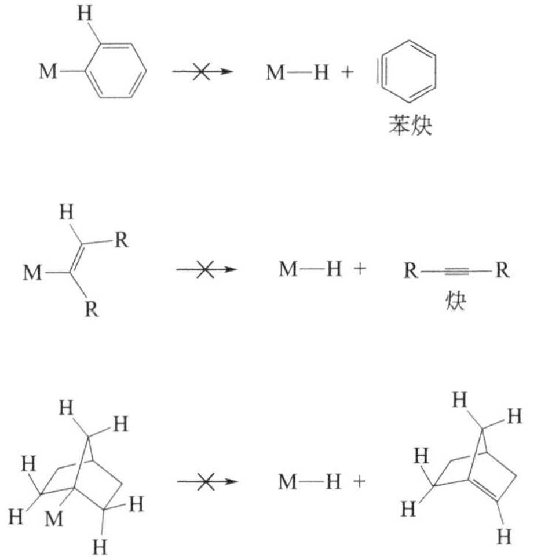

Bredt规则：桥头双键的形成是不利的

2.11.2.2　M-R 成键方式

抓氢一词是由Homer基于希腊字母 αγοστω 提出的，意思是"勾住或者成为一体"

以下讨论中常常会碰到金属—烷基键合形式的化合物。烷基和芳基在金属配合物中会由于金属对电子需要的情况不同使得烷基和芳基呈现末端和桥接结构。除了 M-C 的 σ 键之外，缺电子金属可与 α-、β-或 γ-位碳上的 C—H 键形成相互作用，该键合作用被称为"抓氢"键，其键合模式用半箭头表示在结构图中。

苄基配体所含苯基可以向缺电子金属中心提供 π 电子配位，获得 η^2-或 η^3-配位苄基化合物。在 η^2-苄基中，M—C—C 角比 109.5° 四面体角弯曲很多，通常接近 90°。在这样的化合物中，苄基配体保持刚性，根据配合物的对称性，两个 CH$_2$ 质子可能是不等价的(非对映异构的)，反映在 ^{1}H NMR 光谱上呈现 AB 自旋模式。

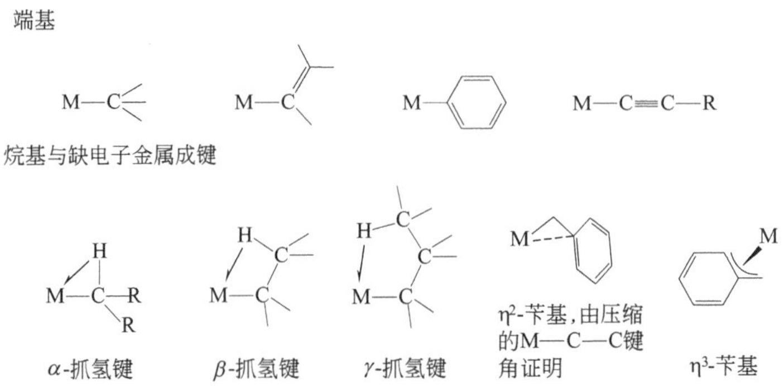

一些含有抓氢键配合物的例子如下：

α-抓氢键：

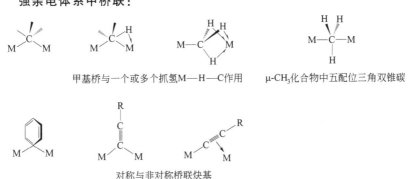

β-抓氢键：

桥联　如果在两种金属之间选择 sp^3 杂化和 sp^2 杂化的碳原子作桥联，更倾向于 sp^2 碳，主族金属配合物也有同样的趋势。由于烷基桥联倾向于缺电子金属配合物中，通常会有多种抓氢键支持桥联作用。

强亲电体系中桥联：

甲基桥与一个或多个抓氢M—H—C作用　　　　μ-CH₃化合物中五配位三角双锥碳

对称与非对称桥联炔基

金属环状化合物　金属烷基化合物也可以形成各种金属环状化合物，五元环趋于特别稳定，常见于供电杂原子固定的金属环状化合物。杂原子的存在影响特定位置的 C—H 的活化，从而基于苯基吡啶或氨基取代苄基结构形成含有金属原子的杂环化合物。

供体稳定的烷基

环金属化配合物

2.11.2.3　空间位阻的重要性

烷基金属，特别是没有额外供电子配体的配合物，稳定性随烷基配体空间体积增加而增强，因此，$Ti(CH_2SiMe_3)_4$ 的热稳定性高于 $TiMe_4$。大体积烷基以及邻位芳基取代已广泛用于生成低配位数热稳定的配合物。含吸电子基团芳基配体如 C_6F_5 在其电子特性方面类似于卤素阴离子。由大体积二取代芳基 $2,6$-$R_2C_6H_3$ 提供的空间屏蔽程度主要由邻位取代基决定，并且以 R 为 Me＜Pr^i＜Bu^t≈Ph＜C$_6$H$_2$R′$_3$-2,4,6 的顺序增加。大体积芳基的作用可以在下图中的混合配体烷基锰配合物中得到体现，尽管金属配位配体邻位 Bu^t 含有 9 个 β-H，但是大体积芳基的位阻阻碍了 β-H 脱去，并且该化合物在 160℃下是稳定的。具有较小配体的烷基锰对空气是极其敏感的，并且形成配位聚合物［Mn(μ-CH$_2$R)$_2$］$_x$，具有类似于二烷基镁的烷基桥联的链结构。

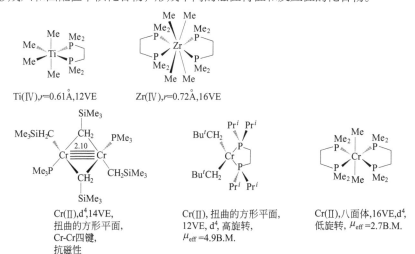

均三甲基苯基,Mes   均三异丙基苯基,isityl   超级均三(三甲基苯基),Mes*

单体,空间阻碍的二烷基锰(Ⅱ),9VE   Ar′＝   二烷基锰(Ⅱ)聚合物,如R=Bu^t;二电子三中心键

空间位阻会影响金属中心可以达到的氧化态，例如，可以制备 Ti(CH$_2$SiMe$_3$)$_4$(Ti，反磁性)，但是如果有更大的配体，会产生顺磁性 Ti 烷基，如三角平面 Ti{CH(SiMe$_3$)$_2$}$_3$。

Ti^Ⅲ,d^1,7VE,烷基配体太大而不能形成TiR$_4$

Ti^Ⅳ,d^0,8VE,四面体;较小配体的优选几何形状和氧化态

金属离子大小、烷基配体和任何给电子配体的相互作用可以由 MMe$_4$(M＝Ti，Zr)的膦加合物很好地展示，另外，二烷基铬的膦加合物是个例证。锆作为大离子半径过渡金属可以形成具有高达 8 配位数的烷基配合物。对于铬，空间上并不需要膦配体就可以形成金属-金属键的化合物，且增加螯合物配体位阻有利于形成六和四配位单核化合物，形成不同的磁性特征和反应性的化合物。

Ti(Ⅳ),r=0.61Å,12VE   Zr(Ⅳ),r=0.72Å,16VE

不含膦烷基铬化合物见2.11.3节

Cr(Ⅱ),d^4,14VE,扭曲的方形平面,Cr-Cr四键,抗磁性

Cr(Ⅱ),扭曲的方形平面,12VE, d^4, 高旋转,μ_{eff}=4.9B.M.

Cr(Ⅱ),八面体,16VE,d^4,低旋转,μ_{eff}=2.7B.M.

2.11.3 金属烷基的合成

2.11.3.1 金属烷基均配化合物的合成

对于金属烷基均配化合物或者需要附加供电子配体稳定的金属烷基配合物，最普适的合成方法是用过渡金属卤化物与主族金属烷基化合物进行烷基化反应。

Homoleptic（均配）是指配合物只含一种配体。Binary是指配合物含有两类不同配体

$$TiCl_4 + 2Mg(CH_2SiMe_3)_2 \xrightarrow[-78℃至室温]{乙醚} Ti(CH_2SiMe_3)_4 + 2MgCl_2$$

8VE，黄色，抗磁性

用氯化苄基镁对 MCl_4（M = Zr，Hf）烷基化得到四烷基化合物 $M(CH_2Ph)_4$，虽然主族烷基如 $Sn(CH_2Ph)_4$ 具有规则的四面体结构，但 Zr 和 Hf 配合物显示 M-C-C 键角各不相同，在 85°～101° 范围内，比 109.5° 的四面角小得多。这表明与苄基配体中苯环的 *ipso*-C 发生了 π 相互作用，并有助于缓解配合物（形式上 8VE）中金属缺电子的行为。

$$MCl_4 + 4PhCH_2MgCl \xrightarrow[-78℃至室温]{乙醚}$$
M=Zr,Hf

$$WCl_6 + 3Al_2Me_6 \xrightarrow{-Me_2AlCl} WMe_6 \xrightarrow{LiMe} Li[WMe_7]$$

WMe₆
12VE，
无色，抗磁性
三角棱柱形，C_{3v}

Li[WMe₇]
14VE阴离子，
加盖八面体

$$Mo_2(OAc)_4 + 8LiMe \xrightarrow[-4LiOAc]{Et_2O} [(Et_2O)Li^+]_4$$

16VE，M-M四价键

适于合成金属环化物的方法：

$$CrCl_2 + 2Li\quad\quad Li \xrightarrow{-4LiCl} [(Et_2O)Li^+]_4$$

$$MoCl_3(THF)_3 + Li^{\oplus}$$

磷内鎓阴离子

主族金属烷基化试剂的烷基化能力随着金属的电负性增加而降低：

LiR＞RMgX＞AlR$_3$＞R$_2$AlCl≈ZnR$_2$。较弱的烷基化试剂生成金属烷基卤化物：

$$\text{TiCl}_4 \xrightarrow[\text{LiMe}]{\text{Me}_2\text{AlCl}} \begin{array}{l} \text{MeTiCl}_3 \xrightarrow{\text{ZnMe}_2} \text{Me}_2\text{TiCl}_2 \\ \text{TiMe}_4 \end{array}$$

另一方面，混合配体烷基卤化物通常通过歧化反应制备：

$$\text{TiCl}_4 + 4\text{PhCH}_2\text{MgCl} \longrightarrow \text{Ti(CH}_2\text{Ph})_4$$

$$3\text{Ti(CH}_2\text{Ph})_4 + \text{TiBr}_4 \longrightarrow 4\text{TiBr(CH}_2\text{Ph})_3$$

烷基化反应可能涉及金属氧化态的变化。例如，CrCl$_3$ 的烷基化取决于 R 的大小，并且生成的三烷基化合物容易进一步氧化形成四价铬的产物。由于 Cr(Ⅳ)是小离子($r=0.55$Å)，所以即使是异丙基和叔丁基配合物，也会阻碍 β-H 消除形成具有神奇稳定性的化合物；CrR$_4$ 配合物在水存在下也是稳定的。相比之下，较小的配体如苯基和配位溶剂如 THF 得到溶剂配位的八面体 CrCl$_3$(THF)$_3$，CrCl$_3$(THF)$_3$ 与 LiCH$_2$SiMe$_3$ 发生反应还原并形成四聚体［CrR$_2$］$_4$，其中平面正方形的 Cr 中心通过烷基桥联在一起。化合物(d^4)通过金属中心的反铁磁耦合显示出温度依赖的顺磁性。

阳离子半径：
Cr(Ⅱ)0.73Å
(低自旋),
0.80Å(高自旋)
Cr(Ⅲ)0.62Å
Cr(Ⅳ)0.55Å

$$\text{CrCl}_3(\text{THF})_3 + 3\text{LiR} \Bigg\{ \begin{array}{l} \longrightarrow \text{Cr}^{\text{III}}\{\text{CH(SiMe}_3)_2\}_3 \quad d^3,\text{三角平面} \\ \longrightarrow \text{CrPh}_3(\text{THF})_3 \quad d^3,\text{八面体} \end{array}$$

[O] ↓

R$_3$Cr—R（d^2，四面体，2个不成对的电子；R=Pr^i,Bu^t,CH$_2$Bu^t,CH$_2$SiMe$_3$,C(Ph)=CMe$_2$,等等）

（四聚体 [CrR$_2$]$_4$，2.33~2.40，d^4，正方形平面，μ_{eff}=1.6 B.M.(298K)，R=CH$_2$SiMe$_3$）

具有大空间位阻的配体可用于生成具有非常低配位数的配合物，其通常意味着高的反应性。这样的化合物可能存在有趣的键合模式，例如具有非常大体积的芳基，可能产生金属-金属键合的二聚体，其中每个金属中心的五个电子参与 M-M 多重键合：

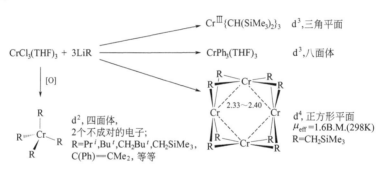

Ar′= （2,6-二异丙基苯基）　Cr(Ⅱ),d^4,10VE

Cr(Ⅰ)二聚物,d^5, Cr-Cr四价键

2KC$_8$，−2KCl，1.835

带有抗 β-H 消除反应的桥头堡烷基，金属氧化态由配体的空间位阻

决定。由于烷基是强供电体，它们的高氧化态是稳定的。对于钴，其氧化态可以高达五价 Co(V)：

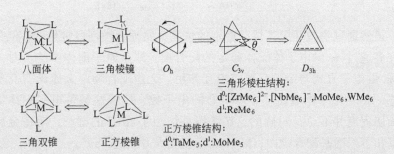

$$MCl_n + 4 \underset{\text{1-降冰片基锂}}{\text{（Li）}} \longrightarrow \underset{\substack{M=Ti,V,Cr,\\Mo,Mn,Fe,Co}}{M(\text{1-降冰片基})_4} \xrightarrow[\text{M=Co}]{Ag^+} [Co^V(\text{1-降冰片基})_4]^+$$

延伸阅读 2.11.3.1　金属甲基均配化合物的结构

具有六个甲基配体的金属均配化合物，如 WMe_6 和 $ReMe_6$，最初被认为是八面体的。然而，分子轨道计算表明，仅含有供电子配体的配合物应该是三角棱柱结构，且获得了结构证实。该结构与金属配合物的简单点电荷-球形模型相矛盾，并且不符合常规的理论，如空间相互作用、配体场理论或通常的 VSEPR(价电子束电子对斥力)理论，无法进行直观解释。

八面体和三角棱柱的几何构型可以通过彼此三角形面的旋转(巴拉尔扭曲)实现互相转换，使得八面体表现出极值结构($\theta = 60°$)，而三角棱柱呈现出另一个极端($\theta = 0$)。

在大多数情况下，配合物偏离这些理想状态。带负电荷的阴离子 $[ZrMe_6]^{2-}$ 接近于 D_{3h} 对称性，原因可能是带电荷配体的排斥作用；在中性化合物中，通过将对称性降低至 C_{3v}，可以实现进一步的稳定化，就像在 WMe_6 化合物中。

类似地，五甲基 MMe_5(M= Ta，Mo)是四方锥而不是三角双锥体。这些 σ-供电子体形成配合物通常是这类配体间不能形成 180° 的夹角。

（图示：八面体 ⟷ 三角棱镜 O_h ⟹ C_{3v}　D_{3h}；三角双锥 ⟷ 正方棱锥）

三角形棱柱结构：
d^0:$[ZrMe_6]^{2-}$,$[NbMe_6]^-$,$MoMe_6$,WMe_6
d^1:$ReMe_6$

正方棱锥结构：
d^0:$TaMe_5$;d^1:$MoMe_5$

相比之下，具有 π 键合能力的配体稳定了八面体或三角双锥结构。为此，$W(CO)_6$ 以及 MoF 和 WCl_6 这样的卤化物是八面体，烷氧基和氨基配合物具有相同的结构。含 σ-供电体且高电子数配合物也具有接近八面体结构，如 $[RhMe_6]^{3-}$ (d^6,18VE，$\theta = 45°$)。

2.11.3.2　烷基杂配体金属配合物的合成

通过额外配体 L 或 LX 配体稳定的金属烷基配合物也常由相应的金属卤化物反应制备。如果实现了 18 电子数，则有利于避免发生 β-H 消除的

杂配物是指配合物含有不止一类配体

危险。金属烷基均配物在大多数情况下容易氧化，其 M—C 键容易发生水解反应，但是烷基杂配体化合物如 CpFe(CO)$_2$(R) 和相关的羰基烷基金属配合物对空气和水比较稳定。16VE 物种和 Cp 稳定的前过渡金属烷基化合物对空气和质子试剂相对敏感些，但是，它们在热力学上比烷基金属均配物稳定性更好。

有许多产生 M-C 型 σ 键的反应途径，它们并不能发生类似盐的复分解反应。

金属卤化物烷基化

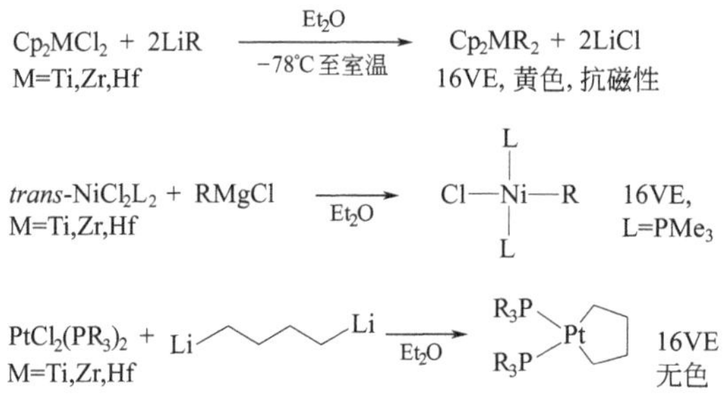

$$\text{Cp}_2\text{MCl}_2 + 2\text{LiR} \xrightarrow[-78℃\text{至室温}]{\text{Et}_2\text{O}} \text{Cp}_2\text{MR}_2 + 2\text{LiCl}$$
M=Ti,Zr,Hf   16VE, 黄色, 抗磁性

$$\textit{trans-}\text{NiCl}_2\text{L}_2 + \text{RMgCl} \xrightarrow{\text{Et}_2\text{O}} \text{Cl}\overset{\text{L}}{\underset{\text{L}}{-}}\text{Ni}-\text{R}$$
M=Ti,Zr,Hf   16VE, L=PMe$_3$

$$\text{PtCl}_2(\text{PR}_3)_2 + \text{Li}\smile\text{Li} \xrightarrow{\text{Et}_2\text{O}} \begin{array}{c}\text{R}_3\text{P}\\\text{R}_3\text{P}\end{array}\text{Pt}\bigcirc$$
M=Ti,Zr,Hf   16VE 无色

烷基化反应可能涉及金属的氧化态变化。驱动力可以是空间需求或者达到 18VE 金属构型：

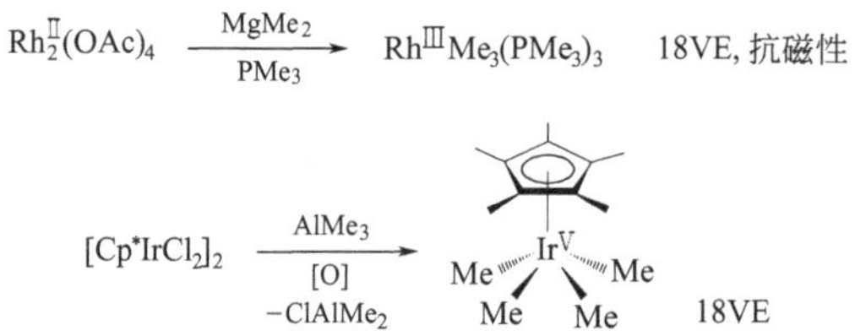

$$\text{Rh}_2^{\text{II}}(\text{OAc})_4 \xrightarrow[\text{PMe}_3]{\text{MgMe}_2} \text{Rh}^{\text{III}}\text{Me}_3(\text{PMe}_3)_3 \quad 18\text{VE, 抗磁性}$$

$$[\text{Cp}^*\text{IrCl}_2]_2 \xrightarrow[\substack{[\text{O}]\\-\text{ClAlMe}_2}]{\text{AlMe}_3} \quad 18\text{VE}$$

虽然通过膦或环戊二烯基稳定的烷基金属配合物是最常见的，但是也有许多通过 π-供电子体配体稳定的配合物，即杂原子配体中的孤对电子以 π-供电子方式与金属空轨道相互作用。这些配合物中金属含有高价氧化态，π-供电子体增加了金属中心的电子数，尽管这类供电子配体贡献的确切程度并不总是明确的。其结果是缩短了 M-E 的键长，而在金属烷氧基和芳烃酚基配合物中，M-O-C 角度变大并接近 180°。

以下示意图中锆苄基配合物显示了苄基配体的 η^2-配位形式，这是典型缺电子金属的苄基配合物。

π-供体:

烷氧基:

$\text{M}\cdots\bar{\text{O}}-\text{R}$

氨基:

$\text{M}\cdots\bar{\text{N}}\text{R}_2$

氧基:

$\text{M}\cdots\bar{\text{O}}$

亚氨基:

$\text{M}\cdots\bar{\text{N}}-\text{R}$

$$\text{Zr}(\text{CH}_2\text{Ar})_4 + \underset{\text{Ar}=\text{C}_6\text{H}_4\text{F-4}}{} \text{2,6-Bu}^t\text{-C}_6\text{H}_3\text{OH} \xrightarrow{-\text{CH}_3\text{C}_6\text{H}_4\text{F}}$$

Oπ-供体 10~12VE

η^2-苄基

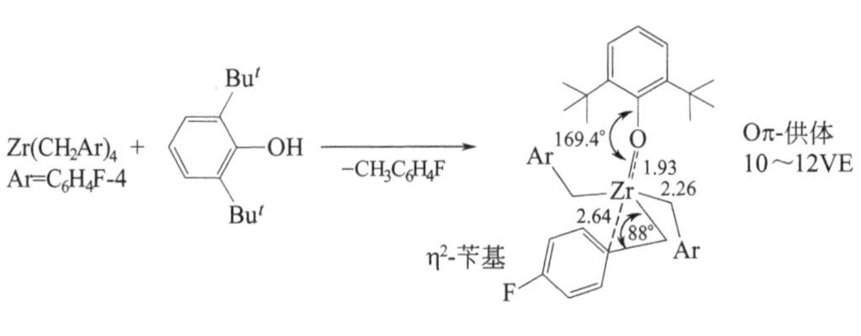

含有氧和亚氨基配位的金属烷基广泛应用于许多催化反应。这些双阴

离子配体形成 M＝E 双键，且形式上贡献了两个电子，但通过 π-供电子配体可以作为 4 电子配体。具有 M＝O 和 M＝N 键的配合物在第 5～7 族过渡金属元素中很常见，特别是第二排和第三排过渡金属元素。

一个典型的例子是 $MeReO_3$，一种用于氧化和氧转移反应的催化剂。氧配体是 π-电子给体，然而，这可以被更强的供体如吡啶所取代，因此这些配合物表现得像路易斯酸。

氧化加成 将亲电试剂 H—X 和 R—X 加成到低价过渡金属配合物是许多催化循环中的关键反应。由于 R 和 X 二者形式上可以被认为是阴离子，即它们由比金属中心更高电负性的原子组成，因此该过程相当于金属氧化成了更高的二价氧化态离子。该反应过程需要供电子配体促进，这导致热力学上金属中心占据的 d 轨道能量提高。M^I（M＝Co，Rh，Ir）和 M^0（M＝Ni，Pd，Pt）金属中心配合物中膦或烯烃是典型的反应性配体。经典实例是用多种底物进行氧化加成的配合物，如 Vaska 配合物 $IrCl(CO)(PPh_3)_2$。

氧化加成通常涉及配合物中配位几何形状的改变：四面体 M^0 化合物（M 为第 10 族金属）变成正方形平面 M^{II}（d^8），正方形平面 M^I（M 为第 9 族金属）变成八面体 M^{III}（d^6）。

$$Ir^I Cl(CO)L_2 + R—X \longrightarrow Ir^{III} R(Cl)(X)L_2 \quad L＝PH_3$$

Vaska's 配合物　　　　几种可能的立体异构体

非常富电子的金属中心，如 Ni(0) 的三烷基膦配合物，能够在非常温和的条件下进行氧化加成，甚至与化学惰性键反应，如氯代芳烃中的 C—Cl，获得 M-芳基化合物：

镍、钯和铂配合物参与的氧化加成反应通常生成 M—C 键，实际上广泛使用的钯催化的 C—C 交叉偶联反应完全归功于该类反应。然而，基于卤化物和溶剂的性质，单电子路径可能偶尔会与两电子氧化加成反应产生竞争。也可能形成自由基，生成具有中间氧化态的金属配合物，如一价镍。

$$NiL_4 + Ar—X \quad \begin{cases} \xrightarrow[X=Cl]{\text{非极性溶剂}} L_2Ni^{II}(X)(Ar) \\ \xrightarrow[X=I]{\text{极性溶剂}} \text{（二聚 Ni}^{I}\text{配合物）} + Ar—Ar \end{cases}$$

卤代烷烃氧化加成到 Cr(II) 盐中会形成溶剂化的单烷基 Cr(III) 配合物。该八面体配合物在动力学上是惰性的（d^3 电子构型），甚至不与酸或水进行反应。

$$Cr(ClO_4)_2 + PhCH_2Cl \xrightarrow{HClO_4, H_2O} [PhCH_2—Cr(OH_2)_5]^{2+} [ClO_4^-]_2$$

三烷基膦可以使金属中心高度碱性，这有助于氧化加成。然而，如果卤化物配体不能稳定配位，则可能产生离子化产物，如在 CpCo(PMe$_3$)$_2$ 与 MeI 的反应中，其过程与胺的季铵化相同。不活泼的缺电子 CO 类似物 CpCo(CO)$_2$ 在 PMe$_3$ 活化下与 MeI 进行氧化加成，得到酰基金属配合物：

$$CpCo^{I}(PMe_3)_2 + Me—I \longrightarrow [Cp—Co^{III}(PMe_3)_2(Me)]^{\oplus} \; I^{\ominus} \quad 18VE$$

$$CpCo(CO)_2 \xrightarrow{PMe_3} CpCo(CO)(PMe_3) \xrightarrow{MeI} \text{（酰基 Co 配合物）}$$

金属羰基阴离子与有机卤化物反应得到烷基或酰基金属配合物，相当于金属上进行了氧化加成。这些是 18VE 金属配合物中 M-C 键形成的经典标准方法。由于产物与强配位 CO 和 Cp 配体实现配位饱和，因此由 β-H 消除引起的动力学不稳定性不再是问题，并且容易制备乙基或丁基金属配合物衍生物。

$$[CpFe(CO)_2]^- + Et—I \longrightarrow CpFe(CO)_2—Et + I^-$$

$$[Mn(CO)_5]^- \begin{cases} \xrightarrow{MeI} (OC)_5Mn—Me \\ \xrightarrow{MeC(O)Cl} (OC)_5Mn—C(O)Me \end{cases} \xrightarrow[\triangle]{-CO}$$

前过渡金属具有高能态 d 轨道，在其配合物中强烈倾向于形成最高氧化态。例如，在没有更多供电子配体的情况下，锆配合物与烯烃和炔烃进行氧化加成 C-C 偶联形成杂锆环化物：

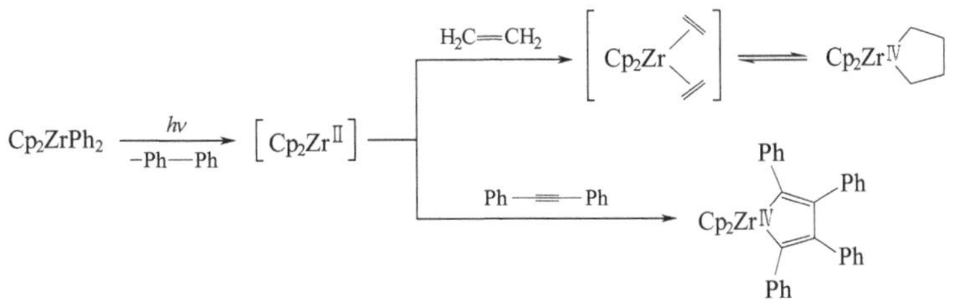

　　氧化加成的一个特例是将 C—H 键加成到低价金属上。这就可以在不需要有机卤化物情况下实现烷烃官能化和形成新的 C—C 键。邻近供电子原子极大地促进了这种类型的 C—H 键活化，从而形成五元螯合环。该反应主要以 sp²-C—H 键为主。下图显示了一些实例：三价铑金属环化物进一步与炔反应，该催化途径生成的二氢吡啶可进行多种取代，进一步氧化成吡啶化合物。

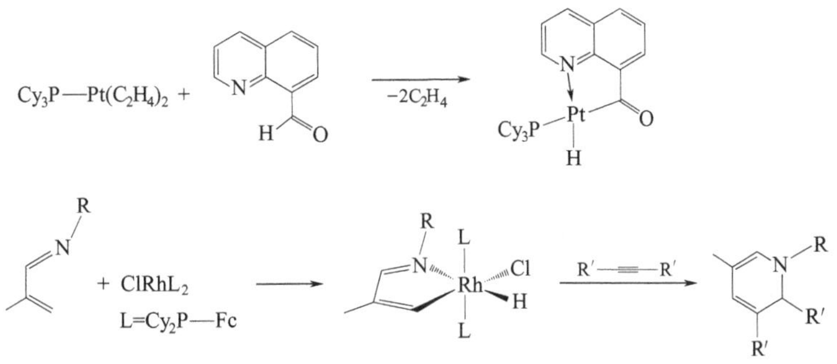

　　虽然大多数这样的氧化加成涉及 sp²-C—H 键，富电子低价金属中心已经证明能够氧化加成饱和烃，这些反应首先被证明是一价铱能够与甲烷进行反应，但是许多其他具有强供电子配体的 16VE 金属化合物中也显示了类似的反应活性。

烷基配合物见 2.10.2 节

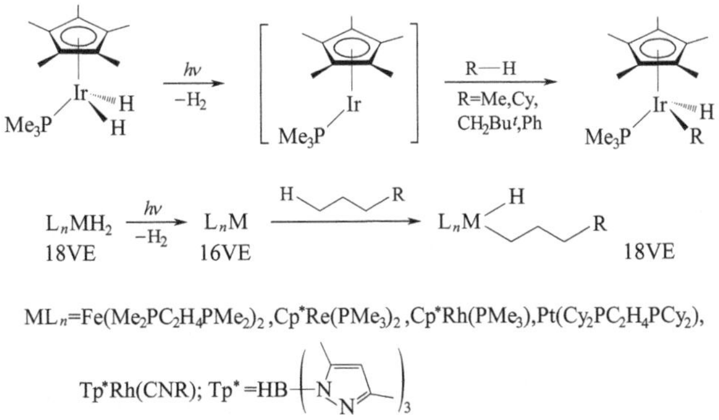

ML_n=Fe(Me$_2$PC$_2$H$_4$PMe$_2$)$_2$,Cp*Re(PMe$_3$)$_2$,Cp*Rh(PMe$_3$),Pt(Cy$_2$PC$_2$H$_4$PCy$_2$),

Tp*Rh(CNR); Tp*=HB$\left[$N N$\right]_3$

　　芳烃中 C—H 键比脂肪族的 C—H 键更容易在金属上进行氧化加成，尽管 sp³-C—H 键（约 $385\sim425$kJ·mol^{-1}）比 sp²-C—H 键（460kJ·mol^{-1}）弱。烷基铑氢化物的还原消除比上面所示 Cp* 配位铱实例更容易进行，因此就可以作为简单易得 Cp*Rh(L) 片段的原料，与芳烃反应。芳烃 C—

H 活化也是可逆的，但需要更高的活化能。在 C_6D_6 中加热所得的苯基铑氢化物会导致 H/D 交换：

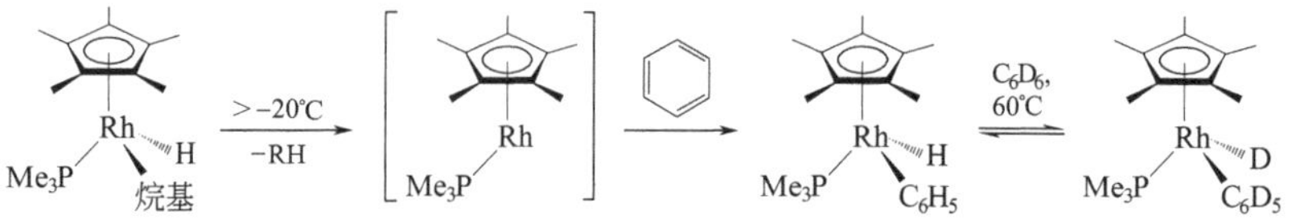

通过可逆 C—H 添加/消除进行 H/D 交换

在苯和正丙烷的竞争实验研究中，形成 Rh(H)(Pr^n) 和 Rh(H)(Ph) 物质的混合物比为 1:4，尽管这两种烃在统计学上具有大约相同的 C—H 活化可能性。

通过亲电进攻：环金属化　在前面图示反应中涉及 C—H 键的氧化加成，生成金属氢化物配合物。然而，更常见的是通过亲电金属中心对 sp^2-C—H 键的进攻，然后去质子化生成类似的配合物。在该反应过程中，金属处于足够高的氧化态以充当亲电试剂，并且氧化态在该过程中不发生变化。

1.4.3.1 节中已经描述了 Hg^{2+} 和芳烃之间的反应过程，其产物为芳基汞化合物。通过与金属配位的给电子配体原子做基团（通常为 N 或 P）促进过渡金属亲电试剂的进攻，从而使得随后较慢的 C—H 活化反应在几个可能的位置之间有区域选择性。结果是在取代基的邻位上形成具有 M—C 键的金属环化物，即所谓的邻位金属化或环金属化。这是许多后续官能化和 C—C 偶联反应的驱动力，它们都依赖于通过邻位金属化过程实现金属环化物的形成。

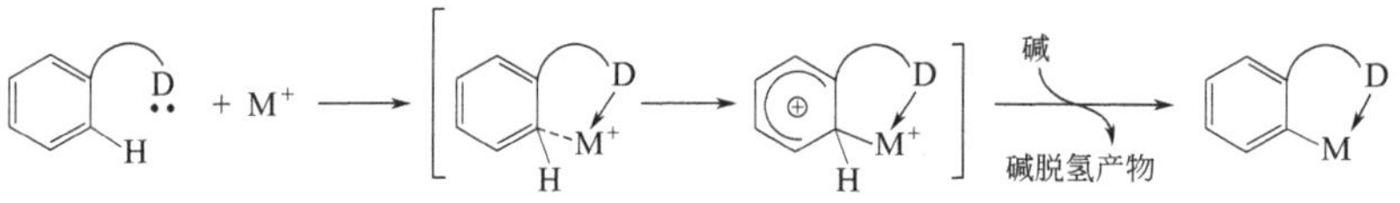

邻位金属钯（Ⅱ）化合物是很常见的，且已经在合成中广泛使用。最早的例子之一是偶氮苯邻位钯环化反应。膦配体也易于在苯环和邻位甲基取代基上发生邻位金属化反应。

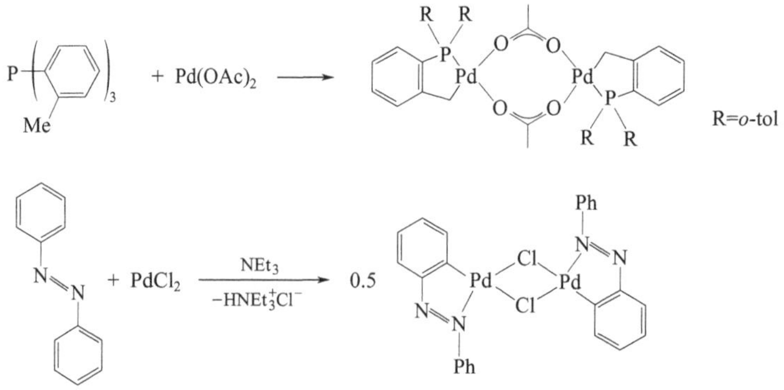

邻位金属键联步骤之后可以插入到 C—M 键中，从而在邻位碳上形成新的 C—C 键。

环金属化配合物也已广泛用作传感器和有机发光二极管（OLED）。

延伸阅读 2.11.3.2 钌催化转化的邻位金属键联/依次烯烃插入合成实例

催化剂前体：[RuCl₂(p-甲基异丙基苯)]₂/Cu(OAc)₂

环金属键联芳基配合物用作发光器件和传感器

第三行富电子过渡金属与其金属杂环化配位配合物通常显示出非常强的光致发光性。需要强供电子体来提高 d 轨道的能量，并且在光或电激发时，这些配合物根据配体环境发射出一系列颜色的光。所述配合物可以作为掺杂剂掺入电活性聚合物膜中，用于制备平面屏幕显示器的有机发光二极管(OLED)，并提供了一种将聚合物均匀发射调节到可见光谱上的彩色显示方式。其他的应用包括作为白光源，用作发光探针或作为化学传感器对细胞结构进行生物成像。发光化学传感器的几个化合物结构如下所示，它们与底物作用时会产生期望的发射波长变化，或者荧光猝灭。所有这些应用的关键是配体的设计合成。

高配位场，即强键相互作用，是由具有低能 π-体系芳基配体所形成的杂金属环化芳族配体，主要基于多聚苯基吡啶结构。发射颜色取决于配体上给电子或吸电子取代基。配合物的结构影响量子产率和激发态的寿命，其范围从纳秒到微秒(荧光到磷光)。三价铱(d⁶)和两价铂(d⁸)已经获得特别广泛的研究。由于 OLED 平面屏幕显示器不需要背景照明呈现图案，因此它们比液晶显示器更平坦并且需要更少的能量。

OLED发光

发射光：　　　蓝色 ⟹　　　绿色 ⟹　　　黄色 ⟹　　　红色

| 蓝-绿色
发射光 | 蓝-绿色到
黄色发射光 | 氟化物传感器：
黄色，
F-键合：深橙色 | 晶体传感器：
深红色发射，
用 Hg^{2+} 猝灭 |

环金属键联的三价铱配合物也已经用于活细胞的荧光成像。DMSO 配合物 $[(C^N)_2Ir(DMSO)_2]^+$ 没有发光特性，但在细胞中细胞核膜所含的组氨酸蛋白质与阳离子铱配位结合，形成强烈发光的加合物。该化合物在细胞核中快速积累。

M—H 键插入反应生成 M—C 键 烯烃和炔烃容易插入到 M—H 键中，分别得到金属烷基或金属乙烯基。将烯烃插入 M—H 键是许多催化反应的关键步骤，如氢化、氢甲酰化、羰基化和聚合反应等。

烷烃与
Schwartz
试剂的
反应见
2.8.2.3节

反马式加成产物　　　　马式加成产物

机理上，烯烃插入是在配位配体上进行了分子内亲核进攻，即该反应中 H^- 向不饱和底物碳上迁移。为了该反应步骤发生，氢化物和烯烃必须相互处于顺式位置，使得烯的碳原子与氢和金属排列在同一个平面内。

该反应的逆反应，即 β-H 消除反应，已在第 2.11.1 节中进行了讨论。

由于插入产物是具有比中间体少一个配位点的烷基，因此可以通过供电子体配体参加配位来推动反应的正向发生。相反，对于烯烃配位反应，金属中心必须是配位不饱和的，或者供电子配体必须首先解离。

炔烃插入 M—H 键，特别是活化的炔烃如二甲基乙炔二羧酸酯（DMAD），在 18VE 起始催化剂如（Ind）RuHL$_2$ 中，发生配体 L 解离或茚基环滑脱提供可以使乙炔配位的所需配位点，其 Cp 配合物的反应性低得多。根据炔取代基的性质，插入反应具有区域选择性。

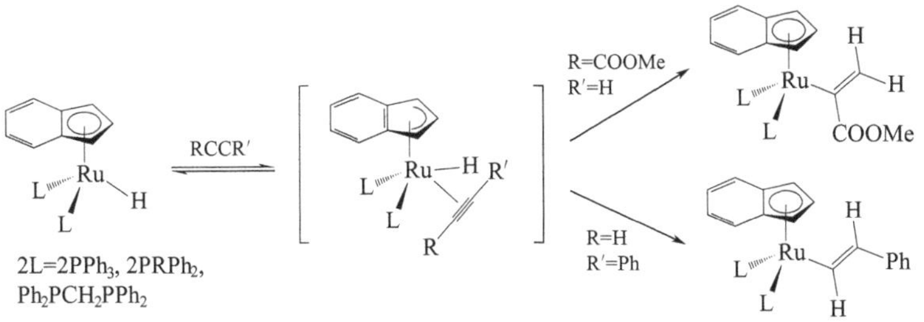

该反应过程也发生在金属烯烃和炔烃配合物质子化反应中：

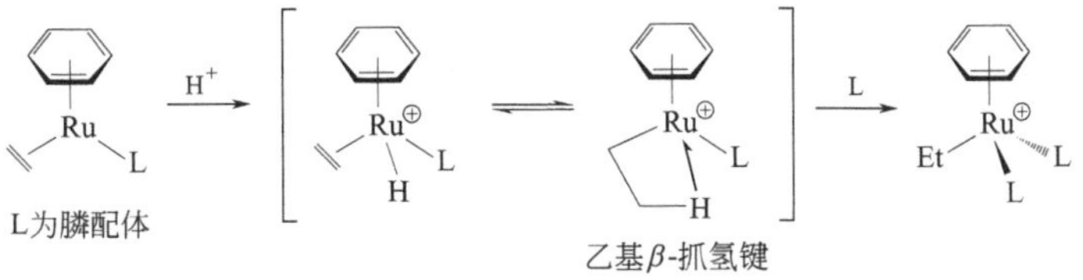

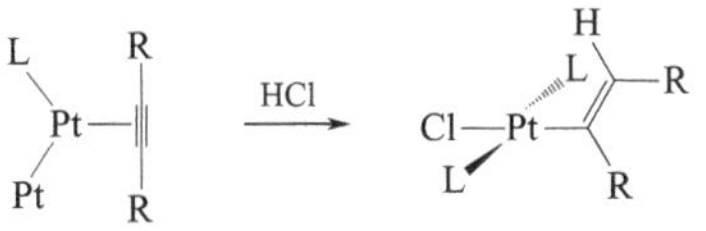

氢化物形成 M—C 键的另一种途径就是卡宾化合物的插入反应。例如，重氮甲烷与酸性金属羰基氢化物反应，得到相应的甲基配合物：

$$CpMo(CO)_3H + CH_2N_2 \longrightarrow CpMo(CO)_3CH_3 + N_2$$

亲核试剂进攻形成 M—C 键 不饱和极性配体如 CO、异氰化物、烯烃和炔烃易受亲核进攻，从而形成 M—C 键配合物。像金属氢化物的插入反应一样，该类型的反应经常存在于催化过程中。

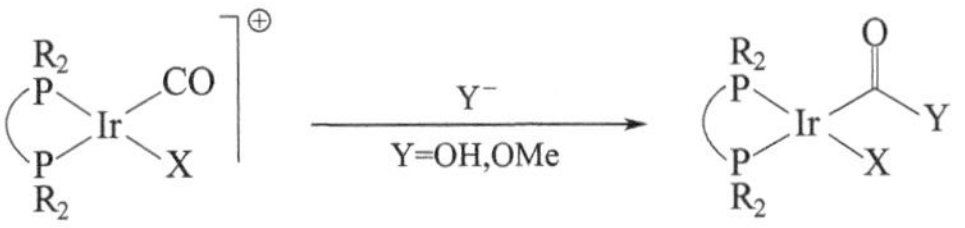

零价镍配合物，[R$_2$NiL$_2$]$^{2-}$ 是四面体结构，[MeNi(C$_2$H$_4$)$_2$]$^-$ 却是平面四边形

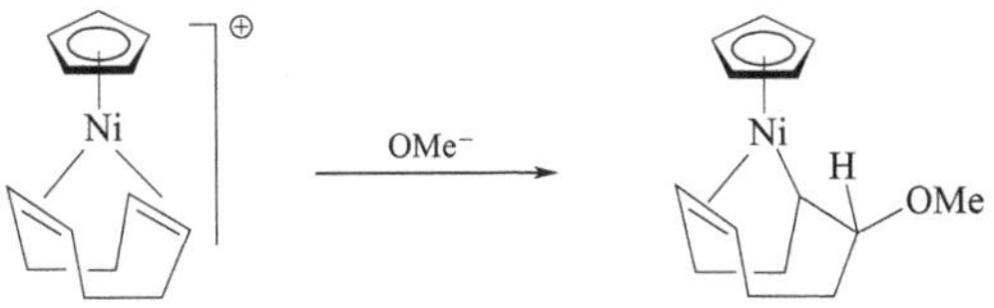

零价金属也可以参与烷基锂中烷基阴离子的亲核加成反应。例如，Ni(COD)$_2$ 在乙烯的存在下与 LiMe 加成形成高反应活性的 [Me—Ni^0(C$_2$H$_4$)$_2$]$^-$ 物种。

$$L_2Ni\!-\!\parallel \ + \ 2LiPh \ \xrightarrow[\text{L=PPh}_3]{\text{乙醚}} \ [Li_2(OEt_2)_3]^{2+}[Ph_2NiL_2]^{2-}$$

$$Ni(COD)_2 + LiMe \ \xrightarrow[\substack{\text{TMEDA,} \\ -\text{COD}}]{C_2H_4} \ [Li(TMEDA)_2]^+ \left[Me\!-\!Ni \right]^{\ominus}$$

2.11.3.3 炔烃配合物

端炔烃比烷烃、烯烃和芳烃的酸性强得多。因此，炔基阴离子更加稳定，并以类似于氰化物的配位方式与许多金属形成配合物。炔基是良好的 π 电子受体，并与大多数金属形成稳定的配合物，包括均配型金属炔基配合物，而其相应的烷基配合物难以制备，迄今仍是未知的。炔如此强的酸度意味着加入相对较弱的碱可以使炔烃和金属盐反应制备炔基配合物。

由于炔基配体含有两个垂直的 π 轨道体系，可以作为 π-供电子体和 σ-供电子体，并且经常形成炔基桥联进而形成较高的聚集体。金属炔基配合物还可以作为 π-配体与许多金属离子（通常为铸币金属）成键，获得产生有趣光发射性质的异金属炔基簇。例如，Pt_2Cu_4 簇在近红外区域显示荧光，其他多核炔基 Au_xAg_y 簇的发射光可以从蓝色渐变为红色。

pK_a(DMSO):
PhC≡C—H 28.8
C_2H_4 44
C_6H_6 43
PhCH$_3$ 41
CH$_4$ 约60

$$[Au(NH_3)_2]^+ + H\!\equiv\!\!\equiv\!Ph \ \longrightarrow \ (H_3N)Au\!\equiv\!\!\equiv\!Ph + NH_4^+$$

$$PtCl_2(THT)_2 + 4Li\!\equiv\!\!\equiv\!Ph \ \xrightarrow{NBu_4Br} \ \left[R\!\equiv\!\!\equiv\!\!\underset{R}{\overset{R}{Pt}}\!\equiv\!\!\equiv\!R \right]^{2\ominus} (NBu_4^+)_2$$

M=Cu,Ag,Au

金属炔基配合物参与钯催化芳族卤化物与末端炔的交叉偶联反应（Sonogashira 偶联）：

$$R\!-\!\!\bigcirc\!\!-\!Br + H\!\equiv\!\!\equiv\!R^1 \ \xrightarrow[-\text{HNEt}_3^+\text{I}^-]{\substack{PdCl_2(PPh_3)_2 \\ CuI,NEt_3}} \ \left[L_2Pd\!\!\overset{Ar}{\underset{Br}{\diagup}} \ + \ Cu\!\equiv\!\!\equiv\!R^1 \ \longrightarrow \ L_2Pd\!\!\overset{Ar}{\underset{R^1}{\diagdown}} \right]$$

Sonogashira
偶联

$$\xrightarrow[\substack{-PdL_2 \\ -CuBr}]{} R\!-\!\!\bigcirc\!\!-\!\!\equiv\!\!\equiv\!R^1$$

双金属聚（炔基）配合物 $L_nM\!-\!(C\!\equiv\!C)_x\!-\!ML_n$ 形成"分子线"。它们发生氧化还原反应得到金属混合价态化合物。这种结构类型特别令人感兴趣，可以作为纳米电子学和分子逻辑器件中的开关。

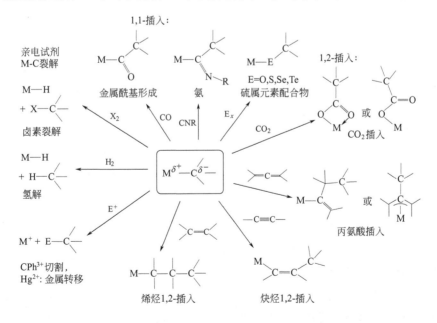

2.11.4　金属烷基化合物的反应活性

金属-烷基键的形成和断裂是大多数催化反应的重要组成部分，这些应用将在第 3 章中深入讨论。在这里，我们只考虑金属烷基配合物的典型反应模式。反应大致可分为两种类型：

(1)M—C 键的反应，其中其他 L 类型配体或 X 类型配体具有支持和保护作用。

(2)配合物中支撑配体的反应，M—C 键不变。

考虑到 M—C 键的极性，它们倾向于易受亲电试剂进攻。亲电试剂可以是外部的或内部的，最简单的亲电试剂是 H^+，部分亲电试剂可以是含不饱和键的配体，该配体具有接受电子能力，处于 M—C 键顺式位置，这种配位方式有利于迁移插入反应。

对 H^+ 攻击的强弱程度取决于金属的性质和氧化态以及金属和碳之间的电负性差异。因此，前过渡金属烷基化合物倾向于水中敏感，而铂或金的烷基通常在水中是稳定的。缺电子金属烷基化物，特别是第 3～5 族中的金属元素，经常可以进行 σ 键复分解，如与 H_2 反应(见 2.10.2 节)。

2.11.4.1 M-C 键的质子交换

H$^+$ 源(最常见的是水)容易与具有少于 18 电子的前过渡金属烷基配合物进行反应。例如,$Cp_2Ti(Me)Cl$ 的水解生成氧桥联的双核配合物;由于氧孤对电子与 Ti 上空轨道形成 π 键,因此 Ti-O-Ti 桥是线型的。有反应活性且富电子的第一行金属烷基化物也倾向于水解。

$$2Cp_2Ti\overset{Me}{\underset{Cl}{\diagdown}} + H_2O \longrightarrow Cp_2Ti\!\!=\!\!\!=\!\!\!O\!\!=\!\!\!=\!\!TiCp_2 \quad + 2CH_4$$

(with Cl above and Cl below the Ti=O=Ti bridge)

$$L_2NiMe_2 + H_2O \xrightarrow{L=PMe_3} \text{(双核 Ni 配合物)} + 2CH_4 + 2L$$

缺电子金属烷基化合物与苯酚的反应是逐步进行的,可以作为单氧化物和芳氧化物的温和合成途径(需要芳基位阻足够大,能防止芳氧化物桥联配位聚合形成多核配合物)。铵盐是稳定型布朗斯特(Brønsted)酸,帮助形成阳离子金属烷基化合物。该反应特别适用于第 4 族茂金属二烷基化合物;如果阴离子配位非常弱,如使用 $[B(C_6F_5)_4]^-$,则产生茂金属配合物阳离子,是用于烯烃聚合的高活性催化剂。在 $[HNMe_2Ph]^+$ 盐中,苯胺副产物仅微弱地配位到金属中心,可以被烯烃底物取代。

$$Zr(CH_2Ph)_4 \xrightarrow[\text{脱除甲苯}]{Ar'OH} (Ar'O)Zr(CH_2Ph)_3 \xrightarrow[\text{脱除甲苯}]{Ar'OH} (Ar'O)_2Zr(CH_2Ph)_2$$

$$(Cp^R)_2M\overset{Me}{\underset{Me}{\diagdown}} + [HL_n]^+[B(C_6F_5)_4]^- \longrightarrow \left[(Cp^R)_2M\overset{Me}{\underset{L}{\diagdown}}\right]^{\oplus}[B(C_6F_5)_4]^-$$

M=Ti,Zr,Hf L_n=NMe$_2$Ph,(Et$_2$O)$_2$

2.11.4.2 卤素裂解

卤素(X_2)经常用于断裂金属-碳键以产生烷基卤化物,通常使用溴和碘。在非质子溶剂中该反应的机理涉及 Br$^+$ 的亲电进攻,并且已经表明 $CpFe(CO)_2R(R=CD_2CH_2Ph)$ 的溴化反应经由环状碳阳离子中间体,其产生相等比例两种可能的溴代烷基产物。

$$Cp(CO)_2Fe\text{—}CD_2\text{—}CH_2Ph + Br_2 \longrightarrow \left[Cp(CO)_2Fe\overset{Br}{\cdots\cdots}CD_2\text{—}CH_2^{Ph}\right]Br^- \longrightarrow$$

$$CpFe(CO)_2Br + \left[\text{(环状碳阳离子)} \; D_2C\text{—}CH_2\right]Br^- \longrightarrow PhCH_2CD_2Br + PhCD_2CH_2Br$$

2.11.4.3 硫族元素插入

正电荷金属 M—C 键可以在氧、硫、硒和碲作用下实现插入反应,形成相应的金属硫族元素的配合物 L_nM—ER。反应速率按 O>S>Se>Te 的次序降低。将 O_2 插入 M-C 键可能经由过氧化物 M—O—O—R 进行。

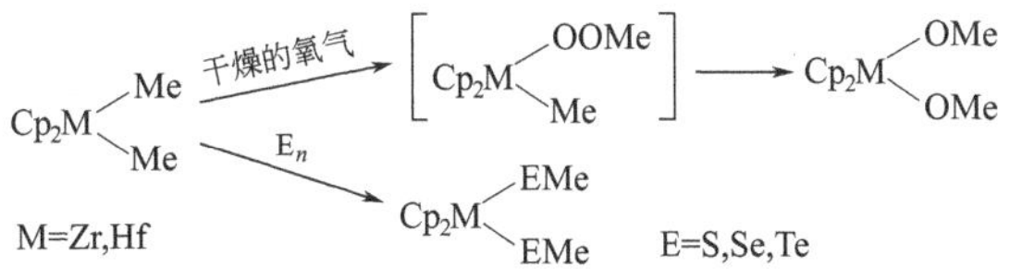

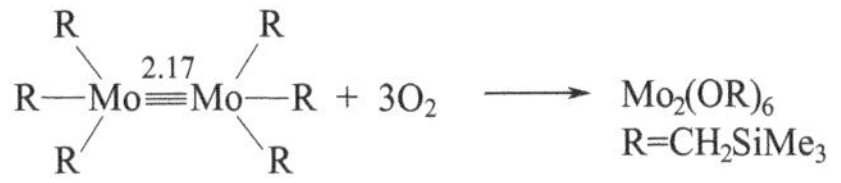

M=Zr,Hf

$R-Mo \overset{2.17}{\equiv} Mo-R + 3O_2 \longrightarrow Mo_2(OR)_6$
$R=CH_2SiMe_3$

2.11.4.4 路易斯酸的裂解

路易斯酸性化合物如 BX_3 以及碳阳离子 CR_3^+ 烷基离子能与金属烷基化合物反应发生烷基与配体的消除。该反应广泛地用于产生缺电子的阳离子金属配合物，并用于1-烯烃聚合的催化剂。存在三种类型的产物：烷基与配体已经被完全除去并形成离子对；路易斯酸形成烷基桥；除去的苄基配体可以充当 π-配体形成两性离子配合物。

离子对形成的烷基取代：

$Cp_2Zr(Ph)(Ph) + [CPh_3]^+X^-$ ($X=B(C_6F_5)_4$) 二氯甲烷 $-PhCH_2CPh_3$ $\longrightarrow [Cp_2Zr\cdots]^{\oplus} X^-$

非配位阴离子的离子对

路易斯酸进攻和两性离子形成：

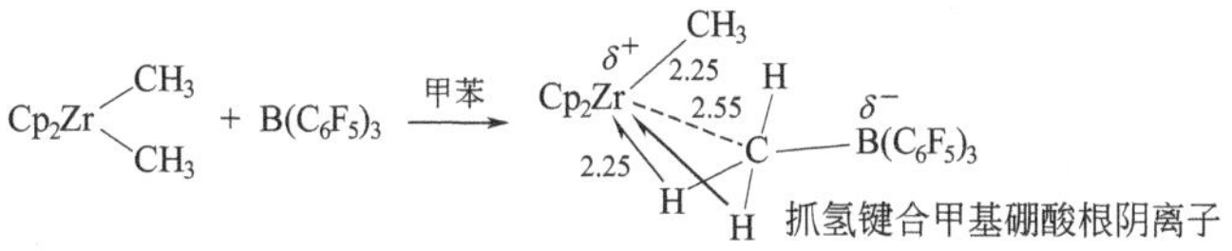

$Cp_2Zr(CH_3)(CH_3) + B(C_6F_5)_3$ 甲苯 $\longrightarrow$ 抓氢键合甲基硼酸根阴离子

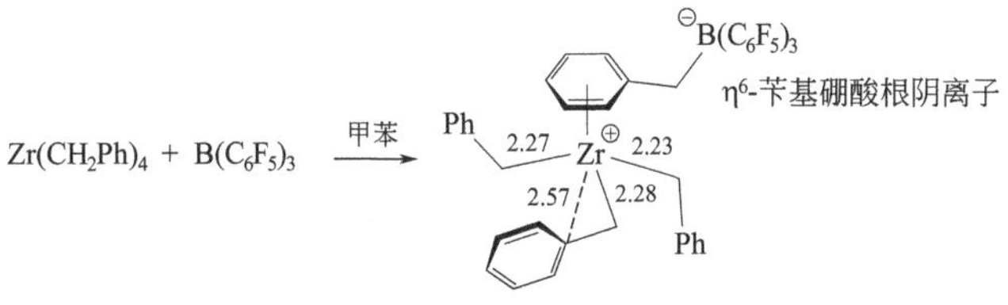

$Zr(CH_2Ph)_4 + B(C_6F_5)_3$ 甲苯 $\longrightarrow$ η^6-苄基硼酸根阴离子

金属-碳 σ 键也易受亲电金属离子如 Hg^{2+} 的攻击。如 $CpFe(CO)_2R$ 具有18VE配合物，已经观察到有两种途径可以导致烷基转移到 Hg 上，或者形成烷基卤化物和 Fe-Hg 键。在质子溶剂中，如果 R 是伯烷基，则有利于与 Hg^{2+} 反应实现金属转移；在非质子溶剂中，以及使用仲或叔烷基，可能通过相应的碳阳离子形成烷基卤化物。

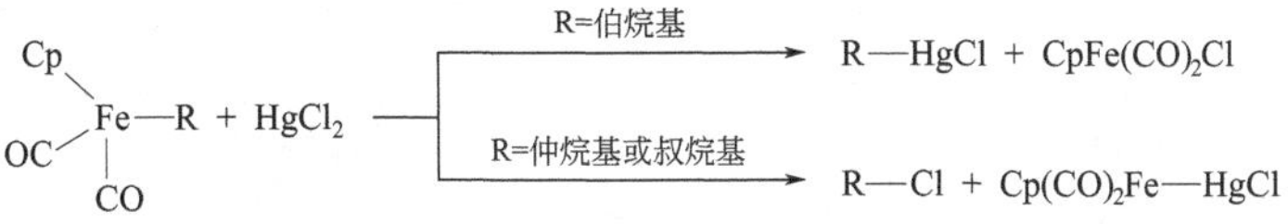

$Cp(OC)(CO)Fe-R + HgCl_2$
R=伯烷基 $\longrightarrow R-HgCl + CpFe(CO)_2Cl$
R=仲烷基或叔烷基 $\longrightarrow R-Cl + Cp(CO)_2Fe-HgCl$

2.11.4.5 氧化裂解

$[Cp'_2Fe]^+$（$Cp'=Cp,C_5H_4Me$）金属烷基化合物通过1电子氧化反应，也可以选择性地裂解 M—C 键。形成烷基自由基 $R \cdot$ 和进一步二聚合形成 R—R：

$$\text{Cp}_2\text{Zr}\underset{\text{Me}}{\overset{\text{Me}}{\diagup}} + [\text{FeCp}_2']^+ \text{X}^- \xrightarrow[\text{X=BPh}_4]{\text{THF}} \left[\text{Cp}_2\text{Zr}\underset{\text{O}}{\overset{\text{Me}}{\diagup}}\right]^{\oplus} \text{X}^- + \text{FeCp}_2' + 0.5\text{C}_2\text{H}_6$$

2.11.4.6 M—C 键的氢解

氢甲酰化
见3.4.1节

烷基金属化合物与氢气的反应导致 M—C 键断裂和金属氢化物的形成。前过渡金属和镧系元素化合物通过键的复分解机理与氢气反应，该反应用于控制钛或锆催化剂所得聚乙烯的分子量。电子不饱和阳离子金属烷基如 [Cp₂ZrR(L)]⁺ 在常规条件下非常快速地氢解，而中性烷基 Cp₂ZrR₂ 通常需要在高压氢气环境中进行反应，这是得到金属氢化物的便捷途径。后过渡金属配合物通过氧化加成-还原消除途径与氢气反应，这是此类金属配合物催化氢化和氢甲酰化反应中的关键步骤。

$$\text{Cp}_2^*\text{ZrMe}_2 \xrightarrow[-\text{CH}_4]{\text{加压氢气}} \text{Cp}_2^*\text{ZrH}_2 + 2\text{CH}_4$$

$$\text{Cp}_2\overset{\oplus}{\text{Zr}}\underset{\text{O}}{\overset{\text{Me}}{\diagup}} \xrightarrow[-\text{CH}_4]{\text{常压氢气,23℃}} \text{Cp}_2\overset{\oplus}{\text{Zr}}\underset{\text{O}}{\overset{\text{H}}{\diagup}}$$

$$(\text{OC})_4\text{Co}-\text{R} \xrightarrow{\text{加压氢气}} (\text{OC})_4\text{Co}-\text{H} + \text{R}-\text{H}$$

2.11.4.7 亲电杂累积烯的插入

CO_2 代表了最简单的杂原子累积烯 X＝Y＝Z，其可以进行 M—C 键的插入反应，如与格氏试剂反应。根据可用的配位点，可能产生单齿或双齿配位键方式。COS 和 CS_2 具有类似的反应，分别得到单硫代和二硫代羧酸酯配合物。

$$\underset{E=O,S}{\overset{\delta^+ \quad \delta^-}{M-C}} + E=C=E \longrightarrow \left[\begin{array}{c}\delta^- \\ M \diagdown \overset{C}{\underset{C}{\diagup}}\overset{\diagup}{\underset{\diagdown}{\quad}} \\ E \quad C^+ \quad \delta^+ \end{array}\right] \longrightarrow M-E\overset{\diagup}{\underset{E}{\diagdown}} \quad \text{或} \quad M\overset{E}{\underset{E}{\diagup}}C$$

较不常见的是碳二亚胺 R—N＝C＝N—R 与 M-烷基键的插入反应，得到脒基配合物。通常脒基配体 [R′C(NR)₂]⁻ 通过碳二亚胺与烷基锂或镁反应制备，已经适用于许多过渡金属、镧系和锕系金属烷基键进行的插入反应。

$$M\underset{R}{\overset{R}{\diagup}} + Pr^i-N=C=N-Pr^i \longrightarrow M\overset{N-Pr^i}{\underset{N-Pr^i}{\diagup}}C-R$$

M=Th,U
R=Me,—C≡C—Ph

SO_2 通过相似的反应实现与 M-烷基键插入形成 M—S 键，其中硫具有四面体结构。

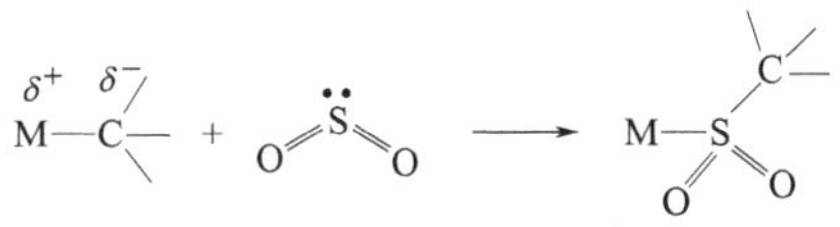

$$\overset{\delta^+ \ \delta^-}{M-C} + \overset{\cdot\cdot}{O}\overset{\cdot\cdot}{S}O \longrightarrow M-S\overset{\overset{O}{\|}}{\underset{\underset{O}{\|}}{-C}}$$

延伸阅读 2.11.4.7 CO_2 在合成中的应用

CO_2 是一种废气和廉价的起始原料，已经开发了许多 CO_2 利用的反应体系。其中许多是催化反应，涉及 CO_2 插入到 M—C 键中。

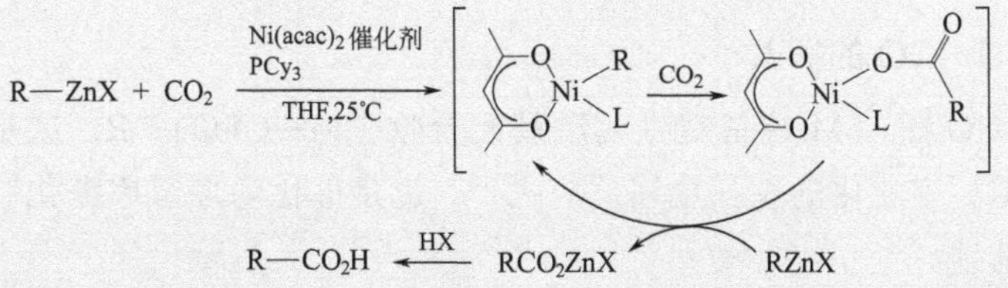

使用铑、钯或铜催化剂可以将 CO_2 插入到主族金属的烷基或芳基化合物中制得羧酸。例如，Cs [R—BF(OR′)$_2$] 与催化量的 CuI/配体混合物反应，得到 Cu 烷基和烯基 Cu—R，再与 CO_2 插入形成 Cu [OC(O)R] 物种。将烷基转到硼酸盐上，接着用酸处理生成 RCO_2H。过渡金属-碳键的插入在动力学上优于主族化合物与 CO_2 的直接反应。

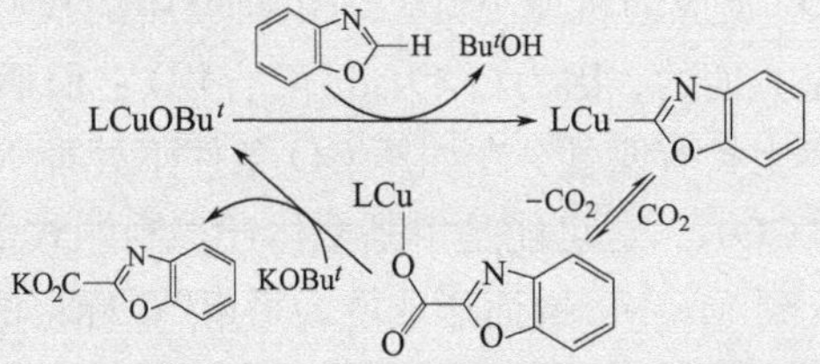

芳香族底物 C—H 的酸性可以通过金属配合物的碱性实现足够的活化，得到 M-芳基中间体，通过插入 CO_2 将芳烃转化为羧酸。通过强给电子 N-杂环卡宾配体稳定的金属叔丁醇盐和氢氧化金能够以酸/碱反应方式实现这些活化 C—H 键反应，得到相应的金属芳基化合物，然后与 CO_2 发生插入反应：

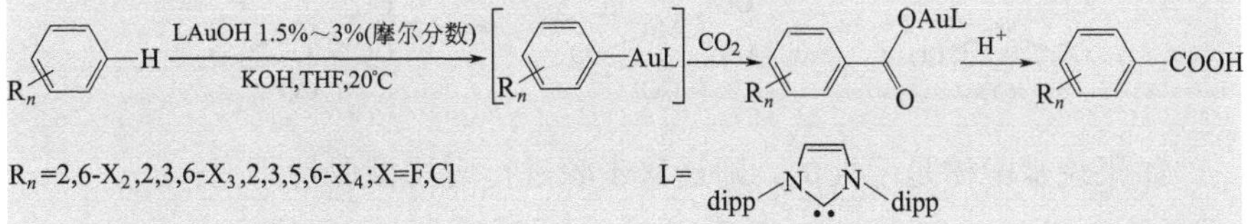

2.11.4.8 NO 的插入

一氧化氮是一个自由基，它通常经由双插入与反磁性金属烷基配合物反应，只有携带未成对电子的配合物形成单插入抗磁性产物。这类化合物可进一步反应，将氮烯(N-R)基团转化成合适的受电子体底物，得到氮杂环丙烷。

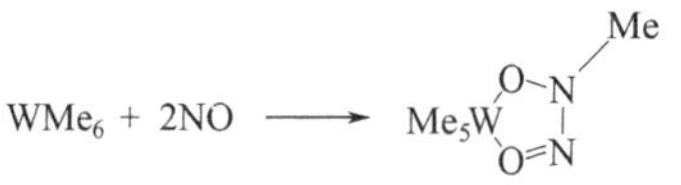

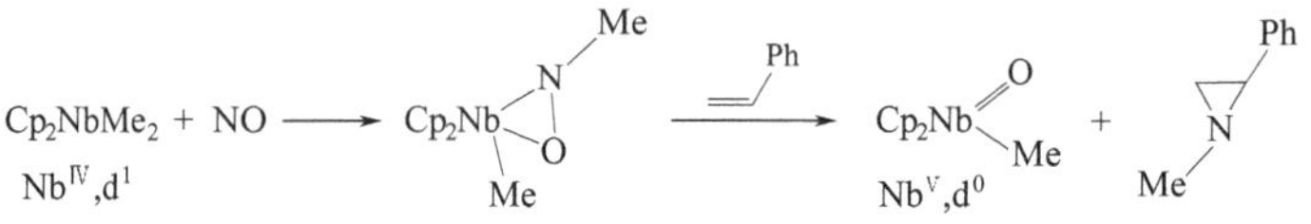

2. 11. 4. 9 CO 的插入

将 CO 插入 M-烷基键生成酰基配合物，M—C(O)—R。这是应用最广泛和重要工业化的烷基金属反应之一，也是催化烯烃氢甲酰化和羰基化反应的基础。

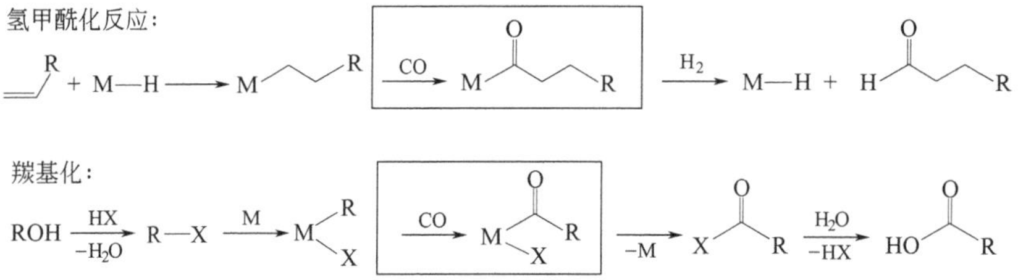

氢甲酰化反应：

羰基化：

反应机理 CO 反应的机理一直是许多研究中的核心课题。用锰羰基配合物进行研究是方便的，因为(作为 d^6 配合物)它们形成稳定的八面体产物并且立体化学上具有刚性。在加压 CO 条件下处理 Me—Mn(CO)$_5$ 得到 MeC(O)—Mn(CO)$_5$，这可能是甲基配体迁移到顺式配位 CO 上或通过外部 CO 直接插入到 Mn-Me 键而形成的。采用 ^{13}C 标记的 CO 反应已经证明羰基化是配位 CO 迁移亲核进攻：新进入配合物的 ^{13}CO 占据由迁移烷基配体释放出的配位点，但是其本身不插入 M—C 键。早先讨论了烯烃 M—C 和 M—H 插入反应相同的机理原理，当加入其他供电子配体而不是 ^{13}CO 时，获得相同的结果，例如，在加入 PPh$_3$ 时，形成酰基产物，其含有一个酰基顺位 PPh$_3$ 配体。

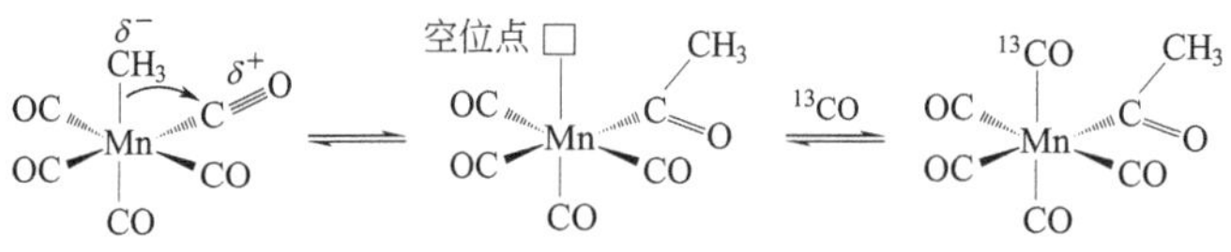

CO插入的
工业工艺
见3.4节

如果烷基配体是手性的，则迁移步骤进行时构型保持不变：

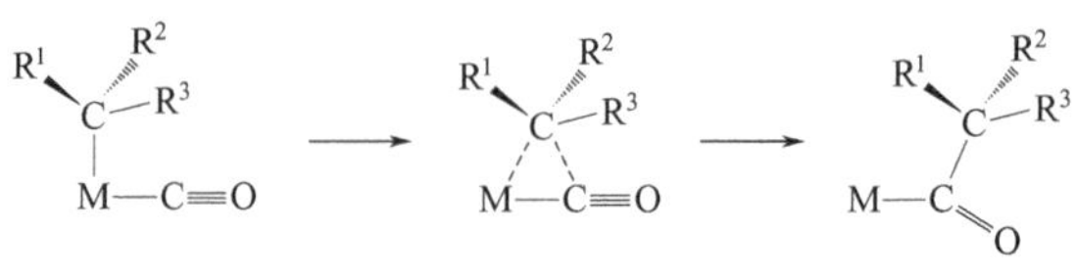

该反应是可逆的 在真空下加热 MeC(O)Mn(CO)$_5$，处于酰基顺式位置的 CO 配体解离并使甲基配体可以迁移回到金属上。

该过程具有普遍性：将不饱和底物"插入"到 M—C 的 σ 键中，构成对亲电配体的分子内亲核进攻。然而，烯烃和炔烃的插入减小了 CO 插入的可逆性。

加速 CO 插入　路易斯酸（BF_3、$AlCl_3$）的存在极大地加快了 CO 的插入反应。路易斯酸可以配位到 CO 配体的氧原子末端，从而增加其极性，并且它还可以通过与酰基氧形成更稳定的加合物来稳定酰基产物。如果路易斯酸中的卤素占据烷基在金属上迁移腾出的配位点，则可获得稳定的中间体：

$$M\!-\!C\!\equiv\!O \xrightarrow{AlCl_3} M\!-\!C\!\equiv\!O\!\cdots\!AlCl_3 \xrightarrow{快反应} M\!-\!\underset{R}{\overset{O}{C}} \xrightarrow{L} M\!-\!\underset{R}{\overset{O\cdots AlCl_3}{C}}$$

动力学稳定的八面体 d^6 配合物，其插入（及去插入）反应进行得相对缓慢，原因是任何几何构型变化都会降低配位场稳定化能。然而，电子转移催化可以大大加速插入反应速率。例如，将 d^6 离子氧化为 d^5 离子，降低了这种动力学能垒，就可以容易地进行插入反应。该反应步骤之后发生 1 电子转移，以恢复原来的 d^6 构型和获得稳定的配合物。有时通过添加微量的氧化（或还原）试剂或电化学氧化来增强配体交换反应。

$CpFe(CO)_2Me$ 中 CO 的插入反应能够看到 d 电子构型变化的影响。考虑到 Cp 配体占据三个配位点，这有效地构筑了 d^6 配合物的八面体。在乙腈中存在以下平衡：

$$\underset{OC}{\overset{Cp}{Fe}}\!-\!Me + MeCN \xrightleftharpoons{K} MeCN\!-\!\underset{OC}{\overset{Cp}{Fe}}\!-\!\overset{Me}{\underset{O}{C}}$$

在 1 电子氧化时，该平衡反应的正向发生速率（平衡常数 K 的值）增加 10^{11} 倍。因此，电子转移过程如下：

$$\underset{}{\overset{CO}{Fe^{II}}}\!-\!Me \xrightarrow{-e^-} \left[\overset{CO}{Fe^{III}}\!-\!Me\right]^{\oplus}$$

$$\left[\overset{CO}{Fe^{III}}\!-\!Me\right]^{\oplus} + L \longrightarrow \left[\overset{L}{Fe^{III}}\!-\!\overset{Me}{\underset{O}{C}}\right]^{\oplus}$$

$$\left[\overset{L}{Fe^{III}}\!-\!\overset{Me}{\underset{O}{C}}\right]^{\oplus} + \overset{CO}{Fe^{II}}\!-\!Me \longrightarrow \overset{L}{Fe^{II}}\!-\!\overset{Me}{\underset{O}{C}} + \left[\overset{CO}{Fe^{III}}\!-\!Me\right]^{\oplus}$$

CO 与不含 CO 的金属烷基配合物插入反应　CO 与不含 CO 的平面四边形 d^8 金属烷基配合物 $L_2M(R)(X)$（M＝Ni，Pd，Pt）的插入反应需要遵循以下几个途径：①一个膦配体被 CO 取代；②加入 CO 得到五配位配合物；③置换阴离子 X^- 取代基。在配体 L 取代不利的情况下，采用后两种途径，如与螯合膦 L˜L 的配合物。阴离子在弱配位情况下有利于解离（和

CO 配位)。极性溶剂也可能有利于离子中间体途径的反应。

通过取代烷基 R 顺位配体 L 的反应途径是最容易的。平面四边形反式配位化合物通常需要 X/L 异构化，配体 L 与 R 基团反式使得 M—C 键稳定，从而加速向 CO 的迁移。这些竞争反应途径取决于哪个反应极大地依赖金属和参与配位的配体。尽管 Pt(Ⅱ)配合物 $L_2Pt(R)Cl$ 倾向于遵循解离途径，但是将 CO 插入到 Rh(Ⅰ)烷基 R—$Rh(CO)(PPh_3)_2$ 中是 CO 缔合机理，中间体是 18VE R—$Rh(CO)_2(PPh_3)_2$ 化合物。

经配体 L 取代的 CO 插入反应：

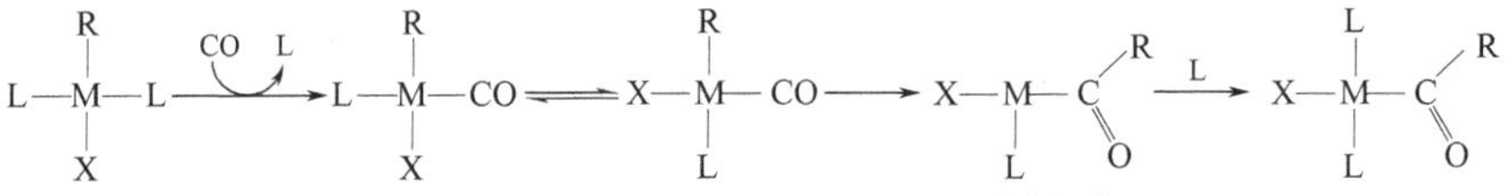
T形中间体

没有配体 L 取代的 CO 插入反应：

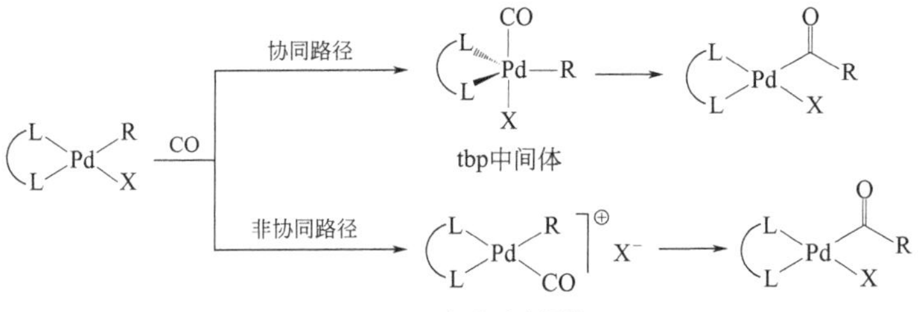
协同路径
非协同路径
tbp中间体
离子对中间体

CO 与 16VE 茂金属二烷基配合物的反应是热力学有利于 LUMO 轨道能量匹配的，与其形成 CO 配位。在 CO 与 $CpZrPh_2$ 的反应中，显示最初形成“O-外”异构体，随后异构化为热力学上占优的“O-内”结构，此结构通过氧孤对电子对的 LUMO 轨道配位。

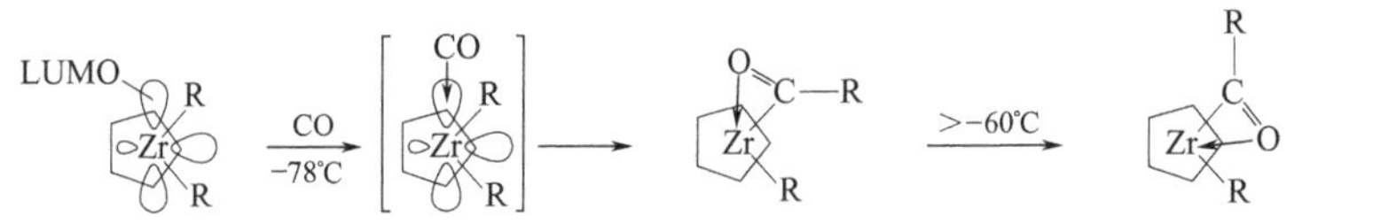
LUMO
−78℃
>−60℃
Cp2ZrPh2,顶视图
O在外面，η2-酰基，
低于−60℃观察到
O在里面，η2-酰基，
稳定产物

双羰基化 原则上，一个 CO 插入到 M-烷基键后，可以紧接着插入另一个 CO，生成酮-酰基配合物 L_nM—C(O)—C(O)—R，可以作为达到所需目标如二酮和酮酸的途径。然而，该方法是热力学不利的。酮酰基配合物可通过其他途径制备，如 MeC(O)C(O)Cl 与 $[Mn(CO)_5]^-$ 反应，它们热力学不稳定且容易消除 CO 得到酰基配合物：

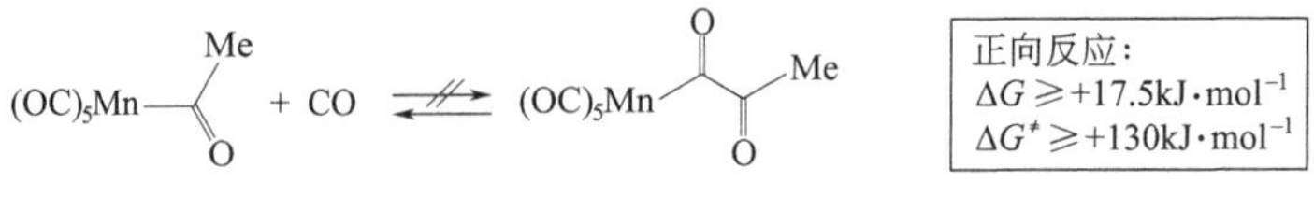
正向反应：
ΔG ≥ +17.5kJ·mol−1
ΔG≠ ≥ +130kJ·mol−1

尽管如此，已发现一定量的双羰基化产物，如在钯催化的酮基苯甲酰胺化反应中形成了相关化合物：

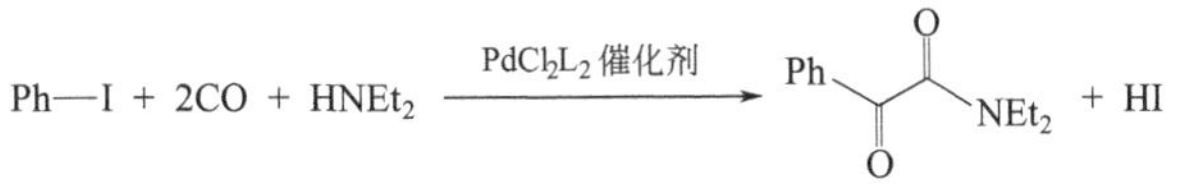

$$Ph—I + 2CO + HNEt_2 \xrightarrow{PdCl_2L_2 \text{ 催化剂}} Ph\overset{O}{\underset{O}{-C-C-}}NEt_2 + HI$$

可以看出，该类型产物是两种不同 CO 插入的产物，—C(O)Ph 和—C(O)NEt$_2$，还原偶联的结果。第一个通过 CO 插入到 Pd—Ph 键中形成，第二个通过 HNEt$_2$ 对阳离子配合物中配位 CO 上的亲核进攻形成：

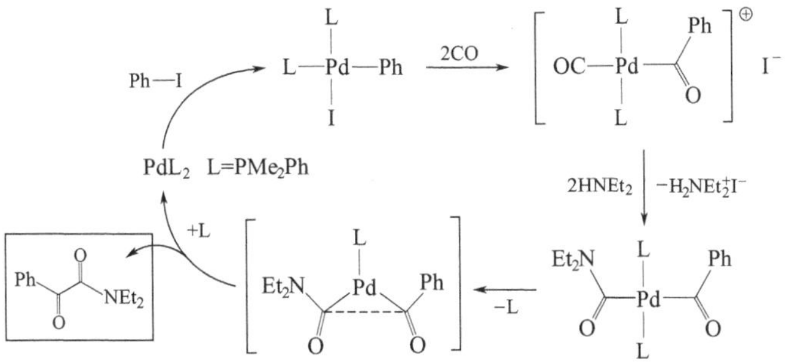

显而易见，亲氧金属的二烷基金属（如锆或钛）的双羰基化导致 C—C 偶联。这种还原性 CO 偶联反应进行 CO/H$_2$ 混合物（合成气）产生烷烃的 Fischer-Tropsch 过程。

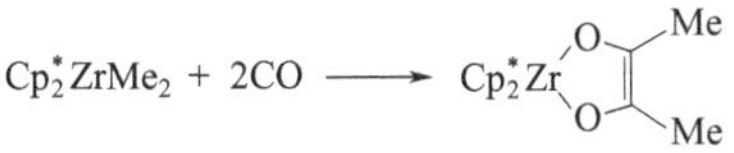

$$Cp_2^*ZrMe_2 + 2CO \longrightarrow Cp_2^*Zr\overset{O}{\underset{O}{\big\langle}}\overset{Me}{\underset{Me}{\big\rangle}}$$

2.11.4.10 异氰化物的插入

异氰化物 R—N≡C 的插入与 CO 插入机理非常类似（见 2.4.8 节）。然而，异氰化物是比 CO 更强的给电子体和更弱的 π-受体，与 CO 相比，多次插入是热力学上有利的反应。与更强的供电子体配体特性一致，对于亚氨基酰基而言，插入产物的 η^2-配位比酰基更常见。

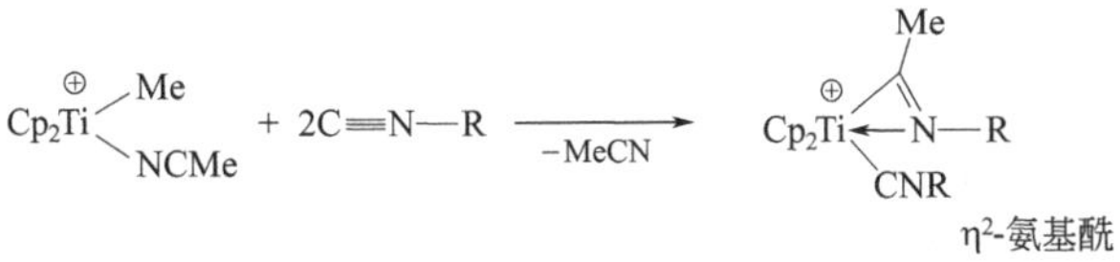

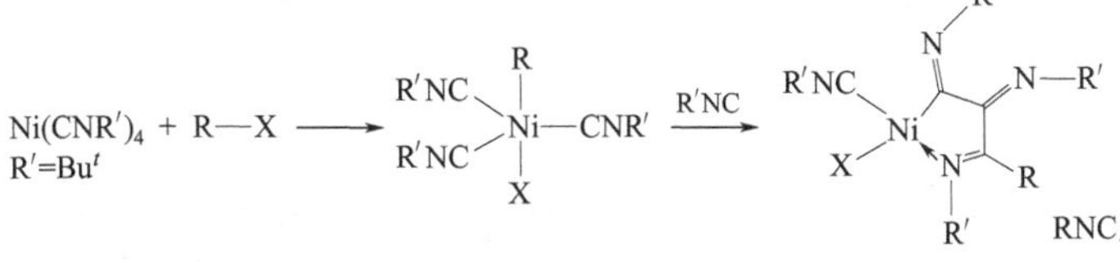

当 CO 和 RNC 插入之间存在竞争时，亚氨基酰基的形成占优势。

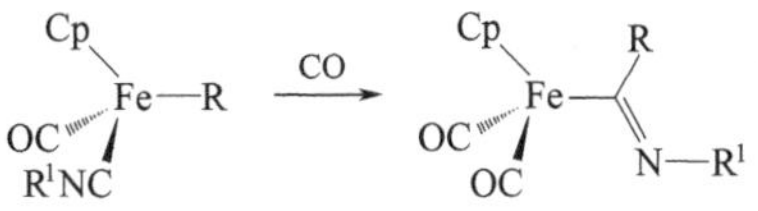

2.11.4.11 烯烃的插入

与 M—H 键的插入反应相比，烯烃向 M-C 的 σ 键插入较不容易进行，并且发现烯烃插入所得产物的实例相当少，尽管事实是 C＝C 双键转化为两个 C—C 单键会放热约 20kcal·mol^{-1}。其主要原因是烯烃插入到 M—C 键比 M—H 键的动力学能垒高得多。

烯烃聚合见3.7节

插入到 M—R（R＝Me，Et 等）键的速率也有显著的变化。对催化体系 Cp$_2$TiRCl/AlR$_2$Cl（R＝Me，Et，Pr^n）的乙烯低聚的研究表明，乙烯插入到 Ti-Me 键的速率是插入到 Ti-Et 和 Ti-Pr^n 键速率的 1/100。

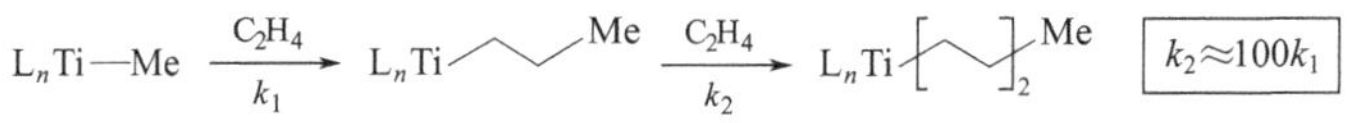

$$L_nTi\!-\!Me \xrightarrow[k_1]{C_2H_4} L_nTi\diagdown\diagup Me \xrightarrow[k_2]{C_2H_4} L_nTi\left[\diagdown\diagup\right]_2 Me \qquad \boxed{k_2 \approx 100k_1}$$

这种差异的结果是在大多数这类体系中，活化配合物中的一小部分 Ti-Me 键将消耗所有可用的烯烃单体，而大部分初始甲基配合物仍未发生反应，这使得难以分离获得烯烃单个插入的产物。影响烯烃插入在一般合成中应用的另一个因素是插入产物可以容易地进行 β-H 消除：在两次插入进行后，烯烃产物被挤出了，其中形成金属氢化物是热力学上有利的，因此插入反应经常简单地导致烯烃二聚。

当然，烯烃插入到 M—C 键是烯烃聚合过程的基础，也是世界范围的石化大产业，在适当电子和空间条件下，多烯烃插入反应可以非常迅速。在聚合催化剂中，β-H 消除受到电子或更常见的空间因素抑制。

烯烃插入的机理类似于 CO 与 M—C 键的反应，它与另一个亲核配体迁移到顺式位置上配位到亲电不饱和底物。该过程由配位引入 C＝C 键的极性和不对称性进行辅助，乙烯没有偶极矩，并且对亲核试剂和亲电试剂没有反应活性，配位导致在 β-C 上部分电荷的积累，从而促进迁移插入：

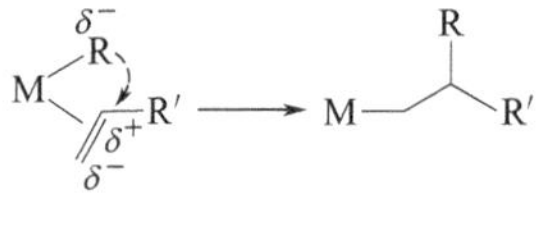

取代烯烃的插入原则上可生成两种区域异构体：支链烷基（2,1-插入，马氏产物）或伯烷基（1,2-插入，反马氏产物）。在大多数情况下（R′＝烷基取代基）形成反马氏产物，得到直链伯烷基产物。吸电子取代基 R′（例如 R′＝Ph）稳定了阴离子碳原子上的负电荷，有利于形成支链烷基：

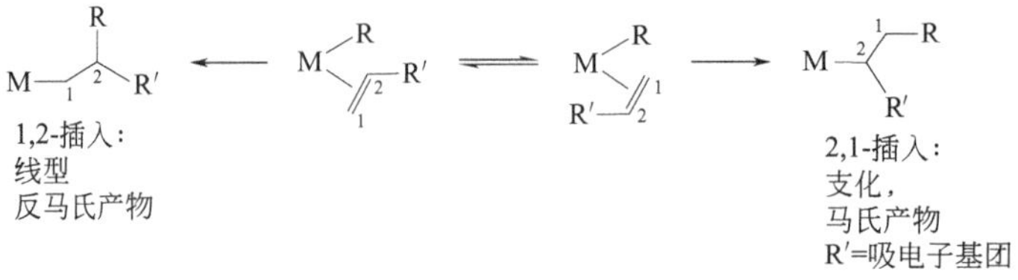

1,2-插入：
线型
反马氏产物

2,1-插入：
支化，
马氏产物
R′＝吸电子基团

已经获得了第 3 族金属以及一些第 10 族金属配合物的烯烃插入反应的产物。对于具有 d^0 构型的过渡金属，烯烃配位结合能低，为 $12\sim13\,kcal\cdot mol^{-1}$。

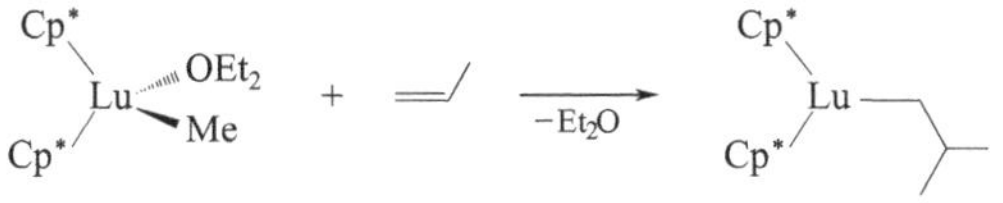

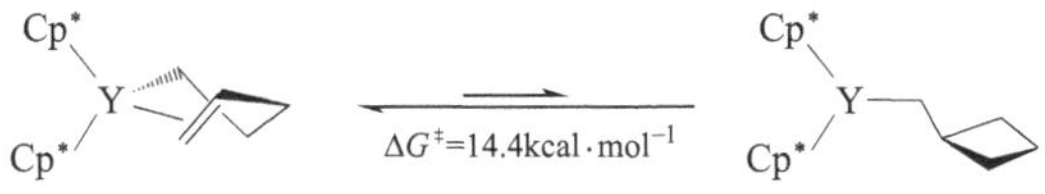

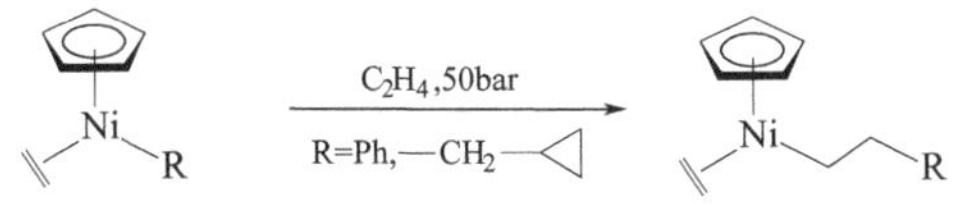

在钯催化的芳基卤化物烯烃化反应（Heck 烯基化）中，烯烃插入金属-芳基键是反应的关键步骤：

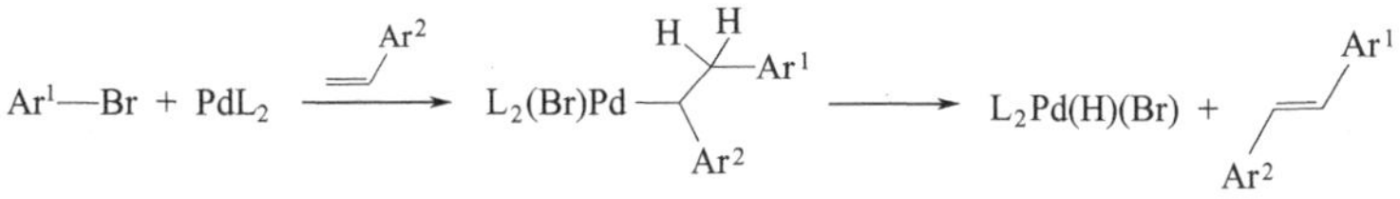

烯基插入到 M-酰基键　将烯烃插入到 M—C(O)R 键与 1-烯烃和 CO 的共聚有关，该反应由钯配合物催化。在低温和螯合配体（例如菲咯啉或螯合二膦）下，可以通过 NMR 光谱监测反应，发现插入活化能仅约 $15\,kcal\cdot mol^{-1}$。活化的烯烃甚至甲基丙烯酸酯也可以插入得到可分离的金属配合物。酰基配体的 C═O 官能团通过形成螯合物稳定插入产物。

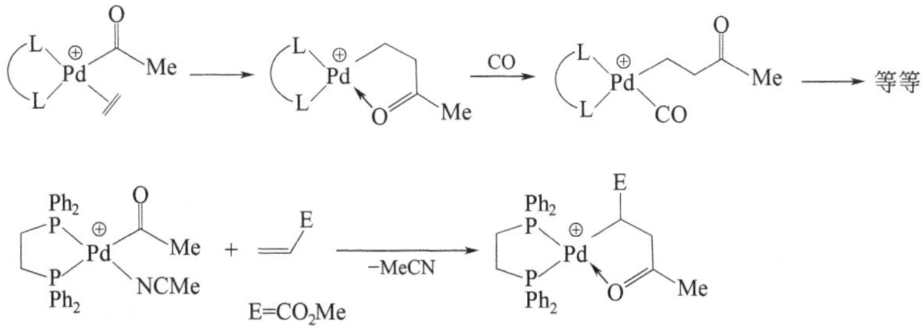

2. 4. 11. 12 炔烃的插入

碳-碳三键具有很强的反应性，该键还原成双键或单键在热力学上是有利的。因此，炔发生了许多单次和多次插入反应，这导致炔基碳金属化容易。插入产物显示顺式立体构型（动力学产物），在一些情况下可以随后发生异构化（最可能通过两性离子碳烯中间体）产生具有反式几何结构的金属乙烯基化合物。

Heck芳基化见 3.6.4节

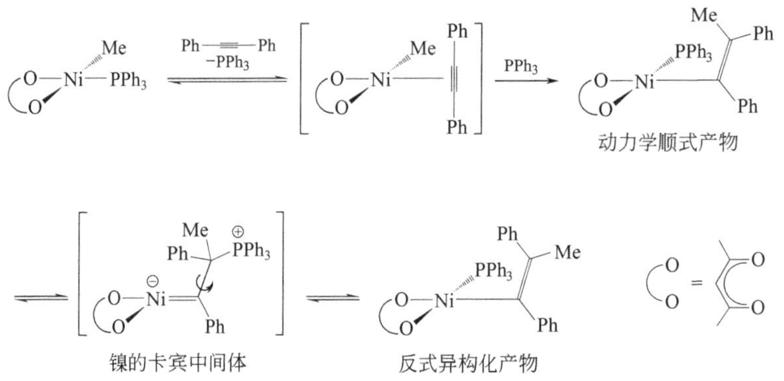

动力学顺式产物

镍的卡宾中间体　　　　反式异构化产物

多个炔的插入反应也能进行，根据金属中心的电子特征，得到的二烯基配体可以作为单电子给体、3-电子给体或 5-电子给体。

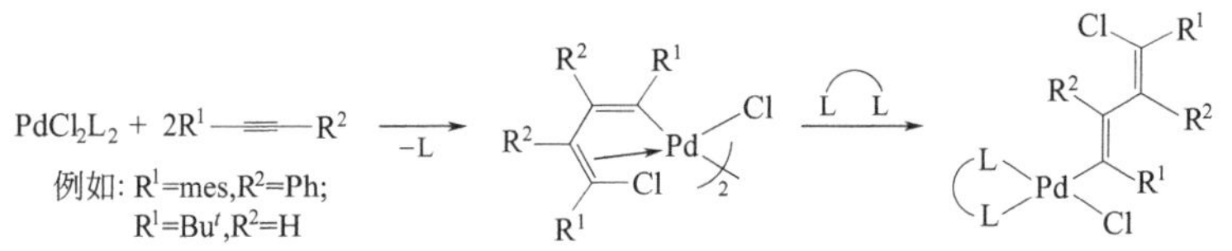

$PdCl_2L_2 + 2R^1 \!\!-\!\!\!-\!\!\!- R^2$

例如：$R^1=mes, R^2=Ph$；
$R^1=Bu^t, R^2=H$

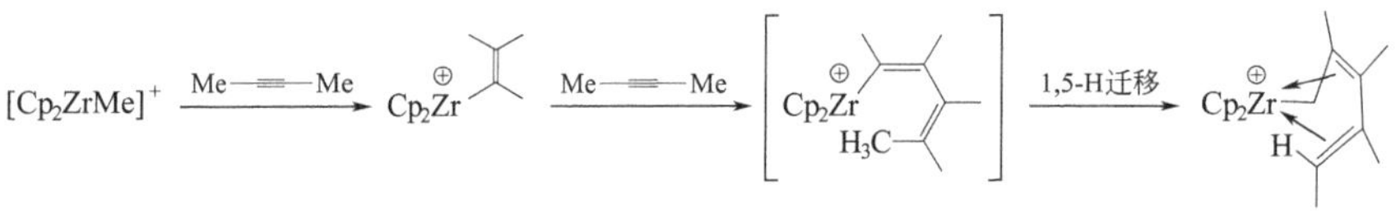

$[Cp_2ZrMe]^+$　　　$Cp_2Zr^{\oplus}$　　　1,5-H 迁移

炔基向 Zr—C 键的插入是 Negishi 型炔烃的碳铝迁移反应机理中的关键步骤：

2010年诺贝尔奖授予金属催化碳碳偶联反应：
R. F. Heck,
E. Negishi,
A. Suzuki

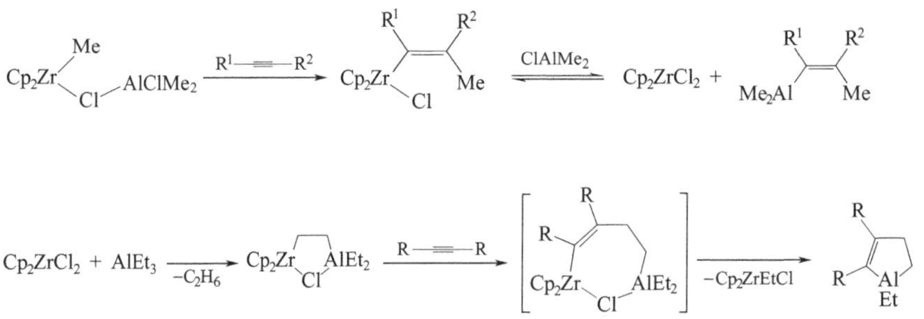

$Cp_2ZrCl_2 + AlEt_3 \xrightarrow{-C_2H_6} $

2.11.4.13　金属烷基与非无辜配体的反应

在前面的章节中概述了涉及 M—C 键转化的反应。然而，在有些情况下，存在金属-烷基键并非是金属配合物中最具反应活性的部分，会存在其他配体更具反应活性而 M—C 键保持稳定的情况。这种情况主要发生在高氧化态金属烷基氧化物和氮化物中，例如，M═O 键的极性使得杂原子是质子化的优选位置。下图显示了钼和铼的烷基配合物发生的反应类型。末端氧代配合物与有机异氰酸酯 R—N═C═O 的反应是形成金属亚胺配合物中特别有意义的反应。

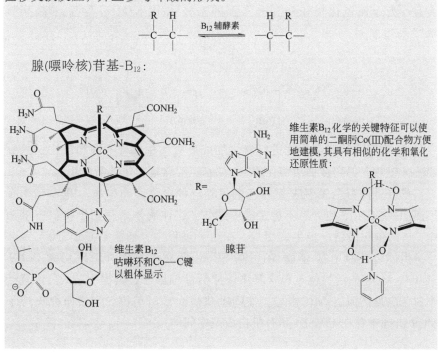

延伸阅读 2.11.4.12　体内过渡金属烷基配合物

过渡金属-烷基键，特别是铁等常见且丰富的金属，通常过于活泼，难以在水性环境或生物系统中存在。然而，存在一些显著的例外，其中自然界利用 M—C 键的反应活性来催化特定且生命必需的反应。$Co(d^6)$ 是动力学惰性的，并且形成稳定的八面体配合物。因此，Co 的烷基配合物能够在生理条件下存在。生物体内利用 Co 的烷基配合物结合到大环四吡咯(所以叫咕啉)环体系上形成含金属-烷基键的化合物：维生素 B_{12}，也称为钴胺素。烷基配体可以是腺苷或甲基。钴胺的腺苷衍生物催化 1,2-烷基的位移交换反应，并且参与叶酸的形成。

腺(嘌呤核)苷基-B_{12}：

维生素 B_{12} 化学的关键特征可以使用简单的二酮肟 Co(Ⅲ) 配合物方便地建模，其具有相似的化学和氧化还原性质：

维生素 B_{12} 咕啉环和 Co—C 键以粗体显示

腺苷

维生素 B_{12} 缺乏的后果是恶性贫血和巨噬细胞增生。维生素 B_{12} 的主要化学特征可以方便地使用具有类似的化学和氧化还原性质的简单的乙二酰亚胺钴配合物建模。

Co—CH_3 形式，甲基钴胺催化分子之间的甲基交换。亲电的金属离子能够通过甲基转移与甲基钴胺反应。通过这种机制，土壤细菌能够产生 $MeHg^+$，借此可以将汞引入食物链。

钴胺素中的 Co—C 键可以被亲电试剂、亲核试剂或光解键均裂分解。不饱和的大环有助于稳定金属的许多氧化态，经过一系列步骤使钴被还原。

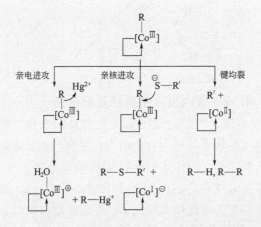

羟基钴胺素(R—OH，B_{12b})和甲基钴胺被氢化还原，得到 Co(Ⅱ)配合物 B_{12r}。进一步还原得到蓝绿色且对空气极其敏感的 B_{12s} 物种，其含有 Co(Ⅰ)并且作为金属氢化物和作为非常强的亲核体(比 $SnMe_3^-$ 更强，"超亲核体")参与反应。

X
[Co^{Ⅲ}] $\xrightarrow[-e^-]{+e^-}$ [Co^{Ⅱ}] $\xrightarrow[-e^-]{+e^-}$ H [Co^{Ⅰ}] $\xrightarrow[+H^+]{-H^+}$ [Co^{Ⅰ}]$^{\ominus}$

橙色 B_{12} 棕色 B_{12r} 蓝绿色 B_{12s}

B_{12s} 容易与烷基卤化物进行氧化加成反应，并且与不饱和底物插入到 Co—H 键中，得到多种功能化的 Co 烷基、乙烯基和炔基衍生物。

已经证明有金属-烷基键存在的另外一种含金属酶体系，甲基-辅酶金属还原酶(MCR)，也含有不稳定的中间体。这种酶体系存在于厌氧古细菌中，该酶催化最后一步生成甲烷。在这个过程中，辅酶 B(CoBSH)充当 2-电子供体以还原甲基-辅酶 M(甲基-SCoM)形成甲烷和异二硫化物 CoBS-SCoM。MCR 的活性位点包含氧化还原活性辅因子，辅酶 F_{430}，它含有一个黄色高度还原的 Ni(I)中心，被四吡咯烷大环所包围。光谱研究支持了 MCR 机理中存在甲基-Ni 和有机自由基中间体：

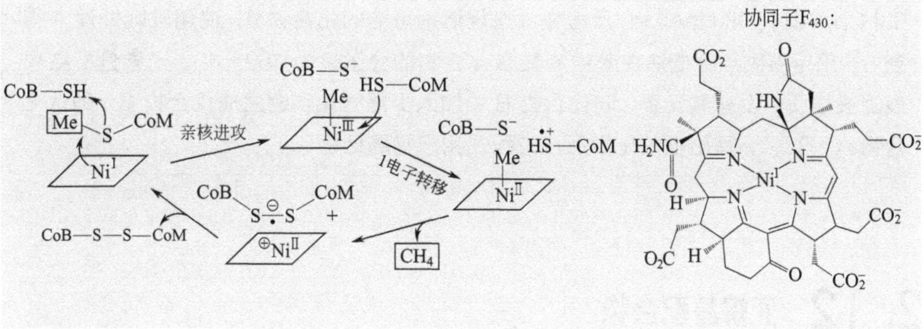

协同子F₄₃₀:

要点

具有 M—C σ 键的配合物是大多数金属催化反应的中间体。

M—C 键强度随着 sp^x-杂化碳中 s 含量增加而增强，即按烷基< 乙烯基，芳基 < 炔基的顺序增加。稳定性也以第一排金属< 第二排金属< 第三排金属的顺序增加。

含有 β-H 的烷基金属配合物是热力学稳定的但是动力学不稳定。β-H 消除可以通过强供电子体配体抑制。

金属烷基化物可以通过主族金属烷基的烷基化插入反应或氧化加成生成。

M-C σ 键可与亲电试剂反应产生断裂，最常见的是 H$^+$ (质子分解)和 H$_2$(氢解)裂解。

M-C 键与不饱和底物(CO，烯烃，炔烃)的插入反应在合成和催化中特别重要，它们是许多大规模工业过程的反应基础。机理是分子内亲核进攻与烷基配体顺式配位的不饱和配体，简单描述为迁移插入。

在电子不饱和配合物中，烷基配体可以采用不寻常的键合模式，例如 α-、β- 或 γ-抓氢键合。

练习

1. 设计最佳合成路线制备以下化合物：

（1）Zr（CH$_2$Ph）$_4$；（2）TiBr$_3$（CH$_2$Ph）；（3）Cp$_2$TiMeCl；（4）（Me$_3$P）$_2$ClNi—C（O）Me

2. TiPr$^i_4$ 和 Ti（1-降冰片基）$_4$ 都含有包含六个 β-H 的烷基配体和具有相同的电子数。解释为什么 TiPr$^i_4$ 非常不稳定，而 Ti（1-降冰片基）$_4$ 是可以分离的配合物？

3. 单烷基钛配合物，乙基三氯化钛 TiEtCl$_3$，是不稳定的，但是加入双膦 1,2-C$_2$H$_4$（PMe$_2$）$_2$（dmpe）可以分离获得配合物。讨论这种化合物中烷基键合情况。

4. 给出选择性制备下列物质适当的合成路线：

（1）Cp（CO）（^{13}CO）Fe—C（O）CH$_3$； （2）Cp（CO）$_2$Fe—^{13}C（O）CH$_3$；

（3）Cp（CO）$_2$Fe—C（O）^{13}CH$_3$

5. 给出 2-苯基吡啶和氯化钯反应的预期产物，写出其反应的机理。

6. [Cp₂YCl]₂ 和 NaAlMe₄ 反应生成烷烃溶剂可溶的化合物 A，使用吡啶处理 A 得到 B。采用凝固点降低法在苯中测量 B 化合物的分子量为 450±40，元素分析结果表明该物质中没有氮元素。向化合物 B 中加入少量四氢呋喃生成化合物 C。确认化合物 A、B、C，写出相关化学反应方程式和产物的结构。

$$M = C$$

2.12 亚烷基配合物

卡宾：CR₂ 是 2 电子供体，同 CO 或膦配体一样。然而，与那些配体不同，大多数卡宾是高度活泼和不稳定的物种，因此其作为配体需要通过与其他 2 供电子配体制备不同的方法来实现。卡宾，特别是稳定和可分离的 N-杂环卡宾的成键特性已在第 2.4.3 节中讨论过。

虽然含 M—C σ 键的配合物可以追溯到 20 世纪初金属有机化学的起源，但 M＝O 和 M＝N 双键在无机化学中是众所周知的，直到 1964 年（E. O. Fischer）才首次合成出末端 M＝C 双键的配合物。这些卡宾配合物依赖于低氧化态的金属，并且通过至少一个杂原子如 O 或 N 稳定配位。这些配合物中的卡宾碳原子是亲电的并且能够加成到亲核试剂上。这些卡宾配合物已被称为"费歇尔卡宾"。

"费歇尔卡宾" 发现大约十年后，发现了不同类型的卡宾配合物，其中金属包括典型高氧化态前过渡金属（R. R. Schrock）。这些卡宾可以被描述为 $[CR_2]^{2-}$，使得这些卡宾被认为是 π-供电子体同时也是 σ-键供电子体，该配体通常称为亚烷基或"施罗克卡宾"。这种类型的亚烷基配体通常没有含孤对电子的杂原子（R，R′＝烷基或甲硅烷基）。

系统术语"亚烷基"现代应用于所有类型的卡宾。

费歇尔卡宾   施罗克卡宾

费歇尔卡宾可以通过几种共振形式来描述，这些共振形式显示了杂原子作为电子对供体的作用，也显示了卡宾碳原子上的部分正电荷。这解释了这种卡宾配合物与亲核试剂的反应性，例如，用 LiR 引入 R⁻：

d^0 金属配合物中亚烷基极性与 d^0 金属作为路易斯酸碱形成加合物形成了对比：

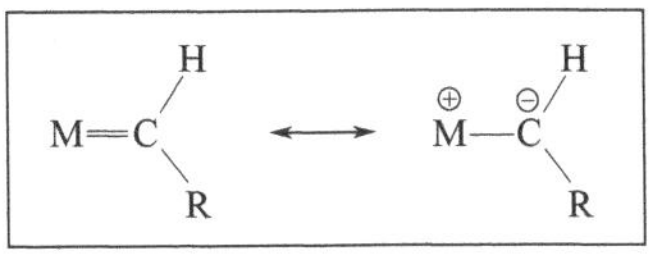

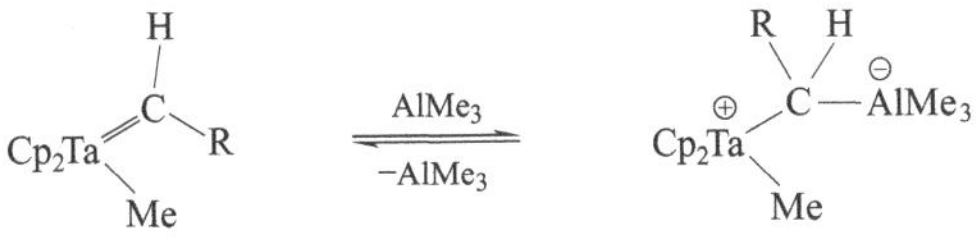

在 M—E 和 M—M 多重键中 M—C 多重键是特别重要的，最显著的金属包括 Nb、Ta、Cr、Mo、W 和 Re。Ru 的亚烷基配合物广泛应用于合成化学。卡宾配合物在精细化学合成以及烯烃复分解、关环复分解（RCM）和开环易位聚合（ROMP）中发挥着重要作用。

延伸阅读 2.12　金属卡宾的 NMR 光谱

不管卡宾碳具有亲电性还是亲核性，费歇尔和施罗克类型卡宾的[13]C NMR 共振通常在低场，O-取代的费歇尔卡宾在 δ 290～365，施罗克卡宾在 240～330（相对于 $SiMe_4$）。N-供电子体取代基导致了向高场移动，亚烷基 M＝CHR 的[1]H NMR 共振出现在低场 δ 10～20 处，但是与氢原子的"α-抓氢"作用可以造成高达 3 倍的偏移。

此外，C＝C 片段的延伸可以生成亚乙烯基和亚累积烯基配合物。值得注意的是，C＝C 双键与相邻的 π-体系相互垂直。

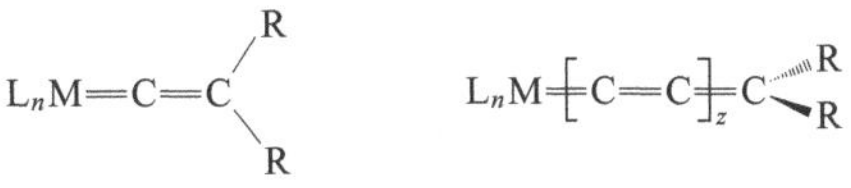

亚乙烯基配合物　　　　亚累积烯基配合物

2.12.1　亚烷基配合物的合成

2.12.1.1　亚烷基低氧化态金属配合物的合成：费歇尔卡宾

以金属羰基化合物为原料合成　第一个卡宾配合物（亚烷基低氧化态金属配合物）是通过 $W(CO)_6$ 与烷基锂反应得到的：

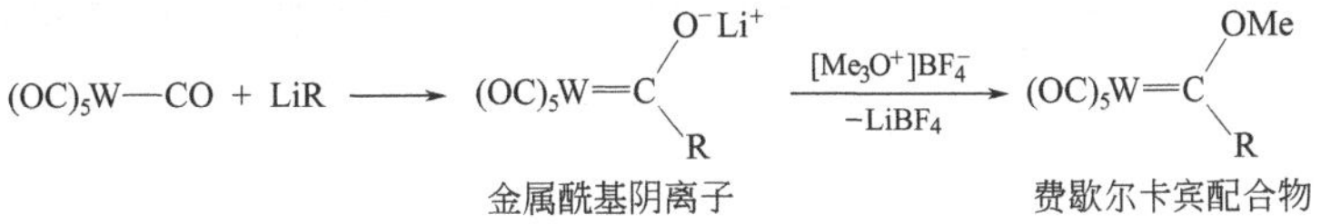

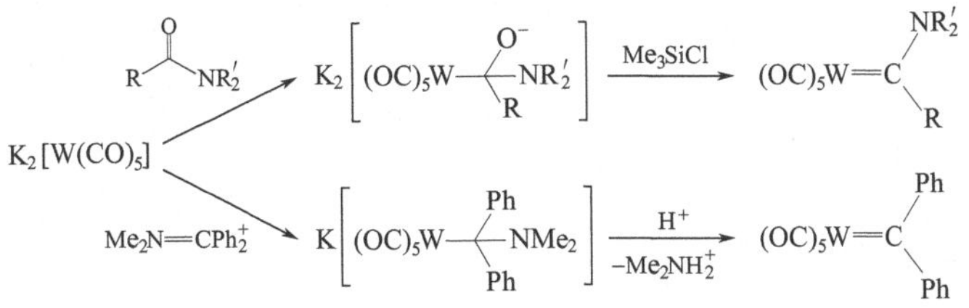

烷基锂 LiR 的作用也可以通过被金属羰基化合物捕获的活性物种,例如二茂锆苯炔中间体,来实现制得双核金属卡宾配合物:

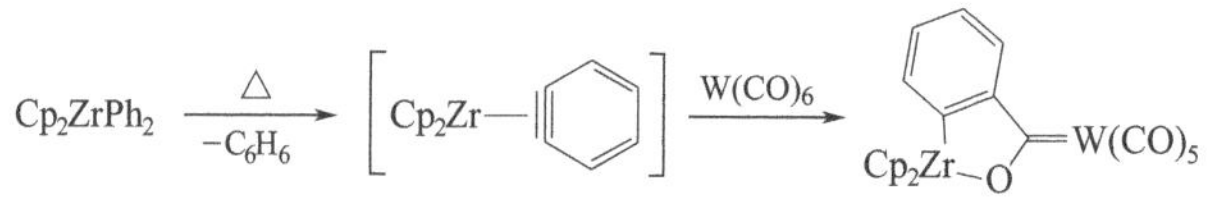

$$Cp_2ZrPh_2 \xrightarrow[-C_6H_6]{\triangle} \left[Cp_2Zr-\!\!\!\!\parallel \right] \xrightarrow{W(CO)_6} Cp_2Zr \underset{O}{\overset{}{\diagdown}} =W(CO)_5$$

以重氮烷基为原料合成:

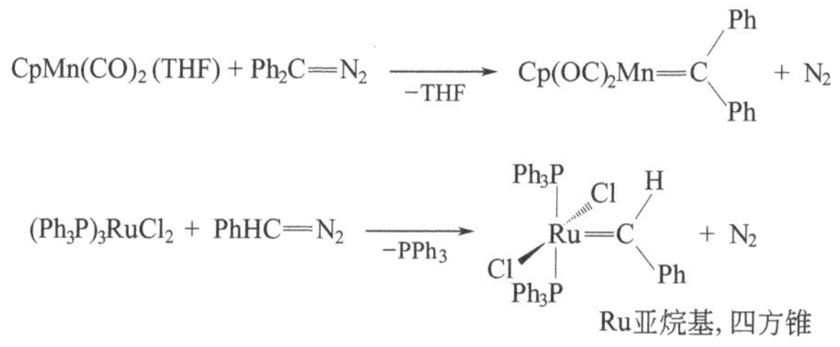

$$CpMn(CO)_2(THF) + Ph_2C\!=\!N_2 \xrightarrow{-THF} Cp(OC)_2Mn\!=\!C\!\!\!\begin{array}{c} Ph \\ Ph \end{array} + N_2$$

$$(Ph_3P)_3RuCl_2 + PhHC\!=\!N_2 \xrightarrow{-PPh_3} \begin{array}{c} Ph_3P \quad Cl \quad H \\ \diagdown \mid \diagup \\ Ru\!=\!C \\ \diagup \mid \diagdown \\ Cl \quad Ph_3P \quad Ph \end{array} + N_2$$

Ru亚烷基, 四方锥

以异氰金属化合物为原料制备: 胺加入到异氰化物中得到开环 N-稳定的卡宾(无环二氨基卡宾,ADCs)。

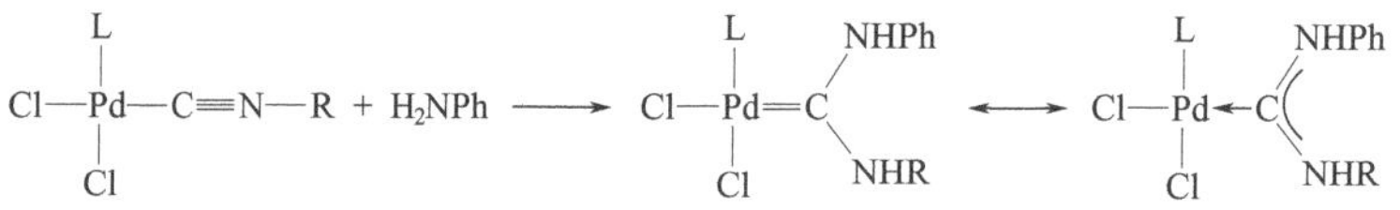

$$\begin{array}{c} L \\ \mid \\ Cl-Pd-C\!\equiv\!N-R \\ \mid \\ Cl \end{array} + H_2NPh \longrightarrow \begin{array}{c} L \quad NHPh \\ \mid \diagup \\ Cl-Pd-C \\ \mid \diagdown \\ Cl \quad NHR \end{array} \longleftrightarrow \begin{array}{c} L \quad NHPh \\ \mid \diagup \\ Cl-Pd=C \\ \mid \diagdown \\ Cl \quad NHR \end{array}$$

以咪唑鎓盐为原料制备: NHCs 配合物可以由预先制备的 N-杂环卡宾或由金属卤化物和咪唑鎓盐在碱(这里是 OAc⁻)存在下制备。不稳定 NHCs 配位银配合物经常用作卡宾转移剂和储存卡宾的方式,特别是当卡宾容易二聚(例如R=Me)时。

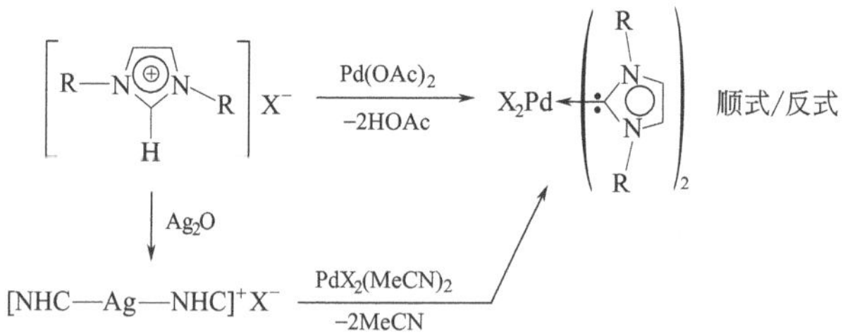

在空间上有利的条件下,也通过杂环烷烃前体的双 C—H 活化实现了 NHCs 型卡宾金属配合物的合成。以下示意图中所示的钳配体系统的刚性有助于促进该反应。

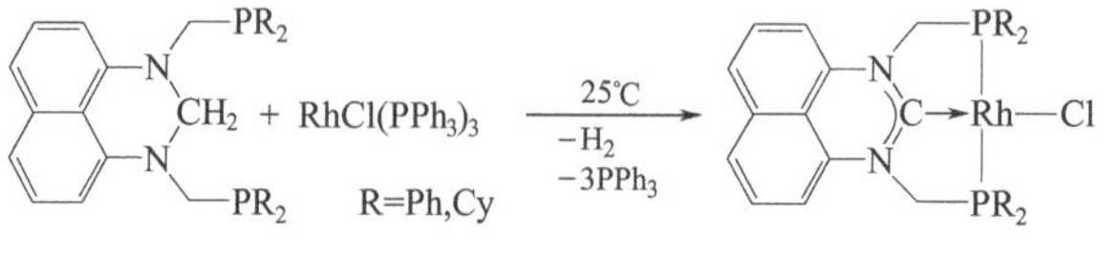

由活化烯烃出发制备:

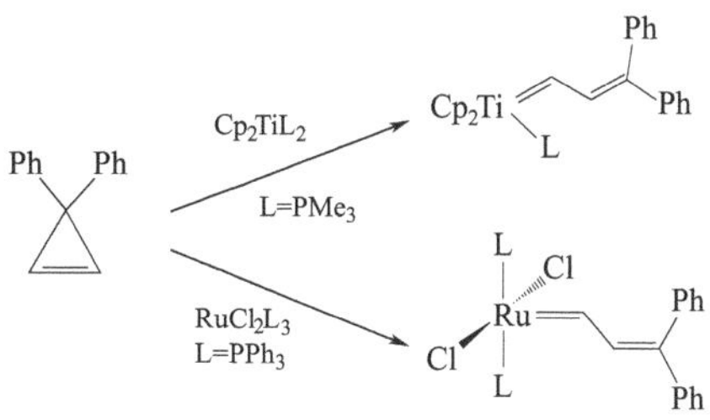

乙烯基卡宾

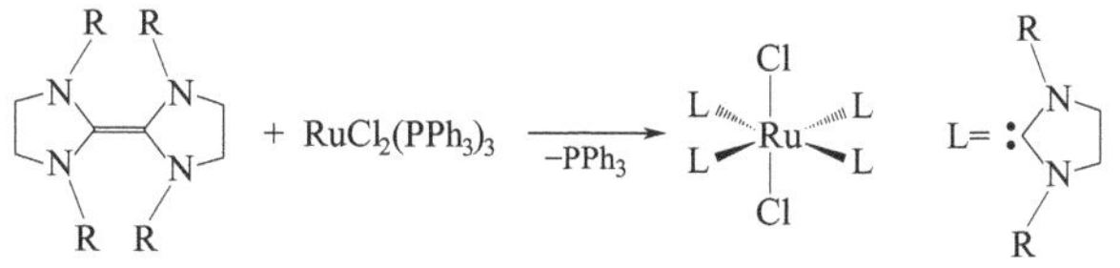

由杂原子取代的烷烃金属配合物制备：

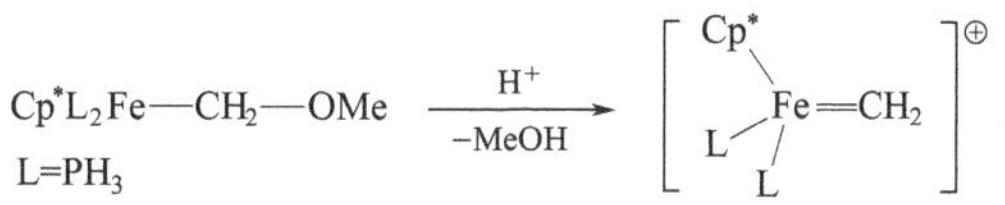

以二卤代碳烯为原料制备：卡宾 CX_2（X＝F，Cl，Br，I）是高反应活性物种，但可以在金属的配位层中得到稳定。$L_nM＝CX_2$ 配合物通过卤化物取代生成许多不同类型的卡宾金属配合物。

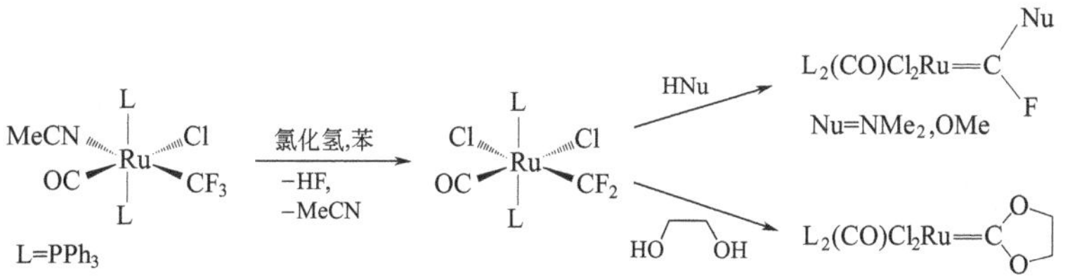

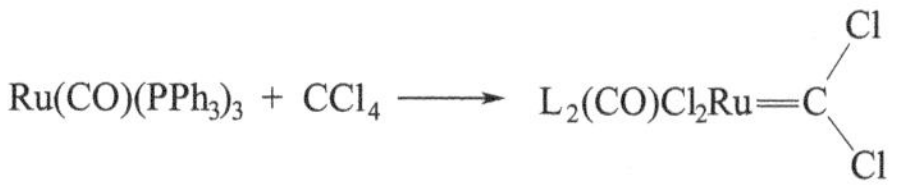

2.12.1.2 高氧化态金属(d^0)的亚烷基金属配合物的合成

第 4 族金属配合物形成少量亚烷基化合物。然而，Cp_2TiCl_2 与 $AlMe_3$ 的反应形成 Ti—CH_2 配合物，通过与 Me_2AlCl 络合得到稳定，其在合成应用中已作为重要试剂，被称为 Tebbe 试剂。它与羰基 $R_2C＝O$ 反应，通过 O/CH_2 置换得到烯烃。

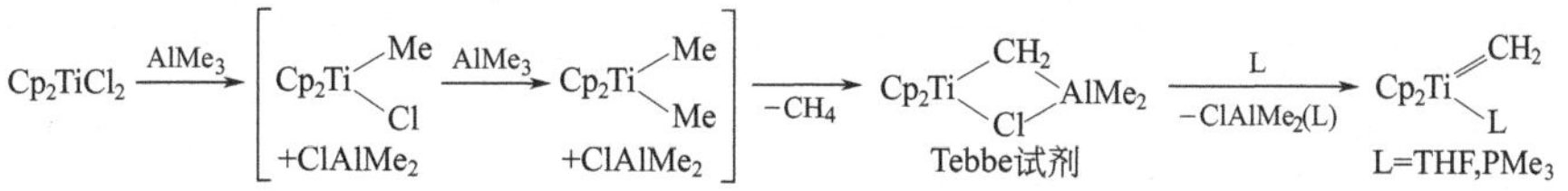

使用刚性的大体积配体可以获得 Ti 亚烷基化合物。

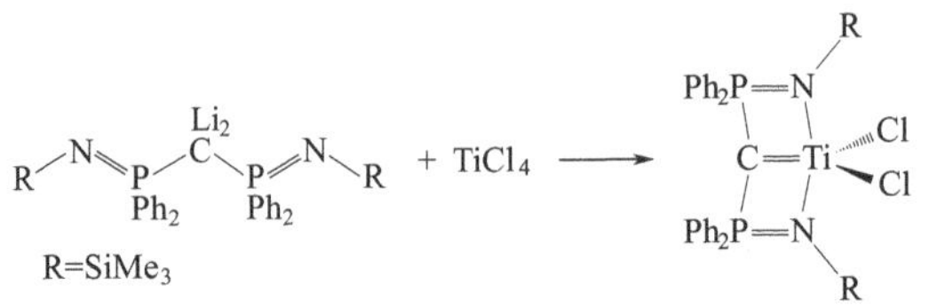

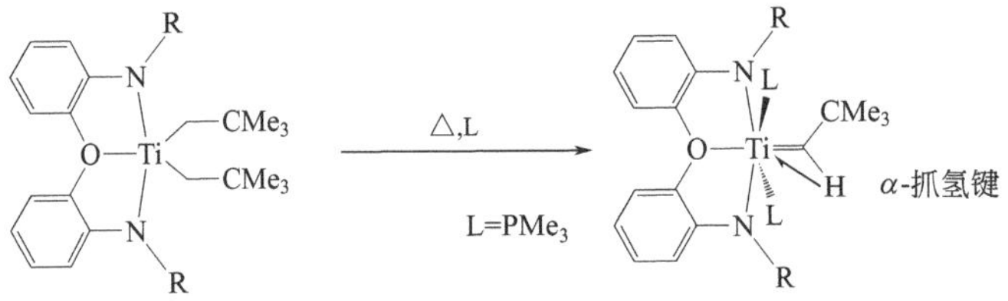

亚烷基配合物在第 5 族和第 6 族金属中相对更为常见。用 MeLi 对 TaCl$_5$ 进行烷基化得到 TaMe$_5$，然而，如果是空间位阻较大的烷基试图在 Ta 上配位，就不可能容纳五个烷基配体。在类似的空间拥挤条件下，富电子贵金属配合物倾向于通过 C—H 活化形成金属环，而前过渡金属通过脱 H 得到 M═CHR 物种。

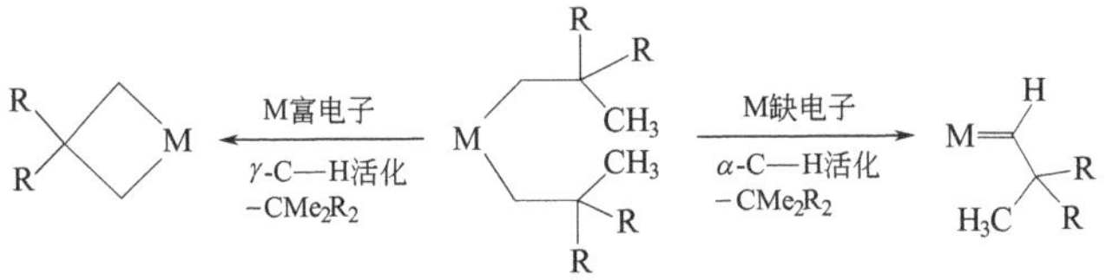

由具有空间位阻的烷基原料制备　生成第 5 族金属亚烷基一个典型的反应是使用大位阻烷基如新戊基锂与烷基钽卤化物进行烷基化反应：

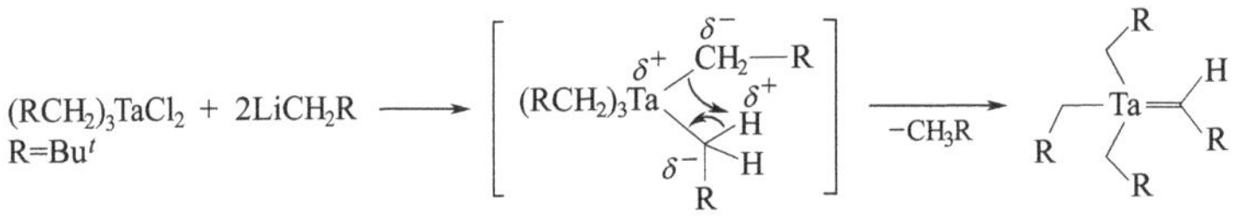

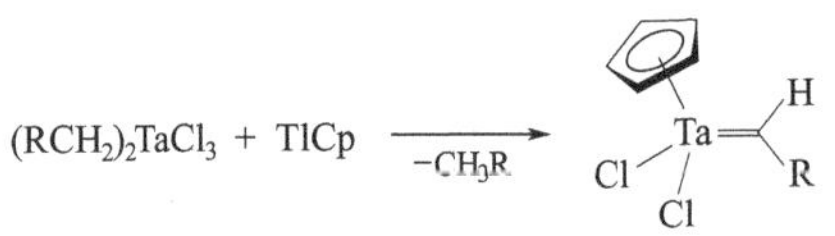

使用大体积亚胺类配体稳定的亚烷基钼配合物是烯烃复分解反应特别重要的催化剂。反应原理是相同的：配体的空间位阻有利于 α-H 消除，从而通过烷基中间体得到亚烷基。

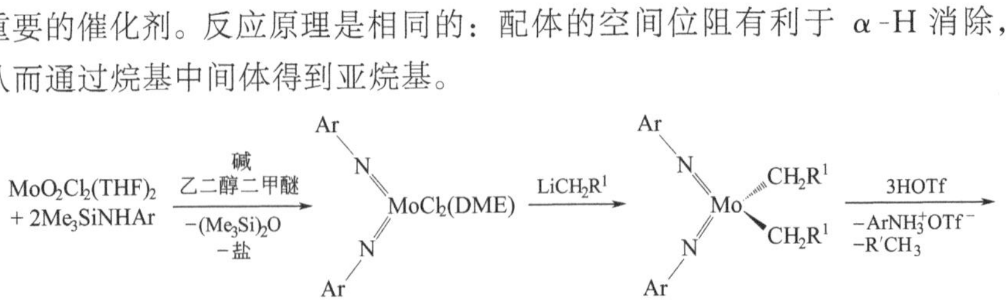

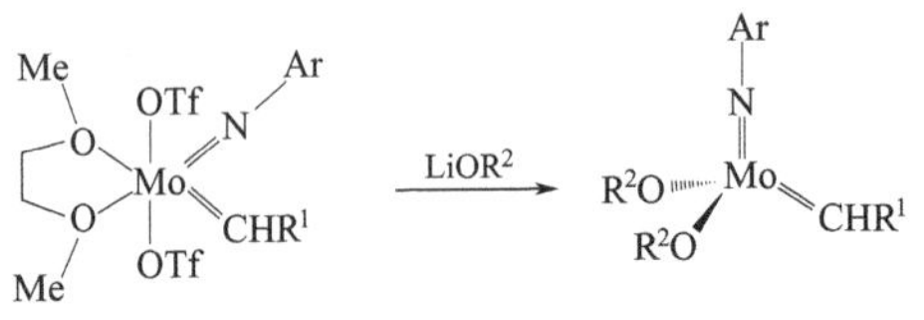

含一个以上亚烷基配体的金属配合物采用相似途径制备：

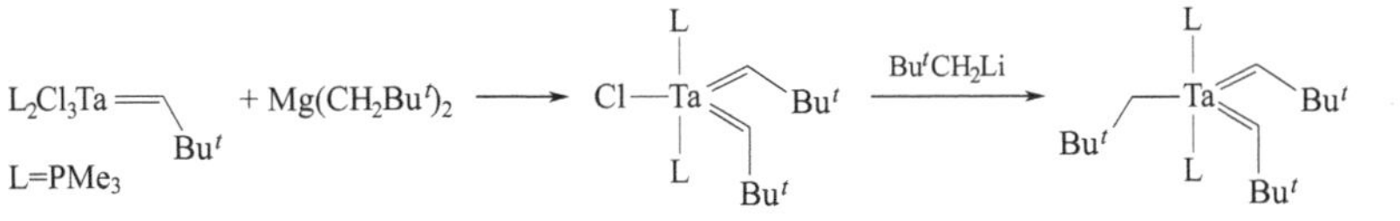

其他合成方法包含去质子化、C—H 异构和 CH_2 转移，所有这些都已经证明能够形成 $M=CH_2$ 配合物。

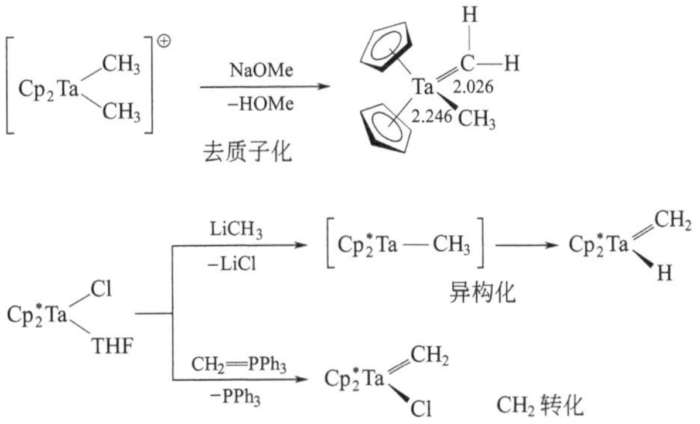

2.12.1.3 亚乙烯基配合物

亚乙烯基金属配合物和更高阶的亚累烯基含有两个或更多相互垂直的 π-电子体系。它们与炔烃和炔基配合物密切相关，并且发现这些类型的金属配合物通常是可以相互转化的。

由炔烃配合物出发合成：

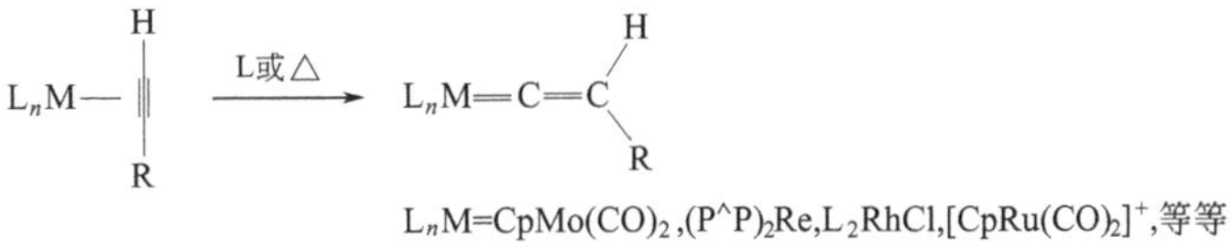

$L_nM=CpMo(CO)_2,(P^\wedge P)_2Re,L_2RhCl,[CpRu(CO)_2]^+,$等等

由炔基配合物出发合成：

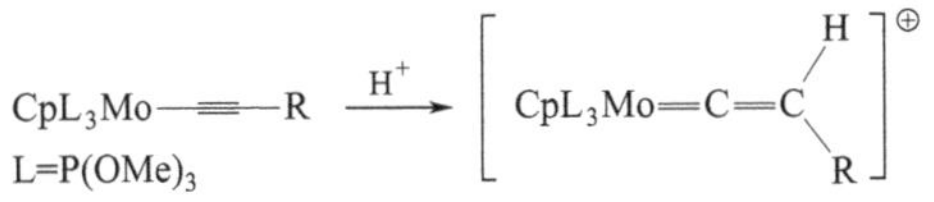

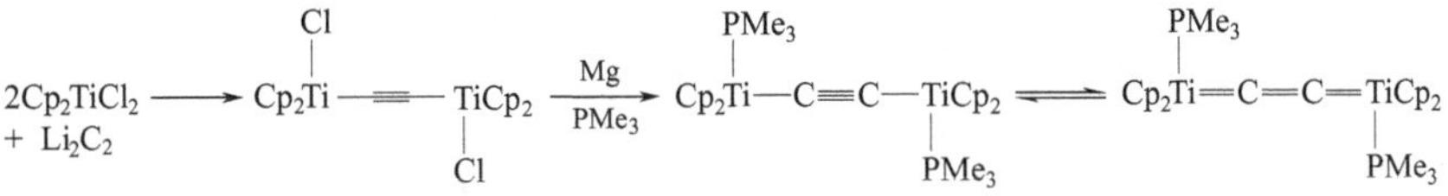

通过 C—H 活化　钽在热力学上尤其有利于形成金属-碳双键，至少使得这个低价金属在该配合物中呈现了更高的氧化态。下面图例中所示的反应相当于 C—H 键的氧化加成，其中钽（Ⅲ）前驱体或者被转化成 Ta（Ⅴ）物种，或者在这两种价态配合物之间建立平衡。下图中所示的亚丙烯基配合物是通过烯丙基的 β-H 消除获得的，而且对乙烯基金属配合物重排中 α-H 的消除优于 β-H 脱去。

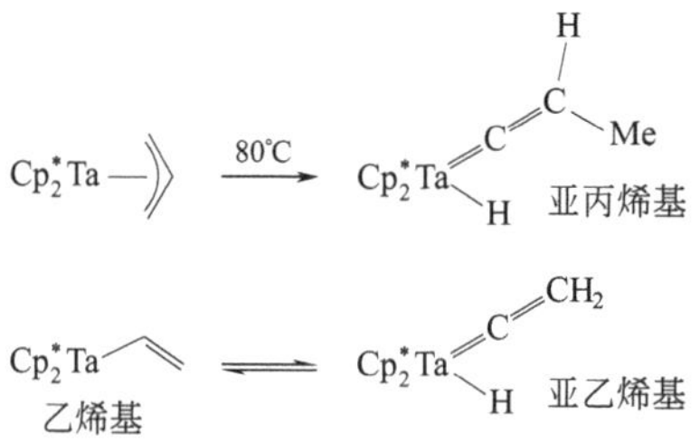

延伸阅读 2.12.1.2　炔基-亚丙烯基重排

炔基金属配合物也可以通过对合适的取代基进行亲电进攻而转化成亚丙烯基。下图实例中包含一个 NR_2 取代基，其围绕 $C(sp^2)$-N 键的转动能垒是可以测量的。结果表明，炔基-亚胺共振形式 B 对阳离子亚烯基金属配合物中的键合有重要贡献。铱（Ⅲ）亚烯基配合物在紫外线照射激发下呈现磷光，这是铱基发光材料大家族的重要成员。

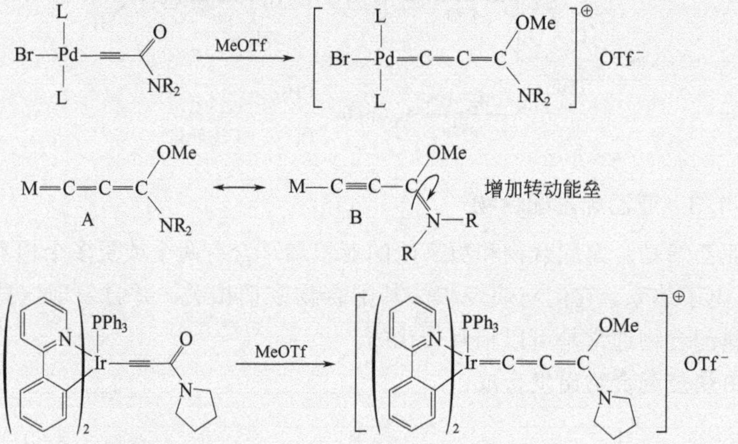

2.12.2　亚烷基金属配合物的反应性质

2.12.2.1　费歇尔卡宾反应

亲核型费歇尔卡宾配合物呈现两种主要反应：在卡宾碳原子上的亲核取代和卡宾转移（环丙烷化）。

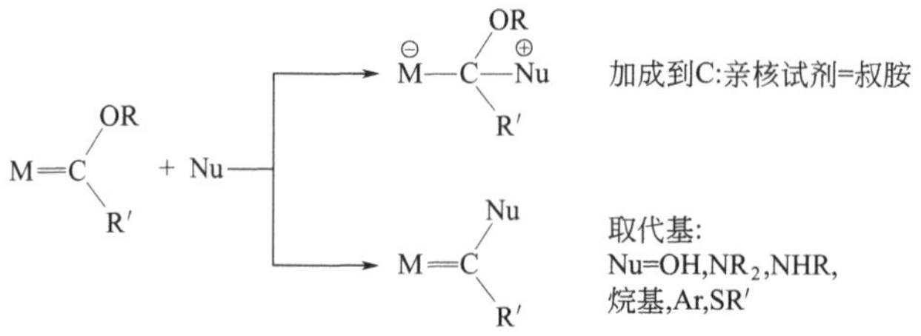

烷基锂还可使甲基取代的卡宾去质子化得到亲核性的金属羧基烯醇式盐阴离子：

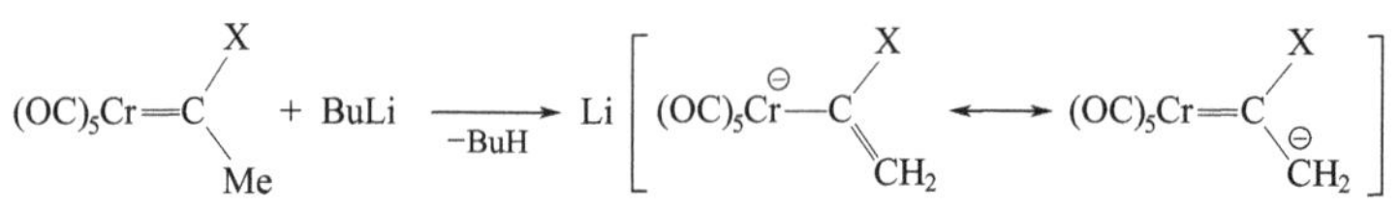

例如，烯醇式以 1,4-方式加成到共轭烯酮化合物中：

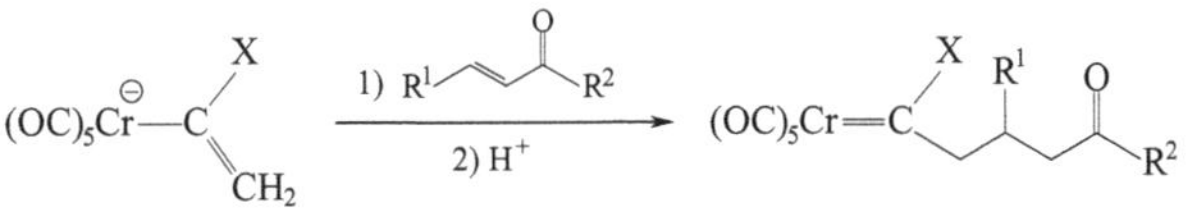

烯烃的环丙烷化可通过失去 CO 配体形成杂金属环丁烷中间体，或富电子烯如乙烯醚对碳烯-C 的进攻而形成。对于经典的费歇尔卡宾配合物，环丙烷化反应往往是比较缓慢的，但是仍然快于阳离子铁卡宾如 [CpL$_2$Fe=CHR]$^+$ 参加的反应，其中阳离子铁卡宾缺少杂原子取代基，正电荷使这种配合物更易于进行亲核进攻。

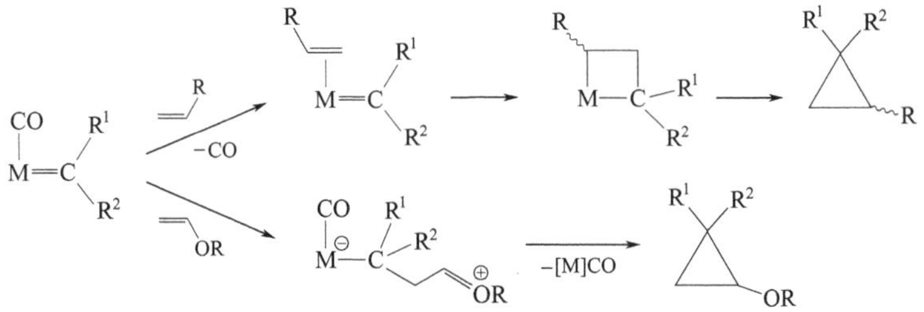

延伸阅读 2.12.2.1 Dötz 反应

芳基取代的费歇尔卡宾可以与二取代的炔烃和一氧化碳共同进行等当量的化学反应，生成羟基和烷氧基取代的五元和六元环化合物体系。反应原理是炔烃配体对卡宾进行顺式进攻。

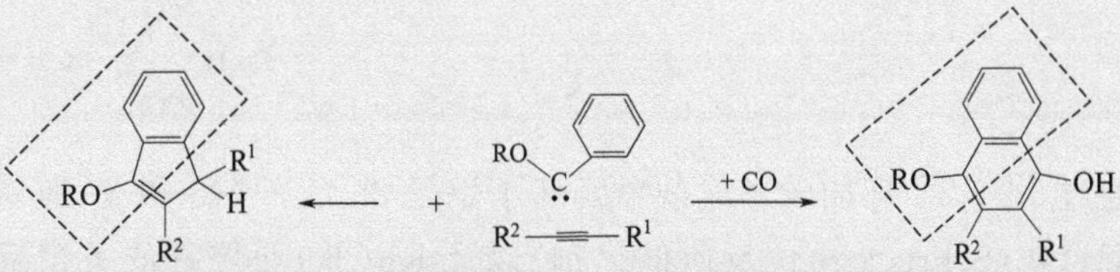

取代基 R^1 与 R^2 的排列是对反应空间的调控。该反应最可能经由乙烯基卡宾(形成五元环)和乙烯基烯酮中间体(在 CO 插入之后，形成六元环化合物)进行。该反应生成 1,4-氢醌和醌化合物衍生物，并已用于合成天然产物类固醇和抗生素等。

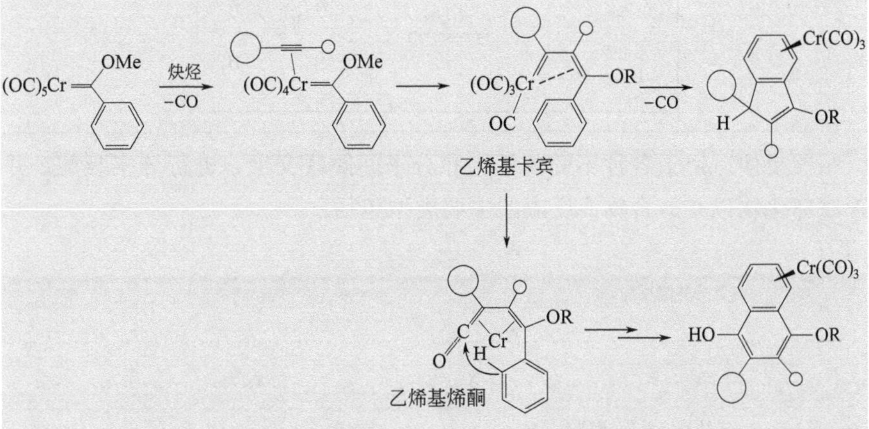

2.12.2.2 d⁰ 金属亚烷基配合物的反应

前过渡金属（d⁰）的亚烷基配合物可以像 Wittig 试剂一样将 C=O 官能团转化为烯烃。其他杂烯烃和炔烃（例如腈）也通过用 M-杂原子键替代 M=C 键得到相应的产物。

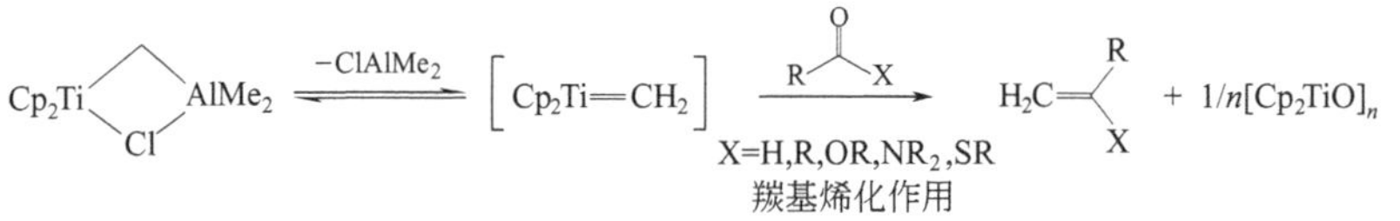

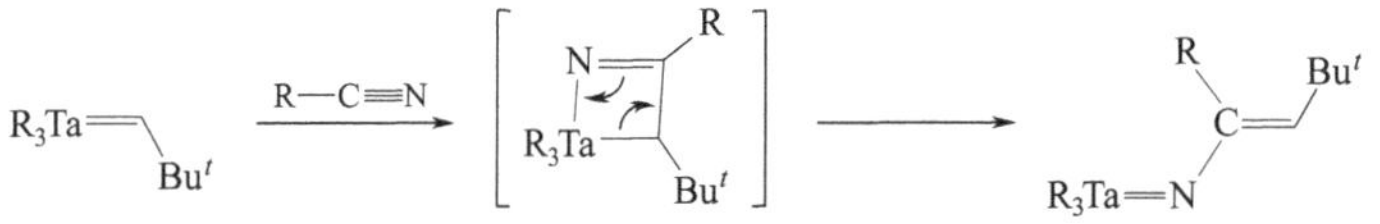

然而更为重要的是［2+2］环加成得到杂金属环丁烷：这是烯烃易位反应的基础。具有该反应性质的一个早期例子就是 Tebbe 试剂。

易位来源于希腊语"μεταθεσ"变化位置

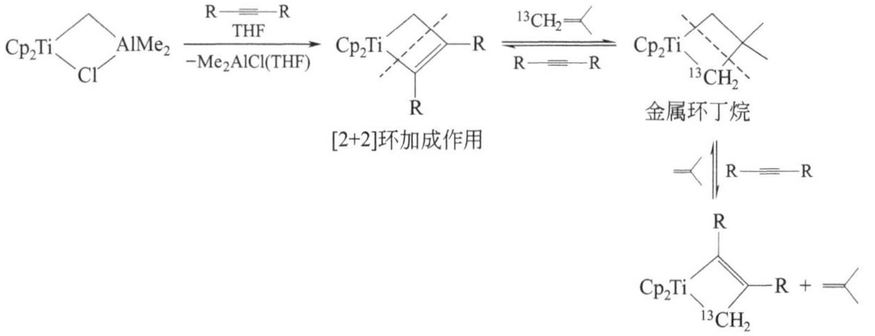

[2+2]环加成作用

金属环丁烷

通过［2+2］环加成形成杂金属环丁烷是 d⁰ 金属 Mo 和 W 亚氨基亚烷基配合物（Schrock 易位反应催化剂）以及 Ru（Ⅱ）亚烷基的关键反应模式。由于后者对空气、水及大多数有机官能团相对稳定，在有机合成中特别实用。反应原理是两个烯烃的半分子间进行置换：

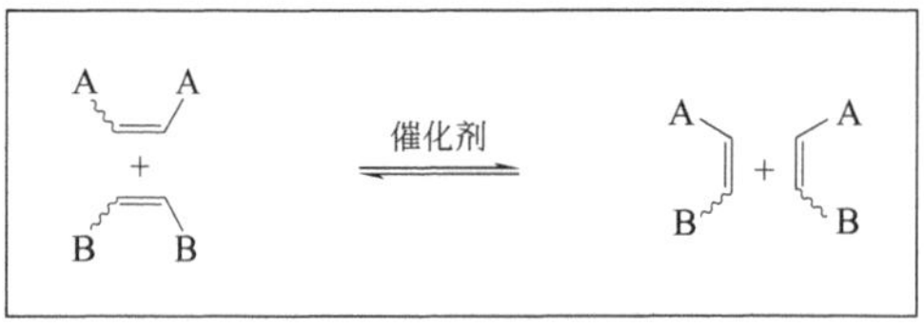

该反应可用于各种不同的不饱和分子间偶联交换，进行分子裂解，并形成环化物以及聚合物。反应的主要类型包括：

交叉易位反应：

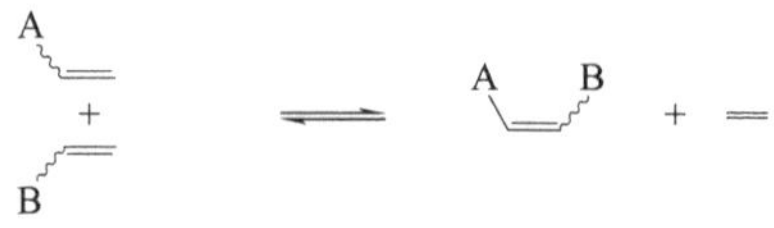

关环易位反应，RCM：

开环易位聚合, ROMP:

非环二烯易位聚合, ADMET:

在加压乙烯气氛下，交叉易位反应通常用于裂解高分子量内烯烃（获得 α-烯烃）。关环易位反应是通过除去挥发性副产物乙烯来促进完成的，而开环易位聚合（ROMP）通常是由环张力释放进行驱动的。

反应中间体在金属亚烷基和杂金属环丁烷结构之间交替出现，两者之间都可能是催化剂的休眠态物种（Chauvin 机理）。没有明显的终止路径（除非存在杂质），因此由确切设计的金属亚烷基催化剂引发的聚合反应是活性聚合（即一旦烯烃底物被耗尽，存在一个休眠态，当进一步添加底物时配合物活性物种重新复活）。终止反应可以通过加入亲电试剂 X═Y 来实现，例如，使用醛化合物将 M═C 转化为 M═O 键。因此，烯烃易位反应过程的一般催化循环如下所示：

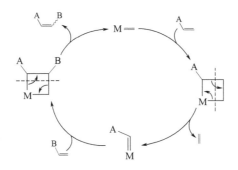

2005年诺贝尔奖授予 Y.Chauvin. R.R.SchorCk和 R.H.Grubbs,表彰他们在烯烃易位反应中的贡献

已经分离得到该催化循环的各个步骤的中间体。这里显示的简化机理中的步骤是可逆的。该过程伴有副反应发生，其中在 1,3-位上形成具有取代基的杂金属环化合物，使烯烃易位反应不会持续发生：

SHOP工艺见 3.7.3节

烯烃易位反应在 20 世纪 50 年代被发现，并且在该反应实际机理变得清晰之前的很长时间里就已经使用了这类反应的多种催化剂。它们是混合组分的催化剂，如 $WCl_6/SnMe_4$ 混合物。在壳牌高压乙烯低聚工艺（SHOP）中，乙烯由可溶性镍催化剂催化发生低聚，适于生产洗涤剂醇的（C10～C18）末端中等长度范围的烯烃。使用非均相 MoO_3/Al_2O_3 易位反应催化剂可以将不需要的低分子量和高分子量低聚物组分转化成所需的烯烃产物。

$$C_4 \sim C_8 \text{烯属烃} + C_{20+} \text{烯属烃} \underset{}{\overset{MoO_3/Al_2O_3}{\rightleftharpoons}} C_{10} \sim C_{18} \text{烯属烃}$$

第一个实例单组分易位反应催化剂是 Cp_2Ti 的杂金属环丁烷。明确结构的钼和钨配合物催化如降冰片烯的环烯烃进行活性聚合，活性聚合的特征在于形成的聚合物链具有相同长度作为事实（即 M_w/M_n 接近 1）。

降冰片烯的开环易位聚合（ROMP）例证了该反应过程。

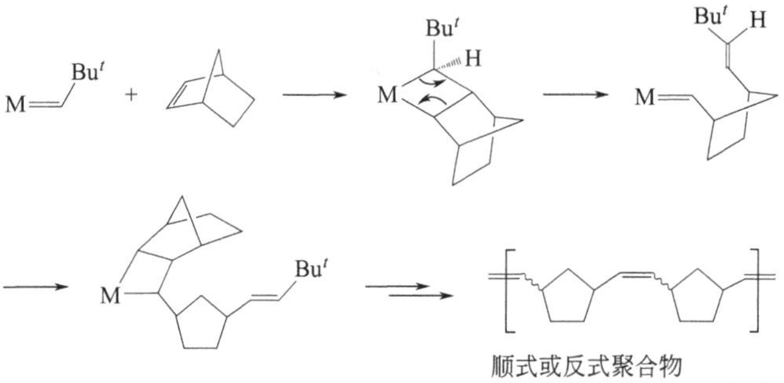

顺式或反式聚合物
五元环的全同立构、间规立构或无规立构方向

亚胺氮上有大取代基以及大体积的烷氧化物配体是设计这些催化剂的重要特征，发现它们的反应活性随着烷氧基配体的吸电子能力增加而变强。一些钨配合物（如 B）可以耐受酯基官能团。钼配合物催化剂的优势在于其高的反应活性。亚烷基配体可以采取两种取向：以 Bu^t 基团指向亚胺形成主要的顺式异构体，次要的为反式异构体。如在催化过程中经常是次要的反式结构为主，表明较高能垒的异构体更具反应活性（在 ROMP 反应中反应因子约为 10^4）。

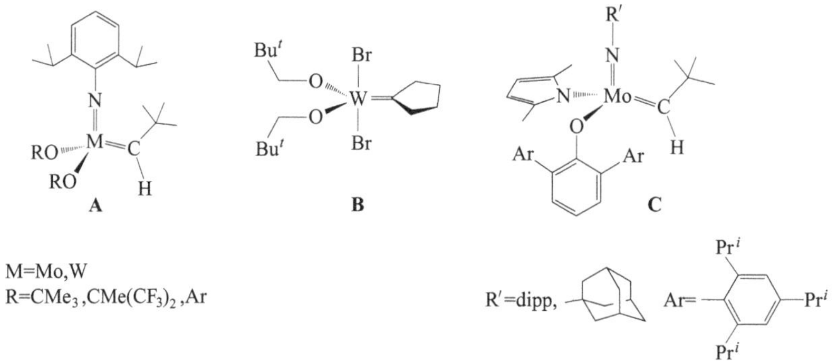

M=Mo,W
R=CMe₃,CMe(CF₃)₂,Ar

R'=dipp,

杂金属环丁烷中取代基和亚烷基上取代基的取向，在烯烃加成后，决定反应过程的立体控制和开环易位聚合所得聚合物的微观结构。尽管 E-（反式）烯烃的形成在热力学上是有利的，但是亚氨基配体上小取代基和非常大的芳基氧化物（如在上图所示的结构 C），有利于形成 Z-（顺式）烯烃产物。

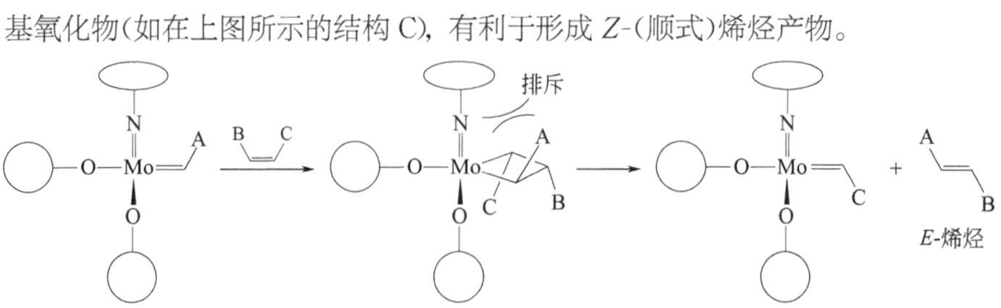

排斥

E-烯烃

2.12.2.3 钌卡宾配合物

钌配合物 $L_2Cl_2Ru=CHR$（L＝供电子配体）形成大量的烯烃易位反应配合物，由于其对水稳定和对许多官能团具有耐受性，广泛用于有机合成反应中。已经发展了多种类型的钌配合物催化剂。尽管 PPh_3 衍生物催化剂仅显示中等催化活性，但是含有 L 为 PCy_3 的钌配合物催化剂具有更高的反应活性。这些金属配合物具有平面四方锥结构，为了达到高的催化活性，一个配体 L 必须解离；强供电子体如 PCy_3 通过反式配位影响和促进该过程的发生。剩余的配体 L 具有稳定配合物的功能。如果这种膦配体被更强的供电子体如 N-杂环卡宾取代，则可获得更高活性的催化剂体系。这些类型的配合物催化剂分别称为 Grubbs Ⅰ 和 Ⅱ 型催化剂。Grubbs Ⅱ 催化剂对降冰片烯开环易位聚合（ROMP）具有非常高的活性，但是，不能很好地控制聚合物的分子量和分子量分布。该问题在 Grubbs Ⅲ 配合物中得到解决，它含有不稳定的吡啶溴配体以及一个 NHCs 强供电子体，并得到具有窄分子量分布的活性聚合物。

另一种配合物催化剂基于邻位醚取代基的亚苄基配体（由 Hoveyda 和 Blechert 分别独立地报道）。这些是稳定的金属配合物，其中 OR 取代基充当半不稳定配位效果。催化剂在易位反应结束时重新形成，从而促进催化剂再循环。

第一代Grubbs催化剂　第二代Grubbs催化剂　茚基钌催化剂　　　　　　　　　　　　　　　　　　　Hoveyda,Blechert 催化剂

第三代Grubbs催化剂

与烯烃的反应遵循 2.12.2.2 中所示的 d^0 金属配合物的 [2+2] 环加成途径。这可能是经由三角-双锥结构（请记住三角-双锥结构和正方体-锥体异构体结构通常在能量上是接近的）进行的。中间体和过渡态的精确立体化学将受配体和反应介质的影响。

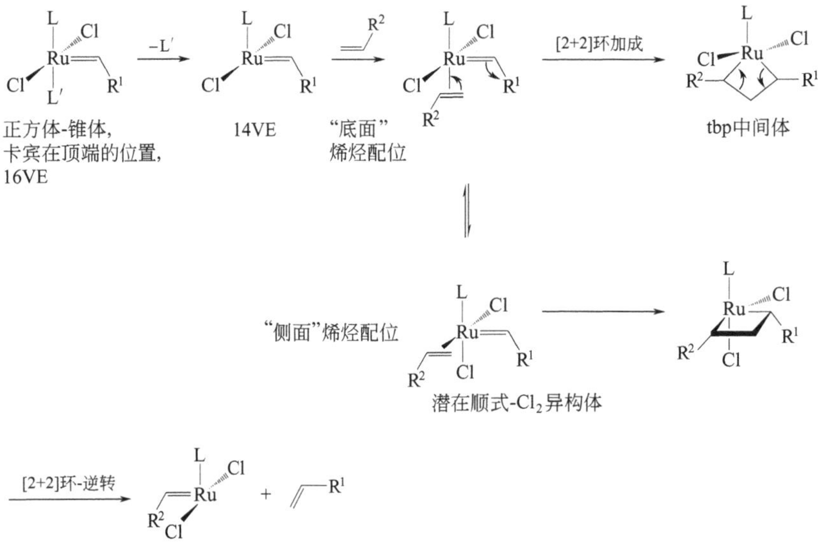

正方体-锥体,
卡宾在顶端的位置,
16VE

14VE

"底面"
烯烃配位

tbp中间体

"侧面"烯烃配位

潜在顺式-Cl₂异构体

[2+2]环-逆转

催化剂和烯烃底物的反应性强烈依赖空间影响因素。对于降冰片烯的开环聚合,反应性以如下顺序降低:

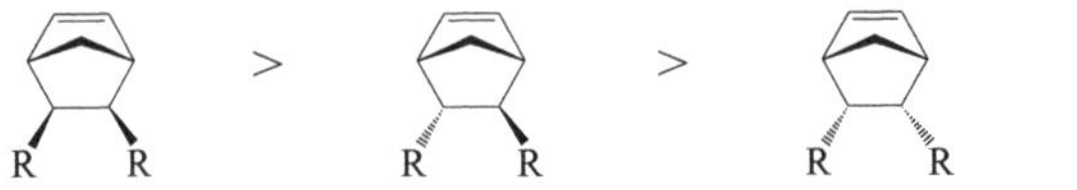

外形,外形(exo,exo) > 内形,外形(endo,exo) > 内形,内形(endo,endo)

延伸阅读 2.12.2.3　烯烃易位反应的应用

烯烃易位反应在合成和聚合物化学中具有广泛的应用。一些例子如下图所示。

关环易位反应(RCM)。从末端烯烃形成五元环并放出乙烯的反应是有利的。四取代的烯烃通常难以合成,但可以通过 C═C 易位偶联反应来制备,这取决于适于该反应的催化剂结构。

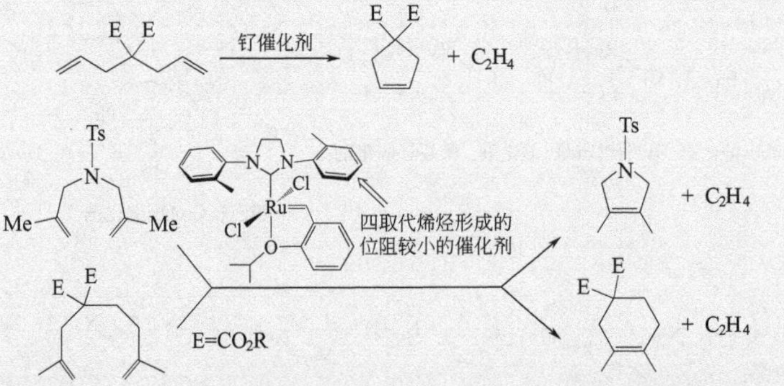

钌催化剂 + C₂H₄

四取代烯烃形成的
位阻较小的催化剂

E=CO₂R

+ C₂H₄

+ C₂H₄

使用手性催化剂可以实现对映选择性,即两种对映体中仅有一个参与反应。这里所示的 RCM 实例说明了这个机制,其中(S)对映异构体反应比(R)快 58 倍。该反应通过末端 C═C 键的偶联会产生约 40% 的二聚体。

OSiEt₃ structures and reaction scheme:

$$\text{OSiEt}_3 \xrightarrow[\text{C}_6\text{H}_6,10\text{min},22^\circ\text{C}]{\text{L}^*\text{Mo}} \text{OSiEt}_3 (93\%ee) + \text{C}_3 + \text{OSiEt}_3 (R) (>99\%ee)$$

L*Mo= (biphenolate Mo alkylidene complex, with Bu^t, N-aryl 2,6-diisopropylphenyl imido, =CHPh·Ph)

$$\text{OR (norbornene)} + \text{Ph} \xrightarrow{\text{L}^*\text{Mo}} \text{cyclopentane with Ph, OR, divinyl substituents} (98\%ee)$$

交叉易位反应(CM)是一种选择性产生官能化内烯烃(包括腈、醇和酯)的有效途径，例如：

$$\text{CN} + \text{R} \xrightarrow[-\text{C}_2\text{H}_4]{\text{Mo催化剂}} \text{R}\text{—CN} \xrightarrow{\text{氢化作用}} \text{R}\text{—NH}_2$$

$$\text{X} + \text{R} \xrightarrow[-\text{C}_2\text{H}_4]{\text{Ru催化剂}} \text{R}\text{—X} \quad X=OH,CO_2R,B(OR')_2$$

$$2 \text{—OH} \xrightarrow[-\text{C}_2\text{H}_4]{\text{Ru催化剂}} \text{HO}\text{—}\text{—OH} \quad 均二聚$$

尽管反式(E)-烯烃在热力学上进行这类反应是有利的，但许多合成反应需要的是顺式(Z)-烯烃。在这些情况下，催化剂必须形成动力学的产物并防止后续 ΔH 驱动的异构化。这样的情况需要通过调整催化剂配体的结构来实现：

$$\text{(bicyclic diol)} + \text{R} \xrightarrow{\text{Ru(S}^\wedge\text{S)}} \text{cyclopentane product} \quad Z/E=98:2$$
R=Cy,Ph,C₆H₄F,C₆H₄OMe

Ru(S^S)= (NHC-mesityl ligated Ru with benzylidene, S^S chelate from benzenedithiolate, OEt)

$$\text{(bicyclic)} + \text{FG} \xrightarrow{\text{Ru(C}^\wedge\text{C)}} \text{product} \quad Z/E=95:5$$
R=CH₂Ph
FG=OAc,COOEt,NHBOC, C₆H₄OMe,B(OR')₂

Ru(C^C)= (adamantyl NHC ligated Ru with benzylidene, nitrate O^O chelate, OEt)

开环易位聚合(ROMP)使用筛选的催化剂能够制备出系列具有不同微结构的聚合物，因此具有不同材料的性质。R 可以具有多种变化，包括氨基酸基团和肽残基：

$$\text{(norbornene-R,R)} \xrightarrow{\text{ROMP催化剂}}$$

内型, 内型顺式-全同立构

内型, 内型反式-全同立构

内型, 内型顺式-间规立构

内型, 内型反式-间规立构

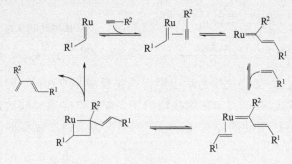

外型,外型顺式-全同立构 （上左）

外型,外型顺式-全同立构 （上右）

外型,外型顺式-间规立构 （下左）

外型,外型顺式-间规立构 （下右）

烯炔易位反应：

钌卡宾配合物通过与炔插入反应，得到二烯基衍生物。该反应可以用于将烯烃和炔烃组合以生成共轭二烯。

要点

卡宾金属配合物形成了三种类型：

（1）费歇尔卡宾，其中卡宾与低价金属配位并且碳是亲核的。在大多数情况下，卡宾带有一个供电子杂原子取代基。

（2）Schrock 卡宾(亚烷基)，其中金属是正电性并处于高氧化态,碳是亲电的。Schrock 卡宾通过脱氢制备。

（3）钌卡宾(Grubbs 催化剂)。卡宾与由给电子配体稳定的钌金属配位，这些配合物耐受多种官能团，反应性与 Schrock 卡宾相当。

烯烃易位反应通过连续的 M-卡宾和杂金属环丁烷中间体的系列［2+2］环加成和环化反应进行。

卡宾配合物可以与烯烃和炔烃进行多种加成反应，例如 Dötz 反应。Schrock 和 Grubbs 催化剂通过立体选择性反应生成(E)-或(Z)-烯烃化合物，在闭环和开环的易位聚合反应中具有良好的效果。

练习

1. 设计两条不同的合成路线制备（OC）$_5$Mo＝CPh$_2$。

2. 下列化合物（1）（OC）$_5$Cr＝CPh（OMe）和（2）Cp$_2$TaMe（CH$_2$）通常使用什么化学反应展示其亲核或亲电特征？

3. 如果 $R^1CH=CHR^2$ 和 $R^3CH=CHR^4$ 混合物进行烯烃易位反应，将会形成多少种产物？

4. 环状烯烃开环聚合最初得到具有窄分子量分布的聚合物，然而，随着时间的推移，分子量分布变宽。解释一下该现象产生的原因。

5. 双环戊二烯进行开环易位聚合生成哪种结构的聚合物？

6. 1-辛烯-7-炔在烯炔易位反应中会生成什么物质？

双环戊二烯

2.13 具有 M≡C 叁键的配合物：卡拜

M≡C—

含有 M≡C 叁键的金属配合物 LnM≡CR 称为卡拜或次烷基配合物。类似于烷叉基，CR 部分可以被认为是三价阴离子 [CR]³⁻，或者与线型亚硝酰基配体类似，作为阳离子 [CR]⁺。阳离子模式更符合其电子受体能力，也更容易受到亲核进攻。M≡C 键由两个 π 键组成，键的距离非常短，与高键级顺序一致。与 $SiMe_4$ 相比，在低场下 320～350 的范围内发现卡拜-C 的 ^{13}C NMR 共振，卡拜金属配合物主要存在于第 5～7 族过渡金属化合物中。

2.13.1 卡拜金属配合物的合成

由卡宾金属配合物出发合成 这是在尝试生成卤素取代的卡宾配合物过程中，首次发现的形成 M≡C 叁键化合物的方法。

$$(OC)_5W \xrightarrow[BCl_3]{AlCl_3} \left[(OC)_5W≡R\right]^{\oplus} [AlCl_3(OMe)]^{\ominus}$$

R=烷基或芳基

由金属酰基阴离子出发合成 这里的酰氯可作为亲电试剂。

$$\left[\begin{array}{c}OC\\OC-W-C\\OC\end{array}\right]^{\ominus} \xrightarrow[\substack{-78\sim-10℃\\-CO_2,-CO}]{} Cl-M≡C-R \quad M=Cr,Mo,W$$

由烷基金属脱除 α-H 制得 有许多通过多个脱氢过程进行烷基化反应得到产物的例子。

$$\begin{array}{c}RH_2C\\RH_2C\cdots Ta=C\\RH_2C\end{array}\xrightarrow{BuLi}\left[\begin{array}{c}RH_2C\\RH_2C-Ta≡C-R\\RH_2C\end{array}\right]^{\ominus}Li^+$$

$$\begin{array}{l}WCl_2L_4\\L=PMe_3\end{array}\xrightarrow[-Me_2AlCl,-H_2]{AlMe_3}Cl-W≡C-H \quad 18VE$$

$$\begin{array}{c}Cp\\Cl-Ta=C\\Cl\end{array}\xrightarrow[-[Ph_3PMe]Cl]{\substack{Ph_3P=CH_2\\PMe_3}}\begin{array}{c}Cp\\Me_3P-Ta≡C-Bu^t\\Cl\end{array}$$

根据烷基的不同，反应可能生成桥联卡拜配合物 $[(RCH_2)_nM(\mu-CR)]_2$ ($n=2$，$M=Nb$，Ta，Re；$n=3$，$M=Mo$，W；$R=Bu^t$，$SiMe_3$）。卡拜桥键可能会被供电子配体断开。下面图中所示的单核钨卡拜包含所有三种类型的 M—C 键联。

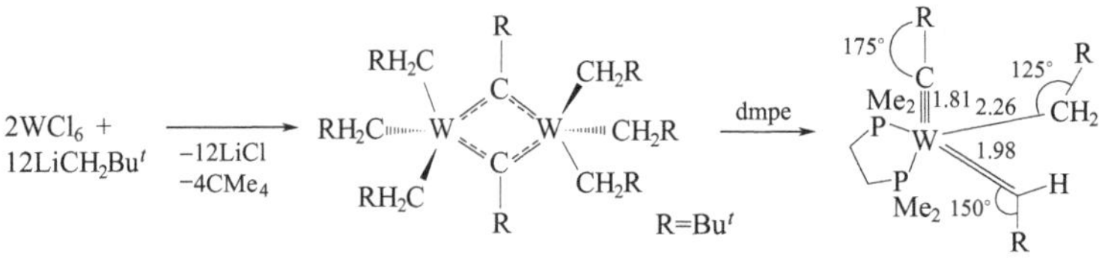

由亚乙烯基金属配合物出发：

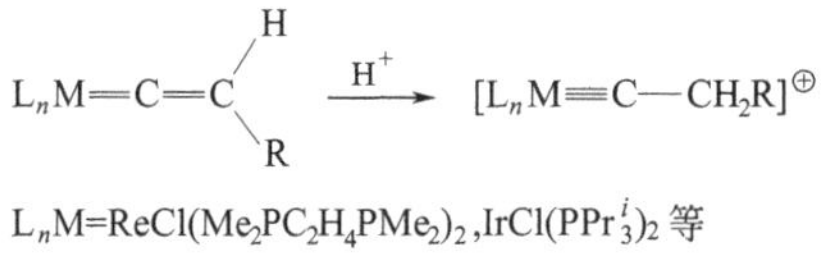

$L_nM=ReCl(Me_2PC_2H_4PMe_2)_2$，$IrCl(PPr^i_3)_2$ 等

由二氯卡宾金属配合物出发：

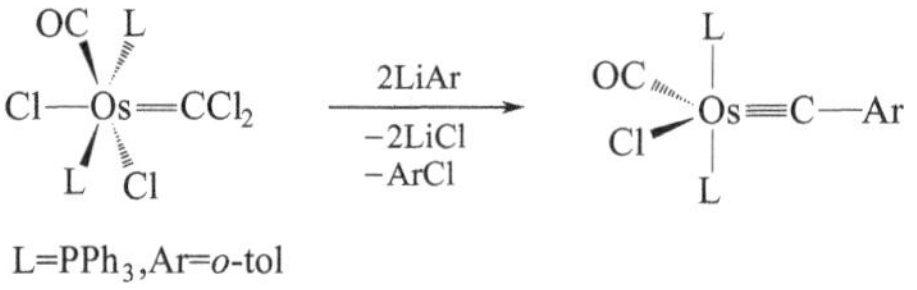

$L=PPh_3$，$Ar=o\text{-}tol$

通过 M-M 键的断裂合成 具有 $M\equiv M$ 叁键的缺电子第 6 族金属配合物与炔烃进行易位反应，得到金属卡拜：

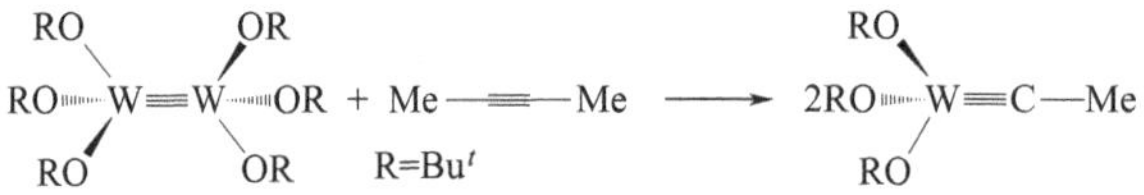

2.13.2　卡拜金属配合物的反应

与亲电试剂反应 类似于金属烷基化物，可以认为卡拜金属配合物易受亲电试剂的进攻。卡拜确实可以被质子化以产生卡宾，它们能够进一步与亲电试剂如 CO_2 和 SO_2 进行加成反应。

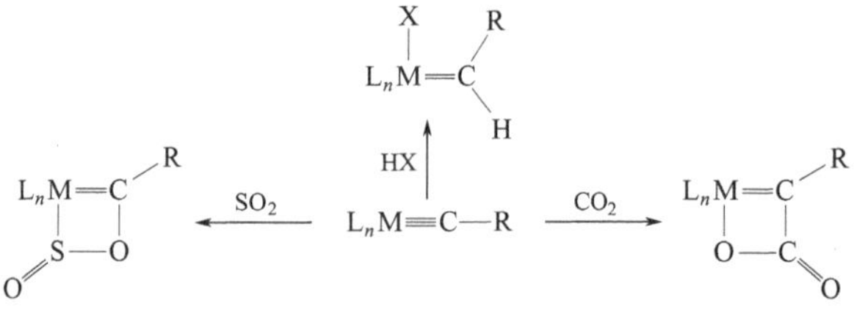

与亲核试剂反应 18 价电子的卡拜金属配合物在卡拜碳原子上可以进行反应，少数的富电子金属配合物是在金属上进行反应。

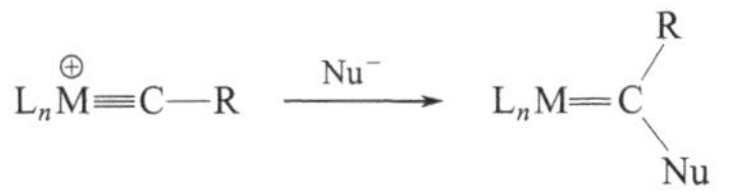

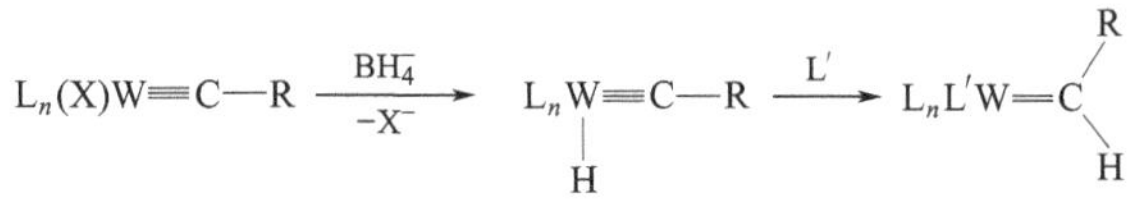

炔烃易位反应 卡拜(次烷基)金属配合物最重要的反应是与炔烃进行易位反应，该反应通过形成 MC$_3$ 四元环中间体以类似于烯烃易位反应的方式进行：

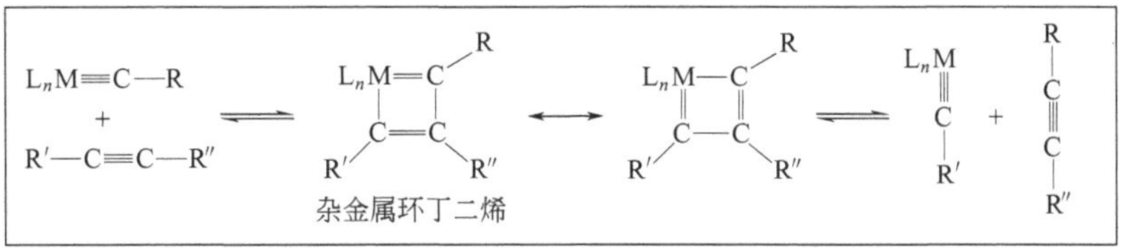

杂金属环丁二烯

金属环丁二烯中间体在一些情况下可以分离并且已经成功地进行了结构的表征。其中 C—C 键长与苯相似。

除了以上所示产物的形成过程外，已发现杂金属环丁二烯可以进行副反应导致催化剂失活，包括形成环丙烯基金属配合物。对于末端乙炔，去质子化可以得到具有脱氢亚甲基环丁二烯环可分离的 MC$_3$R$_2$ 配合物。这些产物的形成解释了末端炔烃进行这类易位反应困难的根源。

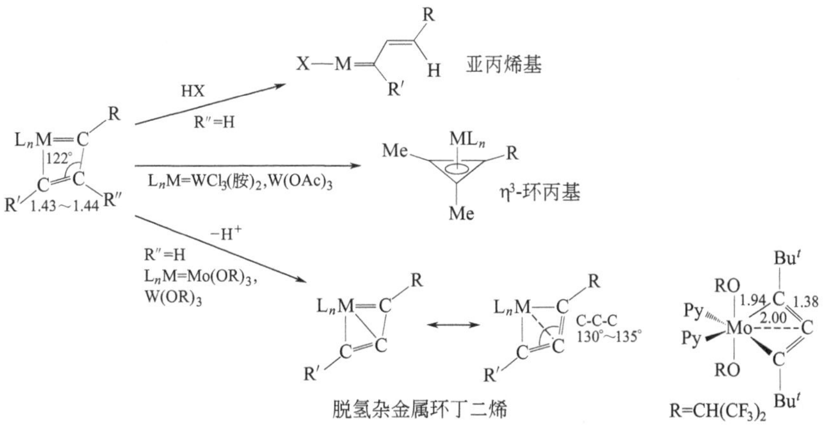

脱氢杂金属环丁二烯

炔烃易位反应是实现关环反应的有效方法。由于随后的氢化反应步骤使氢气转移插入到 C≡C 叁键的过程是通过顺式加成反应进行的，所以该机理等同于形成了顺式烯烃。该原理已经应用于如灵猫香酮(一个基本的香料成分)的合成中：

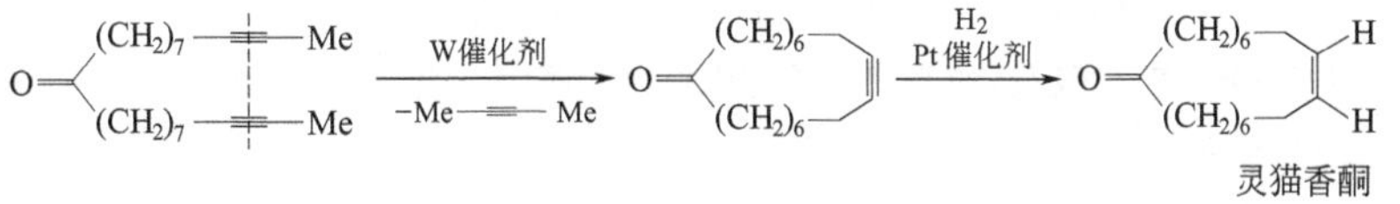

灵猫香酮

2.13.3 桥联卡宾和卡拜金属配合物

卡宾和卡拜配体可以桥联两个以上的金属中心。这种类型配合物的研究关系到理解费-托反应的重要中间体和反应模式。在这样的化合物中，桥联烷基，卡宾和卡拜基团证明可以通过连续加入 H$^+$ 和 H$^-$ 互相进行转换。非均相钌催化剂用于费-托合成过程，金属有机钌配合物在烷烃形成途径中是重要步骤。

具有三重键桥联卡拜配体的羰基钴簇合物可由乙炔生成。它们代表了许多这类的金属羰基簇合物，其中团簇化学和多相催化剂表面之间显然具有相似性。

桥联卡拜可以由烷基物种产生，或通过向 M≡CR 配合物中添加配位不饱和金属中心来制备。在这方面，L$_n$M≡CR 分子配位模式与炔烃一致。

要点

金属配合物 L$_n$M≡CR 称为卡拜或次烷基金属配合物。

CR 片段可以被认为是一个三价阴离子 [CR]$^{3-}$ 或阳离子 [CR]$^+$。阳离子的形式更符合其电子受体能力强以及易于进行亲核进攻的性质。

卡拜和卡宾金属配合物原则上是可以互换的基团。

卡拜配合物主要出现在第 5~7 族过渡金属化合物中。

一些钼或钨卡拜金属配合物与炔进行易位交换反应，该反应可用于闭环反应以得到环状炔烃。

练习

（1）设计一条合成 PhC≡Cr(CO)$_4$Br 的路线。

（2）环辛炔和 2,10-十二烷基二炔进行炔烃易位反应生成什么产物？

3 金属有机过渡金属配合物均相催化

催化是通过降低活化能势垒(ΔG^*)来加速化学反应的一种手段，因此，催化反应是动力学现象而不是热力学现象，并且涉及过渡态(TS)的能量和结构。反应路径的微观可逆性意味着反应物和产物原则上处于平衡态(即使这种平衡理想情况下对产物非常有利)。催化剂通过降低 ΔG^* 实现加速平衡反应到形成产物的速率，但并不能改变该平衡能垒或改变反应过程的总能量(ΔG)。经过催化和未经过催化反应的能量分布，最简单形式如下图所示：

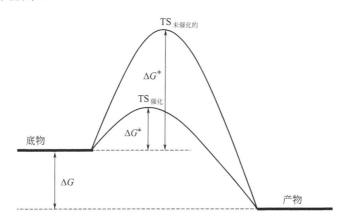

Eyring 反应方程式将催化转化的反应速率(此处为 k_{cat})与活化能 $\Delta G_{cat}^{\ddagger}$ 相关联：

$$k_{cat} = (k_B T/h) \exp\left[-\Delta G_{cat}^{\ddagger}/(RT)\right]$$

式中，T 代表温度(基于华氏温度 K)；k_B 代表玻尔兹曼常数；h 代表普朗克常数；R 代表气体常数。

催化剂在催化过程中既不会产生也不消耗，因此，催化物种在完成催化循环过程后必须与循环开始时相同(或接近相同)，并且每个循环从催化剂-底物相互作用开始。这将催化剂与引发剂区分开，引发剂仅参与第一步(引发剂-底物反应)，通常在第一步被消耗并且不会参与进一步的反应。

催化提供了一种获得高选择性产物的方法，通过提高原子效率减少副产物浪费以及减少产物合成所需的反应步骤。因此，催化工艺具有重要的经济价值，并且能够显著降低化学反应的能量和原料消耗。

催化可以通过很多方式和试剂实现。最简单的例子是质子催化反应，如酯化反应；在各种反应过程中，简单的路易斯酸参与反应，例如AlCl₃。金属经常参与与C—C和C—X键的形成或断裂，这是受金属有机反应知识影响最深的研究领域。详细理解反应机理和调控转换率的因素是设计更高效催化剂的关键，并且在许多情况下能够大大提高催化剂的效率。在这里，我们主要关注由金属有机催化剂进行的均相催化反应机理。在均相体系中，底物和催化剂都存在于同一相中，例如在液相中。类似的反应途径也存在于那些多相催化剂体系中，但是针对固/液和固/气界面处反应中间体和反应机理的研究更加困难，不在本文讨论范围之内。多相催化剂通常用于大规模气相反应，具有易与产物分离和催化剂长寿命的优点。相比之下，均相催化剂具有反应条件温和、产物选择性高的优点。

3.1 概论

催化循环包括几个步骤：形成能够结合底物的催化剂物种，随后是一系列逐步形成产物同时再生催化剂物种的步骤。

定义"催化剂"的含义十分重要。在催化循环中的连续反应步骤中，一些物种虽然参与了催化过程，但人们不能说它们中的任何一种是"催化剂"。然而，通常将加入到反应中的储存形式的金属配合物称为催化剂。严格地说，这些是预催化剂，需要某种活化步骤以变成活性物种。通常，该活化步骤是配体离解产生能够与底物形成配位平衡的配位不饱和物种。在发生转化步骤之前，底物可以缔合和解离许多次。因此一个简单的催化循环可以表示为：

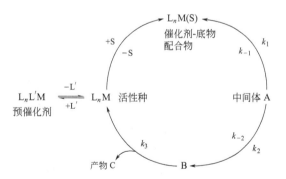

任何一个导致产物形成的速率常数 k_1、k_2、k_3 都可以是反应决速速率。因此，转化率由具有最低 k 值的反应步骤（决速步）决定。该反应速率可通过反应动力学测量获得。

会存在这样的情况，产物 C 是局部能垒最低而不是全局能垒最低的结构。在该情况下，将接着进行二次催化反应，例如异构化为后续产物 D。化合物 C 将是动力学产物，而化合物 D 则是更稳定的热力学产物，并且C/D 比率将通过两者间能量差给出（假定没有产物从平衡反应中移除）。如果产物难溶或易挥发，使得其在反应过程中析出而除去，则该过程变成不可逆反应。

如上所述，催化反应的成功取决于过渡态的结构，而不是前驱体的基态结构。过渡态的浓度为零，即这种瞬态物质不能直接检测，这就出现了如何研究反应机理的问题。实际研究中，经常采用确定预催化剂（通常是固态）的基态结构，讨论它们参与催化反应的空间与构象特征，但是帮助不大。然而，在许多情况下存在休眠态，其在结构上与过渡态 TS 相关并且可以观察到。这些休眠物种可能是催化中间体（在本例中为 A 或 B），或者是与 A 或 B 平衡的物质 A′ 或 B′。催化循环可以表示为：

注意：速率常数用小写 k 表示，大写 K 用于表示平衡参数：$K_1 = k_1/k_{-1}$

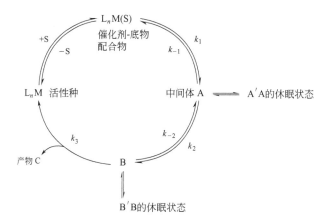

A′ 或 B′ 物种原则上可以通过光谱法观察到，并且可以得出 A 和 B 可能的结构与结论。

除了光谱鉴定中间体和休眠态，通过动力学方法可以对催化反应机理进行研究。催化反应的典型速率定律与催化剂（C）和底物（S）为线性关系（即 k 是二级速率常数）：

$$-d[S]/dt = k[C][S]$$

如果反应物[S]过大以至于实际上它在反应过程中无变化，则该过程被称为准一阶。这有助于确定反应中催化剂[C]的反应级数：

$$-d[S]/dt = k_{obs}[C]$$

在任何动力学研究之前，应确定催化剂[C]和反应物[S]的反应级数。

也有一些报道，底物呈二阶依赖性或非整数阶反应 $[C]^a[S]^b$（$a \neq b \neq 1$）的情况。在该情况下，存在可能未被认识的反应平衡。对该类催化反应动力学的详细讨论超出了本书的范畴。

在一些情况下催化循环的休眠态是底物加成物本身，$L_nM(S)$。在这种情况下，浓度 $[L_nM(S)]$ 是恒定的，反应变得与底物浓度[S]（饱和条件）无关（零级）。

当基于动力学测量设计反应机理时，必须记住动力学提供关于催化过渡态的组成信息，而不是关于组成如何形成的信息。这意味着可能存在各种形成过渡态物种 TS 的途径，但是这些途径在动力学上是不可区分的。

解离和缔合的机理 包含催化转化在内的化学过程通常被描述为解离或缔合的反应途径。在这些描述中，溶剂的作用通常被忽略。尽管解离途径在气相过程中起作用，但在溶液相催化反应中不会产生真正的空配位点，并且配体也不是简单地解离。相反，配体"解离"是配体被溶剂分子取代的过程，因此严格地说，这是一种缔合过程。在均相催化中，溶剂在稳定过渡态和中间体中起主要作用，并且可以影响反应过程（例如，稳定或破坏带电或极化的过渡态 TS 结构）。

这里讨论反应过程将涉及过渡金属催化剂（以及一些稀土化合物），是因为这些元素化学上涉及 d 轨道，具有足够的对称选择性，为催化提供便捷的反应动力学途径。虽然路易斯酸催化通常使用主族化合物，但对大多数催化反应来说 p 轨道和 s 轨道不是最佳的选择。

在之前章节中已经适当介绍了几种催化反应。本章简要概述几个主要催化反应中一般反应机理及部分应用。

3.2 均相催化中的关键反应步骤

金属有机催化剂参与的均相催化反应包含有限数量的基元反应，这些基元反应可以组合形成合理的、有条理的催化循环。这些关键步骤是：

(1)催化剂活化；

(2)底物配位；

(3)氧化加成；

(4)还原消除；

(5)对底物的亲核进攻；

(6)产物解离/取代。

3.2.1 催化剂活化

催化剂活化是将配位饱和的、可储存的催化剂前体转化成配位不饱和物种，可通过多种方式得以实现：

通过配体 L 解离 催化剂活化最简单的例子可能就是配体解离。大体积、中等强度结合的配体如 PPh_3，常常以这种方式解离。

$$MX_m L_n \rightleftharpoons MX_m L_{n-1} + L$$

配体解离

通常必须改变平衡以有利于形成配位不饱和物种。这可以通过加入一种可除去配体 L 的物质来实现。

$$MX_m L_n + M' \rightleftharpoons MX_m L_{n-1} + M' L$$

例如，向金属如铑膦配合物中加入 $Ni(COD)_2$ 有时有助于除去 PPh_3，$Ni(COD)_2$ 转化成 $Ni(COD)(PPh_3)_2$ 或 $Ni(PPh_3)_{3,4}$，其中非竞争性配体 COD 作为副产物。

通过路易斯酸 当然，选择合适的试剂（例如加入强路易斯酸 LA）也能够脱去 X 配体而不是 L 配体：

$$MX_m L_n + LA \rightleftharpoons [MX_{m-1} L_n]^+ [X—LA]^-$$

X脱去

有些催化剂活化过程涉及多个化学反应。例如,为了实现催化反应,可能需要将稳定的卤化金属配合物 MX_mL_n 转化成含有金属-烷基键的化合物，然后将该产物转化为配位不饱和物质。在一些情况下，由此形成的产物为休眠态化合物（在这种情况下，中间体是可分离的或可光谱识别的），与活化物种形成平衡。该解离平衡可以通过溶剂或底物取代结合的阴离子（通过缔合交换 I_A 机理）辅助进入催化循环。

步骤 1：

$$MX_mL_n + M'{-}R \longrightarrow L_nM\overset{R}{\underset{X_{m-1}}{\diagup\!\!\!\diagdown}} + M'{-}X$$

步骤 2：

$$L_nM\overset{R}{\underset{X_{m-1}}{\diagup\!\!\!\diagdown}} + LA \rightleftharpoons L_nX_{m-2}M\overset{\delta+ \quad R}{\underset{X}{\diagup\!\!\!\diagdown}}\overset{\delta-}{LA}$$

步骤 3：

$$L_nX_{m-2}M\overset{\delta+ \quad R}{\underset{X}{\diagup\!\!\!\diagdown}}\overset{\delta-}{LA} \rightleftharpoons [L_nX_{m-2}M{-}R]^{\oplus}[X{-}LA]^{\ominus}$$

通过还原消除　在烷基化试剂存在下，可以产生易于还原消除的二烷基（或二芳基）金属化合物。这样得到一种低于前体金属配合物两个氧化态配位不饱和金属物种。这种形式的活化对于钯参与催化反应来讲是很普遍的。

$$Pd(OAc)_2 + 2L \longrightarrow L_2Pd(OAc)_2 \xrightarrow[-2MOAc]{2R{-}M} L_2Pd^{II}\overset{R}{\underset{R}{\diagup\!\!\!\diagdown}} \longrightarrow L_2Pd^0 + R{-}R$$
$$L = 磷化氢$$

通过氢化　在催化氢化的特定情况下，前体金属配合物通常是烯烃配合物，例如 1,5-环辛二烯。在这种情况下，通过氢化反应除去占据配位的配体，以产生一种溶剂稳定的中间体。

溶剂稳定的配合物　　　底物缔合

反应物配位　在大多数情况下，底物将是烯烃或炔烃，但也可以是饱和烃、醚或酯。在任何情况下，它都需要占用一个配位位点。通常，底物将置换溶剂分子，因此底物缔合是配体取代的反应。然而，由于定义溶剂浓度为 1，这在动力学中对反应的影响不明显。

3.2.2　氧化加成

许多催化循环中都涉及金属的氧化态变化，在反应参与物 A—B 引入过程中，其具有电子接受能力并且使其键变弱，在给定的反应条件下进行断裂。由于 A 和 B 作为配体，具有比金属中心更高的电负性，在形式上归属为负电荷，因此在该过程中金属的氧化态提高了两个单位。对于过渡金属，其 d 电子计数减少 2。

氧化加成将具有潜在反应活性的两个配体 A 和 B 以顺式加成方式相互作用。

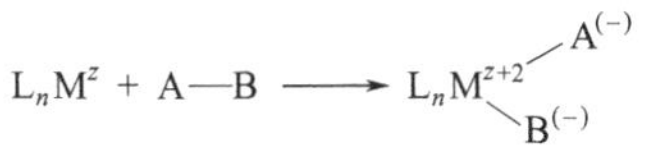

$$L_nM^z + A\!-\!B \longrightarrow L_nM^{z+2}\!\!\begin{array}{c}A^{(-)}\\B^{(-)}\end{array}$$

随后进行配体重排，形成热学上更稳定的异构体，例如：

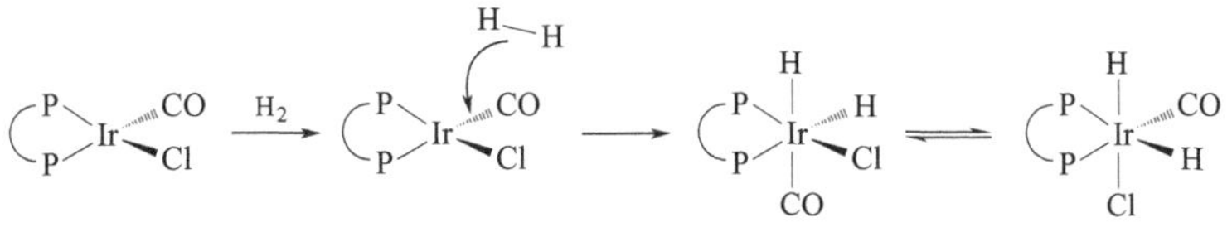

顺式加成　　　动力学产物　　　热力学产物

通常经过氧化加成反应引入催化循环的反应物是氢气，用于氢化和加氢甲酰化反应，更常用的是一类 H—X 分子，特别是 HX 为 $HSiR_3$（氢化硅烷化）或 HCN（氢氰化）。其他氧化性加成底物是烷基卤化物 R—X（例如 MeI 在甲醇羰基化生产乙酸反应中，见 3.4.2.1 节）以及苄基、乙烯基和芳基卤化物 R′—X（对于 C—C 交叉偶联反应，参见 3.6 节）。

为了保持完整性，氧化加成并不总是造成键的完全断键。例如，O_2 加成到零价铂上得到被还原的 O—O 键的 O_2 金属配合物：

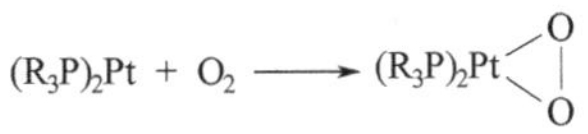

$$(R_3P)_2Pt + O_2 \longrightarrow (R_3P)_2Pt\!\!<\!\!\begin{array}{c}O\\O\end{array}$$

氧化加成：

·需要一个配位不饱和金属中心 ML_n，如果这个金属中心具有高能垒占据的 d 轨道，则会加速反应。这出现在配体 L 是强供电体的情况。

·空间大体积取代基有利于反应，此类取代基支持低配位数形成配位不饱和，这增加了对小分子如 H_2 和 HX 的反应活性。若供给电子体的强度和体积不能达到氧化加成产物所需能垒的程度，该情况下，反应将停止并且催化不能循环。

·具有 d^8 和 d^{10} 电子数的过渡金属的 16VE 平面四方形配合物是常见的：ML_3（M＝Ni，Pd，Pt），XML_3［M 为 Rh 或 Ir，如熟知的 Vaska 配合物 $IrCl(CO)(PPh_3)_2$］。

·受到金属较高氧化态形成稳定化合物的限制。例如，尽管 Pt（Ⅱ）可以进行氧化加成形成 Pt（Ⅳ），类似的 Ni（Ⅱ）氧化成 Ni（Ⅳ），在大多数催化条件下则在能量上是不允许的。

·与金属氧化态越高越稳定趋势相一致，反应按第一、第二、第三排过渡金属顺序越来越有利。

氧化加成可以涉及多个金属中心，例如，在 H_2 与 $[Co(CN)_5]^{3-}$ 的反应中，所得到的 [HCo(CN)$_5$]$^{3-}$ 是水溶性氢化催化剂。

$$2[Co^{II}(CN)_5]^{3-} + H_2 \longrightarrow [Co\text{---}H_2\text{---}Co] \longrightarrow 2[HCo^{III}(CN)_5]^{3-}$$

氧化加成的出现几乎很少提及反应的详细机理。虽然在大多数催化反应中，产物看起来是通过协同过程形成的，但是偶尔还观察到了 S$_N$2 和 1-电子转移（自由基）途径。极性介质有利于极性过渡态，例如，在 S$_N$2 反应中进行反应的机理：

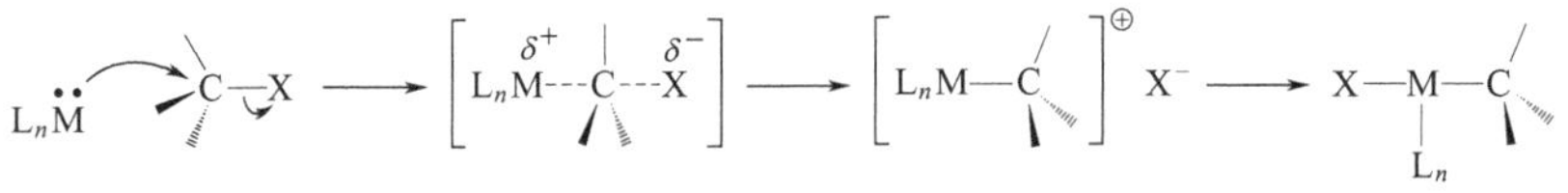

3.2.3　还原消除

与氧化加成相反的是还原消除，它生成一个氧化态低两个单位的金属片段，并且通常是催化循环中的终止反应。

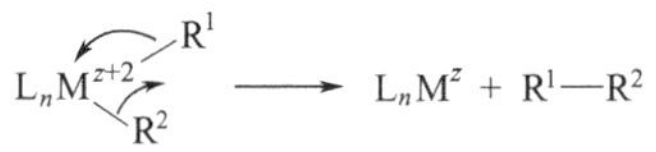

还原消除的趋势与氧化加成的反应趋势相反。

还原消除：

·第一排过渡金属是最容易进行还原消除的，因为它们形成的 M—C 键最不稳定，半径更小，因此空间位阻最显著；

·需要两个配体 R^1 和 R^2 位于顺式位置；

·空间拥挤和高配位数有利于反应，因此反应外加配体 L 可诱导反应；

·缺电子配合物（更容易还原）比富电子配合物反应更快；

·如果其中一个配体是 H 则反应最容易；

·低氧化态金属具有能量优势；

·有利于后过渡金属高 d 电子数配合物发生还原消除反应，对具有高能级 d 轨道、高氧化态和 d^0 组态的前过渡金属同样有利。

·具有奇数配位数的配合物反应速度更快：3-配位数或 5-配位数＞4-配位数或 6-配位数。

由于形成 C—C 或 C—X 键的配体必须彼此是顺式的，因此反式金属配合物必须经历异构化步骤：

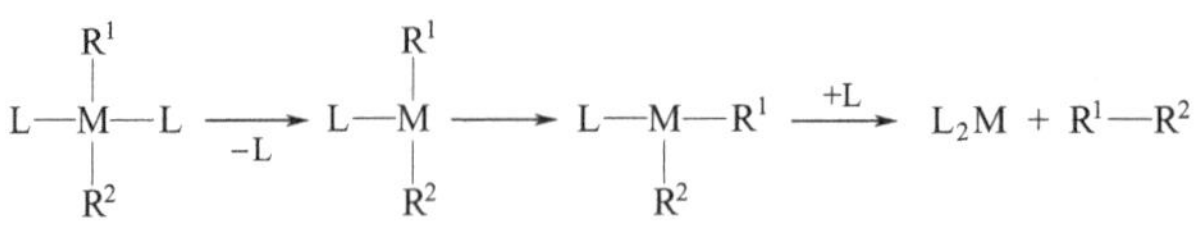

除了这种解离和异构化次序之外，供电子配体的加入可以加速还原消除反应。要注意在任一情况下都会产生具有奇数配位数的中间体。

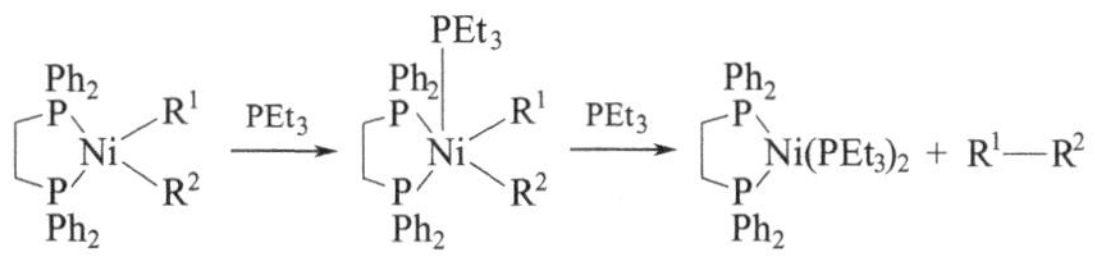

含有螯合配体的金属配合物的还原消除反应取决于螯合环的尺寸和稳定性。在镍催化的 C—C 偶联反应中，五元环太稳定，而七元环和更大的环柔性太强。

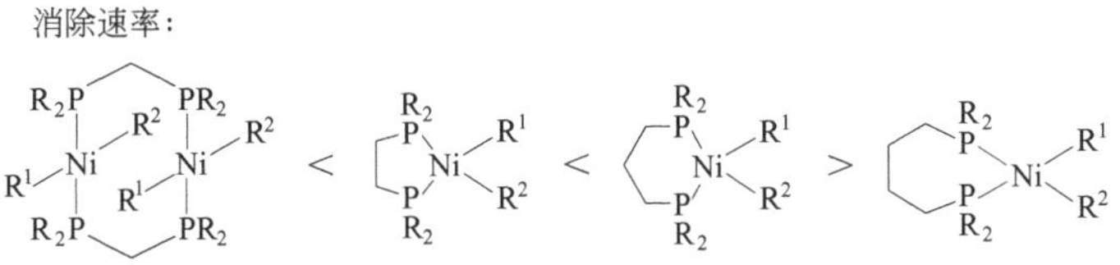

消除速率：

虽然存在许多通过光照诱导还原消除反应（例如，从二氢化物 L_nMH_2 形成相应的配位不饱和金属化合物 L_nM）的例子，但光解很少应用于催化体系。

金属烷基氢化物还原消除得到 R—H 是特别容易的，并且是氢化和加氢甲酰化反应中的最终反应步骤。含 β-H 烷基体系的还原消除反应有时发生 β-H 消除，从而得到 1 : 1 的饱和或者不饱和产物混合物：

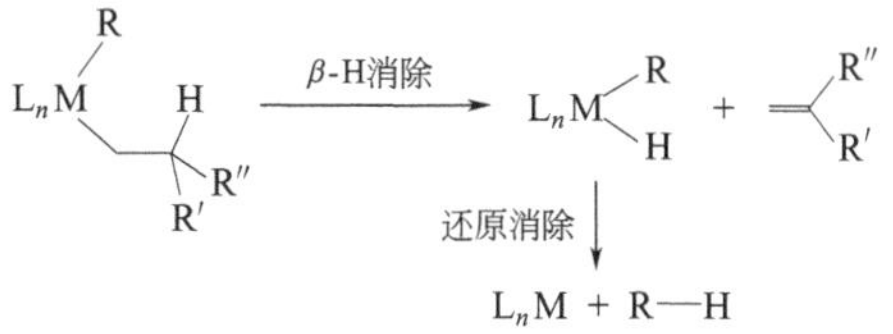

3.2.4　对配位底物的亲核进攻

结合了中性不饱和底物以及亲核阴离子配体 X，催化活性金属配合物的下一步是将 X 转移到中性底物上，生成新的 C—X 键。中性不饱和底物是 CO 或烯烃的催化反应中最重要的，该反应包括对配位的配体进行分子内亲核进攻，这是氢化、烯烃聚合、HX 加成反应和羰基化催化反应的基础。对于不具有极性或低极性的不饱和底物，亲核进攻成功与否取决于诱导极性对配位程度的影响：

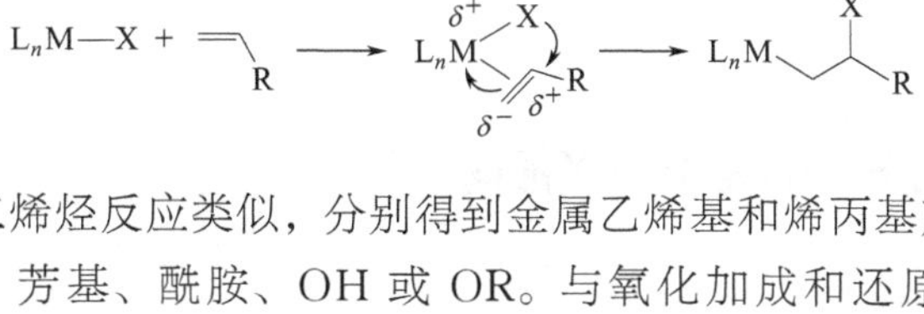

炔烃和二烯烃反应类似，分别得到金属乙烯基和烯丙基产物。X 可以是 H、烷基、芳基、酰胺、OH 或 OR。与氧化加成和还原消除反应一样，两个配体配位时必须遵循互为顺式的关系。

在 2.5.3.3 节，特别是 2.11.4.9 节中，已经讨论了配位 CO 上的亲核进攻反应（CO 插入）。

在下面的章节中，将给出一些重要的均相催化反应，将重点关注在工业过程中应用的重要反应。催化循环说明了主要的反应步骤。尽管所提出的反应机理将是自相吻合的，并且遵循前面讨论中概述的机理规则，但构建同样合理的另一条反应路径和催化循环也是可能的。在这种情况下，只有详细的机理研究可以提供有利于一个或另一个的论据。

 要点

催化通过一系列中间体变化加速底物的转化，这促使产物形成和催化剂的再生。转化率受这些步骤中最慢步骤的限制，催化剂没有消耗。

催化剂降低了反应活化的势垒，但不改变基态能量和产物能垒的平衡位置。

动力学提供关于过渡状态(TS)组成的信息。TS是不可测的，其浓度为零。

动力学不提供得到TS的途径信息。

均相催化循环由许多关键步骤组成：①底物配位；②氧化加成；③对底物的亲核进攻；④还原消除。

催化剂通常以稳定的储存形式(预催化剂)引入。催化剂的活化形成配位和电子不饱和物种。

 练习

1. 在催化剂存在下化学反应比未含催化剂体系的反应速率快1000倍。这两种情况的能垒有什么区别？

2. 许多催化反应都有起始阶段，在此期间催化剂浓度增加。因此，该反应阶段是在非稳态条件下发生反应。可以证明，在这种情况下，在催化剂C存在下从反应物S生成产物P遵循速率定律：

$$d[P]/dt = k_p[S][C] + (k_i - k_p)[S][C]\exp(-k_i[S]t)$$

三种不同反应物形成了以下三种底物转换对时间关系的曲线(a)、(b)和(c)。这些曲线可以告诉我们有关什么催化剂动力学行为？在每种情况下，确定反应的初始和稳态斜率，并说明这些斜率提供的信息。

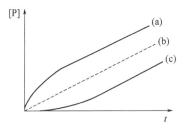

3.3 催化 H—H 和 H—X加成

3.3.1 氢化

3.3.1.1 一般氢化催化

不饱和有机底物的催化氢化是广泛使用的反应，其中最重要的就是烯烃氢化。氢化对结构不敏感的反应，可以使用均相以及非均相催化剂，在一些情况下还会存在一些金属纳米颗粒。氢化催化一个早期的应用是用非均相镍催化剂进行双重不饱和植物油部分催化氢化，得到黄油状黏稠的饱和或者单一不饱和的衍生物，用于生产人造黄油。

在氢化步骤中，将氢气加成到不饱和基质 π 面同侧（顺式加成），在碳碳三键的氢化中，这样得到的主要产物为顺式烯烃。

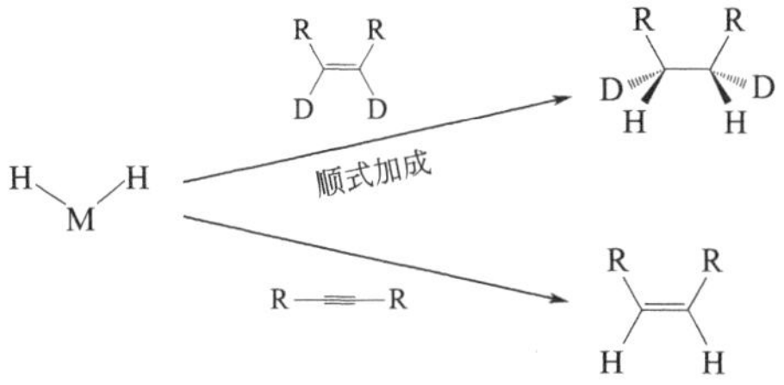

这种立体选择性意味着协同氢转移机制。在形成反式氢化产物的情况下，发生自由基机理或存在随后的异构化步骤以得到更稳定的反式产物。

一般的烯烃氢化的反应活性随着 C＝C 键上所含取代基增加而降低：

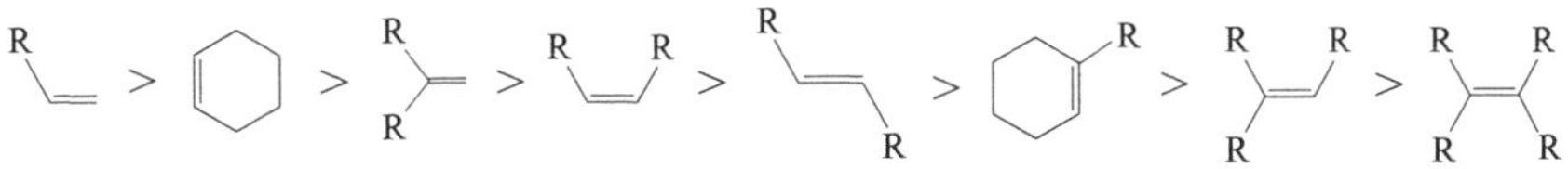

最早的均相氢化催化剂主要基于第一排过渡金属配合物如 HCo(CO)$_4$ 或氰化镍，这些催化剂并不稳定，需要高压氢气作用。第二和第三排过渡金属化合物则更容易处理且活性和稳定性更高。最广泛应用的均相氢化催化剂是基于贵金属的膦配位氢化金属配合物，尤其是因为它们对空气、水和官能团具有耐受性。其中最有名的是 RhCl(PPh$_3$)$_3$，也称为 Wilkinson 催化剂。该催化剂对末端烯烃具有高度选择性，即对分子中空间位阻最小的 C＝C 键具有选择性。Ru(H)Cl(PPh$_3$)$_3$ 能还原末端 C＝C 键且活性高。阳离子配合物 [M(COD)L$_2$]$^+$（M＝Rh，Ir；L＝膦配体）也具有高活性(表 3.1)；其中 COD 配体先氢化为反应底物提供两个配位点。[Ir(COD)(Py)(PCy$_3$)]$^+$ 甚至可以氢化四取代的，中性 Rh 和 RuPPh$_3$ 配合物不能氢化内烯烃如四甲基乙烯。

表 3.1　一些均相催化剂对 1-己烯氢化的相对活性

催化剂前驱体	温度/℃	相对速率
RhCl(PPh$_3$)$_3$	0	1
RhCl(PPh$_3$)$_3$	25	11
Ru(H)Cl(PPh$_3$)$_3$	25	150
[Rh(COD)(PR$_3$)$_2$]$^+$	0	70
[Ir(COD)(Py)(PCy$_3$)]$^+$	0	110

另一类催化剂是水溶性氰基金属配合物，尤其是 [HCo(CN)$_5$]$^{3-}$，该催化剂可选择性地催化共轭二烯烃氢化为单烯烃，该催化剂也能催化氢化共轭烯酮。

$$\diagup\!\!\!\diagup\!\!\diagdown \quad + \; H_2 \xrightarrow{\;[HCo(CN)_5]^{3-}\;} \quad \diagup\!\!\diagdown\!\!\diagup \qquad \text{在高浓度CN}^-\text{下的主产物}$$

　　催化氢化的机理说明了构成催化循环有几个关键反应步骤,至少存在两种变化形式:一个是烯烃配位之前 H_2 的氧化加成,另一个就是首先发生烯烃配位。如果使用具有两个配位空间的阳离子铑配合物催化剂 $[L_2Rh(溶剂)_2]^+$,取代烯烃倾向于后者。

　　过量膦的加入会抑制这样的催化剂, $RhCl(PPh_3)_3$ 失去磷配体得到 T 形三配位 14VE 中间体化合物(由溶剂稳定)的平衡浓度,此中间体的氢气氧化加成比四配位的配合物催化剂前体快 10^4 倍,由此进入催化循环。在该催化循环中,铑在 Rh(d^8,方形平面)和 Rh(d^6,八面体)结构之间变化。

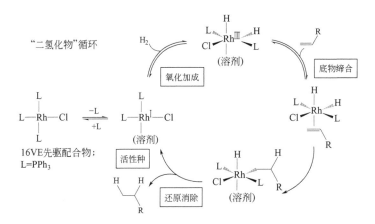

　　上图中所示的催化循环适用于二氢化金属配合物 L_nMH_2。催化剂如 $Ru(HCl)(PPH_3)_3$,催化剂前体中已有一个氢负离子,遵循略微不同的"单氢负离子"循环。产物通过 M—C 键的氢解得到,过程包括氢气的氧化加成(类似于 RhI)或类似于 σ 键易位反应(更类似于 Ru^{II})。由于氢气的酸性在配位上急剧增加,H^+ 转移到烷基配体理所当然地得到烷烃产物。

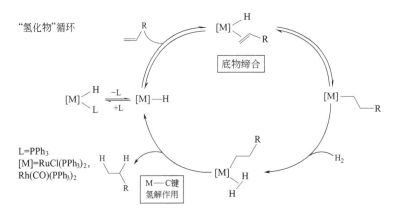

　　双茂镧系元素配合物是另一种不同类型的氢化催化剂。该情况下其催

化剂前驱体含有烷基，优选单核金属配合物如 $Cp_2^* MCH(SiMe_3)_2$，在氢气气氛下转化为原位生产的 $Cp_2^* MH$（M＝La，Nd）。这些金属配合物对 1-烯烃的氢化还原非常活泼。然而，它们对官能团的耐受性差，且对空气和水分非常敏感。该机理不同于铑催化氢化所述的机理，因为镧系元素处于＋3 价氧化态并且不能与氢气进行氧化加成反应。在这里，观察到了 σ 键的易位反应生成的产物：

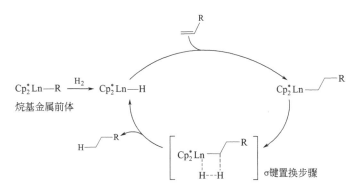

3.3.1.2 芳烃氢化

芳烃氢化反应比烯烃和炔烃的氢化更加困难。在煤液化（即从煤生产液体燃料）领域，芳烃氢化十分受人关注。已经发现非均相和表面负载的分子筛催化剂有良好的催化效果。对于均相催化体系，从铌和钽到钌和铑的金属都具有催化效果。一个关键的特征是，氢可以被立体选择性地转移到芳烃的一个 π 平面上，从而在氘代中会产生异构体：

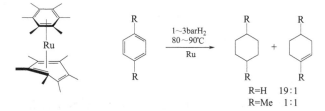

在温和条件下芳烃氢化的催化剂前趋体包括（η^3-烯丙基）$Co[P(OR)_3]_3$、$[L_2Rh(\mu\text{-}H)]_2\{L=P(OPr^i)_3\}$ 和 $Ru(C_6Me_6)_2$。后者是一个结构可变化的金属配合物，具有一个 η^6 和 η^4 键的 C_6Me_6 配体，它能将芳烃氢化成环己烷的混合物。

3.3.1.3 不对称氢化

取代烯烃是潜手性的，即它们可以从相反位置接近 π 平面，因此氢化向一侧或另一侧进行转移会得到对映异构体的产物。

从 *si* 面：

从 *re* 面：

前手性烯烃

不对称氢化催化可以很方便地形成手性化合物，例如，在药物合成中只有一个对映体是有药效的。最早的一个应用是用于合成 L-二羟基苯丙氨酸(L-DOPA)，该化合物是一种治疗帕金森病所需的氨基酸。其前体是肉桂酸衍生物，具有酰基保护的 NH_2 基团。

2001年诺贝尔奖授予 W. S. Knowles 和R. Noyori，以表彰他们在不对称氢化方面的贡献

手性催化剂

L-DOPA

第一类不对称氢化催化剂基于手性膦配体，其中磷原子具有手性中心，然而这种化合物的合成非常困难。随后发现如果选择配体的构象具有 C_2 对称结构，那么手性中心就会从配体转移到催化活性位上。含螯合手性膦配体的阳离子铑配合物被证明在对映体分离中特别高效。重要的是肉桂酸基质以螯合配位方式进行结合，涉及酰基基团保护的 C＝C 和 C＝O键。在有 C_2 对称性的配体中，与两个 C＝C 键 π 面配位得到两种非对映异构体，它们的能量相差较大，从而有很高的对映体选择性。对映异构体选择性大于 90% 收率的反应，在现在已经非常普遍。

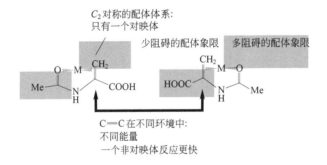

C_2 对称的配体体系：
只有一个对映体

少阻碍的配体象限　　多阻碍的配体象限

C＝C 在不同环境中：
不同能量
一个非对映体反应更快

因此，实现对映选择性高的关键是构建立体差异配位环境的配体。已经合成了大量适于筛选的配体。DIPAMP 配体(W. S. Knowles)被用于孟山都公司 Monsanto 的 L-DOPA 制备，它含有两个手性膦原子。更常见的是配体的手性中心包含在桥联结构中，如 DIOP(H. Kagan)是该类型配体最早和最成功的实例之一。

DIPAMP
95%ee对L-DOP的合成

(R,R)-DIOP

在含有桥联的手性配体中，手性结构通过膦中所含芳基取代基的构象变化而变化，其在配位面有着空间位阻和非阻碍象限，因此产生了 C_2 对称性：

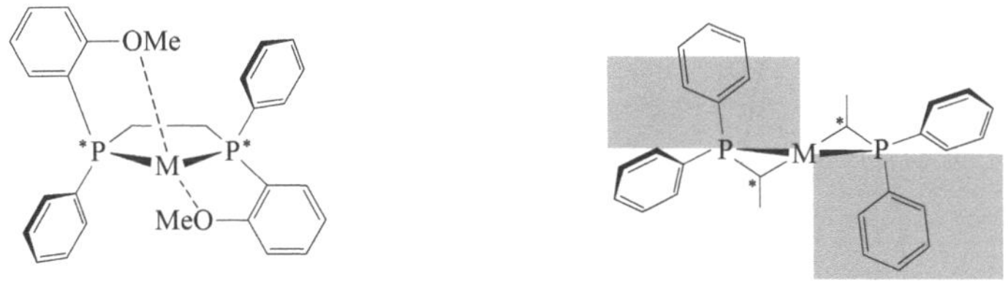

DIPAMP:
直接附着在金属上的手性中心可能受芳基构象的影响

手性桥联:
在一个构象中锁定
转化为围绕M的C_2对称几何形状，阴影部分表示配体象限拥挤

氨基肉桂酸酯衍生物的不对称氢化通过螯合"烯烃-优先"的双氢催化机理进行。存在两种可以互变的催化剂-基质非对映体。起初的研究结果出人意料，观察到异构体产物来自非对映异构体中热力学欠佳的次要中间体。这是因为在进一步氢化氧化加成过程中，能量略高的次要（热力学欠稳定的）异构体比更稳定的异构体形成所需途径的活化势垒更低。两种非对映异构体导致两种不同的氢气加成过渡态；而且由于催化是动力学控制的，所以这些过渡态之间（而不是在可光谱检测的前体配合物之间）的能量差异控制所形成产物的对映选择性。

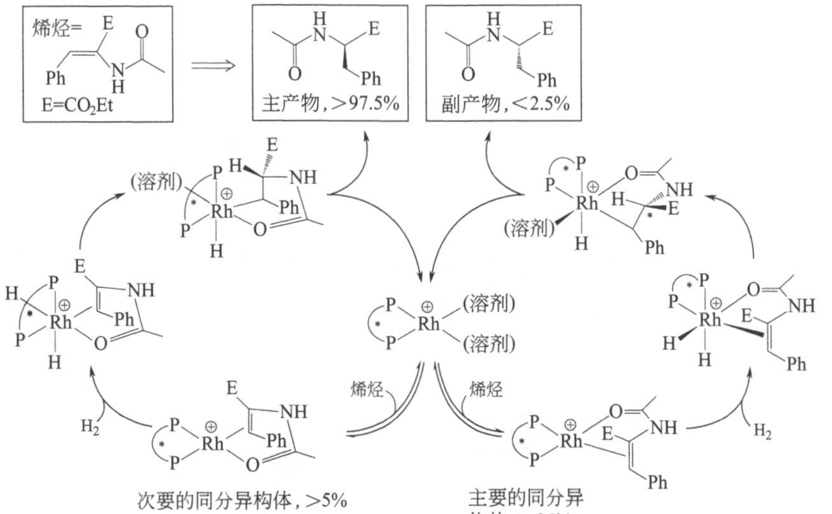

势能图可以说明这种情况：在两种非对映的催化剂-底物加成物 A（主要）和 B（次要）之间存在快速平衡，进一步的氢气氧化加成反应更倾向于

形成不太稳定的加成物 B。

　　这是催化中的普遍规则：在形成物作为两种构象异构体 A 和 B 存在的情况下，构象变化要比产物 P_A 和 P_B 的形成更快速，P_A/P_B 比率由两个过渡态间的能量差确定 $\Delta\Delta G^*(A,B)=\Delta G^*(TS_A)-\Delta G^*(TS_B)$，而不是活化能的差 $\Delta G^*(A)-\Delta G^*(B)$。这就是所谓的科廷-哈密特（Curtin-Hammett）原理。

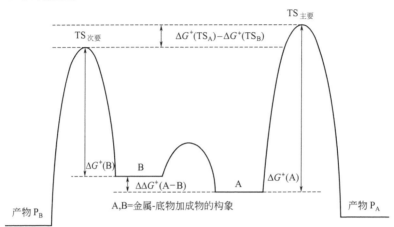

　　为了拓展反应物的范围（未官能化烯烃的不对称加氢仍有挑战性），也为了实现所得对映体高的纯度，已经发展了许多用于不对称氢化催化的配体体系。

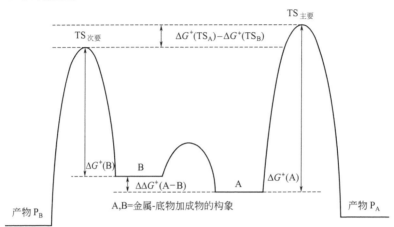

（R）-（S）-Josiphos:R=Cy
（R）-（S）-Xyliphos:R=3,5-Me₂C₆H₃

CHIRAPHOS

BPPFA

（S,S）-BPPM

磷化氢胺配体
94%ee

（S,S）-DuPHOS

PHOX

　　一个非常成功的配体是 BINAP，是一种轴向手性螯合膦配体，由于空间位阻，两个萘基部分不能通过连接的 C—C 键旋转而相互转化，具有对映体异构的性质。

BINAP

顶视图

延伸阅读 3.3.1.3　不对称氢化的应用

铑和钌的 BINAP 配合物已广泛应用于对映选择性催化反应，包括丙烯酸和烯丙基醇的还原。不对称催化氢化的应用包括香茅醇(一种香料组分)的合成和抗炎药萘普生的合成。

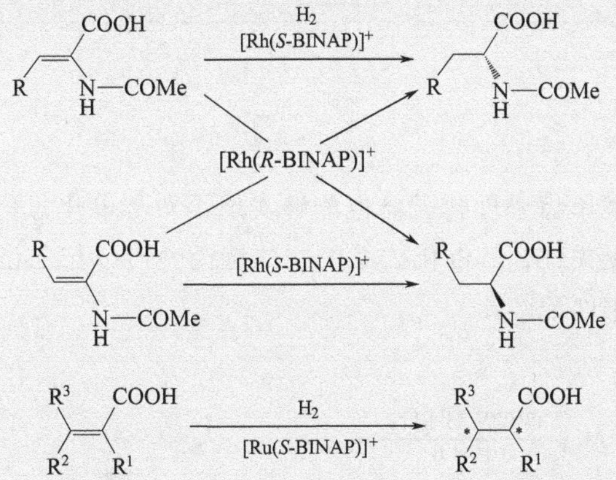

丙烯酸

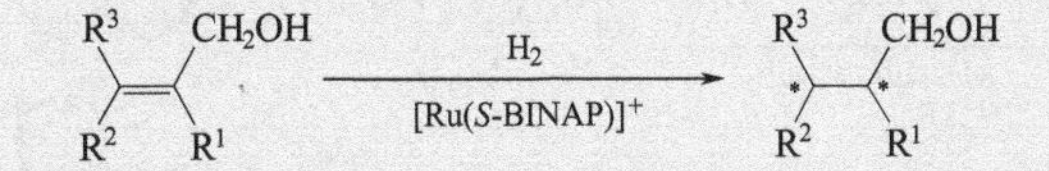

烯丙醇

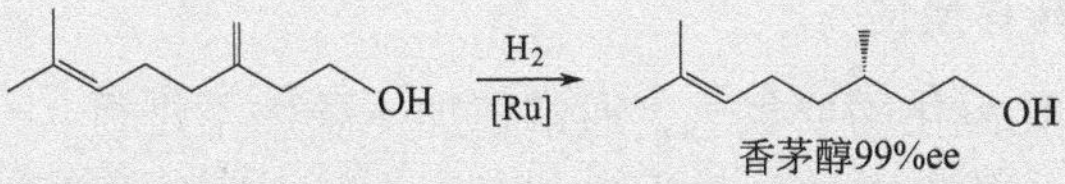

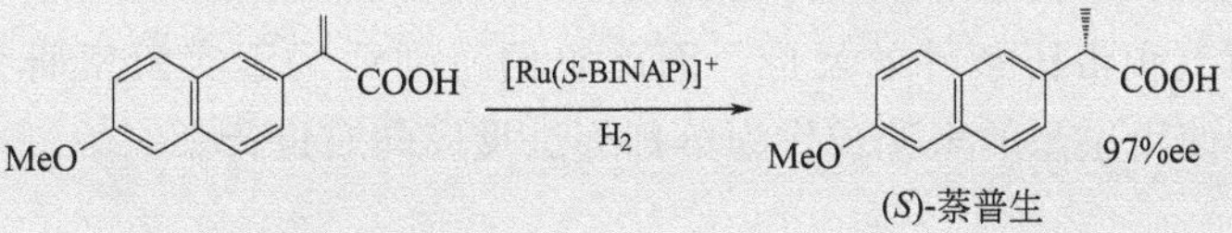

另一个重要的应用是异丙甲草胺化合物(一种广泛使用的除草剂)合成中不对称亚胺的催化氢化：

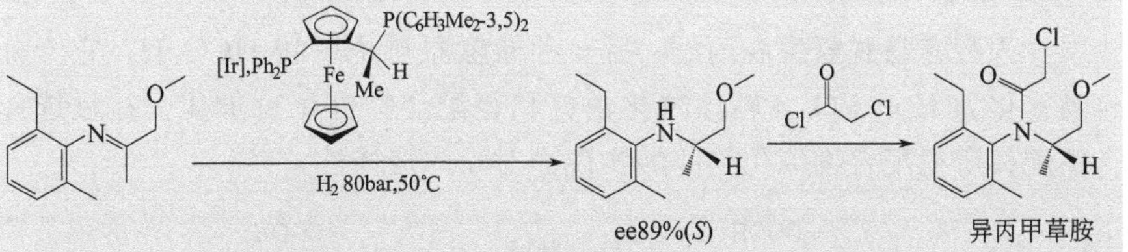

不含任何导向性官能团的烯烃进行不对称催化氢化很难，但是，通过使用螯合的 PHOX 型噁唑啉-膦配体参与催化反应实现了高对映选择性。

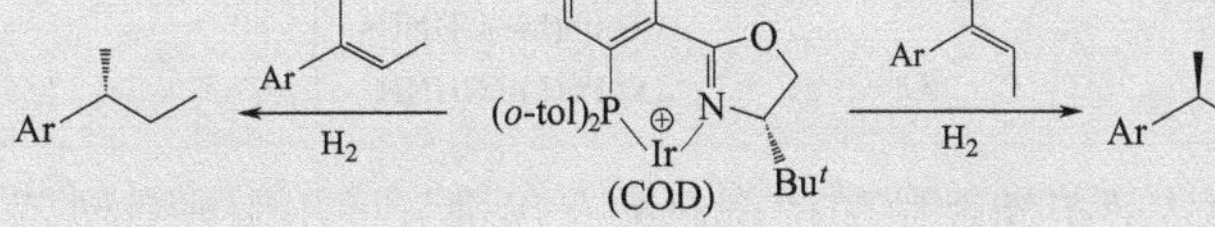

最近还发现单齿手性膦配体也能够实现不对称催化氢化。由于它们更容易合成而备受关注，其催化体系的立体选择性可以与二齿膦配合物催化剂体系的效果相匹配。

3.3.1.4　氢转移反应

大多数催化氢化需要氢气，通常在加压条件下进行。一种替代方法是转移氢化反应，使用醇溶剂作为氢气源。由于这种氢化催化不需要使用危险性的氢气和带压条件的反应，因此它们特别适用于实验室研究催化反应。通过使用过量的氢源或作为溶剂促进反应向右进行。

异丙醇容易脱氢生成丙酮。另一种储氢原料是甲酸 HCO_2H，它十分容易转化为 $H_2 + CO_2$。转移氢化由钌和铑配合物催化剂催化，并且选择合适配体所得配合物催化剂能够实现高对映体选择性。

NR₃	ee%
NEt₃	82
(R)-Ph(Me)CHNH₂	80
(S)-Ph(Me)CHNH₂	99.5

钌、铑和铱的手性酰胺配位金属配合物进行催化酮或亚胺不对称氢转

移，分别得到手性醇或胺。

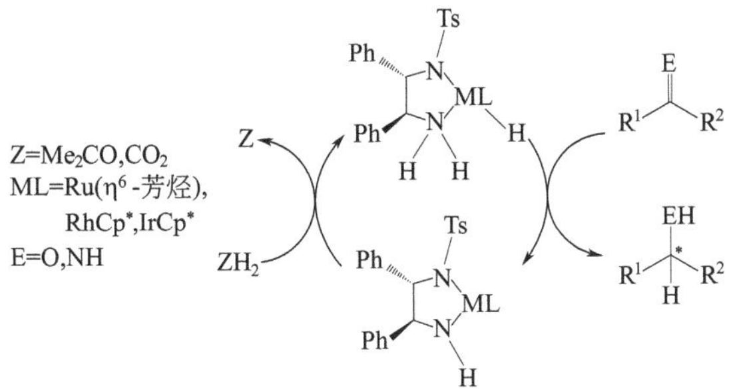

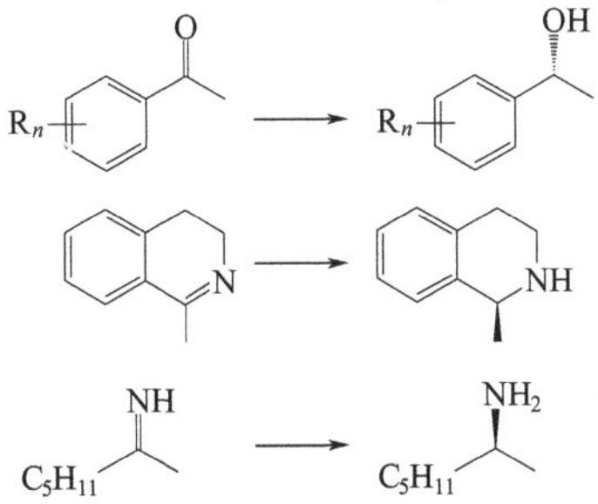

Z=Me₂CO,CO₂
ML=Ru(η⁶-芳烃),
RhCp*,IrCp*
E=O,NH

延伸阅读 3.3.1.4　氢储分子和氢气释放

甲酸底物能够裂解成为 CO_2 和 H_2 的能力表明，甲酸可以作为氢气来源，是燃料电池中储存能量的介质。在各种催化剂中，由螯合膦配位的钌和铁配合物已经证明可在温和条件下十分有效地催化甲酸分解释放氢气：

$$HCO_2H \xrightarrow[20\sim80℃]{催化剂} CO_2 + H_2$$

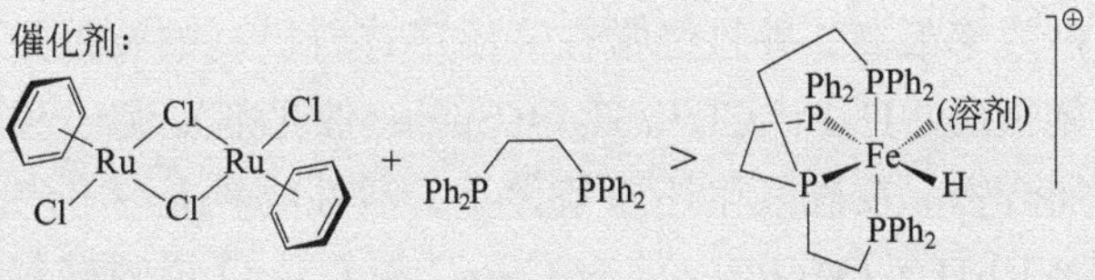

催化剂：

其可逆反应是 CO_2 加氢形成甲酸，在氢气 30～70bar 压力下，可通过类似的多齿配合物 $[P(C_6H_4PPh_2)_3FeH(H_2)]^+$ 催化氢化转化。

钌的螯合膦配合物也可催化乙醇脱氢偶联生成乙酸乙酯，该反应以 NaOEt 为助催化剂，且仅需要加入极少量的催化剂。

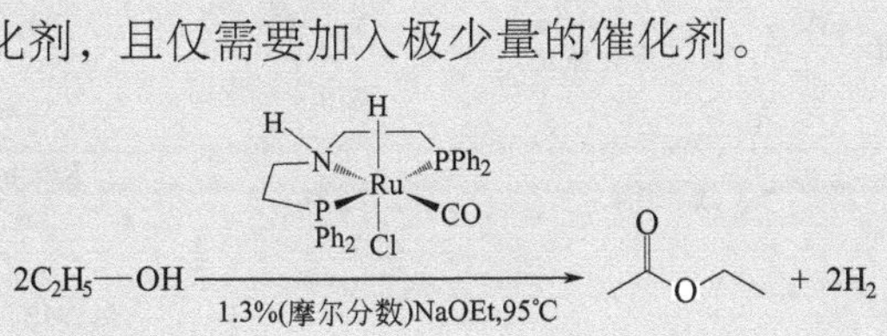

$$2C_2H_5-OH \xrightarrow{1.3\%(摩尔分数)NaOEt,95℃} \text{（乙酸乙酯）} + 2H_2$$

3.3.1.5　酮外层氢化

特别值得注意的是，极性底物如酮可以用含有手性螯合伯胺的钌配合物催化剂进行有效地氢化。基质通过氢键与胺结合，并且在金属上所进行的氢化还原并没有经过常规的氧化加成/插入/还原消除途径进行。加入碱有助于钌氢化物再生，反应中存在氢气异裂解离。

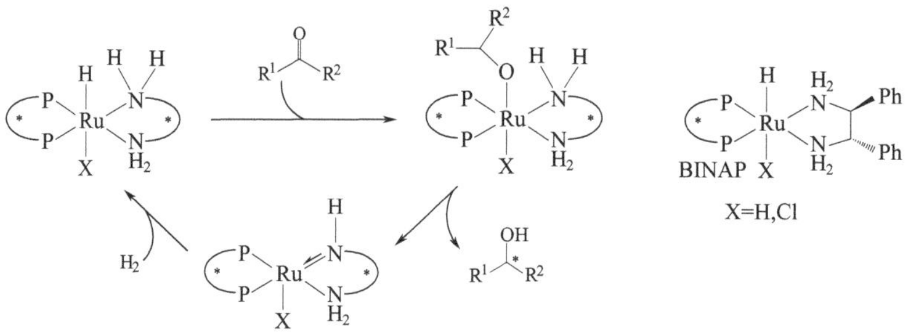

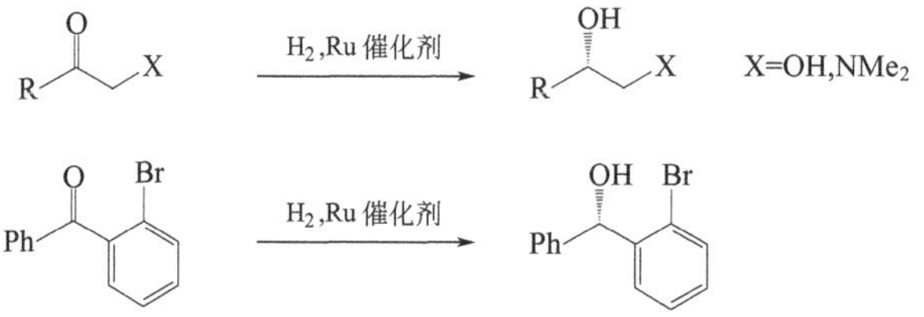

3.3.2 硅氢化反应

不饱和底物的硅氢化反应广泛用于从精细化学合成到交联制备进行表面处理的聚合物涂层。酮的不对称硅氢化是不对称氢化以得到手性醇的替代反应，硅氢化反应机理原则上类似于催化氢化反应，按照马氏规则和反马氏规则，将 Si—H 加成至 C＝C 键分别得到两种产物：

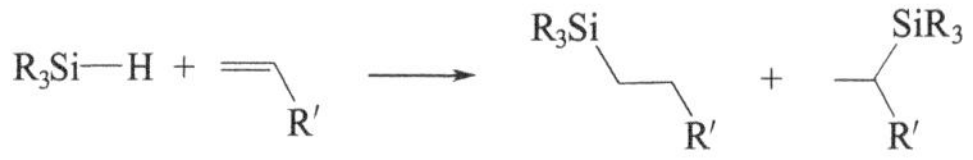

铂催化剂效率很高，并且经常在高温下有着极高的转换数。工业上已经使用的有氯铂酸、$H_2Pt^{IV}Cl_6 \cdot x\,H_2O$（Speier 催化剂）；另一种则是乙烯基硅氧烷的铂加合物。在硅氢化还原条件下，活性物种是零价铂。镍、钯和铑配合物，如 $RhH(CO)(PPh_3)_3$ 对 C＝C 和 C＝O 键的硅氢化反应也具有活性。

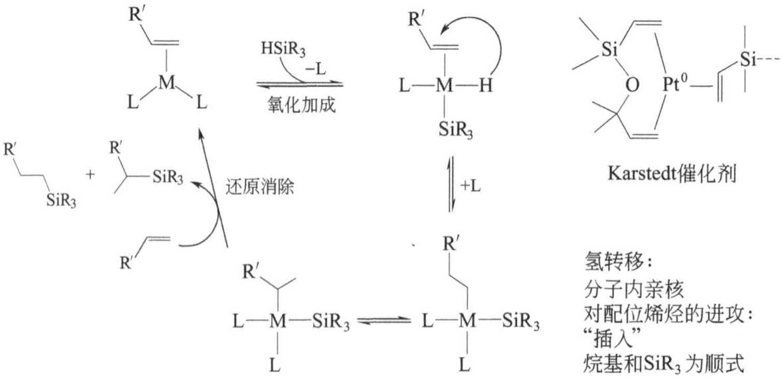

酮的不对称硅氢化反应严格遵循催化氢化反应所概述的途径。适宜的对映选择性配体是螯合二膦，如 DIOP。

金属有机与催化导论　　*Organometallics and Catalysis: An Introduction*

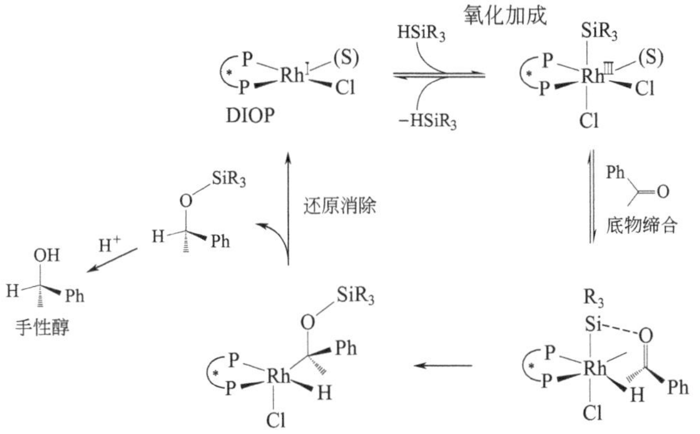

最近，还发现零价铁催化剂对烯烃实现反马氏硅氢化反应，具有高的催化活性：

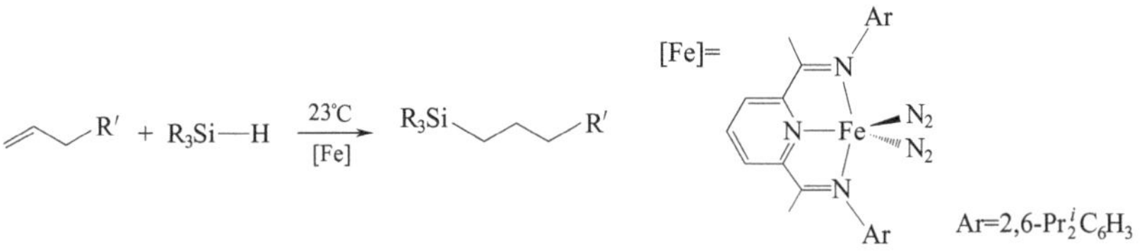

3.3.3 异构化

能够催化 C＝C 键氢化的金属氢化物也能使 C＝C 键异构化，基于反应中发生 β-H 消除的氢转移反应。因此，末端 C＝C 键可以转化为反应性较弱的内双键烯烃。如果末端烯烃形成金属配合物或被随后的反应捕获，则内烯烃可以异构化以得到末端双键官能化的产物。

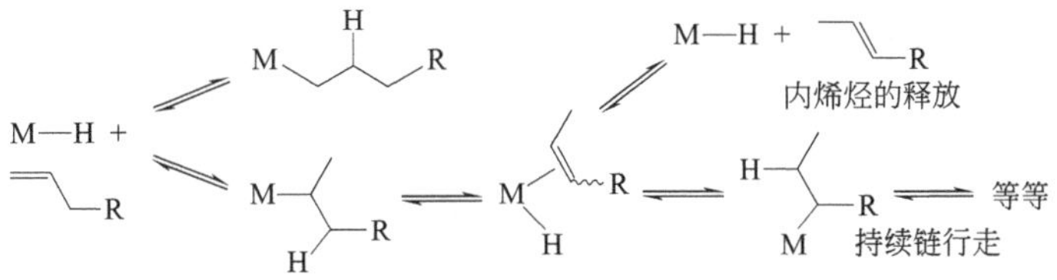

不含氢化物配体的金属，如 Pd(0) 配合物，可以通过 π-烯丙基中间体实现烯烃异构化：

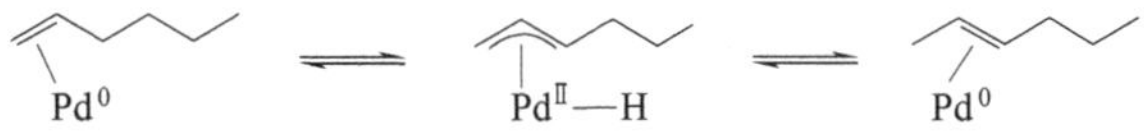

这样的反应过程使得一些金属配合物从一个碳原子转移到另一个碳原子，该反应过程被称为"链行走"。

在氢化催化中，低反应性内烯烃可能形成超出期望的副产物，且产率较低；在其他应用中，异构化也可以是期望的反应过程。例如，已经提到由内烯烃和 Schwartz 试剂 Cp_2ZrHCl（见茂金属氢化物，2.8.2.3 节）制备伯烷基化合物。另一个 C═C 键异构化实用的例子是经由异构化产物被反应中活性物捕获促进的反应，如通过钯催化油菜籽衍生物的羰基化，得到聚酯产品所需的长链二醇：

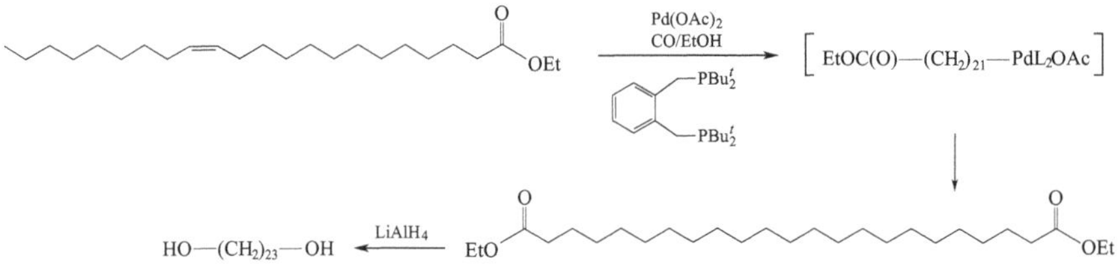

羰基氢化钴通过马尔科夫尼科夫型插入反应催化烯丙醇异构化形成丙醛：

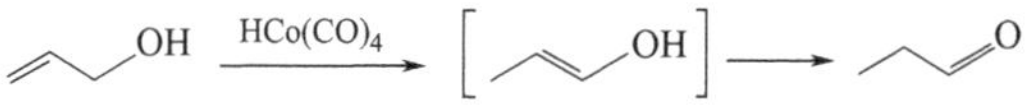

内炔同样也可以异构化，并且可以得到合成上有用的二烯化合物：

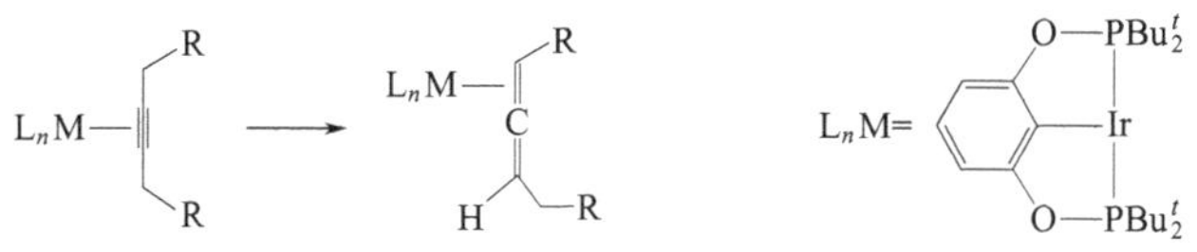

3.3.4 氢氰化反应

氢氰酸 HCN 加成到碳碳双键和三键上形成新的碳碳键并同时在产物中引入官能团：—CN、—C═NR、—CHO、—C(O)NH₂、—COOH 或—CH₂NH₂。证明镍催化剂是最为成功的。大规模氢氰化应用是将丁二烯转化为 1,4-己二腈，其还原得到 1,6-二氨基己烷（"六亚甲基二胺"），是合成尼龙 66 的前体。在实验室里，部分情况下使用丙酮氰醇 Me₂C(CN)OH 作为氢氰酸源使用，由于氢氰酸的毒性大，因此加成反应较少使用。

像其他 HX 对 C═C 加成反应一样，可获得符合马氏规则和反马氏规则的产物：

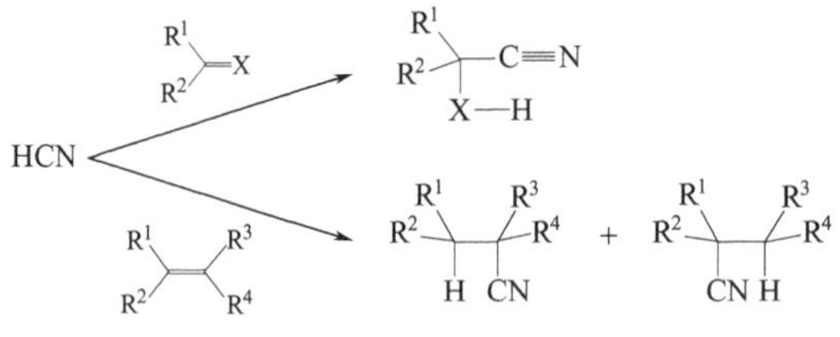

关于催化剂设计，主要问题是 HCN 是酸性的并且—CN 是非常强的配体，因此可预知由于形成稳定和难溶的金属氰化物盐而引起催化剂的失活。由于富电子的给电子配体可以加重 HCN 氧化加成反应，可溶性催化剂需要大位阻（以限制配位数）以及具有适当吸电子性质的配体，以产生后续反应所需要和具有足够活泼性的氧化加成产物。亚磷酸酯 P(OR)₃ 配体满足这些要求，该催化反应还需要路易斯酸作助催化剂。

乙烯的氢氰化反应机理已经进行了一些详细的研究，阐明了该反应的关键步骤：

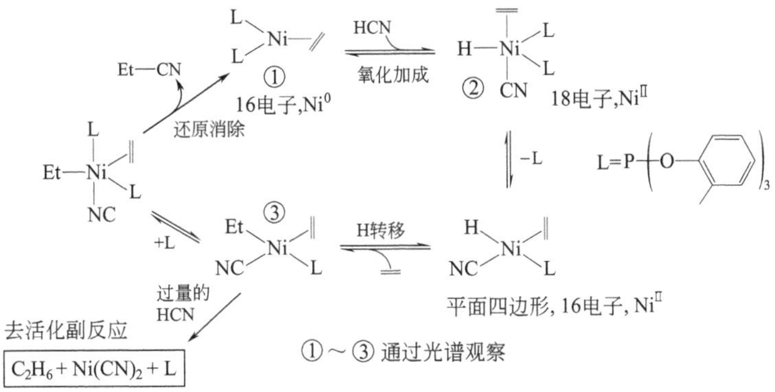

苯乙烯和其他芳基取代的烯烃容易进行催化反应，由于它们形成了枝化产物，因此可能用于制备手性氢氰化的产物。

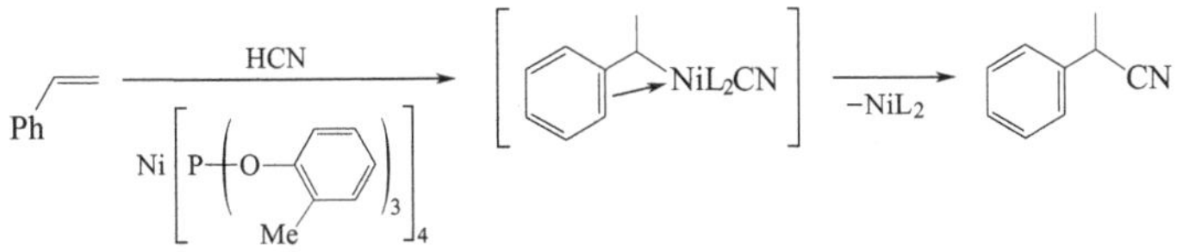

二烯的氢氰化反应 大部分己二腈〔NC(CH$_2$)$_4$CN〕是通过丁二烯进行氢氰化制备的，反应经过以下几个阶段：

(1)亚磷酸镍配合物催化 HCN 与 1,3-丁二烯的加成反应，得到具有 C$_5$ 结构的混合物；

(2)通过 Ni/路易斯酸催化剂催化使得该 C$_5$ 腈异构化成线型 4-戊烯腈；

(3)再次通过 Ni/路易斯酸催化剂催化实现第二个 HCN 进行加成。

路易斯酸与 CN 结合，使得 Ni—CN 片段变化并生成〔LA—CN〕$^-$阴离子。典型的路易斯酸添加剂是 ZnCl$_2$ 和 BPh$_3$，特别是 BPh$_3$ 将生产己二腈(ADN)的选择性提高到超过 90%。

步骤 1：HCN 氧化加成到相对缺电子的 Ni(0)亚磷酸酯配合物中得到镍氢化物，再插入丁二烯得到 η^3-烯丙基中间体。分子内亲核进攻是 π-烯丙基的特征反应，可发生在 C1 和 C3 上，得到直链和支链的异构体产物。针对己二腈的生产，支化异构体是无用的副产物。

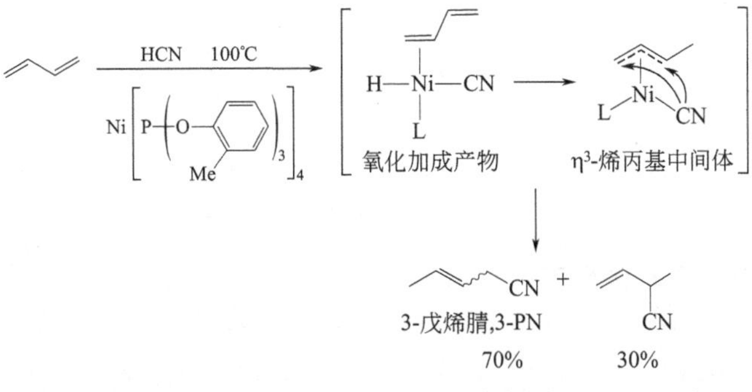

步骤 2：支化腈异构化形成直链腈，3-戊烯腈(3-PN)到 4-PN 的双键转移是通过阳离子镍氢化物催化实现的。第二个 HCN 实现二次加成形成

需要的 4-PN。

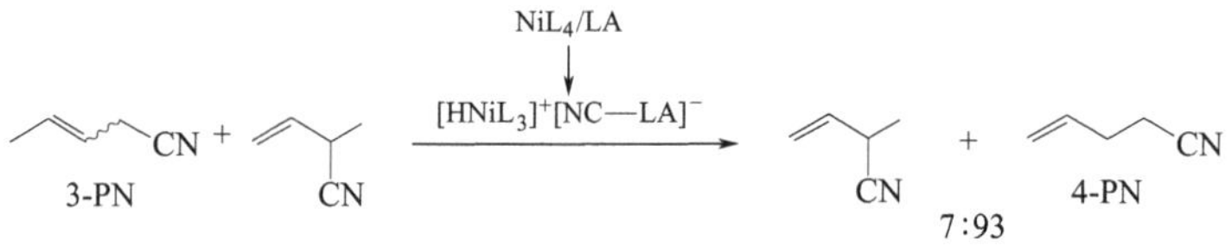

步骤 3：生成酸性更强的镍氢阳离子，通过弱配位路易斯加合物阴离子与该阳离子形成配对。4-PN 进行插入得到末端烷基镍，然后，还原消除得到 ADN 并完成循环。

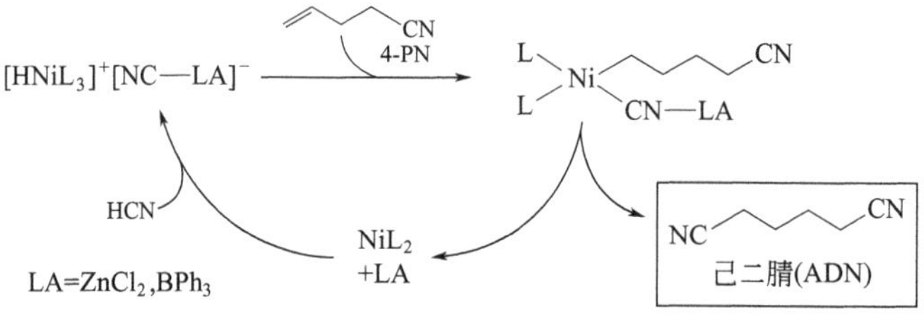

延伸阅读 3.3.4 不对称氢氰化的应用

降冰片烯通过手性配体立体选择性地进行 HCN 加成，并产生对映选择性产物，例如：

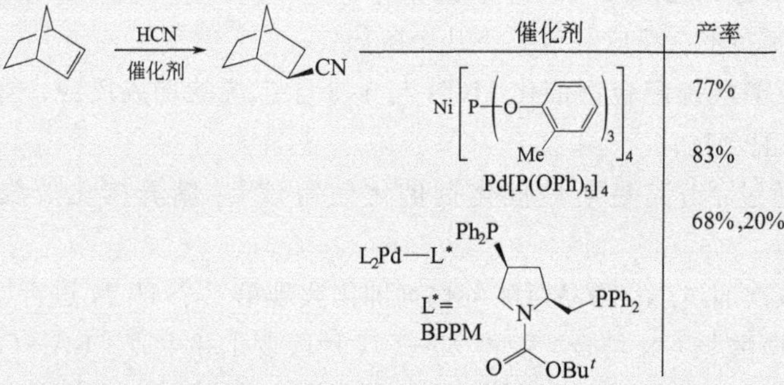

不对称氢氰化反应也可作为合成镇痛药萘普生的替代途径。该反应对溶剂以及手性配体(此例中为次亚磷酸酯糖衍生物)空间、电子特性非常敏感，在己烷中可获得产物的 ee 值最高。

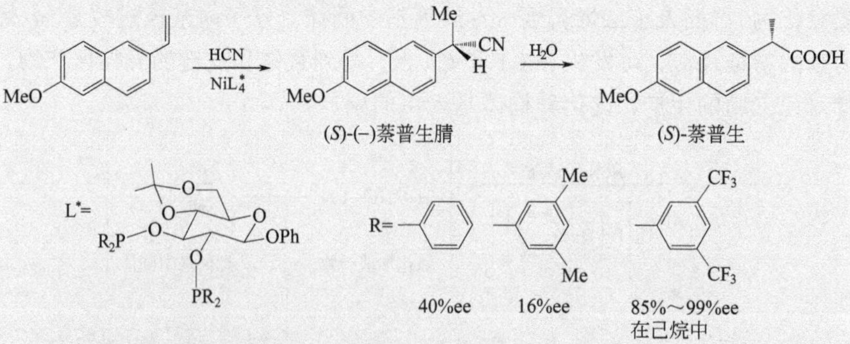

醛和酮的氢氰化反应：

醛和酮的氢氰化反应需要不同的催化剂：路易斯酸金属配合物。手性路易斯酸实现产物对映体的选择性，它们可以通过金属醇盐如 $Ti(OPr^i)_4$ 与手性二醇原位反应制备。

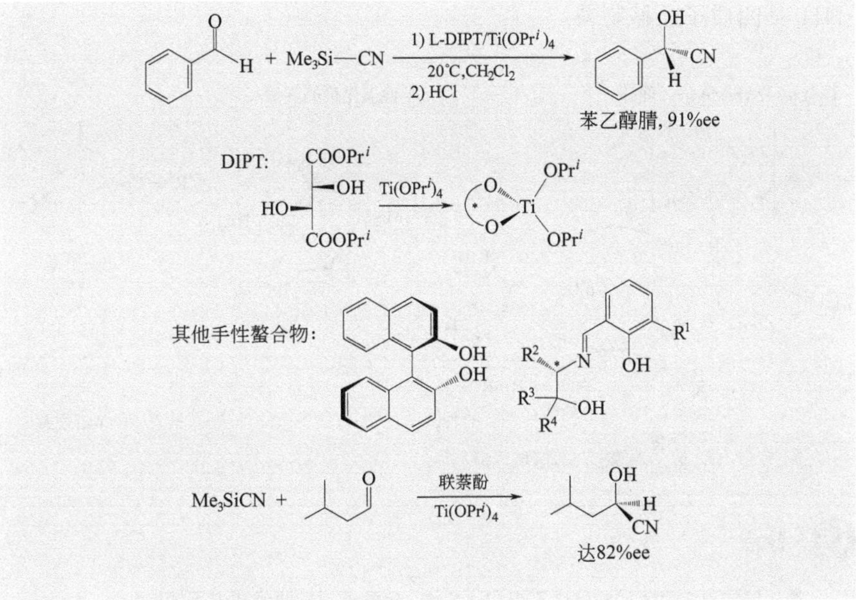

3.3.5 氢胺化反应

对碳碳双键和三键进行 H-N 加成反应称为氢胺化反应。该反应可使用多种路易斯酸性金属中心进行催化，并且可以在分子内完成获得环氨基化合物，或在分子间进行反应引入—NHR官能团。烯烃和炔烃进行分子间氢胺化反应的催化循环一般如下图所示。关键步骤是对金属烷基或金属乙烯基中间体的亲核进攻。

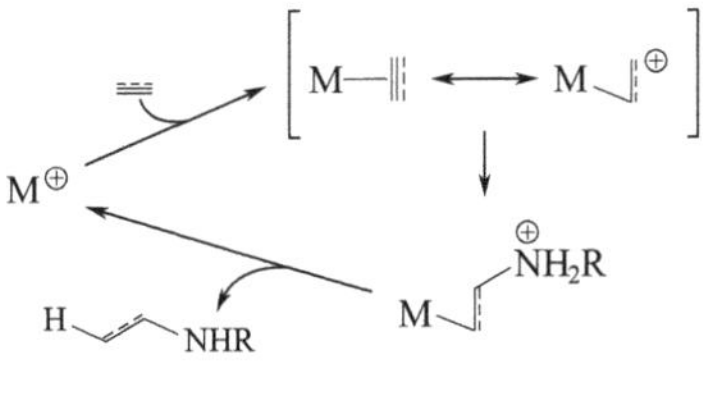

可以使用许多金属配合物，双茂镧系金属配合物是其中高效的催化剂，而钯、铂、铑和阳离子金（Ⅰ）配合物则对官能团的耐受性更强。钙酰胺配合物也具有催化活性：

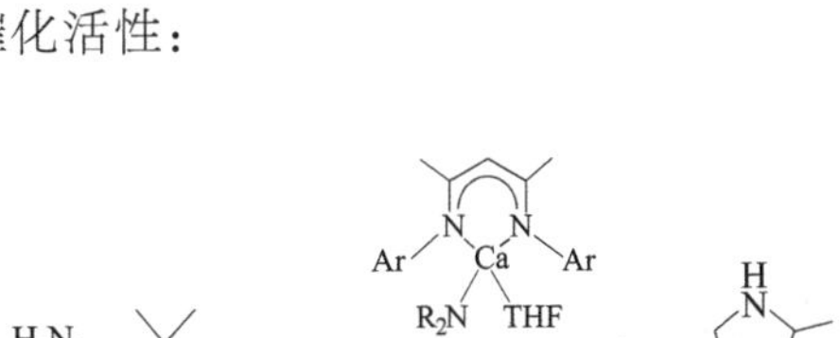

许多应用涉及不对称分子内环胺化用于制备五元环胺，其中许多胺化合物是药物合成的前驱体。手性镧金属配合物具有很好的立体选择性。金属双(三甲基甲硅烷基)酰胺是简易的可溶性烃化物前体，可由底物的

—NH$_2$基团质子迁移制得。

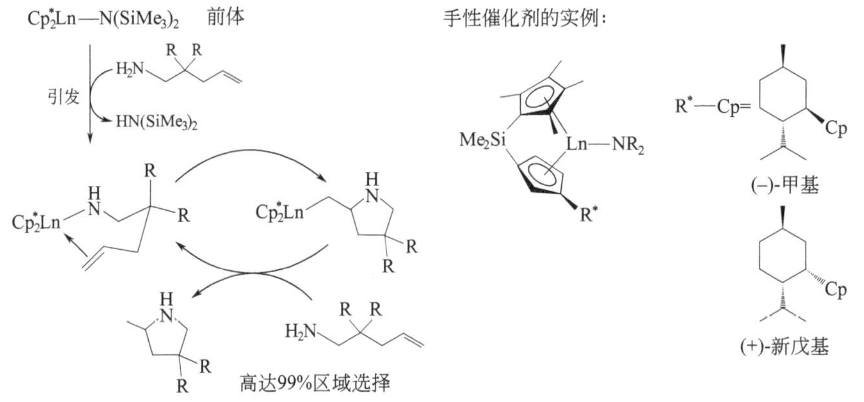

Cp$_2^*$Ln—N(SiMe$_3$)$_2$　前体

手性催化剂的实例：

引发

H$_2$N

HN(SiMe$_3$)$_2$

Me$_2$Si　Ln—NR$_2$

R*

R*—Cp=

Cp

(−)-甲基

Cp

(+)-新戊基

Cp$_2^*$Ln

Cp$_2^*$Ln

H$_2$N

高达99%区域选择

氢化反应是将氢气加成催化不饱和化合物。氢气通常按照顺式进行加成。

氢化反应由多种包括富电子和缺电子的金属中心催化实现。最常用的是钌、铑和钯配合物。该反应遵循二氢化物和氢化物的反应机理。不可氧化的镧系金属催化剂则包含 σ 键易位的反应步骤。

不对称氢化反应在合成方面具有特别重要的意义，通过使用 C$_2$ 对称配体骨架结构进行操作。大多数手性螯合膦配体通过其膦取代基的构象来传递其手性信息。

HX(X= SiR$_3$、NR$_2$)进行加成反应，分别得到硅氢化、氢氰化和氢胺化产物。

HX 对 C=C 的加成反应获得符合马氏规则和反马氏规则的产物。

丁二烯氢氰化反应得到己二腈，是工业上最重要的氢氰酸加成反应。

路易斯酸可以有效催化酮的氢氰化反应以及烯烃和炔烃的加成胺化反应。

练习

1. Z-乙酰氨基肉桂酸酯（ re 或者 si ）经过怎样的 π 面氢化过程形成所需产物L-DOPA？

2. 在 298K 下制备 D-DOPA 和 L-DOPA，计算实现该反应对映体过量 90% 和 99% 的能量差异。

3. 图示镍催化苯乙烯的氢氰酸化循环。为什么优先进行马氏（ Markovnikov ） 加成形成产物？

3.4 催化羰基化反应

3.4.1 氢甲酰化反应

氢甲酰化反应也被称为"羰基反应"，是端基烯烃与 CO 和 H$_2$（合成气）混合物反应形成一个碳链增长同时引入甲酰基官能团的过程。氢甲酰化可以大规模地工业生产，主要通过丙烯的氢甲酰化得到正丁醛，从而生产基础化学大量的原料，例如醇、二醇和羧酸。长链烯烃的氢甲酰化是生产洗涤剂醇的基础，另一个主要的产物是邻苯二甲酸二辛酯 $1,2-C_6H_4$ $(CO_2C_8H_{17})_2$，一种 PVC 增塑剂。

最早用于氢甲酰化的催化剂是 $HCo(CO)_4$，并且至今仍然在广泛使用。钴催化是该反应的关键步骤，原则上每个反应步骤都是可逆的。CO与烯烃竞争配位点抑制了底物的结合，但是同时更高浓度的 CO 驱动反应进行，并且能阻止 $HCo(CO)_4$ 中 H_2 的消除，从而形成无活性的 $Co_2(CO)_8$。增加 CO 压强也可以增加产物的线型与支化比例（线型与异构体的比）（在 90bar 下约为 $4.4:1$）。

反应速率与［烯烃］［CO］$^{-1}$ 成正比，即该反应受阻于一氧化碳的量，因为需要一氧化碳解离以产生活性种。为了达到可接受的速率，反应必须在较高温度（110～180℃）下进行。在这样的温度下，除非有足够高的一氧化碳压强，否则羰基钴会分解。因此钴催化反应同时需要高温和高压（对于氢气和一氧化碳混合气，200～300bar），尽管钴是便宜的催化剂，但是在高压下进行大规模反应需要昂贵的反应器。

加入三烷基膦可稳定催化剂与抑制分解，使得压强可以降至 50～100atm，同时可以提高温度以加快反应转化率。然而，由于三烷基膦大大增加氢离子配体的氢化特性，而且 $HCo(CO)_3(PR_3)$ 是非常强的氢化催化剂，导致醛产物被还原成醇。烯烃也可以被氢化，得到廉价的烷烃副产物。总体上，用膦改性的钴催化剂的氢甲酰化比用 $HCo(CO)_4$ 慢了一个数量级，但是正异构比较高。PBu_3^n 得到约 90% 的线型产物，其醛和醇为 1:1 混合物。

与钴催化剂所需苛刻条件不同，铑配合物甚至可以在常压条件下进行催化操作。适合的前驱体催化剂是 $Rh(CO)_2(acac)$，具体是 Wilkinson 发现的 $HRh(CO)(PPh_3)_3$ 催化剂。PPh_3 配体很容易解离，所得 16 电子的 $HRh(CO)(PPh_3)_2$ 容易与烯烃配位，而不产生氢化或 C═C 异构化副产物，得到高选择性的直链醛。由于这些因素，铑催化剂在工业过程中占主导地位。

为了有效防止形成低选择性的 $HRh(CO)_{3-x}(PPh_3)_x$ 物种 ($x=0$, 1)，过量的 PPh_3 加入有利于商业应用。铑催化的氢甲酰化循环非常类似于钴催化的反应。与 18 电子的三角双锥体钴中间体相反，铑循环中的一价铑 Rh(Ⅰ) 中间体同时含有 16 电子的正方形平面和 18 电子的三角双锥结构。

已经开发了许多双膦配体的催化体系以获得更高正构产物的选择性或更高活性的催化剂。基于水溶性膦，如磺化 PPh_3 的铑配合物，也已经开发了水相氢甲醛化反应过程。这些也用于工业应用。

高水溶性的 PAr_3　　BISBI　　偶联萘双膦　　4,5-双二苯基膦-9,9-二甲基氧杂蒽

(R,R)-BINAPHOS

开发的手性亚磷酸酯配体用于乙烯基芳烃的不对称氢甲酰化。例如，对映选择性氢甲酰化之后再进行氧化是止痛药布洛芬和萘普生制备的新途径。

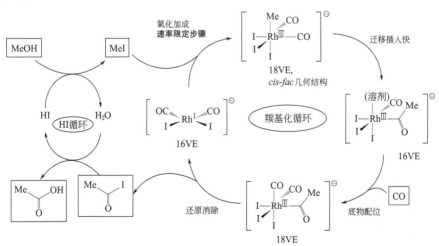

3.4.2　羰基化反应

羰基化将一氧化碳插入到 C—X 键。典型的催化剂是后过渡金属，主要是第二排过渡金属元素。这是普遍用于制备羧酸和酯及具有原子经济效率的合成方法。醇、烯烃和炔烃可以用作合成原料。

3.4.2.1　醇羰基化反应

醇的羰基化反应可用于制备羧酸：

$$R—OH + CO \xrightarrow{催化剂} \underset{R \quad OH}{\overset{O}{\underset{\|}{C}}}$$

工业过程使用由甲醇转化为乙酸的工艺。由于原料只有一氧化碳和氢气，因此能够以煤、石油或天然气作为碳源。类似于氢甲酰化反应，该方法首先由钴催化剂研究发现。然而，铑催化剂的活性达到钴的 10^4 倍，并且可以在很低的一氧化碳压力（铑催化体系需要 30~40atm，钴催化体系是 500~700atm）和较低反应温度（铑体系 180℃，钴体系 230℃）下进行。铑催化剂是 Monsanto 制备乙酸工艺的基础。

该过程包括两个反应循环：①甲醇转化为碘甲烷（HI 循环）；②羰基化循环。

该工艺需要金属和碘化物。碘化氢将甲醇转化成碘甲烷，碘甲烷与顺式［RhI₂(CO)₂］⁻进行氧化加成反应是该反应的决速步骤，因此反应与一氧化碳的浓度无关。由此形成的甲基铑活性物种转化为乙酰基金属配合物，再经过乙酰基碘 MeC(O)I 进行还原消除。在另一部分循环反应中，这个主要产物可水解成乙酸和碘化氢。

最早基于铑的反应工艺需要相对高浓度的水实现反应中活性体再活化，主要是因为 RhI_3 沉淀和 $[RhI_4(CO)_2]^-$ 形成造成催化剂失活。然而，有水存在时铑催化会造成副反应发生，即水煤气转变（WGS）：$CO + H_2O \Longrightarrow CO_2 + H_2$（氢气降低反应选择性并形成甲烷）。水浓度高意味着碘化氢的浓度也高，碘化氢具有高度的腐蚀性并会引发工程问题。使用碘化锂和类似的加成物作为碘源可以减少腐蚀的工程问题。这可以实现在保持总速率的同时降低水浓度（塞拉尼斯酸优化技术）。

替代铑的催化剂是铱催化甲醇羰基化，由英国石油公司实现了商业化（称为 Cativa 工艺）。钌催化剂可使催化达到最高活性，甚至简单的碘化物盐如 ZnI_2 也有效果。该工艺的主要优点是可在低水浓度（铑浓度为 8%～10% 体系中水质量比仅为 5%）下进行。铱催化剂更稳定并且不会产生无活性的 IrI_3 沉淀，减少了水煤气转变反应。这是罕见的第三排过渡金属催化剂胜过第二排金属催化剂的情况。

基于铱反应的催化循环更复杂。在低浓度的碘和水情况下，中性物质 $Ir(CO)I_3$ 是休眠物种，与铑的情况一样，碘甲烷的氧化加成是决定反应速率的步骤。另一方面，在较高碘化物浓度下阴离子物质占主导，通过碘化物解离使羰基插入 $[Ir(CO)_2I_3Me]^-$ 中形成酰基金属配合物，成为反应速率的决定步骤。相比之下，碘甲烷与 $[Ir(CO)_2I_2]^-$ 的氧化加成更容易进行，比使用 $[Rh(CO)_2I_2]^-$ 催化剂快了约 100 倍。负电荷中间体非常有利于碘甲烷的加成反应。

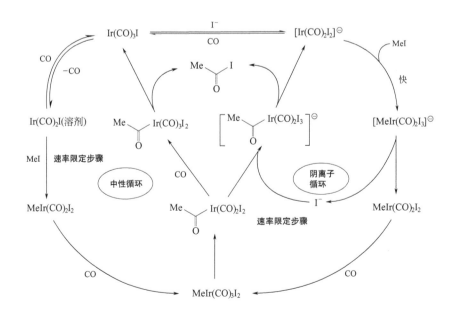

除了这些大规模工业工艺外，还有许多羰基化反应用于精细化工合成，通常使用的是钯催化剂。突出的例子是羰基化反应提供合成布洛芬和

萘普生的替代途径。使用乙烯基芳烃作为原料，使用钯催化剂在酸性条件下可以进行类似的羰基化反应。

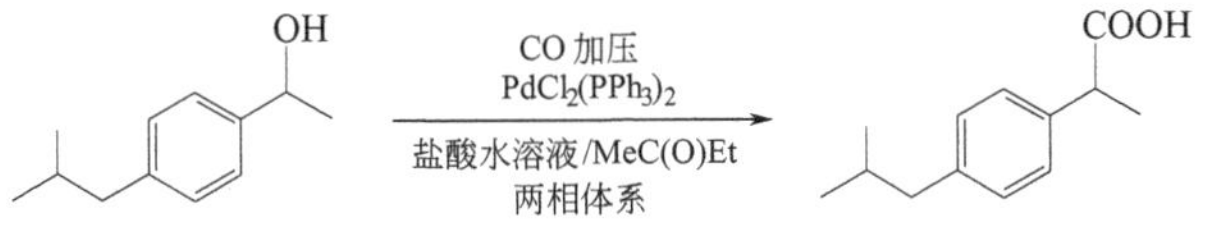

3.4.2.2 烯烃和炔烃羰基化反应

烯烃和炔烃可以进行羰基化反应制得羧酸和酯衍生物。

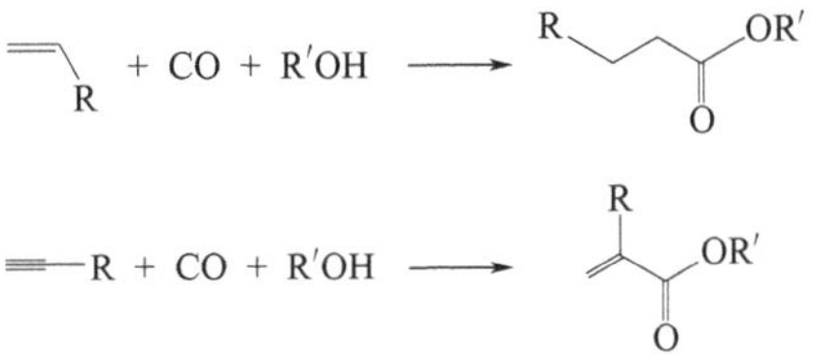

钯催化剂是最常用的，反应的关键步骤是 Pd-C 键的形成，这可以在酸性条件下通过烯烃和炔烃进行反应实现。类似地，芳基卤化物能够氧化加成到钯中心上实现合成羰基化产物。该反应最常用于使用一氧化碳和醇来制备酯衍生物（氢酯基化反应）。

烯烃碳碳双键的羰基化和氢酯基化反应有几种可能的反应机理。在某些情况下，通过相关反应中间体（含有 PPh$_3$ 配体）的光谱跟踪检测证明的最可能的机理是，在酸性条件下钯质子化以生成插入不饱和底物的氢化物（氢化物机理）。反应速率的决定步骤通常是钯酰基中间体的醇解反应：

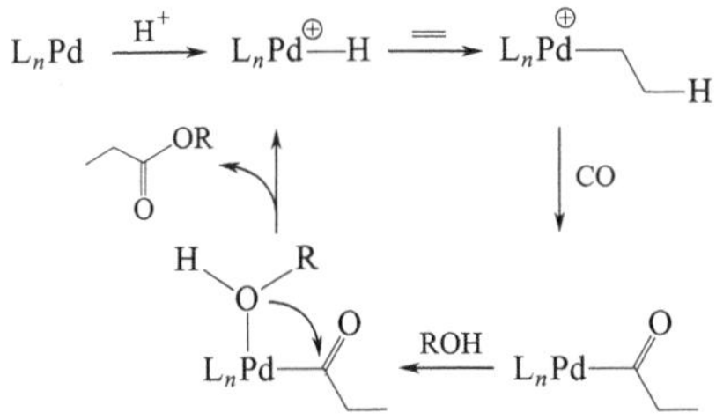

类似的炔羰基化包括钯-乙烯基物种，α-位带有取代基 R 的底物更容易反应，产物是 α-位取代的丙烯酸酯：

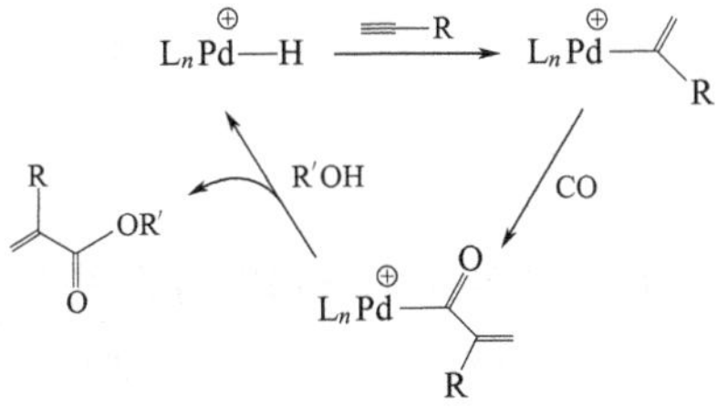

第一个炔烃氢酯基化反应在 20 世纪 40 年代由 W. Reppe(BASF) 使用 Ni(CO)$_4$ 实现（生产甲基丙烯酸甲酯），然而，使用 Pd(OAc)$_2$/2-吡啶基-

PPh$_2$ 混合物物种做催化剂的反应活性更高。

对于脂肪族内烯烃，反应通常在碳碳双键异构化之前形成末端酯衍生物。

乙烯基芳烃的氢酯基化反应得到具有高区域选择性的支化产物，使用手性膦配体，羰基化反应得到手性产物，尽管它们没有达到不对称催化氢化那么高的对映体选择性。

有机卤化物的羰基化反应 活化的有机卤化物实现羰基化反应以类似的反应方式进行，在大多数情况同样使用钯催化剂。由于氧化加成步骤通常是决定反应速率的步骤，反应活性随着 C-X 键强度的增加而降低；由于这个原因，很难反应(但便宜)的芳基氯化物通常需要利用大体积强给电子体的三烷基膦配体活化催化剂体系，这是合成羧酸酯和酰胺的常规途径。

X=Cl,Br,I,OTs,OTf

一氧化碳/烯烃共聚 CO 与烯烃的交替共聚产生聚酮。

一氧化碳与乙烯的共聚首先在 20 世纪 40 年代被发现(早于金属催化乙烯聚合)，使用 Ni(CN)$_2$ 作催化剂，尽管钯作催化剂的活性更高。聚酮韧性好，具有类似尼龙的性质，使得它们适合于工程应用，该产品已于多年前进行了商业化生产。具有双齿膦或菲咯啉配体的钯配合物催化剂可以用来制备一氧化碳和乙烯的交替共聚物。化学选择性一方面取决于热力学不利的一氧化碳在 Pd-酰基键中的插入，另一方面取决于一氧化碳比乙烯插入 Pd-烷基键的速率高。该机理与烯烃的羰基化和氢酯基化反应密切相关，包括一个作为休眠物种(在低一氧化碳浓度下)的五元杂金属酰基螯合物环。

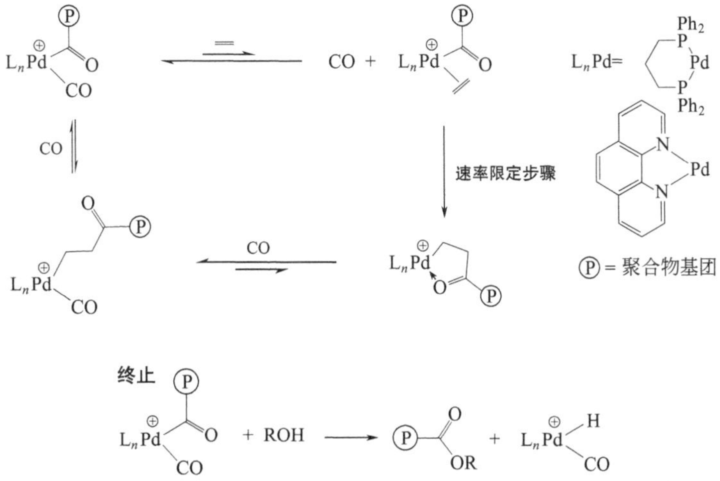

使用其他配体，特别是 $Ar_2P\text{-}o\text{-}C_6H_4SO_3^-$，获得的聚合物并非严格的乙烯与一氧化碳的交替共聚物，即产物中一氧化碳插入后紧接着是一个或多个乙烯插入。同样钯配合物是活性最高的催化剂。这种磺化膦阴离子还可以使一氧化碳与含极性官能团的烯烃 $CH_2\text{=}CHX(X=COOMe,COOH,OAc,CN,F,CONR_2)$ 进行交替共聚：

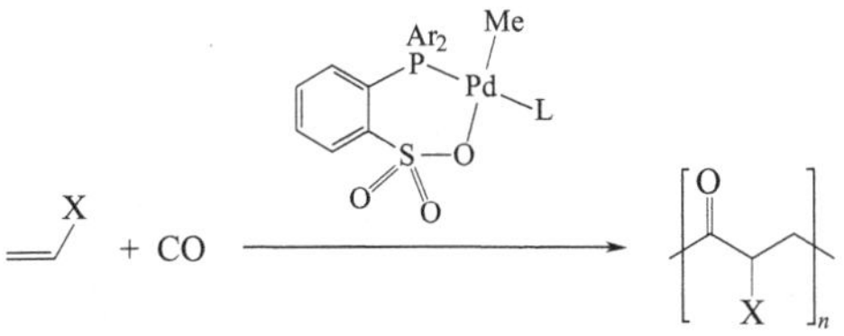

◎ 要点

氢甲酰化反应是将一氧化碳与氢气加成到烯烃中制得醛化合物。这是除烯烃聚合之外，基于金属有机催化剂的第二大工业化工艺。

钴催化剂需要高温高压。

铑催化剂在较温和的条件下进行，并且对线型醛具有更高的选择性。

醇羰基化是生产羧酸的方法。甲醇羰基化制备乙酸由铑(Monsanto 方法)或铱(BP Cativa 方法)催化，羰基化循环与水/碘化氢循环相结合。

氢酯基化反应是将一氧化碳和醇加成到烯烃和炔烃中，得到羧酸酯。

钯催化剂是最常用的。

使用合适的配体，钯配合物也可作为一氧化碳和 1-烯烃交替共聚以得到聚酮的催化剂。

3.5 烯烃的氧化反应

1-烯烃的氧化是制备醛、酮以及乙烯基和烯丙基酯与醚的方法。乙烯氧化制备乙醛是工业化工艺，作为一种替代甲醇羰基化法的方法（Wacker过程），大部分产品被氧化为乙酸。这个过程的催化是通过氯化钯/氯化铜混合物在盐酸水溶液中进行反应实现的。这个过程可以用一系列的反应来描述：

$$C_2H_4 + PdCl_2 + H_2O \longrightarrow CH_3CHO + Pd(0) + 2HCl$$
$$Pd(0) + 2CuCl_2 \longrightarrow PdCl_2 + 2CuCl$$
$$2CuCl + 1/2O_2 + 2HCl \longrightarrow 2CuCl_2 + H_2O$$

总反应：$C_2H_4 + 1/2O_2 \longrightarrow CH_3CHO$

已经广泛研究了反应机理，并且发现具体反应步骤依赖于反应条件。它们都形成共同的 Pd—CH₂CH₂—OH 中间体，这个中间体是通过—OH向配位的乙烯配体进行分子内或分子间的亲核进攻反应实现的。该中间体反应经历 β-H 消除，得到乙烯醇，该化合物进行异构化得到乙醛。

在乙酸介质存在下乙烯氧化生成乙酸乙烯酯，而丙烯氧化得到烯丙醇：

$$\text{CH}_2=\text{CH}_2 + \text{AcOH} + 1/2\,\text{O}_2 \xrightarrow{\text{PdCl}_2,\text{CuCl}_2,\text{NaOAc}} \text{CH}_2=\text{CH—OAc} + \text{H}_2\text{O}$$

$$\text{CH}_2=\text{CH—CH}_3 + \text{AcOH} + 1/2\,\text{O}_2 \xrightarrow[\text{气相,160℃}]{\text{Pd(OAc)}_2/\text{Cu(OAc)}_2} \text{CH}_2=\text{CH—CH}_2\text{OAc} \xrightarrow{\text{OH}^-} \text{CH}_2=\text{CH—CH}_2\text{OH}$$

$$\text{CH}_2=\text{CH—R} + 1/2\,\text{O}_2 \xrightarrow{\text{PdCl}_2,\text{CuCl}_2} \text{CH}_3\text{—CO—R}$$

◉ 要点

Pd/Cu 催化剂催化的乙烯氧化被称为 Wacker 工艺,该过程可以得到乙醛,乙醛可被氧化成乙酸。

Pd/Cu 催化剂催化烯烃氧化成醛,或在羧酸介质存在下形成乙酸乙烯酯。

在羧酸介质存在下烷基取代的烯烃 CH$_2$=CHR 进行氧化生成烷烯基酯化合物,除此之外则生成酮。

3.6 偶联反应

碳碳和碳氮偶联反应是有机合成中非常通用的合成路径。在大多数情况下这些反应由钯催化实现,主要是因为钯对水和有机官能团具有耐受性。这些反应多数涉及芳烃衍生物参与的碳碳键形成,根据偶联反应所需反应底物分类,这些反应常被划分成多种熟知的反应名称,但是反应具有相似的催化机理。催化的关键是将芳烃反应底物 Ar—X 氧化加成到适宜的零价钯活性物种(X 为卤化物或甲苯磺酸盐,偶尔为氢)。该步骤的顺利实现很大程度上取决于与钯配位的配体类型。弱碱性的膦配体如 PPh$_3$ 并不合适,而大体积的二烷基配位膦和三烷基配位膦配体甚至可以用于非常难以反应的芳基氯化物。一般的催化循环基于常见的关键步骤:氧化加成、亲核进攻和还原消除。

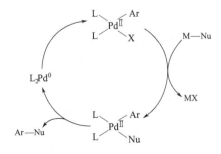

金属-亲核试剂	偶联反应名称
R—B(OH)$_2$	Suzuki-Miyaura
R—SnR$_3'$	Stille
R—ZnX	Negishi
R—MgX	Kumada
R—C≡CH/CuI	Sonogashira
R—SiR$_3'$	Hiyama
HNR$_2'$	Buchwald-Hartwig
Zn(CN)$_2$,K$_4$[Fe(CN)$_6$]	氰化法

2010年诺贝尔奖授予 R.F. Heck、A. Suzuki 和 E. Negishi,表彰他们在催化碳偶合方法学方面的贡献

进行的反应可以通过原位产生的催化剂来实现,例如,将 Pd(OAc)$_2$ 或 Pd$_2$(dba)$_3$ 与合适的配体组成催化体系,这些反应可以依据已有知识推测反应底物,许多催化剂已经商业化。大体积、强给电子的单齿和双齿膦

以及氮杂环卡宾配体已经被广泛地使用，如：

关于$Pd_2(dba)_3$见2.6.1.1节

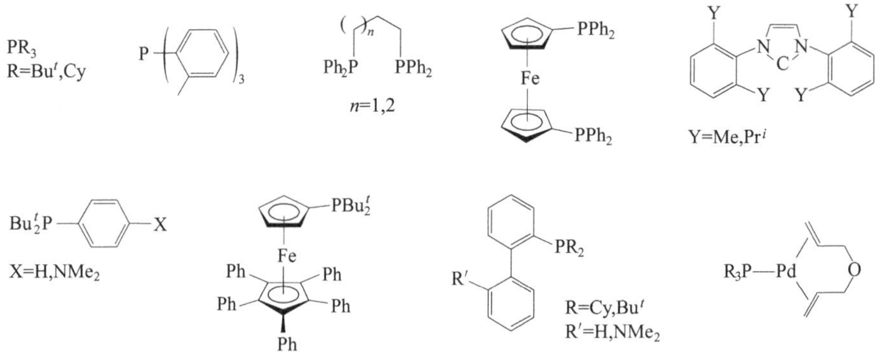

目前催化剂有几种前驱体存在形式：Pd(0)配合物或Pd(Ⅱ)配合物。环金属化的Pd(Ⅱ)化合物是方便制备和热稳定的催化剂前体，但是需要一步还原消除才能产生催化活性物种。

3.6.1 碳碳交叉偶联反应

一些过渡金属和亲核基团的组合催化体系比其他体系更好，例如，镍配合物催化剂与格氏试剂能很好地搭配，而钯配合物能与低碱性和强共价电子主族组分很好地搭配。使用硼酸$ArB(OH)_2$进行偶联反应十分普遍，因为这些试剂耐受大多数官能团并且对水不敏感。有机硼酸偶联反应通常需要加入一些水和碱，—OH^-有助于—X^-的取代和还原消除反应。多种有机硼酸化合物都已商业化，包括乙烯基硼试剂。

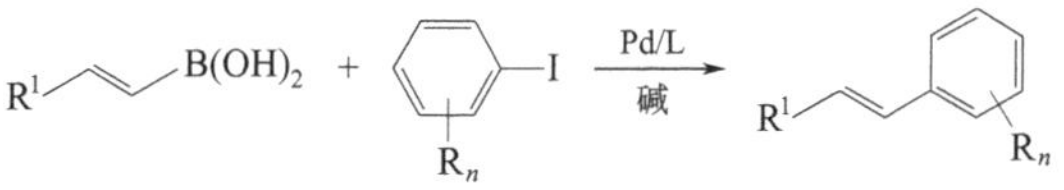

膦存在决定着反应的化学选择性：

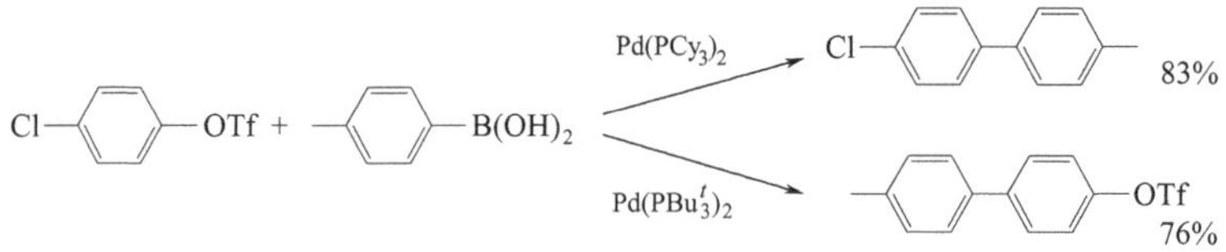

Stille偶联反应涉及锡试剂，尽管锡试剂耐受官能团和水，但是高毒性。锌试剂是一类无毒的替代物，易于利用格氏试剂通过金属转化来制备，例如，用溶于无水乙醚的无水氯化锌制备锌试剂。

在手性配体存在下，可以进行碳碳偶联反应，实现对映选择性。一个实例是轴向手性联萘的合成：

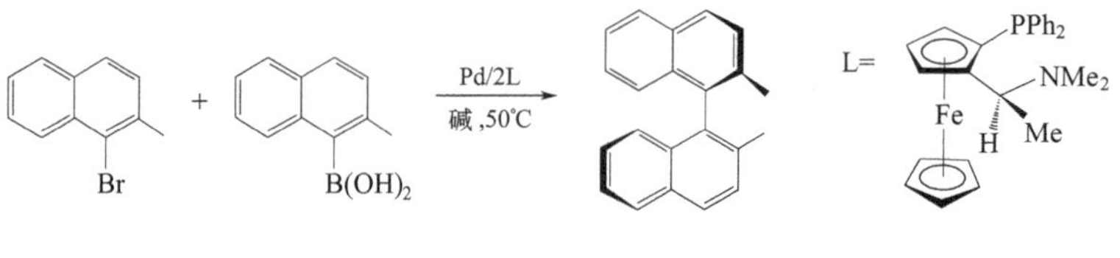

C—H 偶联 在微波加热辅助下，具有富电子芳烃的体系通过氧化活化C—H键可实现直接碳碳偶联反应，不需要金属有机亲核试剂。

芳基对炔衍生物的偶联反应通常需要加入催化量的碘化铜（CuI）和碱（如 NEt_3 或哌啶）以原位产生炔基铜化合物。然而，不含铜和胺加合物的反应途径也已经发展出来，例如：

$$R = \text{环己烯基}, C_6H_{13}$$

3.6.2 碳氮交叉偶联反应

胺化物的芳基化反应可以用多种大体积富电子膦配位钯配合物催化，也可以是螯合 PPh_2 衍生物配体如 dppf、BINAP 和 Xantphos（Buchwald-Hartwig 胺化反应）。同样，反应首先通过芳基卤化物的氧化加成来诱发，接着是胺化物进行亲核反应取代卤化物配体，再经过还原消除获得产物。

3.6.3 伴有羰基化反应的偶联反应

芳基或乙烯基卤化物进行氧化加成形成钯碳键之后，接着进行一氧化碳插入反应，然后进行偶联反应释放出产物。该反应条件下能够形成酮：

3.6.4 Heck 芳基化反应

烯烃插入钯-芳基键可以实现烯烃芳基化反应。这种碳碳键偶联的方法就是著名的 Heck 反应，广泛用于芳基或乙烯基卤化物（或三氟甲磺酸酯）与活泼烯烃如苯乙烯或丙烯酸酯的偶联反应。

由于这些烯烃含有吸电子的取代基，反应中间体更趋于支链烷烃的钯-烷基物种的稳定，因此优先进行 2,1-位的插入反应，得到 1,2-二取代的烯烃衍生物。

丙烯酸与芳基溴化物的偶联反应用于制备肉桂酸衍生物。它由钯催化且不需要配体帮助。

延伸阅读 3.6.4 Heck 反应的机理

碘苯（PhI）和零价钯配合物［Pd(0)L$_2$］进行氧化加成反应分离得到 L$_2$Pd(Ph)I（其中 L 为 PPh$_3$）产物，然而，该产物并不能与苯乙烯进一步反应。如果使用 Pd(OAc)$_2$ 和两个 PPh$_3$ 与 PhI 的混合物，就容易与苯乙烯进行反应。

其原因在于，该条件下 PPh$_3$ 是还原剂，可以使醋酸根阴离子（OAc）螯合钯配合物转化为零价钯活性物种，该产物容易与碘苯进行加成反应形成 Ph—Pd 中间体。碘负离子被醋酸根阴离子部分取代，该醋酸根作为不稳定阴离子可以被苯乙烯置换取代。结果动力学上形成相关阳离子的烯烃金属配合物，该金属配合物具有烯烃插入反应立体化学的反式烯烃结构：

要点

在金属催化剂存在下由两种不同分子形成碳碳键的反应被称为碳碳交叉偶联反应。该反应通常由镍和钯配合物作催化剂。

芳基、乙烯基和苄基卤化物可以与金属有机试剂 M—R 进行偶联反应，其中 M 为 Mg、Al、Zn、Si、Hg 或 B 等。

利用硼酸 RB(OH)$_2$ 进行的偶联反应在合成上非常重要，被称为 Suzuki-Miyaura 偶联反应。

偶联反应中第一步是 R—X 进行的氧化加成，生成金属-碳键。

Heck 反应中烯烃插入钯-芳基键制得芳基化反式烯烃衍生物。

钯-芳基中间体也可以与伯胺和仲胺进行偶联反应，得到芳基胺衍生物(Buchwald-Hartwing 胺化)。

练习

1. 解释以下反应：

$$Me\text{—}\boxed{}\text{—}Cl + PhB(OH)_2 \xrightarrow{Pd/2L} Me\text{—}\boxed{}\text{—}Ph$$

为什么不同的配体使得偶联反应产物的收率如下（%）： L= PPh$_3$（0）；dppf（0）；PCy$_3$（75）；PBu$_3^t$（86）？

2. 给出 A 转化成 B 的反应机理。尽管 A 中含有两个 C＝C 键，但形成产物 B 具有选择性。给出你的理由。

3. 碘苯对环己烯的 Heck 芳基化反应生成非共轭产物 C，而不是热力学稳定的共轭烯的产物 D。请你给出原因，并进行机理与中间体讨论。

3.7 烯烃聚合

本节我们将讨论 1-烯烃的聚合反应。对于共轭二烯的低聚和聚合，请参见 2.7.1.3 节。

在乙烯的聚合中，一个碳碳双键（C＝C）被两个碳碳单键（C—C）代替，这是一个放热过程（$\Delta G \approx 20\text{kcal} \cdot \text{mol}^{-1}$）。尽管聚合在热力学上是有利的，然而，由于在动力学上反应路径不可行，聚合反应不能自发地进行。在苛刻反应条件（1000～3000atm 乙烯压力和反应温度 150～230℃）

下，痕量氧气作为活性自由基的引发剂，乙烯可以聚合形成柔软的高支化材料，即所谓的低密度聚乙烯。这种材料质轻，具有优良的电绝缘性能，可广泛应用于电气绝缘材料；目前低密度聚乙烯仍占世界聚乙烯（PE）树脂总产量的 20% 左右。

在不太苛刻条件下 1-烯烃的聚合反应需要催化剂和助催化剂烷基金属活化剂。金属配合物要成为活化烯烃实现聚合的催化剂，必须满足以下几个条件：

（1）正如 2.6.1.2 节所述，烯烃必须能够与该金属进行配位，并且这种配位必须诱导碳碳双键产生极性。

（2）（金属配合物）必须没有显著的反馈键，即金属不含被占据高能级 d 轨道的电子。

（3）催化剂必须具有足够的路易斯酸性，以便与烯烃形成瞬态加成物。

（4）催化剂必须具备两个互为顺式配位的配位点。

（5）催化剂必须含有金属-烷基键。

（6）烯烃插入金属-碳（M—C）键的速率要快些，烷基（聚合物）在催化体系中作为配体时 β-H 消除（或 β-H 向单体转移）速率相对缓慢。

聚乙烯和聚丙烯的生产是世界上最大规模的金属有机化学应用，估计每年聚合物产量达到 1 亿至 1.5 亿吨（2012 年）。其应用涵盖了日常生活中的许多产品，如包装材料、管材和管道、袋、瓶、家用物品、玩具、地毯、绳索，还有汽车保险杠、燃料箱，甚至防弹背心。在过去的二三十年中，催化剂开发显著地扩展了聚烯烃材料的范围。

3.7.1 齐格勒（纳塔）催化剂

3.7.1.1 齐格勒（纳塔）催化剂的组成

最早发现的第一类有效的乙烯聚合催化剂是 $TiCl_4$ 和 $AlEt_3$（齐格勒催化剂）的混合物，所得到的聚合物是线型的并且比低密度聚乙烯的支化链少得多，该聚乙烯具有很高的结晶度，被称为高密度聚乙烯（HDPE）。相同的催化剂还能催化丙烯立体选择性聚合[❶]，得到全同立构聚丙烯（i-PP）。

$$\equiv \xrightarrow[\substack{20\sim50℃\\1\sim10atm}]{TiCl_4/AlEt_3} \text{[}C_2H_4\text{]}_n \quad \text{线型高密度聚乙烯 HDPE}$$

$$\xrightarrow{TiCl_4/AlEt_3} \text{全同立构聚丙烯}$$

K.Ziegler和 G.Natta 因发现乙烯和丙烯立体选择聚合催化而被授予 1963 年的诺贝尔奖

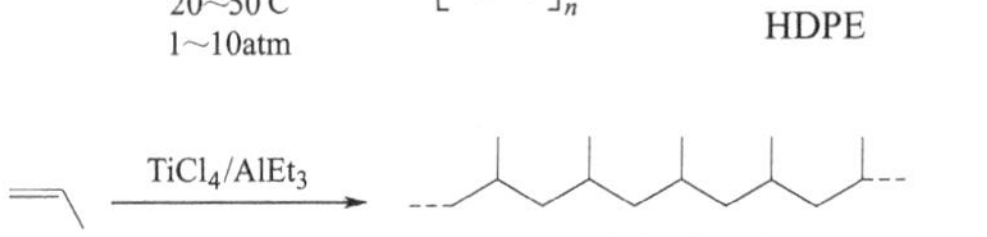

---

❶ 该催化丙烯聚合是由意大利的纳塔教授发现的，因而，学界普遍称该催化剂体系为齐格勒（纳塔）催化剂，只有德国和德裔学者称齐格勒催化剂，忽略纳塔的贡献。——译者注

虽然已知在这种条件下单分子的四氯化钛（TiCl₄）被还原得到细碎聚合物型［TiCl₃]ₓ的微晶，因此催化剂是异相的，但是反应机理仍然遵循金属有机反应原理，该原理也适用于下一节所讨论的均相聚合催化剂。此后，通过用二氯化镁负载三氯化钛的球磨微球开发了高效非均相齐格勒（纳塔）催化剂。这些金属氯化物都具有固态层结构并能插入得到具有高含量表面缺陷的固体材料。催化正是发生在这些配位不饱和表面缺陷的位置上，这些催化剂可以通过加入各种有机添加剂进一步修饰改进，具体的细节超出了本文的讨论范围。

除了基于钛的齐格勒（纳塔）催化剂，负载在二氧化硅上的铬盐是另一类重要的乙烯聚合催化剂［称为菲利普（Phillips）催化剂］。这些非均相铬催化剂产生线性很好只含有极少甲基侧链的高分子量聚乙烯，因此，这种聚乙烯材料硬度强，主要用于水管等结构材料的应用。在机理上，对铬催化剂的研究没有钛催化剂体系的深入。

延伸阅读 3.7.1.1　聚合物和聚合物结构

尽管大多数催化反应得到具有明确结构和性质的目标小分子，但是聚合催化剂可以将简单的原料如乙烯或丙烯转化为具有不同的物理性能和非常多种性质的材料产品，满足许多不同的应用。对催化化学家的挑战是，将工程师和聚合物加工者对期望材料性质的需求转化为能够实现特性材料的催化剂设计。主要参数有：

(1)聚合物分子量　例如，低分子量（$10^4 \sim 10^5$ g·mol⁻¹）聚乙烯倾向于形成脆性膜且拉伸强度低；更低分子量的聚乙烯属于聚乙烯蜡。相比之下，分子量达到和超过10^6 g·mol⁻¹的聚乙烯（UHMWPE 意为超高分子量聚乙烯）可以合成用于登山绳和防弹背心等高抗拉伸强度的纤维。因此，聚合物的用途和商业价值很大程度上取决于其分子量。

(2)聚合物分子量分布　大多数聚合物由链组成，具有不同的分子量，其分子量分布的宽度（也称为多分散性）会影响聚合物加工的难易程度。聚烯烃是热塑性塑料并能形成可加工的熔体，在熔融挤出中较短的链作为润滑剂，而较长的链提供材料强度。多分散性用两个参数表示：数均分子量（M_n）和重均分子量（M_w），后者更多地考虑较长链对聚合物物理性质的贡献；M_w/M_n值表示分子量分布或多分散性，分散性的大小提供聚合物的简单特征。对于具有多活性位点的异相齐格勒（纳塔）催化剂，M_w/M_n比值通常为 5 左右。对于可溶性茂金属催化剂（也称为单活性催化剂），其值为 2 左右。所谓的"活性"聚合没有链终止，所有活性中心产生相同长度的聚合物链，因此M_w/M_n值接近 1。

(3)聚合物支化度　聚乙烯可以不含支链（"聚亚甲基"：线型的、高度结晶、刚性）或具有长链和短链（主要是甲基）支链。支链可以降低链之间的范德华相互作用力并产生无定形的柔性聚合物。长支链可增加熔体强度，并且可用于挤出加工成膜，应用于包装材料。关于支化度的信息可以从红外和核磁谱以及从聚合物流变学性能获得。加入共聚单体如 1-己烯和 1-辛烯可得到具有可控支化度的聚乙烯(线型低密度聚乙烯，LLDPE)，这是茂金属型催化剂体系的优势。

聚丙烯：

聚合物链的结构就像其形成的录像带，它提供关于链增长过程的机理信息，并记录每个过程的误差，这在聚丙烯的形成过程中是特别明显的。

丙烯聚合比乙烯聚合更加复杂，因为链上的甲基取代基相互间有许多不同的取向。最重要的异构体是等规聚丙烯(i-PP)，该聚合物具有高拉伸强度且熔点随着立体规整度提高而增加(高达 165℃)；由 i-PP 拉伸制成纤维的绳索比相应的钢绳更坚固。相比之下，无规聚丙烯(a-PP)其支链甲基具有不规则取向，比较柔软，用途不同。因此，存在许多不同结构的聚丙烯，每一种都具有自己的性能(拉伸强度、韧性、抗冲击性、熔点、弹性等)。这些聚合物通过具有 1,2-区域化学的单体插入形成，当然也存在部分立体错位的可能性，即单体"以错误的插入方式"(由 2,1-插入引入区域错误)插入。

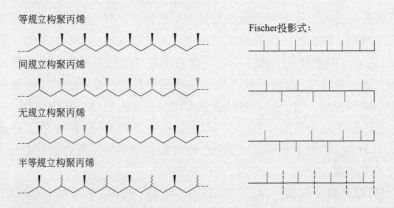

这导致形成一系列组成上完全相同，但性质差异的聚合物，从非常强的纤维到橡胶状弹性体和蜡。

等规立构聚丙烯

间规立构聚丙烯

无规立构聚丙烯

半等规立构聚丙烯

Fischer投影式：

还可能得到具有不同性能的嵌段聚合物，具有差异的区域立构性，形成无定形弹性材料，同时含高结晶与高熔点的高强聚合物和柔软的聚合物链段。

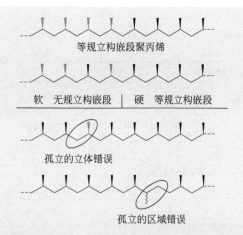

等规立构嵌段聚丙烯

软　无规立构嵌段 | 硬　等规立构嵌段

孤立的立体错误

孤立的区域错误

聚丙烯微观结构　通过[13]C NMR 光谱可获得聚丙烯非常详细的结构信息。一个甲基侧链其化学位移对邻位取代基及取代基的相对取向比较敏感。利用高场 NMR 光谱仪，可以测定至少最近的两个甲基对所观察甲基取代基的左侧和右侧的影响(即五个甲基的链段结构，"五单元级")；在比较好的情况下，可以解析具有 7 个或 9 个甲基的链段结构(七单元或九单元级)。在聚丙烯中，每隔一个碳原子是手性的，这些碳原子上甲基取代基可以处于相互间的内消旋(m)或外消旋(r)，外消旋($racemus$，拉丁文)指葡萄束，最早用于鉴定葡萄酸是外消旋还是内消旋的异构体结构。因此，聚丙烯的结构可以通过 m 或 r 二单元组来描述其结构。它们的一些组合可以用作五元组，例如 $mmmm$ 的等规五元组。高等规聚丙烯可以显示大于 90% 的 $mmmm$ 五元组含量，其余的甲基信号分布在其他类型的五元组结构中。

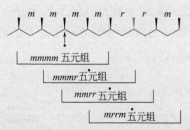

$mmmm$ 五元组
$mmmr$ 五元组
$mmrr$ 五元组
$mrrm$ 五元组

　　五元组结构单元分布情况成为特定催化剂立体选择性和区域选择性的衡量标准。

3.7.1.2　齐格勒(纳塔)催化剂的机理

　　从理解催化机理的角度看，烯烃聚合的关键是通过三乙基铝(AlEt$_3$)对配位不饱和的氯化钛(Ti—Cl)位点进行烷基化，在 [TiCl$_3$]$_x$ 晶体的边缘和角落上形成钛-烷基键。随后是乙烯配位和乙基配体对烯烃的分子内亲核进攻。烷基向烯烃的迁移腾出顺式配位点，然后被下一个烯烃单体分子占据。因此，通过生长着的聚合物链以"雨刮刷"方式在两个配位点之间移动实现聚合物链的增长。这种链增长聚合模型被称为 Cossee-Arlman

机理。

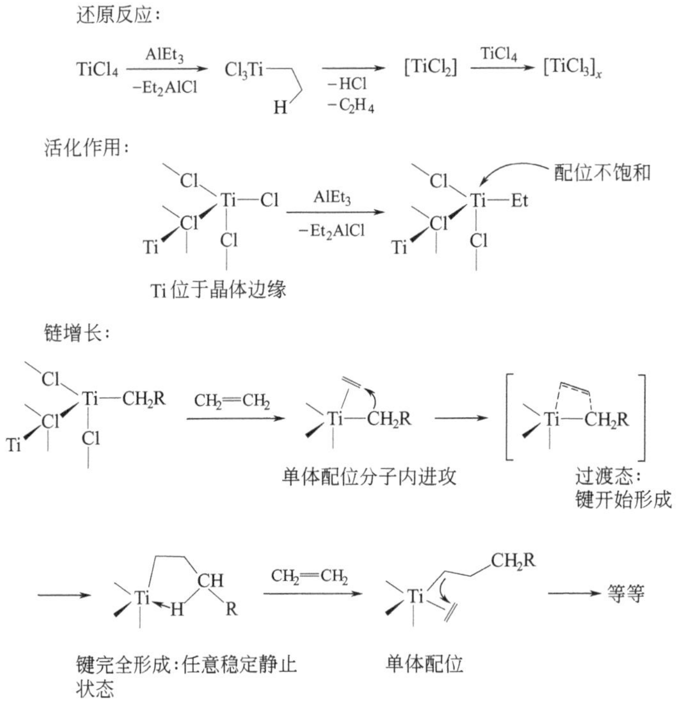

还原反应：

$$TiCl_4 \xrightarrow[-Et_2AlCl]{AlEt_3} Cl_3Ti\text{—} \xrightarrow[-C_2H_4]{-HCl} [TiCl_2] \xrightarrow{TiCl_4} [TiCl_3]_x$$

活化作用：

配位不饱和

$$\cdots \xrightarrow[-Et_2AlCl]{AlEt_3} \cdots$$

Ti 位于晶体边缘

链增长：

单体配位分子内进攻

过渡态：
键开始形成

键完全形成：任意稳定静止状态

单体配位

等等

幸运的是，最初的齐格勒（纳塔）催化剂就能产生具有优异立构规整度的 i-PP，推论其原因为催化剂晶体表面结构的刚性和氯配体产生的空间位阻，生长的聚合物链相对于晶体表面被迫采取特定的聚合取向。这反过来决定了丙烯（潜手性烯烃）的配位，从而使聚合物链和丙烯甲基取代基之间的空间相互作用最小。下图所示聚合物链取向中丙烯配位时采用 si 面趋向是优化的情况，而反转配位会导致与链上的 β-Me 发生空间相互作用，这种小的排斥性相互作用足以确保丙烯分子总是通过相同的 π 面进行连续配位键联，得到全同立构聚合物。

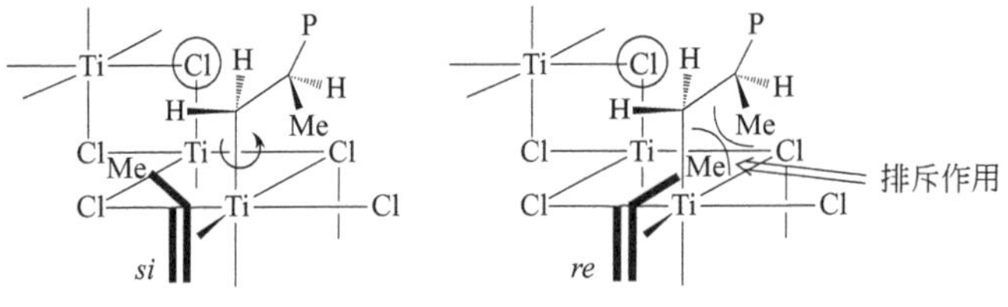

排斥作用

si 偏爱的构象

re 不偏爱的构象

3.7.2 用于聚合催化剂的金属配合物

对异相聚合催化剂机理信息的详细研究是很难获得的，而可溶性催化剂就会有所不同，由于它们是配位的金属配合物，可通过调控其配体环境来优化它们的反应活性、聚合物分子量、共聚单体插入和立体选择性等方面的性能。聚合物分子量分布通常比用异相催化剂获得聚合物的分子量分布窄得多（$\frac{M_w}{M_n} \approx 2 \sim 3$），因此认为所有活性位点是等效的。

合成第四族
茂金属配合
物见2.8.2.1
节

早期研究集中在第 4 族金属茂配合物（Cp_2MCl_2）作为催化剂前驱体的
情况，金属主要是钛或者是锆。最初尝试用 $AlEt_3$ 或 Et_2AlCl 来活化，虽
然它们有些催化活性，但远不能与齐格勒（纳塔）催化剂相比。当发现一种
$AlMe_3$ 水解产物——甲基铝氧烷（MAO，见 1.5.2.3 节）——活化 Cp_2ZrCl_2
可以实现优良乙烯聚合活性的催化剂体系时，情况获得了改变。MAO（一
种无定形的、可溶于甲苯的玻璃态物质）的结构仍在猜测阶段，但它已是
工业上茂金属催化剂优选的活化剂，无论是在溶液中还是用于无溶剂气相
的二氧化硅负载茂金属催化剂所进行的烯烃聚合中。

除了少数例外，为了使用方便，催化剂由稳定的金属卤化物前驱体
和烷基铝活化剂原位汇合制备，用于乙烯聚合的一些代表性催化剂前驱体
如下所示：

茂锆催化剂，高
乙烯聚合活性，
形成常规聚乙烯

"限定几何构型催化剂"（CGC），
更开放的结构提供非常高的催化
活性和高共聚单体含量

钛的半夹心结构配合物，
最适合间规苯乙烯聚合

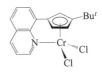

铬催化剂，能够生产
超高分子量聚乙烯
(UHMWPE)

"后茂金属"钛催化剂，含有大位阻Ar和
R的高度变化NO配合物，用于乙烯均聚
和共聚

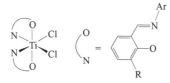

铪催化剂，陶氏化学用于乙烯/1-烯
烃高温液相共聚，这是在高通量筛选
技术中发现的一例催化剂

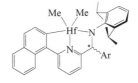

铁催化剂，对乙烯聚合具有高
催化活性，N-芳基的大位阻可
以防止链转移

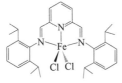

镍催化剂，通过"链行走"得
到高支化度和柔性聚乙烯

这里所示的催化剂都可以高活性催化乙烯聚合。含有螯合的 Cp-
酰氨基配体的配合物催化剂被称为"限定几何构型催化剂"（CGC），
此催化剂对引入 1-烯烃（己烯、辛烯）以产生具有可控且均匀分布的支
化共聚物特别有效，这是可溶性催化剂的优越之处。异相齐格勒（纳
塔）催化剂通常得到共聚单体含量低的高分子量链和共聚单体含量高

的低分子量组分的混合物，相比之下，茂金属催化剂能够产生均相的体系，具备生产提高材料性能的高分子量共聚物的能力。

3.7.2.1 催化剂活化和活性物种

金属卤化物配合物催化剂前驱体活化由两个步骤组成：

(1)烷基化，即至少一个卤配体被烷基配体所取代；

(2)形成空的配位点。 这涉及利用路易斯酸性活化剂(也存在特殊情况下通过夺取膦配体产生中性催化活性的物种)使阴离子配体脱除。

最重要的可溶性催化剂种类是基于第 4 族金属的茂金属。其活性物质是 14 电子阳离子物种 $[Cp_2M—R]^+$。其他类型的金属卤化物前驱体表现出相似的化学性质。

如 2.8.2.2 节所示，14 价电子茂金属阳离子 $[Cp_2M—R]^+$ 有一个空的 d 轨道，能够从烯烃的 π 轨道接受电子。还有一个 d_π 轨道具有恰当的对称性，能够与碳碳双键($C=C$)的 π^* 轨道重叠。

然而，如果金属是钛、锆或铅等含有 d^0 轨道的金属，则该轨道不被占据，并且没有通过反馈键造成的稳定性，这将严重阻碍任何后续反应发生。这同样适用于中性镧系元素配合物 Cp_2L_nR，这与同系物结构具有 d^2 轨道的配合物 $CpNbEt(\eta^2\text{-}C_2H_4)$ 形成对比，其中含有的强反馈键阻断了任何烯烃后续的插入反应。

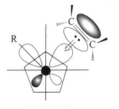
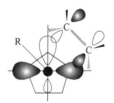

d_σ受体轨道
便于烯烃配位　　　　　　d_π轨道具有对称性
　　　　　　　　　　　　d^0体系缺少反馈键合

烷基化最常实现的是通过烷基铝如 $AlMe_3$(MAO 中所含组分)或 $AlBu_3^i$ 加入来实现，也可以使用预形成的金属烷基配合物。然后需要强路易斯酸或质子酸，与所含阴离子配体的弱亲核性匹配形成配对，以使其不会造成与烯烃单体竞争金属上的配位点。通常使用的"非配位"阴离子如 BF_4^-、PF_6^-、BPh_4^- 或三氟甲磺酸根阴离子($CF_3SO_3^-$)并不产生催化剂活性物种，因为它们与金属的结合非常强；而全氟芳基硼酸酯可以产生活性极高的催化剂。也可以使用中性路易斯酸如 $B(C_6F_5)_3$ 或 CPh_3^+(三苯甲基)或 $[B(C_6F_5)_4]^-$ 的 $HNMe_2Ph^+$ 盐或相关的四芳基硼酸根阴离子来实现活化。该过程已经使用甲基金属配合物进行了详细研究：

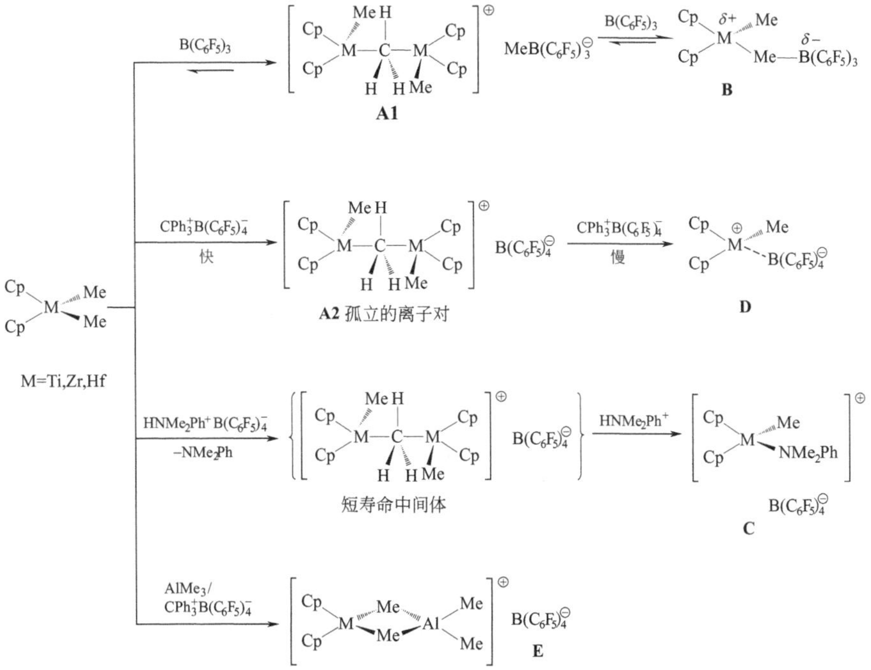

这些过程可以利用光谱跟踪观察。高能量的 14 价电子阳离子物种没有明显地检测到，但是可以通过多种途径实现物种的稳定：

(1)经由与中性分子 Cp_2MMe_2 进行反应制得 **A1** 和 **A2** 结构的类似双核带电离子与外层离子组成离子对(**OSIPs**)；

(2)通过形成 **B** 型的内核球离子(ISIPs)与强配位能力的〔MeB$(C_6F_5)_3$〕$^-$形成离子对；

(3)如果有副产物苯胺生成，则与其形成苯胺加合物 **C**；

(4)形成离子对产物 **D**；

(5)在与三甲基铝(AlMe$_3$)的反应中形成加合物，得到异双核金属配合物离子对 **E**。

重要的是，在烯烃单体环境下形成链增长过程中存在几种处于平衡关联离子对状态的催化活性物种：

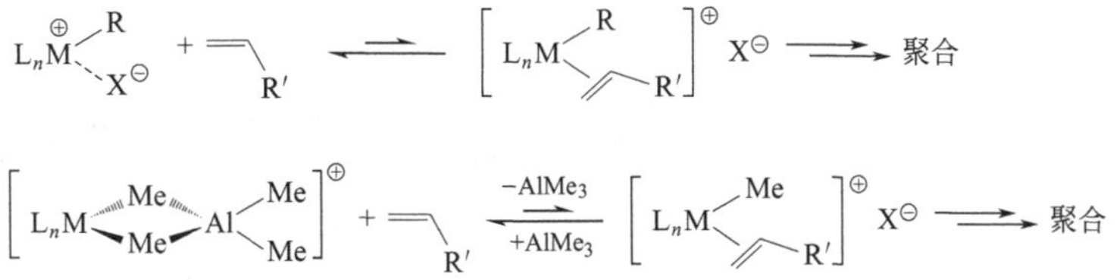

第 4 族金属二卤化物 L_nMCl_2 可以使用 AlBu$_3^i$/CPh$_3^+$〔B$(C_6F_5)_4$〕$^-$混合物作为活化剂，也获得了非常高的烯烃聚合活性。

阴离子负电荷较大的分布范围降低了该阴离子配位到金属催化活性位点上的能力，因此烯烃聚合活性增加。增加阴离子尺寸的方法之一就是桥联两个硼酸盐中心(如用 CN 或 NH$_2$)。因此，特定金属配合物催化剂离子

对 $[L_nM\!-\!R]^+X^-$ 的活性按如下顺序逐渐增加：

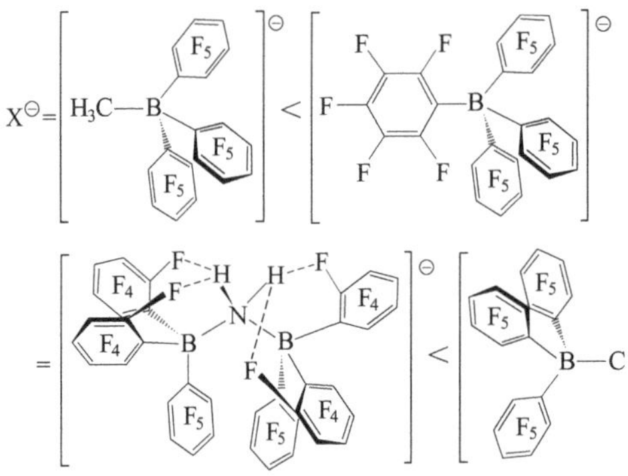

催化剂通过甲基铝氧烷(MAO)活化 甲基铝氧烷(MAO)既用作烷基化试剂又伴作阴离子源。MAO 是低聚物结构 $[\,\text{MeAlO}\,]_n$ 与游离的 AlMe_3 相辅的混合物，平均组成结构通常为 $[\,\text{Me}_{1.4\sim1.5}\,\text{AlO}_{0.75\sim0.80}\,]_n$。最近的研究表明，MAO 由平均分子量约 $1800\text{g}\cdot\text{mol}^{-1}$ 和约三十个铝原子 $(\text{MeAlO})_n(\text{AlMe}_3)_m$ 的物种组成，其中主要组分为 $n\approx23$ 和 $m\approx7$。由于 MAO 是一类结构不确定的混合物种，并且这些低聚物种中只有一小部分能够实现活化催化剂，所以需要提高铝/金属比来获得高的催化活性[通常为 $(1000\sim3000):1$]。

　　MAO 对茂金属二氯化物预催化剂的烷基化是通过氯桥联配合物阳离子物种逐步进行的，氯桥联金属配合物阳离子比中性金属配合物的烷基化快得多。在铝与金属比率足够高的情况下，聚合活性正比地对应于三甲基铝加成的异核双核金属物种和另外难以表征的金属配合物离子对 $[\,\text{Cp}_2\text{MMe}^+\cdots\text{Me}\!-\!\text{MAO}^-\,]$。也有可能，MAO 充当了高反应性和路易斯酸性二甲基铝 (AlMe_2^+) 阳离子的来源，可从茂金属中脱氯原子或脱甲基配体以产生催化活性的茂金属阳离子物种。

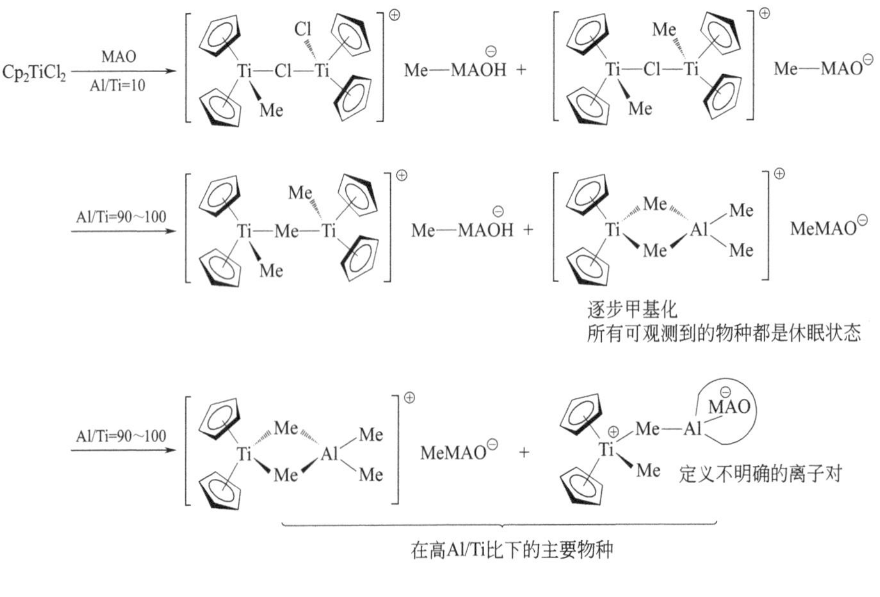

逐步甲基化
所有可观测到的物种都是休眠状态

在高Al/Ti比下的主要物种

　　金属有机与催化导论　　　Organometallics and Catalysis: An Introduction

3.7.2.2 烯烃聚合反应

一般聚合循环　烯烃聚合是通过配位单体在金属配合物上进行分子内亲核进攻实现聚合物链增长。该过程是1,2-插入反应，如下图所示的丙烯的情况。使用茂金属催化剂通常是典型非活性聚合，存在几种状态的休眠物种，例如，抓氢稳定化的离子对以及2,1-错误插入的产物，形成支链烷基并且由于空间效应原因与其他单体反应缓慢。这些休眠状态物种意味着大多数聚合催化中，在任何时间里只有10％～20％的总金属物种参与链增长反应。休眠物种和活性物种处于平衡状态，使得所有金属中心可以携带一个聚合物链。

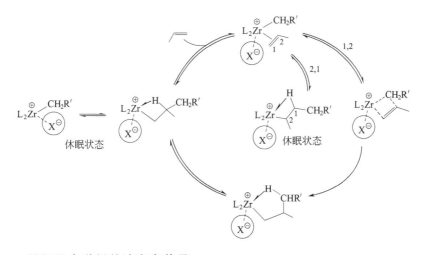

烯烃聚合遵循的速率定律是：

$$-\mathrm{d}[M]/\mathrm{d}t = k_p[C][M]$$

式中，M 代表反应单体；C 代表催化剂；k_p 代表链增长速率常数。

有时会发现单体转化存在更高阶的反应，这表明存在未被识别的平衡，例如存在没有完全引发。聚合度由链增长和链终止的速率常数的比率 k_p/k_t 决定。在许多情况下，这些速率主要依赖于催化剂的位阻因素。

使用高活性茂金属催化剂进行丙烯聚合，其活性可以高于每摩尔催化剂一个压力下每小时生产百吨聚丙烯（$10^8\,\mathrm{g_{PP}\cdot mol_{催化剂}^{-1}\cdot h^{-1}\cdot bar^{-1}}$），即每秒钟约有$10^4$～$10^5$个丙烯单体实现插入反应，并伴随着很好的立体选择性。

链迁移　链迁移以较慢的速率 k_t 进行，链迁移速率通常比链增长速率小2～3个数量级。在1-烯烃聚合反应中链迁移有三个主要途径：β-H 转移至金属、β-H 转移至单体（在大多数情况下是能量最优的途径），并且如果存在 AlR_3 则发生链迁移至金属铝。前两种途径形成末端不饱和的聚合物，而转移到金属铝再水解处理时得到完全饱和的聚合物，后一种途径在 MAO 活化的聚合反应中是常见的。已经发现，催化剂活性和聚合物分子量均由这些体系中三甲基铝的浓度决定。

链行走　通过空间高度受限的 N-芳基取代基抑制 k_t 是二烯偶氮配位镍催化剂成功聚合的关键：用大体积的异丙基 Pr^i 取代基保护活性位点降低了链迁移的速率。在这里，氢消除与单体插入反应相互竞争，使得链增长有时被氢消除与单体再插入反应中断，取而代之地允许了金属上聚合物"链行走"并产生许多支链。因此所得聚合物类似于自由基诱导所形成的低密度聚乙烯。

环化聚合　非共轭二烯以 1,2-方式进行插入，其所含第二个碳碳双键进行插入加成的趋势比新单体插入更快，从而容易形成环化物，如 1,5-己二烯进行的环加成聚合。由于每个五元环含有两个潜手性碳原子，并且环可以是互为顺式或者反式以及等规立构或者间规立构的结构，因此使用合适的配体可以形成许多不同立体规整性的异构体。

苯乙烯聚合　不同于大多数的烯烃插入聚合，由单茂钛配合物催化苯乙烯聚合涉及 2,1-插入的链增长反应，因为苯基做取代基有助于与金属键合的碳原子上的负电荷离域，并且存在一些与金属的 π 相互作用。该聚合反应生成间规立构的聚苯乙烯（s-PS）。

苯乙烯也可以通过阴阳离子和自由基聚合；这可以产生溶解性更好的无规聚合物

SHOP工艺见3.7.3节

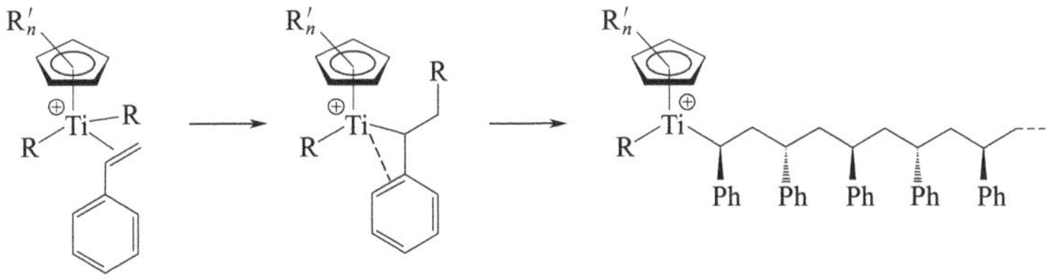

3.7.2.3 立体选择性聚合

1-烯烃如丙烯是潜手性分子。如果在连续聚合步骤中烯烃总是通过相同的 π 面与金属中心形成配位，则得到等规立构的聚合物。

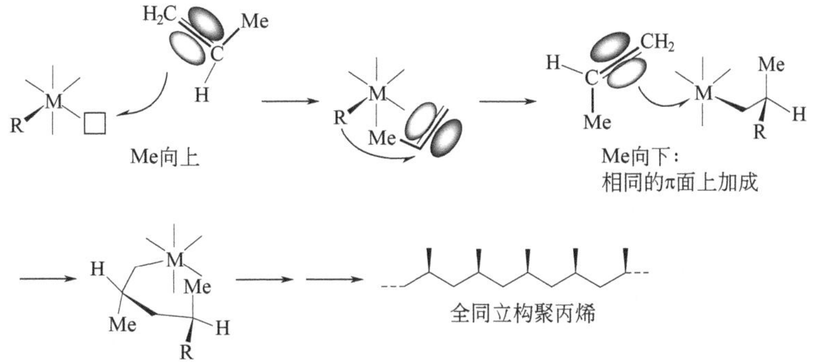

Me向上

Me向下：
相同的π面上加成

全同立构聚丙烯

相反，如果第二单体通过与第一单体相反的 π 面配位，则形成间规立构的聚合物：

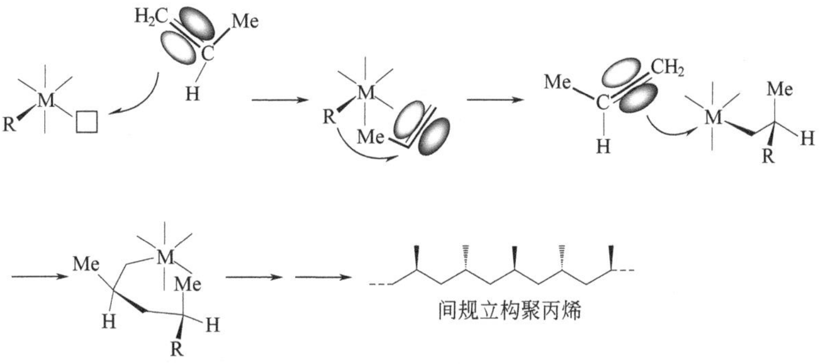

间规立构聚丙烯

这些情况可以通过金属配合物催化剂的配体对称性适当地调整来实现：使用 C_2 对称性的配体可以得到等规立构聚合物，而 C_s 对称性配体增加间规立构聚合反应。例如，通过桥联基团将茂金属中的两个 Cp 配体连接阻止它们旋转，从而得到 C_2 或 C_s 对称的配位环境。以下示意图进行了特别呈现，显而易见，C_2 对称性配体在金属配合物的配位层中形成对角关联略小但更拥挤的配位环境，而 C_s 对称性配体的金属配合物具有镜像结构但配体侧向并不过于拥挤。配体的这种几何形状可以控制聚合物链生长的构象，并且这种构象反过来决定潜手性烯烃中哪个 π 面优先配位。

桥联茂金属 Z(1-Ind)$_2$MCl$_2$ 的合成可以获得两种构象的产物：下图中所示的 C_2 对称金属配合物和其内消旋的异构体，前者作为两种对映异构体外消旋的混合物存在，使用前缀 *rac* 表明。后者的催化活性低得多，并且没有立体选择性聚合。

C_2 对称的配体框架：　　　　　　　　　示意图的正视图

 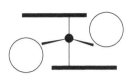

M=Ti,Zr,Hf
Z=SiMe₂,CMe₂,CH₂CH₂, 等

圆圈表示配体球面上更开放的
象限

C_s 对称的配体框架：

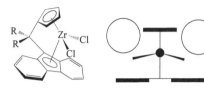

圆圈表示配体球面上更开放的象限

在 C_2 对称性桥联茂金属中，丙烯的甲基取代基将趋向于一个位阻较小的位置，其聚合物增长链则占据另一个位置。由于链增长涉及聚合物链迁移到配位的配位体上，该位点形成空位点实现与下一个单体结合；同样，所含甲基基团指向位阻较小的位置，得到等规立构的聚丙烯。聚合在烷烃溶剂中进行，这些化合物在溶剂中以紧密结合的离子对方式存在，因此必须与阴离子相伴地挨在一起，但这不影响立体化学的控制过程。

类似反应次序也适用于 C_s 对称的芴基配位茂金属催化剂。此时聚合物链总是占据空配位的位置。丙烯的甲基取代基完全适合于芴基配体，从而确保了立体控制。

　金属有机与催化导论　　*Organometallics and Catalysis: An Introduction*

配体的发展实现了催化聚合的立体规整性控制，以及 2,1-错误插入和链终止的控制。例如，茚基配位的 C_5 环上 2-位的烷基取代基能极大地提高聚合物分子量，4-位上的大取代基能增加链长度和立构等规度（表 3.2）。这些实验室修饰结果已经转化到商业上制备所需聚合物产品。

表 3.2　全同立构聚丙烯导向的催化剂结构与材料性能的关系

配合物催化剂	2-R	4-R'	$\overline{M}_w$	聚丙烯熔点/℃	等规度/%
	H	H	36000	138	81.7
	Me	Ph	729000	157	95.2
	Me	1-萘基	875000	161	99.1
	Et	Ph	930000	162	>99

高度间规立构聚合催化剂也有类似的发展，期望获得间规立构聚丙烯（s-PP）产品，其原因是该材料具有优异的光学透明性（由于其均匀和小的微晶结构）、耐辐射和非常高的耐冲击性能。

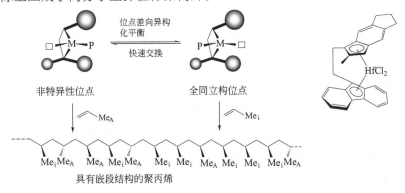

较高的温度下　　　已报道实现最高立体　　　立体选择性：
增加立体选择性　　　选择性s-PP(间规度>99%)　　　R=H<Pr^i><SiMe₃

其他结构配体在链增长中提供了两种非常不同的配位点，一个属于立体选择性位点，另一个属于非立体选择性位点，这可以通过 C_1 对称性金属配合物催化剂实现。假定链摆动的速率比单体插入更快，聚合物链从一个摇摆到另一个摇摆过程中没有单体插入，就能够构建无规和有序的嵌段结构的聚合物。尽管这类催化剂似乎制得了充满立体缺陷的聚合物，但是，这些聚合物在实际应用上可能会是最有趣的，因为它们具有非典型聚丙烯和类似橡胶的弹性。这里所示的 C_1 对称性茂金属的铪配合物催化剂实际上生成了高分子量弹性体聚丙烯。

延伸阅读 3.7.2.3　链穿梭聚合反应

通常，增长中聚合物链从催化位点向主族金属上转移是很慢且没有价值的；然而，该链转移途径可以用于构建以前不能制备的聚合物结构，通过在两种不同催化剂活性中心之间进行聚合物链穿梭来实现不同结构的聚合物制备。

吡啶铪配合物 A 催化乙烯与 1-辛烯共聚形成柔软的聚合物，亚氨基苯酚锆配合物盐 B 催化聚合中没有辛烯参与而产生高结晶线型聚乙烯的硬段；加入二乙基锌（ZnEt$_2$）作为链穿梭试剂使得聚合物链以足够慢的速率在两种催化剂活性中心之间交换，以获得具有硬-软-硬嵌段结构的聚合物。该材料具有通过硬聚合物和软聚合物的机械混合不能达到的特性，在聚合物中硬段和软段实现了相分离。如果这些区域大到足以与光的波长相匹配，则它们像一些蝴蝶的翅片一样折射光并且产生红色或绿色聚乙烯（"光子聚乙烯"）。

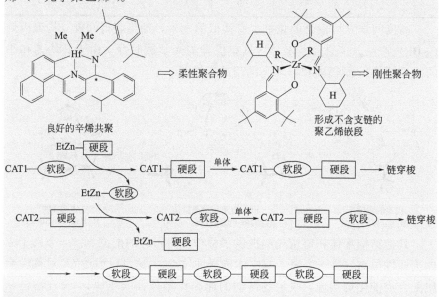

3.7.3　烯烃低聚

乙烯的低聚是制备廉价 α-烯烃的有效途径。低聚产物作为共聚单体（1-己烯、1-辛烯）有实用价值，用于生产可牵伸薄膜和用作包装的线型低密度聚乙烯（LLDPE），以及生产增塑剂（C$_6$～C$_{10}$）或用作表面活性剂醇的反应物（C$_{12}$～C$_{20}$范围）。

催化剂通过两种机理可以进行乙烯低聚：①通过金属环的选择性三聚（甚至四聚）；②通过插入机理低聚得到 Schulz-Flory 统计分布的 1-烯烃。反应高度依赖于配体产生的选择性。

辅助苄基取代的单茂钛配合物催化剂可以选择性地进行乙烯三聚制备 1-己烯。类似地，P-N-P 螯合配体 RN（PAr$_2$）$_2$ 配位铬配合物表现出高活性和高选择性乙烯低聚，而对应的碳桥联二膦 CH$_2$（PAr$_2$）$_2$ 配体所形成铬配合物催化剂活性差且不具有选择性。对于钛和铬配合物，有证据支持催化循环机理中可能包含了价态为 M^{II}/M^{IV} 的金属中心物种。

铁配合物催化乙烯聚合或低聚取决于配合物的空间因素：大体积的 N-芳基取代基如 $2,6\text{-}Pr_2^iC_6H_3$ 得到高分子量聚乙烯，而邻位仅有一个较小的芳基取代基如 $2\text{-}MeC_6H_4$ 则导致更快的链终止和得到乙烯的低聚物。该过程遵循插入机制。

商业化乙烯低聚反应要追溯到最久的壳牌高级烯烃制备工艺（SHOP），使用膦螯合配位镍配合物催化剂。通过乙烯插入和 $\beta\text{-}H$ 消除次序进行反应获得一系列低聚物。较重组分的低聚物（大于 C_{18}）进行异构化形成内烯烃，随后在多相 MoO_3/Al_2O_3 催化剂上用短链烯烃进行烯烃易位反应，以形成更多中等长度的烯烃。

◎ 要点

1-烯烃的聚合反应由路易斯酸性金属中心催化，金属没有或仅含有限接受反馈键的能力。商业上使用烷基铝活化的三氯化钛形成催化剂［齐格勒(纳塔)催化剂］用于生产高密度聚乙烯(HDPE)和等规立构聚丙烯(i-PP)。(二氧化硅负载铬的)菲利普催化剂在工业上用于制备线型聚乙烯。

第 4 族茂金属、半夹心结构以及 N-O 螯合的金属配合物是高活性和可溶性催化剂。

活化过程包括金属-烷基键和配位空穴的形成。聚合反应遵循插入机理。

乙烯与高级 1-烯烃的共聚得到线型低密度聚乙烯(LLDPE)。

铬、铁、钴和镍配合物也有烯烃聚合活性。镍催化剂通过"链行走"过程得到支化聚合物。

配体设计可以控制催化剂的活性、立体选择性、分子量和共聚单体插入率。

保护活性位点的空间结构非常重要，可以提高聚合物的分子量。位阻较小的钛和镍配合物催化剂用于实现乙烯低聚(如 SHOP 工艺)。

⊙ 练习

1. 展示 $AlBu^i_3/CPh_3[B(C_6F_5)_4]$ 活化 rac-$Me_2Si(Ind)_2ZrCl_2$ 的可能机理步骤。

2. 画出内消旋桥联锆氯化物 meso-$Me_2Si(Ind)_2ZrCl_2$ 的结构，解释为什么该催化剂催化丙烯聚合不具有立体选择性。

3. 下列桥联茂金属化合物 A～D 可能表现出：(a)在丙烯聚合中最高的立体选择性；(b)聚合物最高的分子量。陈述你的理由。

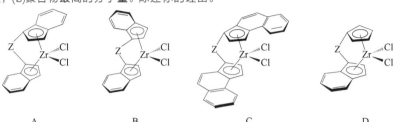

     A   B   C   D

4. 画出以下聚丙烯五重结构的费歇尔(Fischer)投影式：mmmm，mrrm，rrrr，mrmm。从观察到的五重结构 mrrm 和 mrmm 中获得什么样的机理信息，以及为什么不会出现在同一类聚合物中？

5. 一种锆催化剂催化环戊烯聚合，本希望生成 I 型结构聚合物；然而，后来发现其真实聚合物具有 1,3-键联(II)。给出该聚合物形成的机理。

                  I   II

6. 通常会在一些茂金属催化剂中加入一些 H_2 来控制所得聚乙烯的分子量，若用 $PhSiH_3$ 代替氢气会得到什么类型的聚合物？

附录 1 常用溶剂及其性质

名称	结构式	ε 介电常数	性能及用途
丙酮	O‖Me$_2$C=O	20.7	高极性溶剂，对亲脂性和离子化合物都有很好的溶解度，与水任意比例下互溶。在碱或酸进攻作用下会与很多金属碳键发生反应。可通过无水 K_2CO_3 进行干燥。沸点 56℃，熔点 −95℃
乙腈	$CH_3C{\equiv}N$	37.5	高极性、非质子溶剂，可与水以任意比例互溶，可与碱发生反应。对路易斯酸性金属离子配位，通常形成可分离的配合物。能够插入金属碳键。作为良溶剂溶解离子型和极性化合物。沸点 82℃，熔点 −45℃
乙酸(醋酸)	CH_3COOH	6.20	酸性化合物，$pK_a=4.76$；沸点 118℃，熔点 +16℃
苯	C_6H_6	2.28	非极性，溶解能力高于烷烃，高熔点，因而不用于低温反应。长期暴露在苯挥发物环境中苯会在人体富集并导致白血病。沸点 80℃，熔点 +5.5℃
氯苯	C_6H_5Cl	5.69	较大极性的芳香族溶剂，高沸点沸点 131.7℃，熔点 −45.2℃
三氯甲烷(氯仿)	$CHCl_3$	4.81	中等极性的非质子溶剂，对极性和非极性物质均有良好的溶解度，在某些条件下产生游离的氯，疑似致癌溶剂；某些止咳药剂的成分，挥发后人体吸收可导致困倦乏力。沸点 61.2℃，熔点 −63.5℃
环己烷	C_6H_{12}	2.02	非极性溶剂，高熔点，沸点 80.7℃，熔点 +6.5℃
环戊烷	C_5H_{10}	1.97	非极性、低沸点溶剂，沸点 49℃，熔点 −94℃
1,5-环辛二烯,COD			通常用作配体和试剂，沸点 150℃，熔点 −69℃
乙醚	Et$_2$O O	4.27	中等极性、非质子溶剂，与路易斯酸性金属离子配位，是极性金属有机试剂的良溶剂；可吸收水分，在氮气氛围下用金属钠进行干燥，高度易燃。沸点 34.6℃，熔点 −116.3℃
1,2-二氯苯(邻二氯苯)	$C_6H_4Cl_2$ ―Cl Cl	10.12	高沸点、极性芳香溶剂，常被用作液相色谱溶剂，在高温下可溶解聚乙烯；沸点 180℃，熔点 −16.7℃

名称	结构式	ε 介电常数	性能及用途
二氯甲烷	CH_2Cl_2	8.93	极性非质子溶剂，对非极性和部分离子化合物有良好的溶解性，也常被作为脱漆剂和干洗剂。沸点40℃，熔点-95.1℃
二甘醇二甲醚		7.23	高沸点，可作螯合配位醚，有利于配位碱金属，沸点162℃，熔点-64℃
乙二醇二甲醚	$MeOC_2H_4OMe$	7.30	高沸点，可代替乙醚，与THF相比具有低聚合倾向，能形成金属配合物。沸点85℃，熔点-58℃
N,N-二甲基甲酰胺	Me_2NCHO	36.7	极性溶剂，可溶解离子化合物，与水混溶，可作为甲酰化试剂，沸点153℃，熔点-61℃
二甲基亚砜	Me_2SO	4.7	中等极性非质子溶剂，与水混溶，可溶解极性和非极性化合物，可透过皮肤。沸点189℃，熔点$+19$℃
1,4-二氧六环		2.21	高沸点醚，与镁卤化物形成不溶性配位化合物，与水混溶，沸点101.1℃，熔点$+11.8$℃
乙醇	CH_3CH_2OH	24.30	极性质子溶剂，极性低于甲醇和水，可溶解离子型化合物，沸点78.2℃，熔点-114.1℃
乙酸乙酯	CH_3CO_2Et	6.08	极性非质子溶剂，沸点77.1℃，熔点-83.8℃
氟苯	C_6H_5F	5.47	极性非配位芳香溶剂，沸点84.7℃，熔点42.2℃
正庚烷	C_7H_{16}	1.92	非极性饱和烃，常被用作溶剂，沸点高于己烷，沸点98.5℃，熔点-91℃
正己烷	C_6H_{14}	1.89	非极性饱和烃，溶解那些没有或极低偶极矩的物质，有利于从盐副产物中分离出来。沸点68.7℃，熔点-94℃
石油醚	$C_nH_{2n+2}, n \approx 6$	ca.1.9	饱和烃，主要是六个碳的同分异构体，沸程在40~60℃之间，非极性，非质子化溶剂，只溶解无极性或低偶极化的物质，不溶解盐
异丙醇	Me_2CHOH	18.3	极性质子溶剂，极性低于甲醇，与水混溶，用于清洗烧瓶和低温混合物，沸点82.5℃，熔点-89℃
甲醇	CH_3OH	32.63	极性质子溶剂，与水混溶，可溶解离子化合物，可与金属碳键发生反应，沸点65℃，熔点-98℃
甲基环己烷	Me	2.02	非极性溶剂，有较宽的液相温度范围，适用于低温反应，沸点101℃，熔点-126.3℃

名称	结构式	ε 介电常数	性能及用途
N-甲基吡咯烷酮		32.0	极性非质子溶剂,与水混溶,可溶解极性和非极性化合物,沸点202℃,熔点−24℃
正戊烷	C_5H_{12}	1.84	非极性、低沸点溶剂,适用于低温反应,沸点36℃,熔点−130℃
吡啶	C_5H_5N	13.26	强配位芳香溶剂,碱性,吸湿性,与水混溶,与金属离子形成稳定的络合物,沸点115℃,熔点−41.7℃
四氢呋喃	C_4H_8O	7.52	极性非质子性溶剂,与路易斯酸的金属中心可形成能够分离的配合物,是离子化合物的优良溶剂,与水任意比混溶。通过金属钠或者钠/二苯甲酮在氮气保护下干燥沸点66℃,熔点−108.4℃
甲苯	$C_6H_5CH_3$	2.38	非极性芳香族溶剂,对非极性化合物溶解性优于烷烃,沸点110.6℃,熔点−94.9℃

附录 2 羰基金属配合物红外振动的数量和对称性

配合物	对称性	红外波段数量	配合物	对称性	红外波段数量
M(CO)₆（OC、CO 六配位）	O_h	1 （T_{1u}）	M(CO)₄L（L 轴向）	C_{3v}	3 （$2A_1+E$）
M(CO)₄L（L 轴向）	C_{4v}	3 （$2A_1+E$）	M(CO)₄L（L 平面）	C_{2v}	4 （$2A_1+B_1+B_2$）
trans-M(CO)₄L₂	D_{4h}	1 （E_u）	M(CO)₃L₂	D_{3h}	1 （E'）
cis-M(CO)₃L₃	C_{2v}	4 （$2A_1+B_1+B_2$）	M(CO)₂L₃	C_s	3 （$2A'+A''$）
fac-L₃M(CO)₃ C_{3v}		2 （A_1+E）	M(CO)₃	T_d	1 （T_2）
mer-L₃M(CO)₃ C_{2v}		3 （$2A_1+B_2$）	M(CO)₂L₂	C_{3v}	2 （A_1+E）
M(CO)₄	D_{3h}	2 （$A_2''+E$）	M(CO)₂L₂	C_{2v}	2 （A_1+B_1）

附录3 练习题参考答案

章节 1.1

1. 根据 M—C 键极性增加的方向排序：$ZnMe_2$，$LiMe$，$MgMe_2$，BMe_3，$SiMe_4$。

$BMe_3 < SiMe_4 < ZnMe_2 < MgMe_2 < LiMe$

2. 画出上述化合物的结构并确定金属中心的电子数。其中哪个是电子八隅体？

BMe_3 平面三角形，六电子壳层结构；$SiMe_4$ 四面体结构，八电子结构；$ZnMe_2$ 线型结构，sp 杂化，$d^{10}(sp)^4$；$MgMe_2$ 二电子三中心键聚合物结构，四电子；$LiMe$ 三重桥甲基立方烷结构，二电子四中心键，每个锂上两个电子。只有 $SiMe_4$ 具有电子八隅体结构。

3. 为什么说 $C_5H_5^-$（Cp^-）和苯是等电子体？

两者都满足 Hückel 规则，$4n+2$ 电子，属于 6π 电子结构。

章节 1.2

1. 说明锂试剂如何由锂金属制成。应该使用哪种溶剂？给出化学方程式。

$R-X + 2Li \longrightarrow LiR + LiX$。除了不溶解的 LiMe 外，锂试剂是在碳氢化合物中制备的。

2. 丁基锂和碘苯可以发生反应吗？如果可以，是怎样反应的？给出化学方程式并详细说明其机理。

丁基锂通过二电子三中心桥联芳基和烷基配体实现烷基-芳基交换，$Ph-I + BuLi \longrightarrow LiPh + BuI$。配体交换基于锂上空轨道来完成。

3. 在正己烷中，丁基锂以六聚体形式存在，但在四甲基乙二胺中为二聚体，此时产品的结构是怎么样的？锂离子是如何达到电子饱和的？

四甲基乙二胺能够向锂离子提供两个电子对，因而，缺电子（$BuLi$）$_6$ 簇结构破损形成丁基桥联二聚体，并且每个锂离子配位一个四甲基乙二胺。最终的 Bu^- 阴离子不能被替代，原因在于其对锂离子电子态的强吸引力。每个锂是四面体配位，六电子结构。

4. 写出氢化钠与环戊二烯反应的结构和方程式。该产品含有离子或共价金属碳键吗？应该使用哪种溶剂，为什么？给出你的理由。

$NaH + C_5H_6 \longrightarrow Na^+ C_5H_5^- + H_2$。离子化产物，通过溶剂配位到钠离子进行稳定，如四氢呋喃溶剂。

章节 1.3

1. 给出氯苄是怎样反应生成格氏试剂的，应该采用哪种溶剂，为什么？

氯化物和镁在镁晶体表面发生反应。正如该产物，反应过程有极性过渡态，且产物需在极性溶剂下稳定。氯苄上有一个苄位的 C—Cl 键可以受到镁的亲核进攻：$PhCH_2Cl + Mg + 2Et_2O \longrightarrow PhCH_2MgCl(OEt_2)_2$。

2. 镁在生成格氏试剂前后的氧化态是怎么样的？这是什么类型的反应？

反应前是零价，反应后为 $+2$ 价，因此，该反应是氧化反应。

3. 画出 Schlenk 平衡反应的反应步骤。

参见 1.3.2.1 节。

4. 如何利用 Schlenk 平衡制备二烃化镁？

加入 1,4-二氧六环产生不溶的 MgX_2（二噁烷）$_n$，该加合物沉降，在反应平衡反应中析出。没有卤化物的二烃基镁停留在溶液中被分离。

5. 在合成 $[MgPh_2]_n$ 中发生了哪种类型的反应？

类似于芳基铝和芳基锂的结构，为聚合物，相邻的两个苯基彼此垂直。

6. 你认为 CpMgBr 是何种结构，为什么？

在乙醚中，该物质以二聚的 η^5-配位 Cp 和游离溴存在，随着溶剂极性强度增加，键可能会断裂。

章节 1.4

1. 画出 $ZnMe_2$ 和 $[ZnMe_4]^-$ 的合成路线，并给出平衡后的化学方程式。

$$3Zn(OAc)_2 + Al_2Me_6 \longrightarrow 3ZnMe_2 + 2Al(OAc)_3$$

$$ZnMe_2 + 2LiMe \longrightarrow Li_2[ZnMe_4] \text{（线型到四面体）}$$

2. 为什么二乙基锌是单体而乙基氯化锌是聚合体？

每个烷基配体具有强的正电荷诱导（$+I$）效应，造成金属中心更具有富电子，这一方面导致了电子受体轨道能级提升和降低了二乙基锌的路易斯酸性。另一方面，$EtZnCl$ 的金属中心具有更强的路易斯酸性，因而，每个锌将连接三个 Cl^- 形成四面体配位几何构型。

3. 画出苯和乙酸汞的反应机理图。

参阅 1.4.3 节。

4. $Zn(C_5Me_5)_2$ 的结构是什么，为什么在室温下的核磁共振谱也只显示一个信号？

在固态中，一个 Cp^* 是五配位，另一个 Cp^* 是单配位。两个五甲基环戊二烯配体与锌配位的位置存在快速交换最终十个甲基取代基形成时间平均化的单一核磁共振信号。

5. 什么是"Reformatsky 试剂"？

溴甲基羧酸酯对锌进行氧化加成形成含有官能团的烷基锌，该产物就被称为 Reformatsky 试剂。该试剂可以采用格氏试剂的反应方式对有机羰基化合物进行加成。

6. 汞化合物如何用于制备双格氏试剂？

电富性的芳烃可以与亲电的汞化合物，如 $Hg(O_2CCF_3)_2$，反应形成含有两个汞的产物。该产物与 $MgBr_2$ 进行金属转移，是一个选择性制备芳香性双格氏试剂的途径（参阅 1.4.3 章节）。

$$H—R—H + HgX_2 \longrightarrow XHg—R—HgX + HX$$

$$\downarrow MgBr_2$$

$$XMg—R—MgX + HgBr_2$$

7. 什么是"溶剂汞化"？给出反应途径和中间体。

在反应性溶剂 HY 中，富电荷的烯烃与亲电的卤化汞盐 HgX_2 通过含正电荷环状物中间体进行 HgX 和 Y 跨越双键的加成反应。汞和亲核基团 Y 对双键的加成被称为溶剂汞化。

章节 1.5

1. 论述一下 Al_2Me_6 和 $Al_2Cl_2Me_4$ 的结构，说明是哪个轨道互相影响形成的联系，铝的电子分布是怎么样的？

Al_2Me_6 是二电子三中心结构，$[Me_2AlCl]_2$ 满足电子八隅体，其中氯提供三电子。

2. 画出 1-己烯与 9-硼双环 [3.3.1] 壬烷（9-BBN）硼氢化反应的机理和反应产物。

9-硼双环 [3.3.1] 壬烷（9-BBN）是其 $[R_2BH]_2$ 二聚体的单体，反应中二聚体裂解形成单体 [如 R_2BH（OEt_2）结构] 是必需的，再与 1-己烯按照反 Markovnikov 反应的方式进行加成，形成产物 R_2B-1 己基。

3. 三甲基铝和三（五氟苯基）硼是如何反应的，列出中间产物和最终产物。

配体交换是通过二电子三中心中间体结构。由于平衡中一个组分三甲基硼（BMe_3）具有高度挥发性和容易除去，反应平衡向形成产物 $Al(C_6F_5)_3$ 方向移动。

4. 画出 $GaMe_3$ 和 AsH_3 反应的所有步骤，列出中间步骤和最终产物。

逐步进行热质子迁移实现甲烷消除。

$$GaMe_3 + AsH_3 \longrightarrow Me_2GaAsH_2 + CH_4$$
$$Me_2GaAsH_2 \longrightarrow MeGaAsH + CH_4$$
$$MeGaAsH \longrightarrow GaAs + CH_4$$

反应中间体 Me_2GaAsH_2 和 $MeGaAsH$ 进行聚集，将可能在气相反应中提高副反应发生的概率。反应动力学驱动必须控制在表面发生。

5. "Aufbau" 反应是什么，工作原理如何？

乙烯持续插入到 Al-H 和 Al-C 键中形成长链烷烃的铝化物——$Al\{(C_2H_4)_nH\}_3$，这里 n 等于 4~10。这是合成表面活性剂醇的第一步。起始反应步骤乙烯与三氢化铝的加成物的形成，通过氢迁移实现（乙烯插入）。

6. 为什么 Ph（Cl）B—NMe_2 在室温下通过 ^{1}H NMR 检测时会观察到两个甲基的峰？

B-N 键呈现强的双键特征，根源在于氮的孤对电子作为 π-供电体与硼上的电子空轨道成键。

章节 1.6

1. 展示两条路线合成三甲基氯硅烷。

Rochow 工艺：硅加三倍氯化甲基进行氧化加成形成混合产物，然后进行分离。或者，Si_2Me_6 进行卤化裂解。

不能使用格式试剂进行烷基化制备，因为这类反应不能干净地进行，有醚存在，分离困难。

2. Me_3SiCp 的核磁氢谱在 $-10℃$ 下显示有四个信号峰，其比例为 1:2:2:9。而在 $130℃$ 下谱图变简单了，显示只有两个信号峰，其比例为 5:9。请解释该现象产生的原因。

在低温下，$SiMe_3$ 配体对环戊二烯平面空间的转化比较慢，使得环戊二烯的氢核磁裂分明显；但是，升温后，金属与环戊二烯平面配位点快速移动，环戊二烯五个氢的核磁均一化。

3. 三苯基溴化锡与等当量的金属钠反应生成 A 物质，产物 A 继续与二等当量的金属钠反应生成 B。写出上述反应方程式和产物。

$$2Ph_3SnBr + 2Na \longrightarrow Ph_3Sn—SnPh_3（A）+ 2NaBr$$
$$Ph_3Sn—SnPh_3 + 2Na \longrightarrow 2Na + SnPh_3^-（B）$$

4. 六甲基二铝极易与水和氧气发生反应，但是四甲基硅烷和四甲基锡却不行。

请解释其原因。

硅和锡都缺少低能空轨道，因而，Si-C 和 Sn-C 键都是低极性的，Sn-C 键比 Al-C 键极性更弱。低能态缺电子反应意味着 14 族化合物对氧化和氢化都是动力学较稳定的。

5. 请解释为什么含不饱和双键的 R_2Sn 既可以作路易斯酸又能作路易斯碱。

R_2Sn 只有有一个孤对电子，也有一个空轨道可以接受一对电子。

6. 什么是聚硅氧烷？该物质的结构和性能如何，在哪些方面有所应用？

Me_2SiCl_2 的水解产物 $+Me_2Si—O+_x$ 聚合物，柔软和低构象障碍的弹性体材料。热稳定，低闪点，化学惰性。分子量和交联度不同，可用作硅油、橡胶、密封剂、垫圈、医用植入物等。

7. 工业上用四乙基铝锂和二氯化铅反应合成四乙基铅。反应中，四个乙基中只有三个参加了交换，还有一个形成了三氯乙基铝锂。给出该反应平衡后的化学方程式。

二价铅用作起始反应原料，通过二价铅进行歧化反应，得到四价铅和零价铅。我们发现二氯化铅可以结合两个乙基配体，但是铝可以结合三个，二氯化铅和四乙基铝锂以 3∶2 的摩尔比反应，反应过程可以用以下平衡方程式表示：

$$6PbCl_2 + 4LiAlEt_4 \longrightarrow 3PbEt_4 + 3Pb + 4LiAlEtCl_3$$

章节 2.3

1. 举例说明：（1）茂金属配合物；（2）半夹心配合物；（3）芳烃配合物。

（1）茂金属包含两个 η^5-键联 Cp 配位体，Cp_2M 或 Cp_2ML_2，Cp_2Fe，Cp_2TiCl_2 或 $Cp_2Ti(CO)_2$。

（2）半包的夹心配合物包含一个 Cp 或者一个 η^6-芳环配体，如 $CpTiCl_3$、$CpMn(CO)_3$ 或 $CpCo(CO)_2$。

（3）$(\eta^6\text{-}C_6H_6)_2Cr$，$(\eta^6\text{-芳烃})Cr(CO)_3$，$[(\eta^6\text{-芳烃})FeCp]^+$。

2. 指出以下配体与金属配合物的配位电子数：（1）氢化物；（2）氯化物；（3）一氧化碳；（4）PR_3；（5）乙烯；（6）1,3-丁二烯；（7）环庚三烯；（8）环戊二烯基。

（1）1，（2）3，（3）2，（4）2，（5）2，（6）4，（7）7，（8）5。

3. 下列复合物中金属中心的电子数分别是多少？（1）Cp_2Co；（2）$[Cp_2Co]^+$；（3）Cp_2Ni；（4）$CpMn(CO)_3$；（5）$Fe(CO)(1,3\text{-丁二烯})_2$；（6）$Co(NO)(CO)_3$；（7）$CpNi(\eta^3\text{-烯丙基})$；（8）$Ni(C_2H_4)_2(PPh_3)$。

（1）19，（2）18，（3）20，（4）18，（5）18，（6）18，（7）18，（8）16。

4. 练习 3 中配合物的金属氧化态是什么形式？

（1）Ⅱ，（2）Ⅲ，（3）Ⅱ，（4）Ⅰ，（5）0，（6）0，（7）Ⅱ，（8）0。

章节 2.4

1. 请将下列物质增加 π-受体强度的大小排序：NO^+，$P(OMe)_3$，$N\equiv CR$，PBu_3^t，PCl_3，PPh_3，CO，NH_3。

$NH_3 < N\equiv CR < PBu_3^t < PPh_3 < P(OMe)_3 < PCl_3 < CO < NO^+$

2. 为什么托尔曼锥角是由 Ni—PR_3 构成的，而不是自由的 PR_3？

托尔曼锥角就是基于膦配位后所成的夹角。不同取代基的膦配体对 C-P-C 键角的影响很小，自由膦没有考虑取代基的问题，配位后含有邻位取代基的膦对金属原子中心产生屏蔽。

3. 为什么炔烃和亚胺配体两者被称作四电子供体？请描述一下这个结构。

炔烃被认为是四电子给体，形成了很多 16 电子或者 18 电子的金属配合物。这将导致其三键的还原从而使 R-C-C 键角低至 140° 和拉长其中的键长，以致改变其 ^{13}C NMR谱的信号。

亚胺配体 NR 在氮上有 4 个电子,包括孤对电子,可以作为 π-电子供体与金属上的接受电子轨道成键。其结果使 M-N 键长更短和形成线型 M-N-R 结构。相同的原因,金属烷氧基和芳羟基与缺电子金属中心形成线型结构。

4. 请解释为什么 CO 与强亲金属阳离子配位呈现的伸缩振动频率往往高于自由一氧化碳的伸缩振动频率。

一氧化碳中碳中心上孤对电子弱化了 C-O 反键,通过与亲电体(在最简单的情况下,H^+)反应可消除该相互作用的影响。在没有其他配体配位的情况下,金属离子作为很强的亲电体与一氧化碳配位,该配位中一氧化碳是纯粹的 σ 电子给体,占据了的 d 轨道在能量上太低以至于不能起到形成反馈键的作用。

章节 2.5.1 和 2.5.2:

1. 请解释固体 $Co_2(CO)_8 = [(OC)_3Co(\mu\text{-}CO)]_2$ 中没有 Co—Co 键。这个化合物是否符合 30VE/34VE 规则?

可以想象 $Co_2(CO)_8$ 由两个 $(OC)_3Co$ 单体组成,两个单体通过桥联 CO 类酮单键连接,形成钴电子为 16 的配位模式。第二个桥联 CO 的孤对电子形成二电子三中心键。换句话讲,每个 $Co(CO)_3$ 可以认为是 34VE 双核簇的分子碎片,这里两个 CO 配体形成离域四电子桥单元,不含 Co—Co 键。

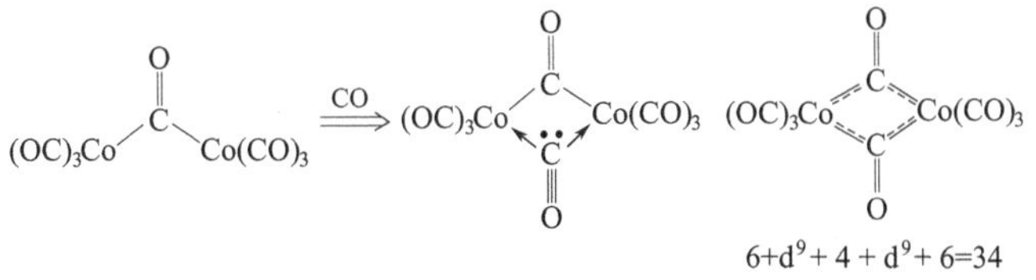

$$6 + d^9 + 4 + d^9 + 6 = 34$$

2. 请描述 $[CpFe(CO)]_2(\mu\text{-}CO)(\mu\text{-}CH_2)$ 的成键情况。

这里也认为 CO 是四电子离域桥:

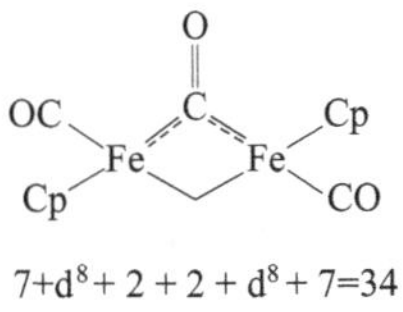

$$7 + d^8 + 2 + 2 + d^8 + 7 = 34$$

3. 讨论 $(Cp^*Re)_2(\mu\text{-}CO)_3$ 的电子计数和结构。

该结构图示在 2.5.3.2 节中,该配合物属于 30 电子三重叠类型,以离域 $Re_2(\mu\text{-}CO)_3$ 为中心。

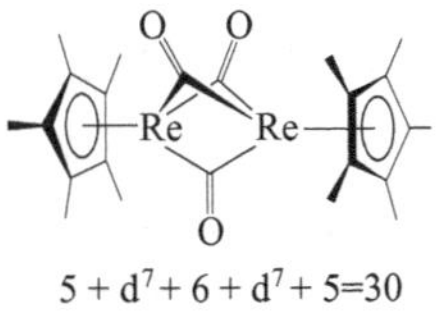

$$5 + d^7 + 6 + d^7 + 5 = 30$$

4. 在簇化物中下面的分子碎片贡献了多少电子:$Fe(CO)_3$,$Mn(CO)_3$,$\mu\text{-}CO$,$\mu\text{-}C_4H_4BR$,$\mu\text{-}C_6H_6$,$\mu\text{-}CR$,$\mu\text{-}CH_2$。

$Fe(CO)_3$:$8 + 6 - 12 = 2$;$Mn(CO)_3$:1;$\mu\text{-}CO$:2;$\mu\text{-}C_4H_4BR$:4;$\mu\text{-}C_6H_6$:6;$\mu\text{-}CR$:3;$\mu\text{-}CH_2$:2。

章节 2.5.3～2.5.8:

1. 烷基金属羰基 R—$M(CO)_x$ 插入 CO 产生相应的酰基金属化合物。相比之下,金属羰基氢化物 $HM(CO)_x$ 和 CO 反应未得到相应的甲酰基金属化合物$(CO)_xM$—CHO。解释这个现象。

金属-氢键比金属-碳键的强度更强,形成金属-甲酰基键是一个吸热反应,与之对应,一氧化碳插入到金属-烷烃键的反应是一个放热反应:吸电子酰基配体与金属成键比供电子烷基与金属成键强度更大。然而,金属-甲酰基配合物可以通过分子内氢化物配位一氧化碳加成制备。

2. 在 ^{13}CO 氛围下用光照射 $ClRe(CO)_5$ 可制得相应含有 ^{13}C 的化合物,展示该反应的立体过程。

一氧化碳解离相对氯配体发生在 *cis*-位置,因此,^{13}CO 加入到配合物中采用 *cis*-位置,而不是 *trans*-位置。

3. 确定 $Mn_2(CO)_{10}$ 进行以下反应的产物和化学方程式:(1)与过量的吡啶反应生成产物 A;(2)与当量的溴发生反应生成产物 B;(3)与钠汞齐进行反应生成产物 C;(4)产物 C 与碘甲烷进行反应生成产物 D 和无机盐。D 暴露在一氧化碳气氛中生成产物 E,E 的红外伸缩光谱吸收在 $2115cm^{-1}$、$2011cm^{-1}$、$2003cm^{-1}$ 和 $1664cm^{-1}$。列出产品 A 至 E,并绘制反应的途径。

这些反应是具有代表性的反应:(1)零价锰歧化为正二价锰和负一价锰(A),该反应受到吡啶高效配位两价锰形成配合物的驱动;(2)与溴亲电试剂反应使金属-金属键断裂(B);(3)与钠供电子体反应使金属-金属键断裂(C),随后作为氧化态负一价的金属与碘甲烷进行氧化加成反应形成化合物 D。一氧化碳可以插入到化合物 D 的锰-甲基键中形成金属酰基化合物 E。

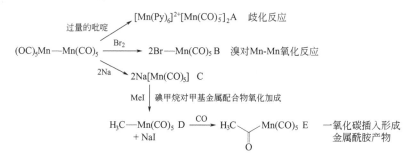

4. $PtCl_2(CO)_2$,第三金属周期二价金属羰基化合物,羰基红外吸收出现在 $\nu_{CO}=2175cm^{-1}$。$Cp_2W(CO)_2$,另一个第三金属周期二价金属羰基化合物,羰基红外吸收出现在 $\nu_{CO}=1872cm^{-1}$ 和 $1955cm^{-1}$。这说明 M—CO 成键有什么不同?

二价铂(Ⅱ)氯化物是缺电子的,不具有发散的高能态 d 轨道电子进行反馈成键。二价铂(Ⅱ)一氧化碳配合物属于非典型一氧化碳成键类型。

$Cp_2W(CO)_2$ 似乎可以算作 20VE 化合物,但事实上是结构不定,含有环戊二烯基,一个五电子配位 η^5-成键和一个三电子配位 η^3-成键。由于钨是前过渡金属,具有高能态 d 轨道,配合物富电子并延伸形成到一氧化碳配体上的反键,降低了 C—O 伸缩振动的频率。

5. 为什么 $Co_2(CO)_8$ 上一氧化碳配体的取代比 $Ni(CO)_4$ 快得多?

$Co_2(CO)_8$ 能够解离形成 17 电子的自由基 $Co(CO)_4$。奇数电子配合物比偶数电子配合物上的配体取代反应快很多。$Ni(CO)_4$ 只有四个配位,是 18 电子物种,配体取代必然含有一氧化碳解离,因而存在高的反应能垒。

6. 什么是水煤气转化(WGS)反应以及如何进行催化?

水煤气转化(WGS)反应从一氧化碳与水的反应中产生氢气:$CO+H_2O \Longrightarrow CO_2+H_2$。是一个平衡反应,热力学上是有利的反应。催化可以使用许多金属实现,最为显著的是铁和钌,羟基 OH^- 对配位的一氧化碳进行亲核进攻在金属表面形成 M—COOH

物种,该物种分解形成金属氢化物 M—H 和 CO_2。金属氢化物与质子 H^+ 反应释放出 H_2。

章节 2.6

1. 为什么增加催化量的 $SnCl_2$ 有利于 $K_2[PtCl_4]$ 与乙烯反应形成蔡斯盐 $K[PtCl_3(C_2H_4)]$?

这是对位(*trans*)效应的应用。$SnCl_2$ 插入到 Pt—Cl 键中形成 Pt—$SnCl_3$,该结构使得对位 Pt—Cl 不稳定,促进乙烯对此的取代反应。$SnCl_2$ 插入反应是一个可逆反应。

2. 请根据以下化合物中烯烃或者炔烃配体的旋转能垒次序进行排序:(1)$(Ph_3P)_2Ni(C_2H_4)$;(2)$Fe(C_2H_4)(CO)_4$;(3)$[PtCl_3(C_2H_4)]^-$;(4)$Cp_2Zr(C_2H_4)(PMe_3)$;(5)$Ni(1,5-COD)_2$;(6)$(Ph_3P)_2Ni(C_2Ph_2)$。并给出排列的理由。

旋转能垒是反馈键的标尺,能垒增加的次序依赖于元素周期表从右向左氧化态降低、供电配体增强以及烯烃或炔烃配体 π-受电子能力:

$[PtCl_3(C_2H_4)]^- <Ni(1,5-COD)_2 <(Ph_3P)_2Ni(C_2H_4)<(Ph_3P)_2Ni(C_2Ph_2)<$
$Fe(C_2H_4)(CO)_4,Cp_2Zr(C_2H_4)(PMe_3)$

3. 列出以下转化过程中的系列反应与反应中间体。

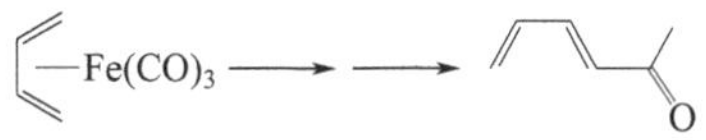

在三氯化铝催化下乙酰氯与(丁二烯)$Fe(CO)_3$ 进行酰基化反应,随后进行 $Fe(CO)_3$ 分子碎片的氧化消除。

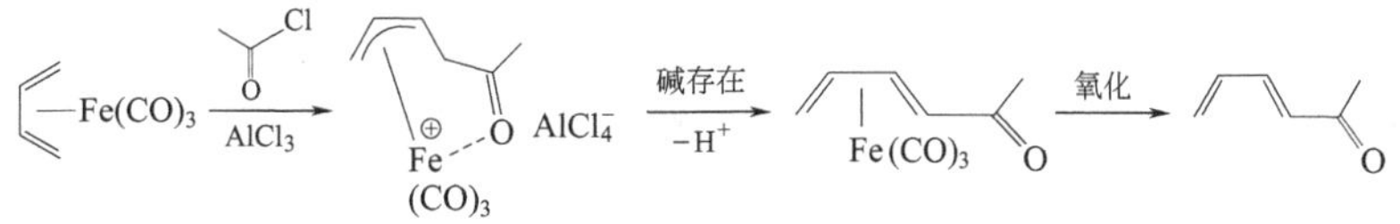

4. 讨论 $Pt(C_2Ph_2)_2$ 的成键情况。哪种电子因素可以有效描述该配合物,为什么该物质不是平面型结构?

Pt(0),d^{10},与三个两电子配体可以假设形成 16 电子平面三角形结构配合物,或者 18 电子四面体结构配合物。炔烃能够作为四电子供体配体,因此,铂配合物更趋向于四面体结构,该结构可以化解两个配体的立体排斥力。

5. 画出一价钴催化内炔烃和腈类反应制备吡啶化合物的反应历程和中间体产物。

该反应由 $CpCo(C_2H_4)_2$ 催化实现,进行炔烃的碳-碳偶合以及腈类参与的金属化合物中间体化合物:

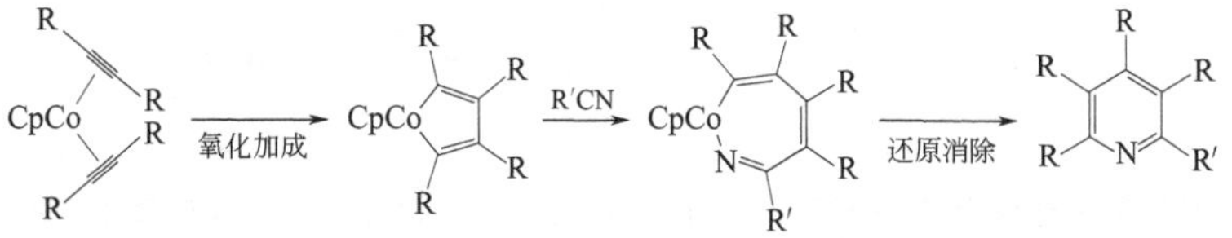

章节 2.7

1.$[(\eta^2-C_3H_6)PdCl_2]_2$ 与碱发生反应生成什么产物?

碱实现对丙烯的脱质子化反应,消除 HCl 的同时生成$[(\eta^3-烯丙基)Pd(\mu-Cl)]_2$。

2. 零价镍配合物催化 1,3-丁二烯二聚生成 4-乙烯基环己烯(VCH),该化合物可以被氧化形成苯乙烯。画出形成 4-乙烯基环己烯过程的所有中间体化合物,并描述反应过程。

延伸阅读 2.7.1 图示了反应过程。亚磷酸盐配位有利于形成 4-乙烯基环己烯(VCH)。丁二烯在零价镍上二聚促进氧化加成形成 η^1,η^3-二丙烯基配合物。在配体为亚磷酸盐的帮助下进行还原消除,形成 4-乙烯基环己烯(VCH)。

3. 画出下列物质在亲核试剂存在下,二氯化钯促进反应的历程和反应中间体化合物:

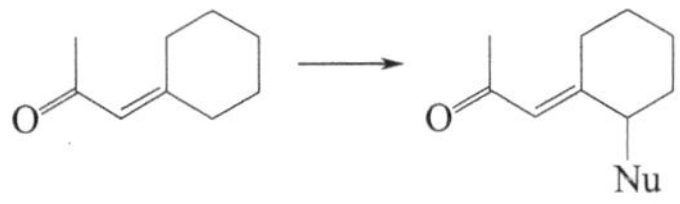

PdCl$_2$ 与 C═C 进行配位,然后失去一个氯化氢和形成(η^3-烯丙基)Pd 反应中间体。亲核试剂 Nu$^-$ 在 3 位上进攻形成产物,零价钯和氯离子。

章节 2.8.2

1. 计算下列物质的金属氧化态、价电子数和磁性:Cp$_2$V,Cp$_2^*$TiH,Cp$_2$Zr(CO)$_2$,Cp$_2$NbCl$_2$,[Cp$_2$WH$_3$]$^+$,(C$_5$H$_4$Me)$_2$Mn,Cp$_2$Ru,[Cp$_2$Ni]$^+$,Cp$_2$Co。哪些化合物满足 18 电子规则?

Cp$_2$V:V(Ⅱ),15VE,高自旋 d^3,顺磁性的;　　　(C$_5$H$_4$Me)$_2$Mn:Mn(Ⅱ),17VE,d^5,顺磁性的;

Cp$_2^*$TiH:Ti(Ⅲ),15VE,d^1,顺磁性的;　　　Cp$_2$Ru:Ru(Ⅱ),18VE,反磁性的;

Cp$_2$Zr(CO)$_2$:Zr(Ⅱ),18VE,d^2,反磁性的;　　[Cp$_2$Ni]$^+$:Ni(Ⅲ),19VE,d^7,顺磁性的;

Cp$_2$NbCl$_2$:Nb(Ⅳ),17VE,d^1,顺磁性的;　　　Cp$_2$Co:Co(Ⅱ),19VE,d^7,顺磁性的;

[Cp$_2$WH$_3$]$^+$:W(Ⅵ),18VE,d^0,反磁性的。

2. 描述一下 Cp$_2$TiCl$_2$ 和 AlMe$_3$ 反应,解释 Tebbe 试剂 Cp$_2$Ti(μ-CH$_2$)(μ-Cl)AlMe$_2$ 的形成。该试剂如何与酮类化合物发生反应?

首先是单烷基化反应,其次是 C—H 键活化,再与烷基铝反应形成 Tebbe 试剂 Cp$_2$Ti(μ-CH$_2$)(μ-Cl)AlMe$_2$。

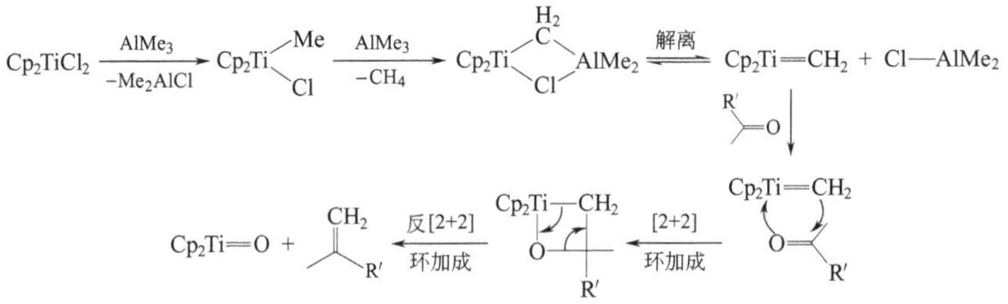

3. 写出下列化学反应的方程式,给出产物的结构并解释所参与反应发生的原因:

(1) Cp$_2$TiCl$_2$ + 2CpMgBr;(2) Cp$_2^*$ZrH$_2$HCl;(3) Cp$_2$WH$_2$ + HBF$_4$(OEt$_2$);(4)(C$_5$H$_4$SiMe$_3$)$_2$ZrH$_2$+CPh$_3^+$;(5)Cp$_2$HfCl$_2$+2LiEt;(6)Cp$_2$ZrCl$_2$+2EtMgBr+1-己烯;(7)[Cp$_2$ZrMe(THF)]$^+$+1)H$_2$ 和 2)1-己烯。

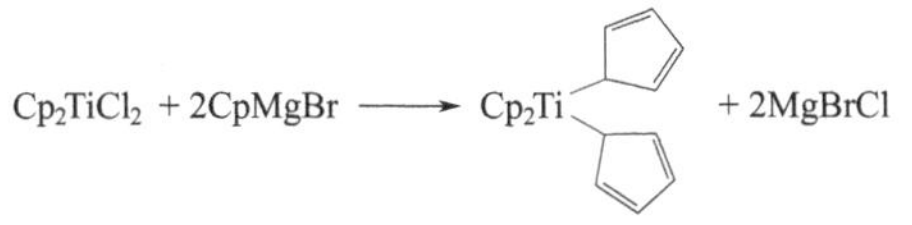

$Cp_2TiCl_2 + 2CpMgBr \longrightarrow Cp_2Ti \overset{\text{(二烯基环)}}{} + 2MgBrCl$ 烷基化反应

$Cp_2^*ZrH_2 + HCl \longrightarrow Cp_2^*ZrHCl + H_2$ 氢化物 Zr-H 质子化反应放氢

$Cp_2WH_2 + HBF_4(OEt_2) \longrightarrow [Cp_2WH_3]^+BF_4^-$ 钨具有 d^2 电子结构，充当碱，孤对电子质子化

$(C_5H_4SiMe_3)_2ZrH_2 + CPH_3^+ \longrightarrow \{[(C_5H_4SiMe_3)_2Zr]H_3\}^+ + HCPh_3$ 三苯甲基正离子 CPh_3^+ 抽提 H^- 的例子。
正电荷氢加成到中性 $Cp_2'ZrH_2$ 形成氢桥联双核金属化合物

$Cp_2HfCl_2 + 2LiEt \longrightarrow Cp_2HfEt_2 + 2LiCl$ 烷基化反应
烷基铪化合物，对于 β-H 消除比较稳定，能够分离出来

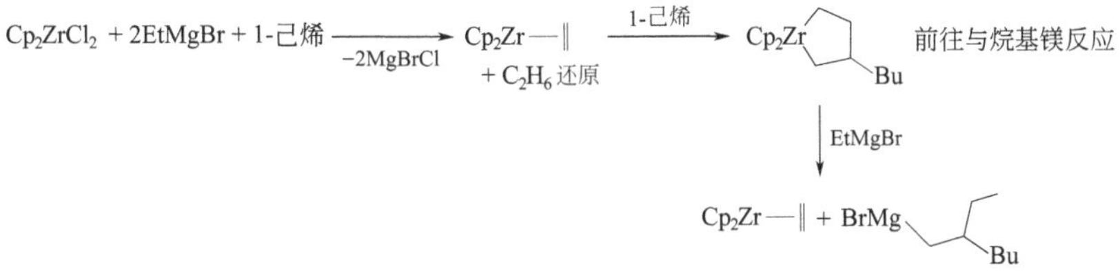

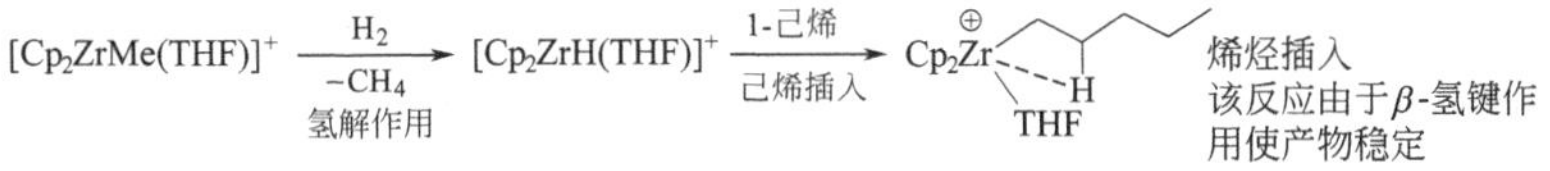

$Cp_2ZrCl_2 + 2EtMgBr + 1\text{-己烯} \xrightarrow[\substack{-2MgBrCl \\ +C_2H_6 \text{还原}}]{} Cp_2Zr\text{—}\| \xrightarrow{1\text{-己烯}} Cp_2Zr\overset{\text{Bu}}{\bigcirc}$ 前往与烷基镁反应

$\downarrow EtMgBr$

$Cp_2Zr\text{—}\| + BrMg\text{（带Bu支链）}$

$[Cp_2ZrMe(THF)]^+ \xrightarrow[\text{氢解作用}]{\substack{H_2 \\ -CH_4}} [Cp_2ZrH(THF)]^+ \xrightarrow[\substack{\text{己烯插入}}]{1\text{-己烯}} Cp_2Zr\overset{\oplus}{\underset{THF}{\diagdown}}_H$ 烯烃插入
该反应由于 β-氢键作用使产物稳定

4. 解释练习 3(1) 中观察到不稳定化合物变化过程的原因。

见 2.8.1 节介绍。

5. 什么是桥联茂金属以及这类化合物有哪些特性和应用？

桥联（也称为柄状）茂金属化合物，是两个环戊二烯基经由一个桥联基团与金属形成的夹心结构的化合物。该结构阻碍了环戊二烯基的旋转和改变了环戊二烯配体的倾角，相应地影响前线轨道的能级。桥联茂金属广泛用作端烯烃聚合的催化剂。

章节 2.8.3

1. 给出下列物质合成单茂金属配合物的合成路线和方程式：(1) $TiCl_4$；(2) $Mo(CO)_6$；(3) $Fe(CO)_5$；(4) $[RhCl(C_2H_4)_2]_2$。

(1) $TiCl_4 + C_5H_4SiMe_3 \longrightarrow CpTiCl_3 + Me_3SiCl$ 有机硅基环戊二烯作为环戊二烯基对等物

(2) $Mo(CO)_6 + NaCp \longrightarrow Na^+[CpMo(CO)_3]^- + 3CO$ 一氧化碳被环戊二烯基取代

(3) $Fe(CO)_5 + CpH \longrightarrow [CpFe(CO)(\mu-CO)]_2 + H_2$ 一氧化碳被环戊二烯基取代，形成一氧化碳桥联二聚体结构参见 2.5.2 节

(4) $[RhCl(C_2H_4)_2]_2 + NaCp \longrightarrow [CpRh(C_2H_4)_2]_2 + NaCl$ 卤素易位（交换）

2. 策划下列化合物的合成路线，讨论其结构与成键情况：(1) $[CpNi(CO)]_2$；(2) $CpNi(NO)$；(3) $[CpNi(PPh_2)]_2$；(4) $[CpNi(PPh_3)_2]BF_4$；(5) $[CpNi(PEt_3)]_2$。

(1) $Ni(CO)_4 + Cp_2Ni \longrightarrow [CpNi(\mu-CO)]_2 + 2CO$ 二价镍和零件镍（反歧化）归中反应形成 34VE 双核一价镍化合物。结构讨论参见 2.5.2 节

(2) $Cp_2Ni + NO \longrightarrow CpNi(NO) + 0.5(Cp)_2$ 一氧化碳镍配合物，一氧化氮作为三跳杆结构电子配体，18 电子结构

(3) $[CpNi(\mu-CO)]_2 + Ph_2P\text{—}PPh_2 \longrightarrow CpNi\overset{\substack{Ph_2 \\ P}}{\underset{\substack{P \\ Ph_2}}{\diagup\diagdown}}NiCp$ P_2Ph_4 氧化加成，18 电子配合物

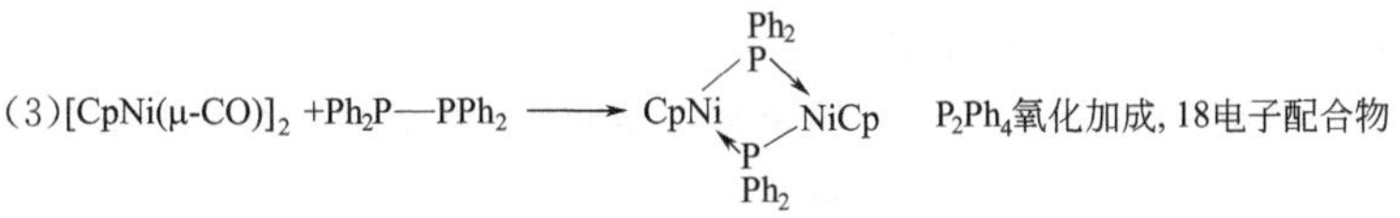

(4)$Cp_2Ni + NiCl_2(PPh_3)_2 \longrightarrow 2CpNiCl(PPh_3) \xrightarrow[-2AgCl]{2AgBF_4, 2PPh_3} 2[CpNi(PPh_3)_2]^+ BF_4$

阳离子 18 电子配合物

(5)$2CpNiCl(PEt_3) + 2Na \longrightarrow$

二价镍氯化物被钠还原,有两种结构可能:一个非桥联一价 Ni—Ni 键,或者形成环戊二烯桥联。这里展示形成的化合物含有没有支撑的 Ni—Ni 键

3. 请解释为什么(η^5-茚基)$Rh(C_2H_4)_2$ 中 CO 代替乙烯的反应速率要远高于(η^5-C_5H_5)$Rh(C_2H_4)_2$ 反应数个量级?

这是茚基配位方式 $\eta^5 \rightarrow \eta^3$ 滑动动力学效应的另一个实例:只有茚基存在的配合物形成了 16 电子中间物种,非常易于一氧化碳配位及对乙烯的交换。

章节 2.9

1. 请绘出下列化合物的结构,确定其金属氧化态和电子数:(1)$[Cr(C_6H_6)_2]^+$;(2)$Cr(C_6H_3Me_3)_2$;(3)$Cr_2(C_6H_3Me_3)_3$;(4)$(C_7H_7)Mo(CO)_2Br$;(5)$U(C_8H_8)_2$。

这些化合物的结构都在正文中出现过。(1)$[Cr(C_6H_6)_2]^+$:Cr(Ⅰ),17VE。(2)$Cr(C_6H_3Me_3)_2$:Cr(0),18VE。(3)$Cr_2(C_6H_3Me_3)_3$:Cr(0),每个铬 15VE,避免对桥联芳基重复计算电子数;整个双核金属是 30VE。(4)$(C_7H_7)Mo(CO)_2Br$:假设环庚三烯基是正一价 $C_7H_7^+$,可以认为钼是零价钼 Mo(0),或者假设环庚三烯基是负三价 $C_7H_7^{3-}$,其中钼为正四价 Mo(Ⅳ),两种情况下都是 18VE。(5)$U(C_8H_8)_2$:$Us^2d^1f^3 + 2 \times 8 = 22VE$。

2. 以氯苯为原料,通过芳基三羰基铬合成策略制备 2-苄基-苯甲醚。

3. 为什么环辛四烯(COT)配体在 CpTi(COT)配合物中是平面构型,而在 CpCo(COT)配合物中是非平面构型?

配合物 CpTi(COT)含有三价钛,键联到芳香性负二价环辛四烯阴离子(共平面结构),COT^{2-},形成 16 电子金属配合物。在钴配合物中,钴是一价的,环辛四烯(COT)配体中两个双键提供四电子配位,形成 18 电子配合物(环辛四烯不形成共平面)。

章节 2.11

1. 设计最佳合成路线制备以下化合物:(1)$Zr(CH_2Ph)_4$;(2)$TiBr_3(CH_2Ph)$;(3)$Cp_2TiMeCl$;(4)$(Me_3P)_2ClNi—C(O)Me$。

(1)四氯化锆与苄基格氏试剂进行烷基化制备四苄基锆化合物,$Zr(CH_2Ph)_4$:$ZrCl_4 + 4RMgCl \longrightarrow ZrR_4 + 4MgCl_2$。

(2)烷基混合配体化合物,如苄基三溴化钛 $TiBr_3(CH_2Ph)$,最好通过反歧化(归中)反应制备:$TiR_4 + 3TiBr_4 \longrightarrow 4RTiBr_3$。

(3)使用甲基锂进行反应会实现全部烷基化,三甲基铝有更好的选择性:$Cp_2TiCl_2 + AlMe_3 \longrightarrow Cp_2TiMeCl + Me_2AlCl$。

（4）乙酰氯对 NiL_4 进行氧化加成或者等摩尔一氧化碳与 $NiMeClL_2$ 反应都能制备产物，$(Me_3P)_2ClNi—C(O)Me$。

2. $TiPr_4^i$ 和 $Ti(1\text{-降冰片基})_4$ 都含有包含六个 $\beta\text{-H}$ 的烷基配体和具有相同的电子数。解释为什么 $TiPr_4^i$ 非常不稳定，而 $Ti(1\text{-降冰片基})_4$ 是可以分离的配合物？

四(1-降冰片基)钛，$Ti(1\text{-降冰片基})_4$，含有桥头堡烷烃，尽管有六个 $\beta\text{-H}$，$\beta\text{-H}$ 消除将在桥联位置形成张力很高的烯，该反应是（热力学上）不利的。对于四（异丙基）钛，$TiPr_4^i$，没有这类限制，$\beta\text{-H}$ 消除比较容易。

3. 单烷基钛配合物，乙基三氯化钛 $TiEtCl_3$，是不稳定的，但是加入双膦 $1,2\text{-}C_2H_4(PMe_2)_2$（dmpe）可以分离获得配合物。讨论这种化合物中烷基键合情况。

膦配位加成形成了六配位金属配合物，稳定了烷基钛化合物。然而，中心金属只是 12VE，仍然没有电子饱和，乙基的 $\beta\text{-C}$ 上的氢与金属形成氢键。这类键可以是流动的，在低至 $-90℃$ 温度下甲基上三个氢都是可以交换的。这是 $\beta\text{-H}$ 金属键一个经典的例子。

4. 给出选择性制备下列物质适当的合成路线：

（1）$Cp(CO)(^{13}CO)Fe—C(O)CH_3$；（2）$Cp(CO)_2Fe—{}^{13}C(O)CH_3$；（3）$Cp(CO)_2Fe—C(O)^{13}CH_3$

问题示例了迁移插入过程、氧化加成和配体上的分子间亲核进攻。

5. 给出 2-苯基吡啶和氯化钯反应的预期产物，写出其反应的机理。

这是一个标准的邻位金属化例子，吡啶氮原子指向具有亲电性的二价钯离子位置。氯离子起碱的作用帮助碳正离子化中间体上的氢转移。

6. $[Cp_2YCl]_2$ 和 $NaAlMe_4$ 反应生成烷烃溶剂可溶的化合物 A,使用吡啶处理 A 得到 B。采用凝固点降低法在苯中测量 B 化合物的分子量为 450 ± 40,元素分析结果表明该物质中没有氮元素。向化合物 B 中加入少量四氢呋喃生成化合物 C。确认化合物 A、B、C,写出相关化学反应方程式和产物的结构。

Cp_2YCl(以及其他相关镧系金属配合物)与四甲基铝阴离子 $[AlMe_4]^-$ 反应,形成杂核双金属配合物 $Cp_2Y(\mu\text{-Me})AlMe_2(A)$。使用吡啶处理抽提出三甲基铝 $AlMe_3$ 作为配合物 $AlMe_3(Py)$,剩下双核金属配合物 $[Cp_2Y(\mu\text{-}CH_3)]_2(B)$。在化合物 A 和 B 中都有甲基桥联形成二电子三中心键,类似于 Al_2Me_6。分子量测试显示化合物 B 是二聚体。四氢呋喃可以解离这个二聚体,形成化合物 $Cp_2YMe(THF)(C)$。

章节 2.12

1. 设计两条不同的合成路线制备 $(OC)_5Mo=CPh_2$。

可能的合成路线:

(1) 利用卡宾作前驱体:

(2) 利用 $PhCHN_2$ 作原料:

(3) 利用亚胺作原料:

2. 下列化合物 (1) $(OC)_5Cr=CPh(OMe)$ 和 (2) $Cp_2TaMe(CH_2)$ 通常使用什么化学反应展示其亲核或亲电特征?

对于 Fischer 类卡宾,亲核进攻是可能进行卡宾取代基交换的,例如,与烷基锂或者芳基锂反应。与之对应,通过 $[Cp_2TaMe_2]^+$ 脱质子化形成卡宾化合物 $Cp_2TaMe(CH_2)$,这是一个可逆反应。相似地,钽卡宾对三甲基铝上的碳进行加成,与此同时,Fischer 类卡宾化合物 $(OC)_5Cr=C(OMe)R$ 与三甲基铝成键是通过甲氧基而不是碳加成。

3. 如果 $R^1CH=CHR^2$ 和 $R^3CH=CHR^4$ 混合物进行烯烃易位反应,将会形成多少种产物?

在易位反应中,每个末端基都可以与其他末端基团进行组合($n=1,\cdots,4$)。

$1+1,2,3,4$

$2+2,3,4$

$3+3,4$

$4+4$

因而有 10 种可能的烯烃组成物,每个产物可能会有顺反异构体(*cis* 和 *trans*

构型)。

4. 环状烯烃开环聚合最初得到具有窄分子量分布的聚合物,然而,随着时间的推移,分子量分布变宽。解释一下该现象产生的原因。

开环易位聚合(ROMP)反应的聚合含有碳碳(C═C)双键。随着时间推移,催化剂可以"反噬"(back-bite),与聚合物链中的双键进行反应,伸出环烯和开启新聚烯烃链。这类反应趋向于发生在聚合反应结束时,由于单体将耗尽或者烯烃没有全部使用,因此,环烯烃单体的反应性与线型烯烃的碳碳双键略有差异。

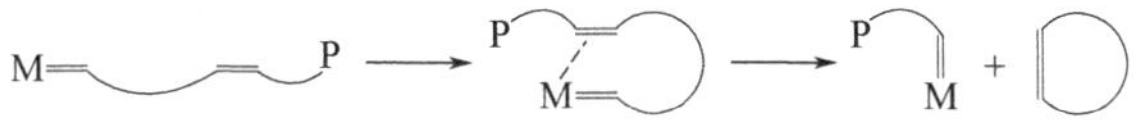

当然,卡宾 M═CHR 催化剂末端基团也可能与相邻聚合物链上的双键进行反应。这样也造成链断裂和聚合物降解(影响分子量)。然而,反噬是动力学占优的。

5. 双环戊二烯进行开环易位聚合生成哪种结构的聚合物?

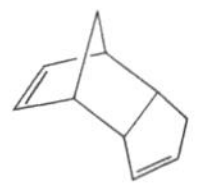

双环中的碳碳双键比另一个双键具有更大的张力和反应活性,将在开环易位聚合中打开反应。当催化剂活性足够高时,高活性双键全部消耗之后,双环连接体中的双键也会进行反应:

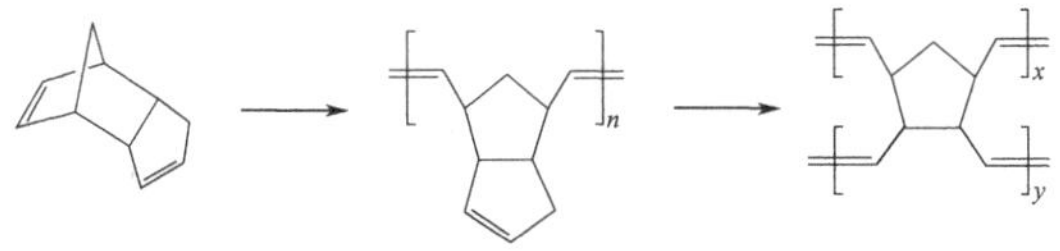

6. 1-辛烯-7-炔在烯炔易位反应中会生成什么物质?

CH_2 ═CH—$(CH_2)_4$—C≡CH 的烯炔易位反应形成关环产物:

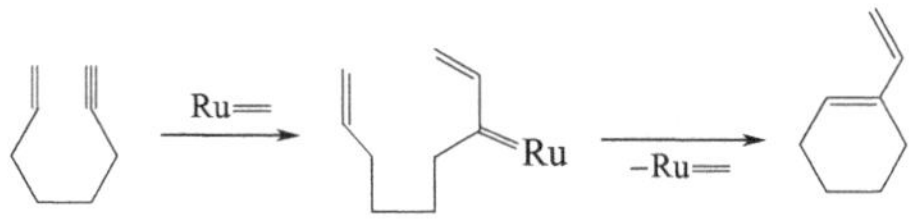

章节 2.13

1. 设计一条合成 PhC≡Cr(CO)$_4$Br 的路线。

使用铬卡宾通过 Fischer 规则进行合成:

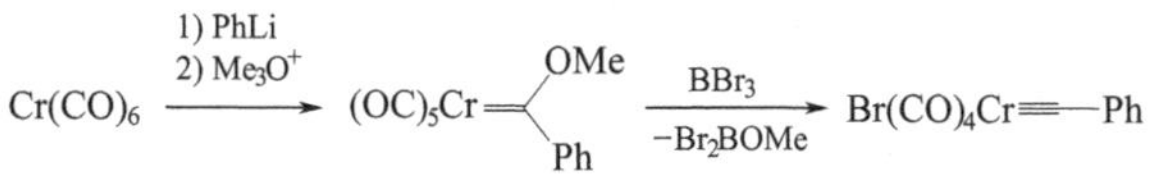

2. 环辛炔和 2,10-十二烷基二炔进行炔烃易位反应生成什么产物?

前者(环辛炔)进行的是炔烃开环易位聚合反应,后者是炔烃易位反应。两种形成相同的聚合物产物:

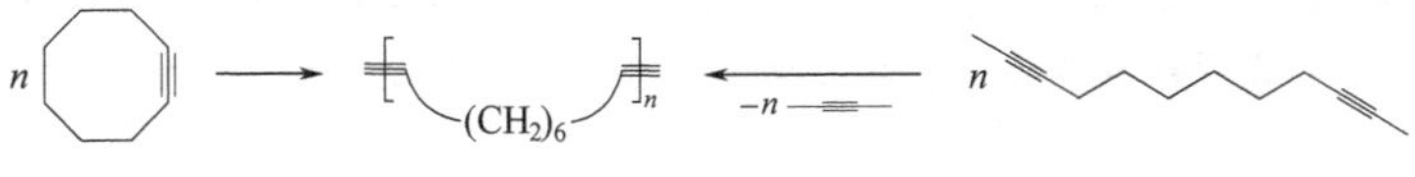

章节 3.2

1. 在催化剂存在下化学反应比未含催化剂体系的反应速率快 1000 倍。这两种情况的能垒有什么区别?

根据艾林(Eyring,活化能)方程式,两个反应的活化能区别由以下公式决定:$\Delta\Delta G^{\neq}=\Delta G_{uncat}^{\neq}-\Delta G_{cat}^{\neq}=RT\ln(k_{cat}/k_{uncat})$。既然 $k_{cat}/k_{uncat}=1000:1$,表明 $\Delta\Delta G^{\neq}=17.1\text{kJ}\cdot\text{mol}^{-1}$(或者 $4.0\text{kcal}\cdot\text{mol}^{-1}$)。该能垒与乙烷中的键旋转能垒($11.5\text{kJ}\cdot\text{mol}^{-1}$)具有可比性,揭示即使很小的能量差异也会极大地影响反应速率。

2. 许多催化反应都有起始阶段,在此期间催化剂浓度增加。因此,该反应阶段是在非稳态条件下发生反应。可以证明,在这种情况下,在催化剂 C 存在下从反应物 S 生成产物 P 遵循速率定律:

$$d[P]/dt=k_p[S][C]+(k_i-k_p)[S][C]\exp(-k_i[S]t)$$

三种不同反应物形成了以下三种底物转换对时间关系的曲线(a)、(b)和(c)。这些曲线告诉我们有关什么催化剂动力学行为? 在每种情况下,确定反应的初始和稳态斜率,并说明这些斜率提供的信息。

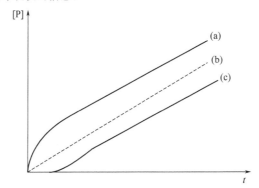

曲线(a)和(c)显示催化体系有诱导期,由速率常数 k_i 表示。曲线(a)反应中,诱导速率 k_i 比传递速率 k_p 快(一种罕见情况);曲线(c)反应中,$k_i<k_p$ 是一种通常状态。曲线(b)所示反应中诱导速率 k_i 与传递速率 k_p 相同,表明没有催化诱导期。对于曲线(a)和(c)反应的诱导期,可以画出斜率 $k_i[S][C]$ 的切线。在稳态条件($k_i=k_p$)下,所有曲线给出斜率为 $k_p[S][C]$。因此,曲线(a)和(c)反应应该确定斜率 k_i 和 k_p 的值。

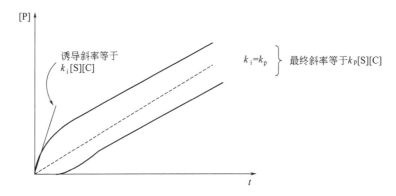

章节 3.3

1. Z-乙酰氨基肉桂酸酯(re 或者 si)经过怎样的 π 面氢化过程形成所需产物 L-DOPA?
潜手性 re 或者 si 异构体遵守通常取代的取代优先规则是:

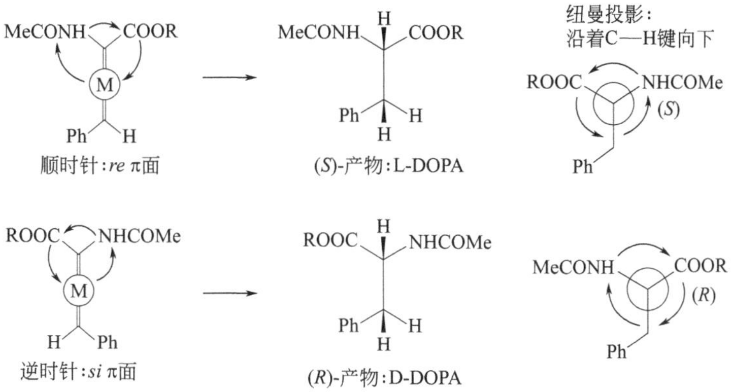

纽曼投影:
沿着C—H键向下

顺时针:re π面 → (S)-产物:L-DOPA

(S)

逆时针:si π面 → (R)-产物:D-DOPA

(R)

2. 在 298K 下制备 D-DOPA 和 L-DOPA,计算实现该反应对映体过量90%和99%的能量差异。

使用艾林(Eyring)活化能方程 $\Delta\Delta G_{L/D}^{\pm} = -RT\ln(r_D/r_L)$。(1)对映体过量达到90%对应与产物比例为 95:5,T 为 298K 和 R 为 8.31441J·mol^{-1}·K^{-1},其能量差 $\Delta\Delta G_{L/D}^{\pm} = 7.3$kJ·mol^{-1}。(2)采用相同的计算可以获得对映体过量 99% 的能量差 $\Delta\Delta G_{L/D}^{\pm} = 13.1$kJ·mol^{-1}。

正如在 3.2 节练习1指出的,这些能量差与乙烷中的旋转能垒接近,意味着很小的能垒差导致很大的对映体过量。

3. 图示镍催化苯乙烯的氢氰酸化循环。为什么优先进行马氏(Markovnikov)加成形成产物?

催化循环的进入口是氢氰酸对零价镍亚磷酸配位化合物进行的氧化加成。这会发生马氏加成和反马氏加成反应,反应是可逆的。马氏加成产物由于苯环上的 π 键更稳定,其电子离域稳定了烷基中间体化合物。因此,反应优先通道是形成还原消除的支链产物。

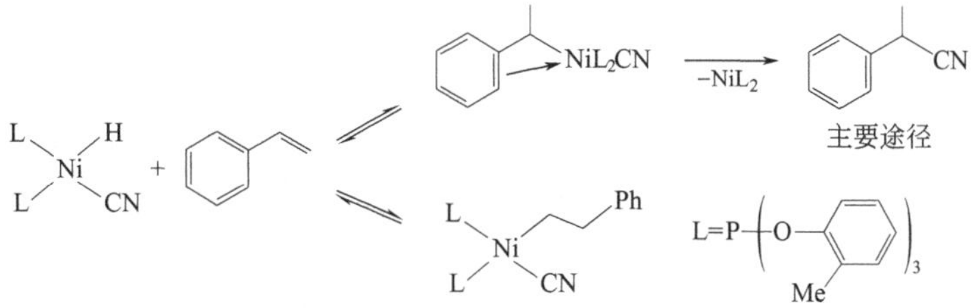

主要途径

$L = P\left(-O-\underset{Me}{\underset{|}{\bigcirc}}\right)_3$

章节 3.4

1. 解释三叔丁基膦在钴催化氢甲酰化中的作用。为什么这个配体不能用于铑催化过程?

羰基钴配合物 HCo(CO)$_4$ 中一氧化碳作为吸电子配体使中心金属相对是缺电子的,钴氢键是不稳定的,因此容易出现氢消除而分解。三叔丁基膦 PBu$_3^n$ 与钴配位强于一氧化碳配体,允许一氧化碳分压减小而催化剂不分解。然而,三叔丁基膦 PBu$_3^n$ 强给电子配体使得 L$_n$CoH 中氢更富负电荷和强还原性,造成醛基还原成醇。

在铑催化剂中不需要这些效应,铑催化剂中三苯基膦提供更好的配位稳定性,配体解离和金属氢键的酸性平衡。

2. 在铑催化氢甲酰化反应过程中三苯基膦浓度高会造成什么样的影响?请具体

解释该效应。

烯烃插入 Rh—H 中形成线型和支化烷基配合物。在高浓度三苯基膦存在下,反应平衡中立体位阻拥挤的物种受到抑制。支化烷基比直链烷基更拥挤。为了减少立体排斥,反应平衡更趋向形成直链烷基配位铑化合物,导致高选择性形成直链醛化合物。

3. 展示 3-己烯生成 1-庚醛反应的主要步骤。

3-己烯含有内双键,氢甲酰化反应之前必须进行多步异构化反应。由于氢甲酰化催化剂中含有铑-氢键,该催化剂能够实现双键化合物异构化,在进行一氧化碳插入反应前线型己烷基铑中间体是热力学占优的。

4. 解释铑和铱催化甲醇羰基化反应中限速步骤的差别。尤其是造成碘代羰基金属阴离子化合物$[MI_2(CO)_2]^-$($M=Rh,Ir$)不同反应的原因是什么?

在铑催化体系中,碘甲烷 MeI 对碘代羰基铑阴离子$[RhI_2(CO)_2]^-$氧化加成是速率控制反应。由于第三金属周期金属高氧化态更稳定,铱更趋向于正三价。碘代羰基铱阴离子$[IrI_2(CO)_2]^-$比碘代羰基铑阴离子$[RhI_2(CO)_2]^-$具有更强的亲核性,因而与碘甲烷的反应更容易。对铱催化体系,反应控制步骤出现在反应循环的其他环节。

5. 绘制钯催化苯乙烯和碘苯羰基化反应的催化循环。为什么碱加入有益于反应?
苯乙烯羰基化反应:假设反应中含有 Pd(II)-H 物种:

碘苯的反应从对零价钯氧化加成开始。反应中形成碘化氢,需要碱中和该产物。

章节 3.6

1. 解释以下反应：

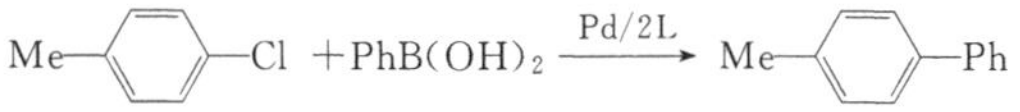

为什么不同的配体使得偶合反应产物的收率如下（%）：L＝PPh₃（0）；dppf（0）；
PCy₃（75）；PBu₃ᵗ（86）？

氯苯在芳基卤化物中是非常不活泼的，需要在富电子零价钯中心上实现氧化加成才能进行反应，这将是速率控制步骤。只有三烷基膦配位才能使钯具有足够的反应活性，形成反应的活性中心，其反应次序是 PCy₃ 小于 PBu₃ᵗ。

2. 给出 A 转化成 B 的反应机理。尽管 A 中含有两个 C＝C 键，但形成产物 B 具有选择性。给出你的理由。

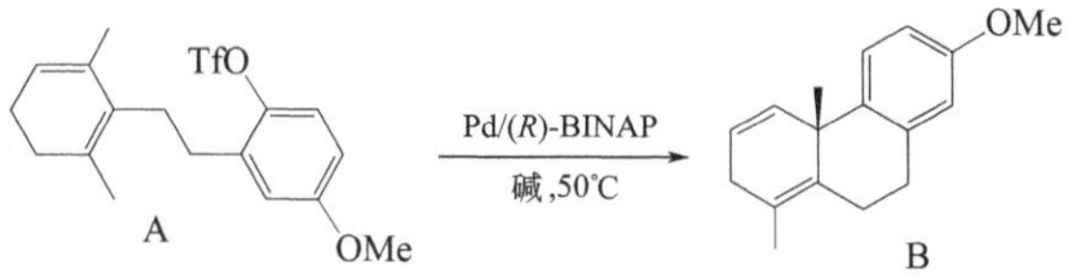

甲苯磺酸盐在钯上氧化加成形成芳基钯化合物。两个 C＝C 之一的插入形成 5 元或者 6 元环状化合物。由于每个 C＝C 都含有两个 π 面，原则上会有四种插入可能性，但是，形成六元环化合物是最为优先的：

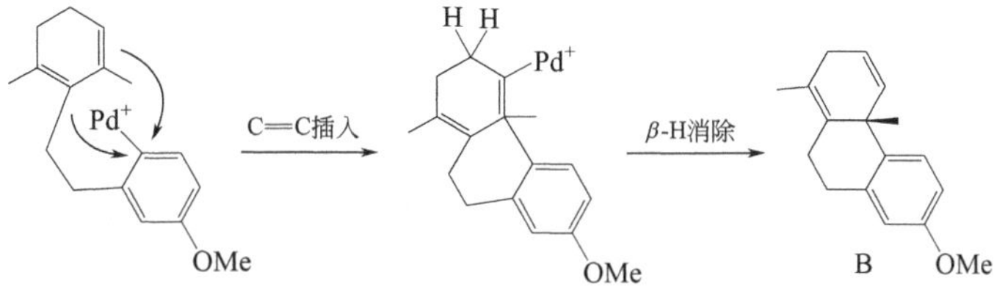

3. 碘苯对环己烯的 Heck 芳基化反应生成非共轭产物 C，而不是热力学稳定的共轭烯的产物 D。请你给出原因，并进行机理与中间体讨论。

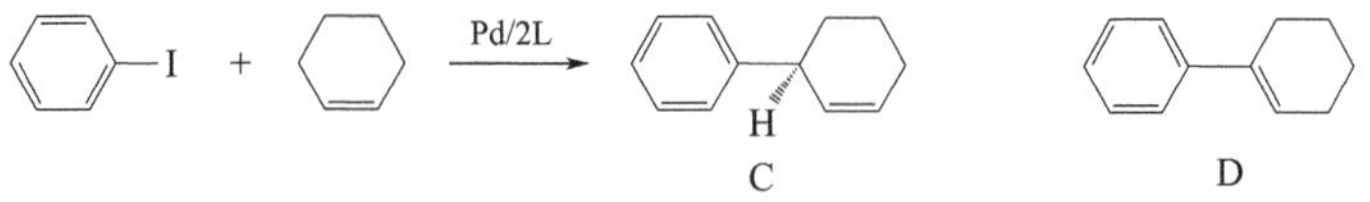

环己烯插入到 Ph-Pd 键中形成固定烷基钯化合物。H-H 消除只能发生在围成平面的两个 C—H 键中，也就是与 Pd—C 键同平面的两个 C—H 键。这就阻碍了对苯基的 α-位上氢的消除，因此，一步反应不能形成共轭产物。但是，后续双键异构化还是可以形成共轭型化合物的产物。

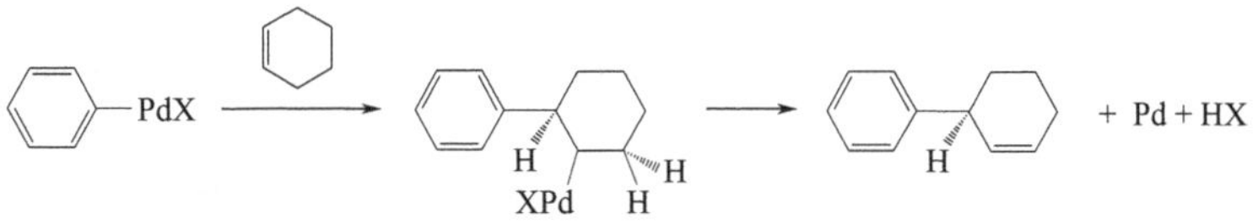

章节 3.7

1. 展示 AlBu₃ᵢ/CPh₃[B(C₆F₅)₄]活化 rac-Me₂Si(Ind)₂ZrCl₂ 的可能机理步骤。

活化反应包涵烷基化和烷基脱除反应。由于烷基含有 β-H，三苯甲基阳离子通常所起反应是与动力学易反应 β-H 进行消除，同时伴有烯烃消除，而不是烷基脱除。结果形成烷基化茂金属 14 电子离子对。

2. 画出内消旋桥联锆氯化物 *meso*-Me$_2$Si(Ind)$_2$ZrCl$_2$ 的结构，解释为什么该催化剂催化丙烯聚合不具有立体选择性。

在内消旋异构体中，两个茚基配体都指向相同的方向，因而，都不能产生立体旋转性。阻止了单体从茚基一侧的靠近，因而单体成键并不容易，也没有丙烯中甲基优先取向的可能。其结果是低产率无规聚合物。

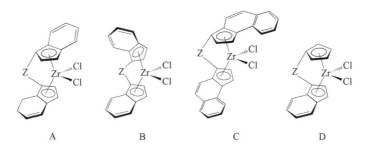

3. 下列桥联茂金属化合物 A～D 可能表现出：(a)在丙烯聚合中最高的立体选择性；(b)聚合物最高的分子量。 陈述你的理由。

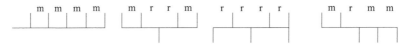

A   B   C   D

结构 A 和结构 B 内消旋化合物的同分异构体没有立体选择性。 物质 D 具有 C_1 结构对称，具有一种配位点的立体控制能力。 物质 C 最具有立体对称性的结构。 因此具有立体选择性和聚合分子量排序为：B<D<A<C。

4. 画出以下聚丙烯五重结构的费歇尔(Fischer)投影式：*mmmm*，*mrrm*，*rrrr*，*mrmm*。 从观察到的五重结构 *mrrm* 和 *mrmm* 中获得什么样的机理信息，以及为什么不会出现在同一类聚合物中？

费歇尔(Fischer)投影式为：

m m m m   m r r m   r r r r   m r m m

聚丙烯五重结构中 *mmmm* 和 *rrrr* 分别表示等规和间规结构，*mrrm* 和 *mrmm* 用于表示立体规整性中的错误。*mrrm* 表示立体错误在后续插入中获得了修正，这通常发生在立体选择性催化剂中，如外消旋 C_2 对称桥联茂基金属催化剂(镜像点控制)。*mrmm* 表示立体错误没有获得修正，错误被延伸了。这表明催化剂的立体选择性来源于手性 β-碳的聚合物链而不是配体骨架(链终端控制)，一旦发生错误插入，没有配体骨架可以帮助返回其原来立体选择性。

5. 一种锆催化剂催化环戊烯聚合，本希望生成 I 型结构聚合物；然而，后来发现其真实聚合物具有 1,3-键联（Ⅱ）。 给出该聚合物形成的机理。

生成聚合物Ⅰ就是通常的 1,2-插入过程。 聚合物具有 1,3-键联方式只能是每次插入都伴有一个异构化步骤，也就是 β-H 消除后进行再插入反应。

6. 通常会在一些茂金属催化剂中加入一些 H_2 来控制所得聚乙烯的分子量，若用 $PhSiH_3$ 代替氢气会得到什么类型的聚合物？

氢气通过 σ 键易位反应实现聚合物链终止，即氢解作用。 这样可以限制聚合物分子量和饱和所得高分子链。 原理上，$PhSiH_3$ 进行相似的反应；然而，由于每个硅上含有三个氢官能团，会有三个高分子链从催化剂转移到硅原子上。 结果是形成星状聚合物，一个 PhSi 单元做桥：$PhSiR^1R^2R^3$（R^1、R^2、R^3 代表不同聚合物链）。

参考文献

常规主要的参考作品：

COMC Ⅰ：G. Wilkinson，F. G. A. Stone，E. W. Abel(Eds.)；*Comprehensive Organometallic Chemistry*. Pergamon，Oxford 1982.

COMC Ⅱ：E. W. Abel，F. G. A. Stone，G. Wilkinson(Eds.)；*Comprehensive Organometallic Chemistry* Ⅱ. Elsevier，Oxford 1995.

COMC Ⅲ：D. M. P. Mingos，R. H. Crabtree(Eds.)；*Comprehensive Organometallic Chemistry* Ⅲ. Elsevier，Oxford 2007.

C. H. Elschenbroich；Organometallics，A Concise Introduction. 3rd ed.，VCH，Weinheim，2005.

C. Cornils，W. A. Herrmann；Applied Homogeneous Catalysis with Organometallic Compounds. Volumes 1 and 2. VCH Weinheim 1996.

J. Hartwig；Organotransition Metal Chemistry：From Bonding to Catalysis. University Science Books，Sausalito，2010.

1　主族元素的金属有机化合物

Section 1.1：

COMC Ⅰ：M. E. O'Neill，K. Wade；Structural and Bonding Relationships among Main Group Organometallic Compounds. Vol. 1，p. 1.

Section 1.2：

COMC I：J. L. Wardell；Alkali Metals. Vol. 1，p. 43.

COMC Ⅱ：D. S. Wright，M. A. Beswick；Alkali Metals. Vol. 1，p. 1.

COMC Ⅲ：K. Ruhland-Senge，K. W. Henderson，P. C. Andrews；Alkali Metal Organometallics – Structure and Bonding. Vol. 2，p. 1.

R. E. Mulvey；Avant-garde metalating agents：structural basis of alkali-metal-mediated metalation. *Acc. Chem. Res.* 2009，42，743-755.

H. J. Reich；Role of organolithium aggregates and mixed aggregates in organolithium mechanisms. *Chem. Rev.* 2013，113，7130.

Section 1.3：

COMC Ⅰ：W. E. Lindsell；Magnesium，Calcium，Strontium and Barium. Vol. 1，p. 155.

COMC Ⅱ：W. E. Lindsell；Magnesium，Calcium，Strontium and Barium. Vol. 1，p. 57.

COMC Ⅲ：T. P. Hanusa；Alkaline Earth Organometallics. Vol. 2，p. 67.

H. Ila，O. Baron，A. J. Wagner，P. Knochel；Functionalized magnesium organometallics as versatile intermediates for the synthesis of polyfunctional heterocycles. *Chem. Commun.* 2006，583.

T. Satoh；Recent advances in the chemistry of magnesium carbenoids. *Chem. Soc. Rev.* 2007，36，1561.

P. Knochel，C. Diène；Preparation of functionalized Zn and Mg-organometallics. Application to the performance of diastereoselective cross-couplings. *Comptes Rendus Chimie* 2011，14，842.

Section 1.4：

COMC Ⅰ：(a)J. Boersma；Zinc and Cadmium. Vol. 2，p. 823. (b)J. L. Wardell；Mercury. Vol. 2，

p. 863. (c)P. J. Craig：Environmental Aspects of Organometallic Chemistry. Vol. 2，p. 979.

COMC Ⅱ：(a)P. O'Brien；Cadmium and Zinc. Vol. 3，p. 175. (b)A. G. Davies，J. L. Wardell；Mercury. Vol. 3，p. 135.

COMC Ⅲ：(a) L. Stahl, I. P. Smoliakova：Zinc Organometallics. Vol. 2，p. 309. (b) F. P. Gabbai，C. N. Burress，M. A. Melaimi，T. J. Taylor；Mercury and Cadmium Organometallics. Vol. 2，p. 419.

Section 1. 5：

COMC Ⅰ：(a) J. D. Odom：Non-Cyclic Three and Four-Coordinated Boron Compounds. Vol. 1，p. 253. (b)J. J. Eisch；Aluminum. Vol. 1，p. 555. (c)D. G. Tuck；Gallium and Indium. Vol. 1，p. 683. (d)H. Kurosawa；Thallium. Vol. 1，p. 725.

COMC Ⅱ：(a)C. E. Housecroft；Compounds with three and four coordinate Boron，Emphasizing Cyclic Systems. Vol. 1，p. 129. (b)J. J. Eisch；Aluminum. Vol. 1，p. 431. (c)M. A. Paver，C. A. Russell，D. S. Wright；Gallium，Indium and Thallium. Vol. 1，p. 503.

COMC Ⅲ：(a)A. Mitra，D. A. Atwood：Aluminum Organometallics. Vol. 3，p. 265. (b)S. Schulz；Aluminum，Indium，Gallium and Thallium. Vol. 3，p. 287.

E. Vedejs et al. ；Cationic tricoordinate boron intermediates：Borenium chemistry from the organic perspective. *Chem. Rev.* 2012，112，4246.

A. Schnepf，H. Schnöckel；Metalloid aluminum and gallium clusters：Element modifications on the molecular scale? *Angew. Chem. Int. Ed.* 2002，41，3532 − 3552.

R. A. Fischer et al. ；Cyclopentadiene based low-valent Group 13 metal compounds；Ligands in coordination chemistry and link between metal rich molecules and intermetallic materials. *Chem. Rev.* 2012，112，3136.

J. A. J. Pardoe，A. J. Downs；Development of the chemistry of indium in formal oxidation states lower than+3. *Chem. Rev.* 2007，107，2.

Z. -L. Shen et al. ： Organoindium reagents： The preparation and application in organic synthesis. *Chem. Rev.* 2013，113，271.

Section 1. 6：

COMC Ⅰ：(a) D. A. Armitage：Organosilanes. Vol. 2，p. 1. (b) R. West；Organopolysilanes. Vol. 2，p. 365. (c)A. G. Davies；Tin. Vol. 2，p. 519. (d)P. G. Harrison；Lead. Vol. 2，p. 629.

COMC Ⅱ：(a) D. A. Armitage：Organosilanes. Vol. 2，p. 1. (b) R. West；Organopolysilanes. Vol. 2，p. 77. (c) S. S. Brown, T. C. Kendrick, J. McVie, D. R. Thomas；Silicones. Vol. 2，p. 111. (d) A. G. Davies；Tin. Vol. 2，p. 217. (d)P. G. Harrison；Lead. Vol. 2，p. 305.

COMC Ⅲ：(a)J. Beckmann；Organopolysilanes. Vol. 3，p. 549. (b)M. H. Mazurek；Silicones. Vol. 3，p. 651. (c)C. S. Weinert；Germanium Organometallics. Vol. 3，p. 699. (d) A. G. Davies；Tin Organometallics. Vol. 3，p. 809. (e)M. Weidenbruch；Lead Organometallics. Vol. 3，p. 885.

S. Nagendran，H. W. Roesk；The chemistry of aluminum（Ⅰ），silicon（Ⅱ），and germanium（Ⅱ）. *Organometallics* 2008，27，457.

T. Müller；Cations of group 14 organometallics. *Adv. Organomet. Chem.* 2005，53，155.

T. Müller et al. , Synthesis of silylium and germylium ions by a substituent exchange reaction. *Organometallics* 2013，32，4713.

M. Oestreich et al. ： Activation of the Si—B interelement bond；mechanism, catalysis, and synthesis. *Chem. Rev.* 2013，113，402.

V. Y. Lee，A. Sekiguchi；Cyclic polyenes of heavy group 14 elements：new generation ligands for transition-metal complexes. *Chem. Soc. Rev.* 2008,37,1652.

2 过渡金属有机化合物

Section 2.1

COMC Ⅰ: D. M. P. Mingos: Bonding of Unsaturated Organic Molecules to Transition Metals. Vol. 3,ch. 19,p. 1.

J. A. M. Simões,J. L. Beauchamp: Transition metal-hydrogen and metal-carbon bond strengths: The keys to catalysis. *Chem. Rev.* 1990. 90,629.

J. C. Green, M. L. H. Green, G. Parkin: The occurrence and representation of three-centre two-electron bonds in covalent inorganic compounds. *Chem. Commun.* 2012,48,11481.

Section 2.4

Phosphines:

C. A. Tolman: Steric effects of phosphorus ligands in organometallic chemistry and homogeneous catalysis. *Chem. Rev.* 1977,77,313.

A. K. Brisdon,C. J. Herbert: Fluoroalkyl-containing phosphines. *Coord. Chem. Rev.* 2013,257,880.

M. P. Carroll,P. J. Guiry: P,N ligands in asymmetric catalysis. *Chem. Soc. Rev.* 2014,43,819.

M. M. Pereira et al. : Synthesis of binaphthyl based phosphine and phosphite ligands. *Chem. Soc. Rev.* 2013, 42,6990.

Carbenes:

H. Clavier,S. P. Nolan: Percent buried volume for phosphine and *N*-heterocyclic carbene ligands: steric properties in organometallic chemistry. *Chem. Commun.* 2010,46,841.

A. Collado et al. : Steric and electronic parameters of a bulky yet flexible *N*-heterocyclic carbene:1, 3-bis(2,6-bis(1-ethylpropyl)phenyl)imidazol-2-ylidene(IPent). *Organometallics* 2013,32,3249.

C. Ganter et al. : Determining the π-acceptor properties of N-heterocyclic carbenes by measuring the ^{77}Se NMR chemical shifts of their selenium adducts. *Organometallics* 2013,32,5269.

M. Albrecht et al. : Piano-stool iron(Ⅱ) complexes as probes for the bonding of *N*-heterocyclic carbenes:Indications for π-acceptor ability. *Organometallics* 2006,25,5648.

R. H. Crabtree et al. : Rhodium and iridium complexes of N-heterocyclic carbenes via transmetalation: structure and dynamics. *Organometallics* 2003,22,1663.

F. E. Hahn,M. C. Jahnke: Heterocyclic carbenes: Synthesis and coordination chemistry. *Angew. Chem. Int. Ed.* 2008,47,3122.

H. Diaz Velazquez,F. Verpoort: N-heterocyclic carbene transition metal complexes for catalysis in aqueous media. *Chem. Soc. Rev.* 2012,41,7032.

O. Kühl: The chemistry of functionalised N-heterocyclic carbenes. *Chem. Soc. Rev.* 2007,36,592.

H. G. Raubenheimer, S. Cronje: Carbene complexes of gold: preparation, medical application and bonding. *Chem. Soc. Rev.* 2008,37,1998.

W. Liu, R. Gust: Metal *N*-heterocyclic carbene complexes as potential antitumor metallodrugs. *Chem. Soc. Rev.* 2013,42,755.

Pincer ligands:

D. Gelman,S. Musa: Coordination versatility of sp³-hybridized pincer ligands toward ligand—metal cooperative catalysis. *ACS Catal.* 2012,2,2456—2466.

H. Nishiyama: Synthesis and use of bisoxazolinyl-phenyl pincers. *Chem. Soc. Rev.* 2007,36,1133.

G. van Koten: Pincer ligands as powerful tools for catalysis in organic synthesis. *J. Organomet. Chem.* 2013,730,156-164.

Section 2. 5

G. Granozzi: Gas-phase UV photoelectron spectra and DV-Xα calculations of bridged organometallic dimers. *J. Mol. Struct.* 1988,173,313.

J. C. Green, M. L. H. Green, G. Parkin: The occurrence and representation of three-centre two-electron bonds in covalent inorganic compounds. *Chem. Commun.* 2012,48,11481.

H. Willner, F. Aubke: σ-Bonded metal carbonyl cations and their derivatives: Synthesis and structural, spectroscopic, and bonding principles. *Organometallics* 2003,22,3612.

Brian E. Mann: CO-Releasing Molecules. *Organometallics* 2012,31,5728—5735.

J. A. Wright, P. J. Turrell, C. J. Pickett: The third hydrogenase: more natural organometal-lics. *Organometallics* 2010,29,6146 – 6156.

[FeFe] hydrogenase: R. Cammack, *Nature* 1999,397,214; M. W. W. Adams, E. I. Stiefel, *Science* 1998,282,1842.

Section 2. 6

Y. Yamamoto: Transition-metal-catalyzed cycloisomerizations of α, ω-dienes. *Chem. Rev.* 2012, 112,4736.

H. Kurosawa et al. : Redox-induced reversible metal assembly through translocation and reversible ligand coupling in tetranuclear metal sandwich frameworks. *Nat. Chem.* 2012,4,52.

H. Tobita et al. : Iridium and platinum complexes of $Li^+@C_{60}$. *Organometallics* 2014,33,608.

T. Takahashi et al. : Reaction of zirconacyclopentadienes. *J. Am. Chem. Soc.* 1999, 121, 1094 and *J. Am. Chem. Soc.* 2002,124,1144.

U. Rosenthal et al. : Five-membered titana- and zirconacyclocumulenes: stable 1-metallacyclopenta-2,3,4-trienes. *Organometallics* 2005,24,456.

U. Rosenthal et al. : Five-membered metallacycles of titanium and zirconium – attractive compounds for organometallic chemistry and catalysis. *Chem. Soc. Rev.* 2007,36,719.

N. Savjani et al. : Gold(Ⅲ)olefin complexes. *Angew. Chem. Int. Ed.* 2013,52,874.

S. I. Lee, N. Chatani: Catalytic skeletal reorganisation of enynes through electrophilic activation of alkynes: double cleavage of C-C double and triple bonds. *Chem. Commun.* 2009,371.

A. Fürstner, P. W. Davies: Catalytic carbophilic activation: Catalysis by platinum and gold π-acids. *Angew. Chem. Int. Ed.* 2007,46,3410.

A. Fürstner: Gold and platinum catalysis—a convenient tool for generating molecular complexity. *Chem. Soc. Rev.* 2009,38,3208.

I. Braun et al. : Gold catalysis 2. 0. *ACS Catalysis* 2013,3,1902.

B. Heller, M. Hapke: The fascinating construction of pyridine ring systems by transition metal catalysed [2+2+2]cycloaddition reactions. *Chem. Soc. Rev.* 2007,36,1085.

A. S. K. Hashmi, M. Rudolph: Gold catalysis in total synthesis. *Chem. Soc. Rev.* 2008,37,1766.

N. Marion, S. P. Nolan: N-heterocyclic carbenes in gold catalysis. *Chem. Soc. Rev.* 2008,37,1776.

S. M. Abu Sohel, R. -S. Liu: Carbocyclisation of alkynes with external nucleophiles catalysed by gold, platinum and other electrophilic metals. *Chem. Soc. Rev.* 2009,38,2269.

T. J. Brown, R. A. Widenhoefer: Synthesis and equilibrium binding studies of cationic, two-coordinate gold(Ⅰ)pi-alkyne complexes. *J. Organomet. Chem.* 2011,696,1216.

A. Corma et al.：Gold-catalyzed carbon-heteroatom bond-forming reactions. *Chem. Rev.* 2011, 111,1657.

X. Fu et al.：Highly efficient synthesis of cis-[3]-cumulenic diols via zirconocene-mediated coupling of 1,3-butadiynes with aldehydes. *Organometallics* 2012,31,531.

R. A. Widenhoefer et al.：Mechanistic analysis of gold(Ⅰ)-catalyzed intramolecular allene hydroalkoxylation reveals an off-cycle bis(gold) vinyl species and reversible C—O bond formation. *J. Am. Chem. Soc.* 2012,134,9134.

Y. Yamamoto：Theoretical study on ruthenium-catalyzed hydrocarboxylative dimerization of phenylacetylene with acetic acid. *Organometallics* 2013,32,5201.

F. Schüth et al.：Catalytic reactions of acetylene：a feedstock for the chemical industry revisited. *Chem. Rev.* 2014,114,1761.

R. Chinchilla, C. Na'jera：Chemicals from alkynes with palladium catalysts. *Chem. Rev.* 2014, 114,1783.

Section 2.7：

J.-E Bäckvall et al.：Central versus terminal attack in nucleophilic addition to(π-allyl)palladium complexes. Ligand effects and mechanism. *Organometallics* 1997,16,1058.

S. Tobisch：Structure – reactivity relationships in the cyclo-oligomerization of 1,3-butadiene catalyzed by zerovalent nickel complexes. *Adv. Organomet. Chem.* 2003,49,167.

M. Ogasawara et al.：Synthesis,structure,and reactivity of(1,2,3-η^3-butadien-3-yl)palladium complexes. *Organometallics* 2007,26,5025.

S. Tobisch,R. Taube：Mechanistic insight into the polymerization of butadiene by "ligand-free" polybutadienyl-nickel(Ⅱ) complexes：Computational assignment of the true structure of the resting state. *Organometallics* 2008,27,2159.

P. W. N. M. van Leeuwen,et al.：New processes for the selective production of 1-octene. *Coord. Chem. Rev.* 2011, 255,1499.

C. Bruneau et al.：Transition metal catalyzed nucleophilic allylic substitution：activation of allylic alcohols *via* π-allylic species. *Chem. Soc. Rev.* 2012,41,4467.

S. Schörshusen, J. Heck：Metal-mediated transformations of cyclooctatetraene to novel methylene-bridged,bicyclic compounds. *Organometallics* 2007,26,5386.

S. E. Lewis et al.：Valuable new cyclohexadiene building blocks from cationic η^5-iron – carbonyl complexes derived from a microbial arene oxidation product. *Chem. Eur. J.* 2012,18,13480.

Section 2.8.1：

Ferrocene：COMC I：A. J. Deeming：Mononuclear iron compounds with η^2-η^6 hydrocarbon ligands. Vol. 4,ch. 31. 3.

Cp ligands：P. C. Möhring,N. J. Coville：Group 4 metallocene polymerisation catalysts：quantification of ring substituent steric effects. *Coord. Chem. Rev.* 2006,250,18.

K. Mach et al.：Synthesis and crystal structures of thermally stable titanocenes. *J. Organomet. Chem.* 2002, 663,134.

R. Layfield：Manganese(Ⅱ)：the black sheep of the organometallic family. *Chem. Soc. Rev.* 2008, 37,1098.

Organic chemistry of MCp₂ and half-sandwich complexes：

COMC Ⅰ：W. E. Watts：The Organic Chemistry of Metal-coordinated Cyclopentadienyl and Arene

Ligands. Vol. 8, ch. 59.

S. S. Braga, A. M. S. Silva: A new age for iron: antitumoral ferrocenes. *Organometallics* 2013, 32,5626.

D. Schaarschmidt, H. Lang: Selective synthesis of planar-chiral ferrocenes. *Organometallics* 2013, 32,5668.

P. Molina et al.: Ferrocene-based small molecules for multichannel molecular recognition of cations and anions. *Eur. J. Inorg. Chem.* 2008,3401.

C. Bresner et al.: Selective electrochemical detection of hydrogen fluoride by ambiphilic ferrocene derivatives. *Angew. Chem. Int. Ed.* 2005,44,3606.

T. D. James et al.: Colorimetric enantioselective recognition of chiral secondary alcohols via hydrogen bonding to a chiral metallocene containing chemosensor. *Chem. Commun.* ,2013,49,8314.

Section 2.8.2:

P. Chirik et al.: Dinitrogen complexes of bis(cyclopentadienyl) titanium derivatives: structural diversity arising from substituent manipulation. *Organometallics* 2009,28,4079.

K. Strohfeldt, M. Tacke: Bioorganometallic fulvene-derived titanocene anti-cancer drugs. *Chem. Soc. Rev.* 2008, 37,1174.

G. Erker: Using bent metallocenes for stabilizing unusual coordination geometries at carbon. *Chem. Soc. Rev.* 1999, 28,307.

C. E. Zachmanoglou et al.: The electronic influence of ring substituents and *ansa* bridges in zirconocene complexes as probed by infrared spectroscopy, electrochemical and computational studies. *J. Am. Chem. Soc.* 2002, 124,9525.

E. Negishi: Magical power of transition metals: Past, present, and future (Nobel lecture). *Angew. Chem. Int. Ed.* 2011, 50,6738.

P. Wipt, H. Jahn: Synthetic applications of organochlorozirconocene complexes. *Tetrahedron* 1996, 52,12853.

M. Ephritikhine: Recent advances in organoactinide chemistry as exemplified by cyclopentadienyl compounds. *Organometallics* 2013,32,2464.

T. Li, S. Kaercher, P. W. Roesky: Synthesis, structure and reactivity of rare-earth metal complexes containing anionic phosphorus ligands. *Chem. Soc. Rev.* 2014,43,42.

Single-molecule magnets:

R. A. Layfield et al.: A high anisotropic barrier in a sulphur-bridged organodysprosium single-molecule magnet. *Angew. Chem. Int. Ed.* 2012,51,6976.

S. Gao et al.: Series of lanthanide organometallic single-ion magnets. *Inorg. Chem.* 2012,51,3079.

Section 2.8.3:

R. O. Duthaler, A. Hafner: Chiral titanium complexes for the enantioselective addition of nucleophiles to carbonyl groups. *Chem. Rev.* 1992,92,807.

W. E. Geiger: One-electron electrochemistry of parent piano-stool complexes. *Coord. Chem. Rev.* 2013, 257,1459.

Y. Nibayashi et al.: Design and preparation of molybdenum-dinitrogen complexes. *Chem. Eur. J.* 2013, 19,11874.

G. X. Jin et al.: Stepwise formation of organometallic macrocycles, prisms and boxes from Ir, Rh and Ru-based half-sandwich units. *Chem. Soc. Rev.* 2009,38,3419.

R. Beck,S. A. Johnson:Dinuclear Ni(Ⅰ)-Ni(Ⅰ)complexes with syn-facial bridging ligands from Ni(Ⅰ)precursors of Ni(Ⅱ)/Ni(0)comproportionation. *Organometallics* 2013,32,2944.

D. W. Stephan: Olefin polymerization and deactivation pathways of titanium phosphinimide catalysts. *Macromol. Symp.* 2001,173,105.

B. Ye,N. Cramer:Chiral cyclopentadienyl ligands as stereocontrolling elements in asymmetric C-H functionalisation. *Science* 2012,338,504.

I. N. Michaelides,D. J. Dixon:Catalytic stereoselective semihydrogenation of alkynes to *E*-alkenes. *Angew. Chem. Int. Ed.* 2013,52,806.

E. B. Bauer:Chiral-at-metal complexes and their catalytic applications in organic synthesis. *Chem. Soc. Rev.* 2012,41,3153.

R. M. Bullock et al. :An iron complex with pendent amines as a molecular electrocatalyst for oxidation of hydrogen. *Nat. Mater.* 2013,5,228.

Section 2. 9:

COMC Ⅲ:D. Zargarian:Nickel-carbon π-bonded complexes. Vol. 8,chapter 3.

A. M. Echavarren et al. :Metal-arene interactions in dialkylbiarylphosphane complexes of copper,silver,and gold. *Chem. Eur. J.* 2010,16,5324.

C. C. Hartinger,N. Metzler-Nolte,P. J. Dyson:Challenges and opportunities in the development of organometallic anticancer drugs. *Organometallics* 2012,31,5677.

J. Pérez-Castells et al. : Chromium arene complexes in organic synthesis. *Chem. Soc. Rev.* 2007, 36,1589.

P. Kumar et al. :Half-sandwich arene ruthenium complexes:synthetic strategies and relevance in catalysis. *Chem. Soc. Rev.* 2014,43,707.

A. Glöckner,M. Tamm:The organometallic chemistry of cycloheptatrienyl zirconium complexes. *Chem. Soc. Rev.* 2013,42,128.

U. Richter et al. : Electronic structure of the electron-poor dinuclear organometallic compounds [(CpM)(CpM')]$_\mu$-COT(M,M'=V,Cr,Fe,Co). *Inorg. Chem.* 1999,38,77.

M. Murugesu et al. :An organometallic building block approach to produce a multidecker 4f single-molecule magnet. *J. Am. Chem. Soc.* 2013,135,3502.

M. Ephritikhine et al. :Revisiting the chemistry of the actinocenes [(η^8-C$_8$H$_8$)$_2$An](An=U,Th) with neutral Lewis bases. *J. Am. Chem. Soc.* 2013,135,10003.

T. Murahashi et al. :Square tetrapalladium sheet sandwich complexes:Cyclononatetraenyl as a versatile face-capping ligand. *J. Am. Chem. Soc.* 2009,131,9888.

Section 2. 10:

G. J. Kubas:Fundamentals of H$_2$ binding and reactivity on transition metals underlying hydrogenase function and H$_2$ production and storage. *Chem. Rev.* 2007,107,4152.

G. J. Kubas:Metal dihydrogen and sigma-bond complexes:Structure,theory and reactivity. Kluwer Academic,New York,2001.

R. Waterman:σ-Bond metathesis:A 30-year retrospective. *Organometallics* 2013,32,7249.

A. J. Cowan,M. W. George:Formation and reactivity of organometallic alkane complexes. *Coord. Chem. Rev.* 2008, 252,2504.

W. H. Bernskoetter et al. :Characterization of a rhodium(Ⅰ)σ-methane complex in solution. *Science* 2009,326,553.

A. S. Weller et al. :Synthesis and characterization of a rhodium(Ⅰ)σ-alkane complex in the solid state. *Science* 2012,337,1648.

J. Takaya, N. Iwasawa: Reaction of bis(*o*-phosphinophenyl) silane with M(PPh$_3$)$_4$ (M=Ni,Pd,Pt). *Dalton Trans.* 2011,40,881.

A. S. Goldman et al.: Dehydrogenation and related reactions catalyzed by iridium pincer complexes. *Chem. Rev.* 2011,111,1761.

C. Gunanathan, D. Milstein: Transformations in chemical synthesis: applications of acceptorless dehydrogenation and related transformations in chemical synthesis. *Science* 2013,341,249.

M. Etienne, A. S. Weller: Intramolecular C-C agostic complexes: C-C sigma interactions by another name. *Chem. Soc. Rev.* 2014,43,242.

Section 2.11:

Alkyls and Aryls:

G. S. Girolami et al.: Are d$_0$ ML$_6$ complexes always octahedral? The X-ray structure of trigonal-prismatic [Li(tmed)]$_2$[ZrMe$_6$]. J. Am. *Chem. Soc.* 1989,111,4114.

V. Pfennig, K. Seppelt: Crystal and molecular structure of hexamethyltungsten and hexamethylrhenium. *Science* 1996,271,626.

P. Alemany et al.: Theoretical evidence of persistent chirality in D$_3$ homoleptic hexacoordinate complexes with monodentate ligands. *Chem. Eur. J.* 2003,9,1952.

Philip P. Power: Stable two-coordinate, open-shell(d$_1$—d$_9$) transition metal complexes. *Chem. Rev.* 2012,112,3482.

M. Lersch, M. Tilset: Mechanistic aspects of C-H activation by Pt complexes. *Chem. Rev.* 2005, 105,2471.

M. Albrecht: Cyclometalation using d-block transition metals: Fundamental aspects and recent trends. *Chem. Rev.* 2010,110,576.

K. R. D. Johnson, P. G. Hayes: Cyclometalative C – H bond activation in rare earth and actinide metal complexes. *Chem. Soc. Rev.* 2013,42,1947.

L. M. Xu et al.: Organopalladium(IV) chemistry. *Chem. Soc. Rev.* 2010,39,712.

D. Gryko et al.: Vitamin B$_{12}$: chemical modifications. *Chem. Soc. Rev.* 2013,42,6605.

S. W. Ragsdale: Nickel-based Enzyme Systems. *J. Biol. Chem.* 2009,284,18571.

W. J. Evans et al.: Insertion of carbodiimides and organic azides into actinide-carbon bonds. *Organometallics* 2009,28,3350.

L. -P. Liu, G. B. Hammond: Recent advances in the isolation and reactivity of organogold complexes. *Chem. Soc. Rev.* 2012,41,3129.

P. H. Dixneuf et al.: Ruthenium(II)-catalyzed C—H bond activation and functionalization. *Chem. Rev.* 2012, 112,5879.

L. Ackermann: Carboxylate-assisted transition-metal-catalyzed C-H bond functionalizations: mechanism and scope. *Chem. Rev.* 2011,111,1315.

D. V. Partyka: Transmetalation of unsaturated carbon nucleophiles from boron-containing species to the mid to late d-block metals of relevance to catalytic C-X coupling reactions(X=C,F,N,O,Pb,S, Se,Te). *Chem. Rev.* 2011,111,1529.

Alkynyls:

Z. N. Chen et al.: Structures and phosphorescence properties of triphosphine-supported Au$_2$Ag$_2$ and Au$_8$Ag$_4$ alkynyl cluster complexes. *Organometallics* 2013,32,5402.

C. Lapinte et al.: Straightforward access to tetrametallic complexes with a square array by oxidative dimerisation of organometallic wires. *Organometallics* 2013,32,5015.

P. Pale et al. ；The organic chemistry of silver acetylides. *Chem. Soc. Rev.* 2007,36,759.

P. J. Low；Twists and turns；Studies of the complexes and properties of bimetallic complexes featuring phenylene ethynylene and related bridging ligands. *Coord. Chem. Rev.* 2013,257,1507.

C-C bond formation；

COMC I；P. M. P. M. Maitlis, P. Espinet, M. J. H. Russell；Compounds with palladium-carbon σ-bonds. Vol. 6,chapter 38. 4.

COMC Ⅲ；C. J. Elsevier,M. R. Eberhard；Palladium-carbon σ-bonded complexes. Chapter 8. 05.

D. Alberico et al. ；Aryl-aryl bond formation by transition-metal-catalyzed direct arylation. *Chem. Rev.* 2007, 107,174.

CO_2 *insertion*；

S. N. Riduan,Y. Zhang；Recent developments in carbon dioxide utilization under mild conditions. *Dalton Trans.* ,2010,39,3347.

A. M. Appel et al. ；Frontiers,opportunities,and challenges in biochemical and chemical catalysis of CO_2 fixation. *Chem. Rev.* 2013,113,6621.

S. W. Ragsdale et al. ；Metal centers in the anaerobic microbial metabolism of CO and CO_2. *Metallomics* 2011,3,797.

Cyclometallated complexes for fluorescence and sensors；

J. A. G. Williams；The coordination chemistry of dipyridylbenzene；N-deficient terpyridine or panacea for brightly luminescent metal complexes? *Chem. Soc. Rev.* 2009,38,1783.

Q. Zhao,F. Li,C. Huang；Phosphorescent chemosensors based on heavy-metal complexes. *Chem. Soc. Rev.* 2010, 39,3007.

Y. Chi,P. -T. Chou；Transition-metal phosphors with cyclometalating ligands；fundamentals and applications. *Chem. Soc. Rev.* 2010,39,638.

V. W. -W. Yam,K. M. -C. Wong；Luminescent metal complexes of d^6, d^8 and d^{10} transition metal centres. *Chem. Commun.* 2011,47,11579.

Y. You,W. Nam；Photofunctional triplet excited states of cyclometalated Ir(Ⅲ)complexes；beyond electroluminescence. *Chem. Soc. Rev.* 2012,41,7061.

J. J. Chruma et al. ；Near-infrared phosphorescence；materials and applications. *Chem. Soc. Rev.* 2013,42,6128.

F. Li et al. ；A non-emissive iridium(Ⅲ)complex that specifically lights-up the nuclei of living cells. *J. Am. Chem. Soc.* 2011,133,11231-11239.

M. R. Bryce et al. ；Dinuclear iridium(Ⅲ)complexes of cyclometallated fluorenylpyridine ligands as phosphorescent dopants for efficient solution-processed OLEDs. *J. Mater. Chem.* 2012,22,13529.

W. -Y. Wong,C. -L. Ho；Functional metallophors for effective charge carrier injection/transport；new robust OLED materials with emerging applications. *J. Mater. Chem.* 2009,19,4457.

Section 2. 12；

COMC Ⅱ；A. F. Hill；Mononuclear complexes of ruthenium and osmium containing η^1-carbon ligands. Vol. 7,section 6. 2.

R. R. Schrock；Multiple metal-carbon bonds for catalytic metathesis reactions(Nobel lecture). *Angew. Chem. Int. Ed.* 2006,45,3748.

R. H. Grubbs；Olefin-metathesis catalysts for the preparation of molecules and materials(Nobel lecture). *Angew. Chem. Int. Ed.* 2006,45,3760.

R. H. Grubbs(ed.)；The Handbook of Metathesis. Wiley-VCH,Weinheim 2003.

R. R. Schrock；High oxidation state multiple metal-carbon bonds. *Chem. Rev.* 2002,102,145.

G. C. Vougioukalakis, R. H. Grubbs；Ruthenium-based heterocyclic carbene-coordinated olefin metathesis catalysts. *Chem. Rev.* 2010,110,1746.

S. Sutthasupa et al. ;Recent advances in ring-opening metathesis polymerization, and application to the synthesis of functional materials. *Polymer J*. 2010,42,905.

H. Fischer et al. ;Bis(allenylidene)complexes of palladium and platinum. *Organometallics* 2010, 29,5154.

H. Fischer et al. ; A simple approach to room temperature phosphorescent allenylidene complexes. *Angew. Chem. Int. Ed*. 2012,51,8030.

J. Heppekausen, A. Fürstner;Rendering Schrock-type molybdenum alkylidene complexes air stable: user-friendly precatalysts for alkene metathesis. *Angew. Chem. Int. Ed*. 2011,50,7829.

A. H. Hoveyda et al. ; Readily accessible and easily modifiable Ru-based catalysts for efficient and *Z*-selective ring-opening metathesis polymerization and ring-opening/cross-metathesis. *J. Am. Chem. Soc*. 2013,135,10258.

S. J. Meek et al. ;Catalytic *Z*-selective olefin cross-metathesis for natural product synthesis. *Nature* 471,461.

R. R. Schrock et al. ;Synthesis and ROMP chemistry of decafluoroterphenoxide molybdenum imido alkylidene and ethylene Complexes. *Organometallics* 2013,32,2983.

C. Bolm et al. ;Ring closing enyne metathesis:A powerful tool for the synthesis of heterocycles. *Chem. Soc. Rev*. 2007,36,55.

S. Kotha et al. ;Advanced approach to polycyclics by a synergistic combination of enyne metathesis and Diels-Alder reaction. *Chem. Soc. Rev*. 2009,38,2065.

S. Monsaert et al. ;Latent olefin metathesis catalysts. *Chem. Soc. Rev*. 2009,38,3360.

S. Kress, S. Blechert;Asymmetric catalysts for stereocontrolled olefin metathesis reactions. *Chem. Soc. Rev*. 2012, 41,4389.

D. Gillingham, N. Fei;Catalytic X-H insertion reactions based on carbenoids. *Chem. Soc. Rev*. 2013,42,4918.

3 金属有机过渡金属配合物均相催化

Section 3. 1:

B. Cornils, W. A. Herrmann;Applied Homogeneous Catalysis with Organometallic Compounds. Volume 1;Applications. VCH, Weinheim,1996.

C. Bolm et al. ;Trace metal impurities in catalysis. *Chem. Soc. Rev*. ,2012,41,979.

M. Gómez-Gallego, M. A. Sierra;Kinetic isotope effects in the study of organometallic reaction mechanisms. *Chem. Rev*. 2011,111,4857.

Y. Kuninobu, K. Takai ; Organic reactions catalyzed by rhenium carbonyl complexes. *Chem. Rev*. 2011, 111,1938.

N. Selander, K. J. Szabó;Catalysis by palladium pincer complexes. *Chem. Rev*. 2011,111,2048.

P. W. N. M. van Leeuwen et al. ;Phosphite-Containing Ligands for Asymmetric Catalysis. *Chem. Rev*. 2011, 111,2077.

A. Vidal-Ferran et al. ;Phosphine-phosphinite and phosphine-phosphite ligands;Preparation and applications in asymmetric catalysis. *Chem. Rev*. 2011,111,2119.

Section 3. 3. 1:

R. H. Morris;Asymmetric hydrogenation, transfer hydrogenation and hydrosilylation of ketones catalyzed by iron complexes. *Chem. Soc. Rev*. 2009,38,2282.

M. Beller et al. ;Well-defined iron catalyst for improved hydrogenation of carbon dioxide and bicarbonate. *J. Am. Chem. Soc*. 2012,134,20701.

Section 3. 3. 1. 3:

W. S. Knowles: Asymmetric hydrogenations(Nobel lecture). *Angew. Chem. Int. Ed.* 2002, 41,1998.

R. Noyori: Asymmetric catalysis: Science and opportunities (Nobel lecture). *Angew. Chem. Int. Ed.* 2002, 41,2008.

R. Noyori: Facts are the enemy of truth—reflections on serendipitous discovery and unforeseen developments in asymmetric catalysis. *Angew. Chem. Int. Ed.* 2013,52,79.

X. Cui, K. Burgess: Catalytic homogeneous asymmetric hydrogenations of largely unfunctionalized alkenes. *Chem. Rev.* 2005,105,3272.

Y. Zhu, K. Burgess: Filling gaps in asymmetric hydrogenation methods for acyclic stereocontrol: Application to chirons for polyketide-derived natural products. Acc. *Chem. Res.* 2012,45,1623.

A. Pfaltz et al. : Iridium-catalyzed asymmetric hydrogenation of unfunctionalized tetrasubstituted olefins. *Angew. Chem. Int. Ed.* 2007,46,8274.

A. Pfaltz et al. : Asymmetric hydrogenation of unfunctionalized, purely alkyl-substituted olefins. *Science* 2006,311,642.

G. Erre et al. : Synthesis and application of chiral monodentate phosphines in asymmetric hydrogenation. *Coord. Chem. Rev.* 2008,252,471.

M. M. Pereira et al. : Synthesis of binaphthyl based phosphine and phosphite ligands. *Chem. Soc. Rev.* ,2013, 42,6990.

Y. -G. Zhou et al. : Homogeneous palladium-catalyzed asymmetric hydrogenation. *Chem. Soc. Rev.* 2013,42,497.

P. Etayo, A. Vidal-Ferran: Rhodium-catalysed asymmetric hydrogenation as a valuable synthetic tool for the preparation of chiral drugs. *Chem. Soc. Rev.* 2013,42,728.

D. J. Ager et al. : Asymmetric homogeneous hydrogenations at scale. *Chem. Soc. Rev.* 2012, 41,3340.

J. J. Verendel et al. : Asymmetric hydrogenation of olefins using chiral Crabtree-type catalysts: Scope and limitations. *Chem. Rev.* 2014,114,2130.

Section 3. 3. 1. 4:

A. Boddien et al. : Efficient dehydrogenation of formic acid using an iron catalyst. *Science* 2011, 333,1733.

M. Beller et al. : Towards a green process for bulk-scale synthesis of ethyl acetate: efficient acceptorless dehydrogenation of ethanol. *Angew. Chem. Int. Ed.* 2012,51,5711.

Section 3. 3. 2:

P. J. Chirik et al. : Iron catalysts for selective anti-Markovnikov alkene hydrosilylation using tertiary silanes. *Science* 2012,335,567.

M. Wills et al. : Hydrogen generation from formic acid and alcohols using homogeneous catalysts. *Chem. Soc. Rev.* 2010,39,81.

Section 3. 3. 3:

D. Quinzler, S. Mecking: Linear semicrystalline polyesters from fatty acids by complete feedstock molecule utilization. *Angew. Chem. Int. Ed.* 2010,49,4306.

N. Phadke, M. Findlater: Formation of Iridium(Ⅲ)allene complexes via isomerisation of internal alkynes. *Organometallics* 2014,33,16.

M. Beller et al. ;Synthesis of heterocycles via palladium-catalyzed carbonylations. *Chem. Rev.* 2013, 113,1.

Section 3. 3. 5:

R. Severin, S. Doye: The catalytic hydroamination of alkynes. *Chem. Soc. Rev.* 2007,36,1407.

Section 3. 4:

B. Cornils, W. A. Herrmann: Applied Homogeneous Catalysis with Organometallic Compounds. Volume 1: Applications. VCH, Weinheim, 1996, ch. 2, p. 27ff.

H. -W. Bohnen, B. Cornils: Hydroformylation of alkenes: An industrial view of the status and importance. *Adv. Catal.* 2002,47,1.

M. L. Clarke: Branched selective hydroformylation: A useful tool for organic synthesis. *Curr. Org. Chem.* 2005, 9,701.

R. Franke et al. ;Applied Hydroformylation. *Chem. Rev.* 2012,112,5675.

A. Haynes: Catalytic Methanol Carbonylation. *Advances in Catalysis* 2010,53,1.

R. V. Chaudhari: Homogeneous catalytic carbonylation and hydroformylation for synthesis of industrial chemicals. *Topics in Catalysis* 2012,55,439.

A. Nakamura et al. ;*Ortho*-Phosphinobenzenesulfonate: A superb ligand for palladium-catalyzed coordination-insertion copolymerization of polar vinyl monomers. *Acc. Chem. Res.* 2013,46,1438.

Section 3. 5:

S. S. Stahl et al. ; Palladium (Ⅱ)-catalyzed alkene functionalization via nucleopalladation: stereochemical pathways and enantioselective catalytic applications. *Chem. Rev.* 2011,111,2981.

Section 3. 6:

A. Suzuki: Cross-coupling reactions of organoboranes: An easy way to construct C-C bonds (Nobel lecture). *Angew. Chem. Int. Ed.* 2011,50,6722.

E. Negishi: Magical power of transition metals: Past, present, and future (Nobel lecture). *Angew. Chem. Int. Ed.* 2011,50,6738.

T. J. Colacot et al. ; Palladium-catalyzed cross-coupling: A historical contextual perspective to the 2010 Nobel Prize. *Angew. Chem. Int. Ed.* 2012,51,5062.

T. J. Colacot et al. ;Development of preformed Pd catalysts for cross-coupling reactions, beyond the 2010 Nobel Prize. *ACS Catalysis* 2012,2,1147.

D. R. Stuart, K. Fagnou: The catalytic cross-coupling of unactivated arenes. *Science* 2007,316,1172.

A. Molnár: Efficient, selective, and recyclable palladium catalysts in carbon-carbon coupling reactions. *Chem. Rev.* 2011,111,2251.

P. W. N. M. van Leeuwen et al. ; Bite angle effects of diphosphines in C-C and C-X bond forming cross-coupling reactions. *Chem. Soc. Rev.* 2009,38,1099.

C. A. Fleckenstein, H. Plenio: Sterically demanding trialkylphosphines for palladium-catalyzed cross coupling reactions—alternatives to P^{t}Bu$_3$. *Chem. Soc. Rev.* 2010,39,694.

A. J. J. Lennox, G. C. Lloyd-Jones: Selection of boron reagents for Suzuki-Miyaura coupling. *Chem. Soc. Rev.* 2014,43,412.

V. B. Phapale, D. J. Cárdenas: Nickel-catalysed Negishi cross-coupling reactions: scope and mechanisms. *Chem. Soc. Rev.* 2009,38,1598.

B. M. Rosen et al. ; Nickel-catalyzed cross-couplings involving carbon-oxygen bonds. *Chem. Rev.* 2011,

111,1346.

C. Amatore et al. ：The triple role of fluoride ions in palladium-catalyzed Suzuki-Miyaura reactions. *Angew. Chem. Int. Ed.* 2012,51,1379.

L. -C. Campeau,K Fagnou：Applications of and alternatives to π-electron-deficient azine organometallics in metal catalyzed cross-coupling reactions. *Chem. Soc. Rev.* 2007,36,1058.

A. Minatti,K. Muñiz：Intramolecular aminopalladation of alkenes as a key step to pyrrolidines and related heterocycles. *Chem. Soc. Rev.* 2007,36,1142.

C. Bruneau et al. ：Activation and functionalization of benzylic derivatives by palladium catalysts. *Chem. Soc. Rev.* 2008,37,290.

M. Carril et al. ：Palladium and copper-catalysed arylation reactions in the presence of water,with a focus on carbon-heteroatom bond formation. *Chem. Soc. Rev.* 2008,37,639.

G. P. McGlacken,L. M. Bateman：Recent advances in aryl-aryl bond formation by direct arylation. *Chem. Soc. Rev.* 2009,38,2447.

J. A. Ashenhurst：Intermolecular oxidative cross-coupling of arenes. *Chem. Soc. Rev.* 2010,39,540.

R. Jana et al. ：Advances in transition metal(Pd,Ni,Fe)-catalyzed cross-coupling reactions using alkyl-organometallics as reaction partners. *Chem. Rev.* 2011,111,1417.

Y. Yamamoto：Synthesis of heterocycles *via* transition-metal-catalyzed hydroarylation of alkynes. *Chem. Soc. Rev.* 2014,43,1575.

Y. Luo et al. ：Double carbometallation of alkynes：an efficient strategy for the construction of polycycles. *Chem. Soc. Rev.* 2014,43,834.

M. -L. Louillat,F. W. Patureau：Oxidative C-H amination reactions. *Chem. Soc. Rev.* 2014,43,901.

F. -S. Han：Transition-metal-catalyzed Suzuki-Miyaura cross-coupling reactions：a remarkable advance from palladium to nickel catalysts. *Chem. Soc. Rev.* 2013,42,5270.

X. Shang,Z. -Q. Liu：Transition metal-catalyzed C_{vinyl}-C_{vinyl} bond formation *via* double C_{vinyl}-H bond activation. *Chem. Soc. Rev.* 2013,42,3253.

D. R. Spring et al. ：Palladium-catalysed cross-coupling of organosilicon reagents. *Chem. Soc. Rev.* 2012, 41,1845.

G. Song et al. ：C-C,C-O and C-N bond formation *via* rhodium(Ⅲ)-catalyzed oxidative C-H activation. *Chem. Soc. Rev.* 2012,41,3651.

B. Li, P. H. Dixneuf： sp^2 C-H bond activation in water and catalytic cross-coupling reactions. *Chem. Soc. Rev.* 2013,42,5744.

J. Magano,J. R. Dunetz：Large-scale applications of transition metal-catalyzed couplings for the synthesis of pharmaceuticals. *Chem. Rev.* 2011,111,2177.

Section 3. 6. 4：

J. Le Bras,J. Muzart：Intermolecular dehydrogenative Heck reactions. *Chem. Rev.* 2011,111,1170.

C. S. Yeung,V. M. Dong：Catalytic dehydrogenative cross-coupling：forming carbon-carbon bonds by oxidizing two carbon-hydrogen bonds. *Chem. Rev.* 2011,111,1215.

Section 3. 7. 1：

COMC I：P. D. Gavens et al. ：Ziegler-Natta Catalysis. Vol. 3,ch. 22. 5,p. 476.

Section 3. 7. 2：

COMC Ⅲ：L. Resconi,J. C. Chadwick,L. Cavallo：Olefin polymerizations with Group IV metal catalysts. Vol. 4,Ch. 4. 09,p. 1006.

COMC Ⅲ：T. Fujita,H. Makio：Polymerization of Alkenes. Vol. 11,ch. 11. 20,p. 692.

M. Bochmann：The chemistry of catalyst activation：The case of Group 4 polymerization catalysts. *Organometallics* 2010,29,4711.

F. Ghiotto et al. ：Probing the structure of methylalumoxane(MAO)by a combined chemical,spectroscopic,neutron scattering and computational approach. *Organometallics* 2013,32,3354.

H. Makio et al. ：FI catalysts for olefin polymerization—a comprehensive treatment. *Chem. Rev.* 2011,111,2363.

K. Bryliakov,E. P. Talsi：Frontiers of mechanistic studies of coordination polymerization and oligomerization of alpha-olefins. *Coord. Chem. Rev.* 2012,256,2994.

J. R. Severn et al. ："Bound but not gagged" - immobilizing single-site α-olefin polymerization catalysts. *Chem. Rev.* 2005,105,4073.

F. Ghiotto et al. ：Rapid evaluation of catalysts and MAO activators by kinetics：What controls polymer molecular weight and activity in metallocene/MAO catalysts? *Dalton Trans.* 2013,42,9040.

D. H. Camacho,Z. Guan：Designing late-transition metal catalysts for olefin insertion polymerization and copolymerization. *Chem. Commun.* ,2010,46,7879.

T. Matsugi,T. Fujita：High-performance olefin polymerization catalysts discovered on the basis of a new catalyst design concept. *Chem. Soc. Rev.* 2008,37,1264.

M. Delferro,T. J. Marks：Multinuclear olefin polymerization catalysts. *Chem. Rev.* 2011,111,2450.

C. Redshaw,Y. Tang：Tridentate ligands and beyond in group Ⅳ metal α-olefin homo-/co-polymerization catalysis. *Chem. Soc. Rev.* 2012,41,4484.

K. Nomura,S. Zhang：Design of vanadium complex catalysts for precise olefin polymerization. *Chem. Rev.* 2011,111,2342.

A. Valente et al. ：Coordinative Chain Transfer Polymerization. *Chem. Rev.* 2013,113,3836.

Section 3. 7. 3：

S. Tobisch,T. Ziegler：Catalytic linear oligomerization of ethylene to higher α-olefins：insight into the origin of the selective generation of 1-hexene promoted by a cationic cyclopentadienyl-arene titanium active catalyst. *Organometallics* 2003,22,5392.

T. Agapie：Selective ethylene oligomerization：recent advances in chromium catalysis and mechanistic investigations. *Coord. Chem. Rev.* 2011,255,861.

D. S. McGuinness：Olefin oligomerization via metallacycles：dimerization, trimerization, tetramerization,and beyond. *Chem. Rev.* 2011,111,2321.

索　引